내가 뽑은 원픽! 최신 출제경향에 맞춘 최고의 수험서

2025

나무의사
2차 서술고사

서술형 필기+실기시험

배창호, 조오영 공저

PROFILE
저자 약력

배창호
서울시립대학교 도시과학대학원 조경학 석사
나무의사, 산림치유지도사 1급
조경특급기술자, 농림특급기술자
(전) 인천광역시 월미공원사업소장
(현) 주식회사 애림나무병원장

조오영
서울시립대학교 도시과학대학원 졸업
나무의사, 자연환경관리기술사
안동·영주시청, 관악구청
서울특별시청, 대통령실, 농림축산식품부
한경대학교 산학협력중점교수
경기친환경농업연구센터장
경기도교육청
(현) 새암조경(주) 나무병원장
(현) 한국생태복원협회부회장
(현) 한국 나무의사 협회 경기남부지회장

머리말

나무의사란 "수목진료를 담당하는 사람으로서 산림보호법 제21조의6제1항의 규정에 의거 나무의사 자격증을 발급받은 사람을 말한다."라고 규정되어 있다. 나무의사 제도가 도입된 이유는 전문화된 수목진료 체계에 대한 국민적 요구도가 높아지고, 쾌적한 생활환경 조성과 국민들의 건강 보호를 위하여 수목의 상태를 정확히 진단하고 올바른 수목치료 방법을 제시하는 것이 요구되었기 때문이다. 산림보호법이 2016년 12월 개정·공포되고 2018년 6월 28일부터 시행되면서 나무병원을 개업하려면 나무의사 자격증의 보유가 필수조건이다.

나무의사 시험은 2019년도에 첫 시험을 시행한 이래 매년 2~3회의 자격시험을 보고 있다. 시험은 1차·2차 시험으로 나누어 시행하는데 1차 시험은 객관식, 2차 시험은 서술형 필기 및 실기시험으로 구성되어 있으며 과락 없이 평균 60점 이상이면 합격을 한다. 기술사 시험과 유사한 형태와 수준이나 사전에 소정의 교육 이수를 받아야 하는 점으로 볼 때 오히려 기술사 시험보다 더 높은 전문성을 요구하고 있다.

나무의사 2차 시험은 1차 시험보다 쉽게 합격할 것으로 믿는 수험생도 있겠지만, 서술형 필기 및 실기시험을 병행하고 있어 공부 범위에 대하여 고민하는 수험생이 많다. 서술형 필기시험은 수목의 진단과 치료 과정에 대한 전반적인 지식과 경험을 서술하는 과정으로 문제의 경중에 따라 50점대, 20~5점대 등으로 나누어 출제되고, 실기시험은 수목과 병해충의 사진 판단, 토양, 농약, 현미경, 루페 등에 필요한 지식을 요구하고 있다.

본 교재는 나무의사 시험을 공부하는 분들에게 1차 시험의 요약 해설서이자 2차 시험의 필수 도서이며, 문화재수리기술자 시험의 참고 도서이다. 교재의 구성은 수목 병리학, 외과수술, 수목 해충학, 비생물적 피해, 토양학, 농약학, 기출문제복원, 종합문제 등 8장으로 구성되어 있다. 생활권 주요 수종에서 발생할 수 있는 병과 충을 한 번에 공부할 수 있도록 묶어서 편집하였다. 기출문제복원은 그동안 출제된 나무의사 2차 시험문제를 전부 수록하였으며, 종합문제에서는 기술고시, 문화재수리기술자 등에서 출제된 문제를 복합적으로 다루었다.

나무의사 2차 시험에 합격하기 위해서는 주어진 주제에 대한 개념의 이해와 Key Word 선정이 매우 중요하다. 문제에서 요구하는 것이 무엇인지를 정확히 판단하고 답안을 작성하여야 한다. 2차 시험에서 당락을 결정할 수 있는 것은 서술형 필기시험 50점대 문제와 사진 판단 문제이다. 어떤 수종에서 발생할 수 있는 병해충과 비생물적 피해의 원인과 방제에 대한 충분한 이해가 있어야 한다. 사진 판단은 꾸준하게 식물도감과 병해충 도감을 눈으로 충분히 익혀 두어야 한다.

본 교재는 나무의사로 활동할 때 수목의 병해충 진단 및 처방전 작성에 필요한 기본서로도 활용이 가능한 점을 참고하기 바라며, 책이 출간되도록 관심을 보여주신 여러분들에게 깊은 감사를 드린다.

공저자 배창호, 조오영

TREE DOCTOR
나무의사 가이드

나무의사 자격정보

- 자격명 : 나무의사
- 자격의 종류 : 국가전문자격
- 자격발급기관 : 한국임업진흥원(KOFPI)
- 검정수수료 : 1차 20,000원, 2차 47,000원
- 관련근거 : 산림보호법 및 같은 법 시행령, 시행규칙

나무의사 제도 및 수목진료 체계

- 제도 : 전문자격을 가진 나무의사가 수목의 상태를 정확히 진단하고 올바른 수목치료 방법을 제시(처방전 발급)하거나 치료하는 제도
- 수목진료 체계
  - 나무의사가 있는 나무병원을 통해서만 수목진료가 가능함
  - 농작물을 제외하고 산림과 산림이 아닌 지역의 수목, 즉 모든 나무를 대상으로 함
  - 본인 소유의 수목을 직접 진료하는 경우, 국가 또는 지방자치단체가 실행하는 산림병해충 방제사업의 경우 제외

시험과목

구분	시험과목	시험과목	문항수	시험방법
1차 시험	1. 수목병리학	객관식 5지택일형	100점	25
	2. 수목해충학		100점	25
	3. 수목생리학		100점	25
	4. 산림토양학		100점	25
	5. 수목관리학(가~다 포함) 가. 비생물적 피해(기상·산불·대기 오염 등에 의한 피해) 나. 농약관리 다. 「산림보호법」 등 관계 법령		100점	40
※ 시험과 관련하여 법률·규정 등을 적용하여 정답을 구해야 하는 문제는 시험시행일 기준으로 시행 중인 법률·기준 등을 적용하여 그 정답을 구해야 함				
2차 시험	서술형 필기시험 - 수목피해 진단 및 처방	논술형 및 약술형	100점	-
	실기시험 - 수목 및 병충해의 분류, 약제처리와 외과수술		100점	-

 합격자 결정

- 1차 시험 : 각 과목 100점을 만점으로 하여 각 과목 40점 이상, 전과목 60점 이상인 사람을 합격자로 결정
- 2차 시험 : 1차 시험에서 합격한 사람을 대상으로 서술형 필기시험과 실기시험 각 100점을 만점으로 하여 각 40점 이상, 전과목 평균 60점 이상인 사람을 합격자로 결정

 응시 자격

- 「고등교육법」 제2조 각 호의 학교에서 수목진료 관련 학과의 석사 또는 박사 학위를 취득한 사람
- 「고등교육법」 제2조 각 호의 학교에서 수목진료 관련 학과의 학사학위를 취득한 사람 또는 이와 같은 수준의 학력이 있다고 인정되는 사람으로서 해당 학력을 취득한 후 수목진료 관련 직무분야에서 1년 이상 실무에 종사한 사람
- 「초·중등교육법 시행령」 제91조에 따른 산림 및 농업 분야 특성화고등학교를 졸업한 후 수목진료 관련 직무분야에서 3년 이상 실무에 종사한 사람
- 다음 각 목의 어느 하나에 해당하는 자격을 취득한 사람

  > ㉠ 「국가기술자격법」에 따른 산림기술사, 조경기술사, 산림기사·산업기사, 조경기사·산업기사, 식물보호기사·산업기사 자격
  > ㉡ 「자격기본법」에 따라 국가공인을 받은 수목보호 관련 민간자격으로서 「자격기본법」 제17조제2항에 따라 등록한 기술자격
  > ㉢ 「문화재수리 등에 관한 법률」에 따른 문화재수리기술자(식물보호 분야) 자격

- 「국가기술자격법」에 따른 산림기능사 또는 조경기능사 자격을 취득한 후 수목진료 관련 직무분야에서 3년 이상 실무에 종사한 사람
- 수목치료기술자 자격증을 취득한 후 수목진료 관련 직무분야에서 3년 이상 실무에 종사한 사람
- 수목진료 관련 직무분야에서 5년 이상 실무에 종사한 사람

※ 비고
- 수목진료 관련 학과란 조경과, 농업과, 임업과 및 수목의 피해를 진단·처방하고, 그 피해를 예방하거나 치료하는 활동과 관련된 학과로서 산림청장이 별도로 정하는 학과를 말한다.
- 수목진료 관련 직무분야란 나무병원, 나무의사 양성기관 등 수목피해 진단·처방·치료와 관련된 사업 분야로 산림청장이 별도로 정하여 고시하는 분야를 말한다.
- 나무의사 자격시험 응시를 위해서는 양성기관 교육을 필수로 이수해야 한다(양성기관 교육이수 150시간).

TREE DOCTOR

구성과 특징

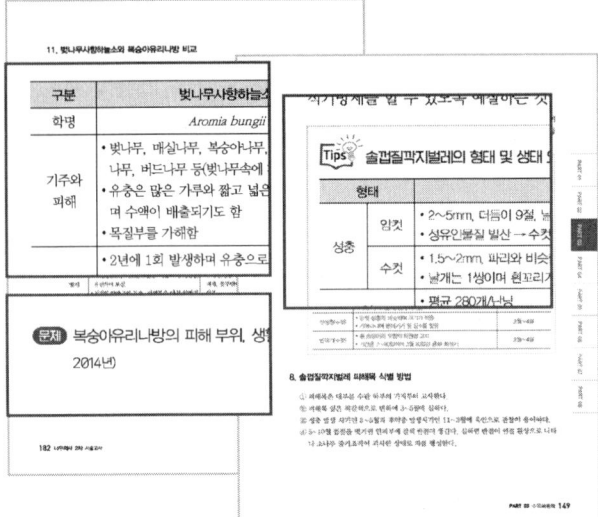

과목별 핵심 이론

- 헷갈리는 내용은 한눈에 파악할 수 있도록 도표와 그림으로 정리하여 더 빠르고 확실하게 합격할 수 있도록 구성하였습니다.
- 이론 중간에 실제로 기출되었던 문제를 예시로 넣어 전체적인 시험의 흐름을 파악할 수 있습니다.
- 핵심 이론의 이해에 도움을 주는 개념을 Tip 박스에 정리하여 효율적인 학습이 가능하도록 하였습니다.

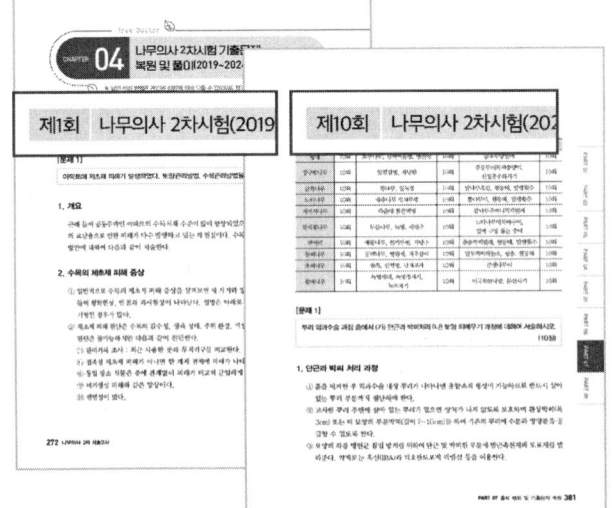

2024~2019년 최신기출문제

- 2024년 시험을 포함한 최신 6개년 기출문제를 완벽 복원하여 제공함으로써 실전 감각을 키울 수 있도록 하였습니다.
- 문제 아래 해설을 수록함으로써 빠르게 학습할 수 있도록 구성하였고, 관련 이론도 함께 수록하여 명확한 개념 정리가 이루어지도록 하였습니다.

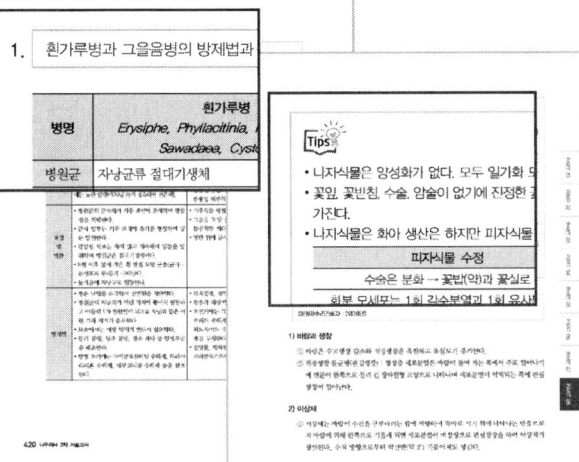

실력을 확인할 수 있는 종합문제

- 비슷한 유형으로 출제되는 기술고시, 문화재수리기술자 등의 문제를 수록하여 시험 직전 다시 한번 확인할 수 있도록 하였습니다.
- 자세한 해설과 함께 문제와 관련된 이론을 정리하여 이해와 암기를 동시에 할 수 있도록 Tip 박스를 구성하였습니다.

TREE DOCTOR

목차

Part 01 수목병리학   19

CHAPTER 01 수목병리 일반   20

1. 수목병의 진단방법   20
2. 수병의 진단 절차와 진단법의 요약   22
3. 병징과 표징에 의한 진단 사례   23
4. 수병의 발생과 병삼각형   23
5. 코흐의 원칙   24
6. 엽면시비   25
7. 무기양분의 이동성 및 결핍 진단법과 치료방법   26
8. 수간주사의 장단점과 4가지 주입방법   28
9. 종합적 해충 관리(IPM)   30
10. 병해충 방제 전략의 변천 과정   31
11. 페로몬의 개념과 종류   32
12. 생물적 방제   33
13. 안노섬뿌리썩음병(담자균)   35
14. 화학적 방제의 장단점과 살충제 사용의 문제점   36
15. 해충의 살충제 저항성 획득 기작과 저항성 방제   36
16. 병원균 전반 방법   38
17. 잎시들음과 황화현상의 비교   39

CHAPTER 02 곰팡이에 의한 병해   40

1. 기주 우점병과 병원균 우점병   40
2. 리지나뿌리썩음병   41
3. 아밀라리아뿌리썩음병 (담자균)   43
4. 리지나뿌리썩음병과 아밀라리아뿌리썩음병의 비교   44
5. 파이토프토라뿌리썩음병   45
6. 균근의 종류 및 역할   46
7. 밤나무 줄기마름병과 밤나무 가지마름병 비교   48
8. 줄기에 나타나는 궤양병의 방제   49
9. 밤나무에 발생하는 주요 충해(밤나무 주요 병해와 연관된 공부)   50
10. 소나무류 가지마름병   51
11. 소나무류 잎마름병   52
12. 소나무류 잎떨림병   53
13. 잎떨림병의 종류(잣나무, 일본잎갈나무, 포플러류)   54

14. 벚나무와 대추나무 빗자루병의 비교 ·· 55
15. Marssonina에 의한 병의 종류 ·· 56
16. Pestalotiopsis에 의한 병의 종류 ··· 57
17. 칠엽수 얼룩무늬병 ··· 58
18. 벚나무 갈색무늬구멍병 · 벚나무 세균성구멍병 비교 ····················· 59
19. 흰가루병과 그을음병 비교 ·· 60
20. 흰가루병의 병원균 ··· 61
21. 배롱나무 흰가루병(균사+분생포자) ··· 62
22. 일본잎갈나무 가지끝마름병(선고병 : 자낭균) ······························ 62
23. 버즘나무 탄저병 ··· 63
24. 버즘나무에 발생하는 주요 병과 충해(탄저병, 방패벌레) ············· 64
25. 녹병 ·· 65
26. 향나무 녹병 ·· 66
27. 향나무의 주요 병해와 충해 ·· 68
28. 회화나무 녹병(혹병) ·· 69
29. 회화나무 녹병(혹병)과 소나무 혹병의 비교 ································· 70
30. 잣나무 털녹병 ·· 71
31. 잣나무의 주요 병해와 충해 ·· 72
32. 소나무 혹병 ·· 73
33. 참나무 시들음병 ·· 74
34. 소나무 잎의 왜소, 황화현상, 조기낙엽의 요인과 대책 ················ 76
35. 은행나무 가로수 잎의 여름철 황화현상, 갈변현상의 원인과 방제 방법 ··· 80
36. 소나무 잎의 황화현상과 관련 있는 병충해와 비생물적 요인 ······ 83
37. 목재부후균 종류 및 특성 ·· 86
38. CODIT 이론(수목부후의 구획화) ·· 88

CHAPTER 03 세균에 의한 병 ·· 90

1. 화상병 ·· 90
2. 석회보르도액 제조 방법 ·· 92
3. 뿌리혹병 ··· 92
4. 호두나무 갈색썩음병 ··· 93

CHAPTER 04 파이토플라스마에 의한 병 ·· 95

1. 대추나무 빗자루병과 벚나무 빗자루병의 비교 ······························ 95
2. 파이토플라스마에 의한 수목병과 특성 ··· 96

TREE DOCTOR

목차

CHAPTER 05 바이러스에 의한 병 ··· 98
1. 수목 바이러스병 진단 방법(6가지)과 특성 ···························· 98
2. 벚나무 번개무늬병 ··· 99

CHAPTER 06 선충에 의한 병 ··· 101
1. 소나무재선충 ·· 101
2. 소나무재선충 예찰과 진단 ·· 102
3. 솔수염하늘소와 북방수염하늘소 ·· 103
4. 참나무 시들음병 방제 ··· 105
5. 솔수염하늘소와 북방수염하늘소 비교 ···································· 106
6. 소나무재선충과 솔껍질깍지벌레 피해 특성과 방제 ··················· 107
7. 소나무 재선충병과 참나무 시들음병의 특성과 공통점 ·············· 108
8. 소나무 재선충병과 참나무 시들음병의 공통적 방제 방법 ·········· 109
9. 수목의 유관속에 피해를 주는 병 ··· 109

Part 02 외과수술   111
1. 수목의 외과수술 ·· 112
2. 수목 뿌리의 외과수술 ··· 115
3. 공동충전의 문제점 ·· 116
4. 수목의 상처 치료 방법 ·· 117
5. 올바른 가지치기 ·· 119
6. 잘못된 가지치기) ·· 120

Part 03 수목해충학   123

CHAPTER 01 해충일반 ·· 124
1. 종합적 해충관리(IPM) ··· 125
2. 병해충 방제 전략의 변천 과정 ··· 125
3. 수목해충의 생물적 방제 ·· 126

CHAPTER 02 식엽성 해충 ··· 129
1. 2021년 다발생(多發生)한 해충(대벌레, 솔나방, 소나무허리노린재) ········ 129

2. 일본잎갈나무잎벌 ·· 131
3. 미국흰불나방 ·· 131
4. 매미(집시)나방 ·· 132
5. 매미나방과 주홍날개꽃매미 비교 ·· 133
6. 밤나무산누에나방 ·· 134
7. 오리나무잎벌레 ·· 135
8. 호두나무잎벌레 ·· 136
9. 잣나무별납작잎벌 ·· 137
10. 잣나무의 주요 병충해 ·· 138
11. 회양목명나방 ·· 139
12. 회양목혹응애 ·· 139

CHAPTER 03 흡즙성 해충 ··· 141

1. 갈색날개매미충 ·· 141
2. 미국선녀벌레 ·· 142
3. 주홍날개꽃매미 ·· 143
4. 주홍날개꽃매미, 미국선녀벌레, 갈색날개매미충, 매미나방 특성 비교 ··· 144
5. 버즘나무방패벌레(Corythucha ciliata) ····································· 145
6. 버즘나무의 주요 병충해 ·· 146
7. 솔껍질깍지벌레 ·· 147
8. 솔껍질깍지벌레 피해목 식별 방법 ·· 149
9. 솔껍질깍지벌레, 솔잎혹파리, 소나무좀의 피해 현상과 방제법의 비교 ··· 150
10. 진딧물과 응애의 차이 ·· 151
11. 진딧물류와 깍지벌레류의 공통적인 피해 양상 ······················· 152
12. 흡즙성 해충의 방제 방법 ·· 153
13. 향나무응애와 전나무잎응애 비교 ·· 154

CHAPTER 04 종실 가해 해충 ··· 155

1. 밤바구미 ·· 155
2. 복숭아명나방 ·· 156
3. 밤바구미와 복숭아명나방 비교 ·· 156
4. 도토리거위벌레 ·· 157
5. 종자를 가해하는 해충의 종류 ·· 158

TREE DOCTOR

목차

CHAPTER 05 충영을 만드는 해충 ···················· 159

1. 솔잎혹파리 ·· 159
2. 솔잎혹파리, 참나무시들음병, 솔수염하늘소의 임업적 방제 방법 ········ 161
3. 밤나무혹벌 ·· 162
4. 밤나무의 주요 병충해 ································· 163
5. 외줄면충(느티나무외줄진딧물) ························· 164
6. 사사키잎혹진딧물 ···································· 165
7. 때죽납작진딧물 ······································ 166
8. 회양목혹응애 ·· 167
9. 회양목명나방 ·· 167

CHAPTER 06 천공성 해충 ···························· 169

1. 광릉긴나무좀 ·· 169
2. 참나무시들음병 ······································ 170
3. 참나무 시들음병의 병원균과 병징의 진단 요령 ············ 172
4. 참나무 시들음병과 소나무 재선충병의 비교 ············· 173
5. 솔수염하늘소와 북방수염하늘소 ······················· 174
6. 소나무재선충 ·· 177
7. 소나무재선충 예찰과 진단 ··························· 178
8. 소나무재선충병의 병원체, 피해 특성 및 초기 진단 요령 ·· 179
9. 소나무재선충과 솔껍질깍지벌레 비교 ················· 179
10. 하늘소와 바구미류 가해 특징 ······················· 181
11. 벚나무사향하늘소와 복숭아유리나방 비교 ············ 182
12. 향나무하늘소 ······································· 183
13. 유리알락소 ··· 183
14. 알락하늘소 ··· 184
15. 앞털뭉뚝나무좀 ····································· 185
16. 느티나무벼룩바구미 ································ 188
17. 소나무좀과 오리나무좀의 비교 ······················ 189
18. 박쥐나방 ··· 190
19. 털두꺼비하늘소 ···································· 191

Part 04 비생물적 피해 　　　　　　　　　　　　　　　**193**

1. 전염성과 비전염성의 차이 ·· 194
2. 고온과 저온피해(기상적 피해) ·· 195
3. 건조와 과습 피해 ·· 199
4. 토양적 요인에 의한 병(건조, 과습, 영양, 산도) ························· 200
5. 복토와 심식 ·· 202
6. 절토의 피해 ·· 204
7. 답압의 피해 ·· 205
8. 황화현상이 일어나는 경우 ·· 207
9. 배수 불량 토지의 원인과 대책 ··· 207
10. 대기오염 진단과 피해 ·· 208
11. 대기오염의 방제 ··· 209
12. 대기오염 장해 구분 ··· 210
13. 세계보건기구(WHO)의 대기오염에 대한 정의 ························· 211
14. 대기오염의 종류 ··· 211
15. 비가시적(불가시적) 피해와 도시숲 쇠락의 관계 ······················· 211
16. 오존과 PAN(peroxyacetyl nitrate) ······································ 212
17. 산성비의 영향 ·· 212
18. 산성토양의 영향 ··· 214
19. 산성비의 영향과 산성 토양 원인, 증상, 방제 ··························· 215
20. 염해의 피해(원인, 증상, 방제) ·· 216
21. 제초제 피해 진단, 종류, 작용기작 ··· 218
22. 무기양분의 피해 분석과 증상, 치료 ······································· 220
23. 식물호르몬의 역할, 종류, 기능 ··· 222
24. 조기낙엽의 원인과 대책 ·· 223
25. 수분 부족으로 인한 수목의 스트레스 ····································· 224

TREE DOCTOR

목차

Part 05 토양학 — 227

1. 공극률과 용적률 · 228
2. 토양 용적밀도 구하는 방법 · 228
3. 부피기준, 질량기준 수분 함량 · 228
4. Munsell 토색 분류 · 230
5. 산림토양과 경작토양 비교 · 230
6. 염류토양의 특성과 개량 · 232
7. 산성토양의 특성과 개량 · 233
8. 균근의 유익한 점 · 234
9. 질산화작용과 탈질작용 · 235
10. 질소고정 방법 · 236
11. 알칼리 토양에서 인산 유효도 증진 · 237
12. 무기영양 결핍 증상(미량원소 결핍증) · 238
13. 산불에 의한 토양 피해 · 239
14. 수식의 종류 · 239
15. 풍식에 의한 토양 입자의 이동 경로 · 239
16. 토성별 선호 수종 · 240
17. 산림토양의 층위별 특징 · 240

Part 06 농약학 — 243

1. 농약의 명명법 · 244
2. 농약 보조제의 종류 · 244
3. 약제 혼용 시 혼합법 · 245
4. 농약 소요량 계산 · 245
5. 증량제 구비조건과 종류 · 246
6. 농약에 대한 저항성 · 246
7. 살충제와 살균제의 저항성 대책 · 247
8. 살충제의 작용기작 · 248
9. 살균제의 작용기작 · 249
10. 제초제 작용기작 · 250
11. 살충제, 살균제, 제초제의 작용기작 · 250
12. 칡 제거에 효과적인 농약 · 251

- 13. 농약중독별 해독제 ········· 252
- 14. 농용항생제 ········· 252
- 15. 침투성 살충제 특징 ········· 252
- 16. 농약의 구비조건 ········· 252
- 17. 살균제 종류 ········· 253
- 18. 제초제 피해 : 제초제 흡수 부위, 이동 특성, 작용기작 관련 ········· 253
- 19. LD50의 의미와 구하는 방법 ········· 255
- 20. 농약이 곤충에 침투하는 경로 ········· 255
- 21. 농약 독성 구분 : 독성의 강도(포유동물에 대한 독성) ········· 256
- 22. PLS(Positive list system) 제도 ········· 256

Part 07 출제 범위 및 기출문제 복원　259

CHAPTER 01　나무의사 2차 자격시험 출제 범위 ········· 260
CHAPTER 02　나무의사 2차시험(서술형) 답안지 ········· 261
CHAPTER 03　나무의사 2차시험 답안지 작성 요령 ········· 265
CHAPTER 04　나무의사 2차시험 기출문제 복원 및 풀이(2019~2024년) ········· 272

- 1. 서술형 필기시험 및 실기시험(1~10회) ········· 272
- 2. 수목식별 및 병충해 사진 판단 ········· 400
- 3. 조경기능사 수목식별 120종 ········· 404
- 4. 나무의사 2차시험 기출문제 요약 ········· 406
- 5. 서술형 필기시험의 필수문제 ········· 411

CHAPTER 05　생활권 수목진료 민간컨설팅 처방전 분석 결과 보고서 ········· 413

- 1. 2021년 처방전 분석 ········· 413
- 2. 2022년 처방전 분석 ········· 415

TREE DOCTOR

목차

Part 08 종합문제   **419**

1. 흰가루병과 그을음병의 방제법과 및 피해 및 병징에 관하여 서술하시오. ············ 420
2. 배롱나무 흰가루병과 알락진딧물의 특징과 방제법에 관하여 서술하시오. ············ 421
3. 녹병균의 특성과 포자 생산 생활환, 병징, 방제법에 대하여 서술하시오. ············ 421
4. 회화나무 녹병과 소나무 혹병의 병징과 방제법에 관하여 서술하시오. ············ 424
5. 느티나무의 가지 고사, 조기낙엽, 눈 형성 불량, 수목 피해를 보고 조사 방법, 원인, 결과, 조치방법을 서술하시오. ············ 425
6. Marssonia에 의한 병의 병징과 특징, 대표적인 병의 종류를 서술하시오. ············ 427
7. Pestalotiopsis에 의한 병의 병징과 특징, 대표적인 병의 종류를 기술하시오. ········ 429
8. 소나무류 가지마름병 종류와 원인 및 대책에 관하여 비교 설명하시오. ············ 431
9. 소나무류 잎마름병 종류와 원인과 대책에 관하여 서술하시오. ············ 433
10. 소나무 잎의 왜소, 황화현상, 조기낙엽의 요인과 대책을 서술하시오. ············ 433
11. 소나무 잎의 기부부터 황화현상이 진행되는 병충해에 관하여 서술하시오. ············ 437
12. Hyphomycetes(총생균)과 Colelomycetes(유각균)의 병징과 수종에 의한 특징 및 종류에 관하여 서술하시오. ············ 440
13. 호두나무 갈색썩음병(Xanthomonas arboricola)에 대하여 서술하시오. ············ 441
14. 파이토플라스마에 의한 수목병과 특성을 서술하시오. ············ 443
15. 벚나무 빗자루병의 병원균, 병징, 패해 내용, 방제법에 대하여 서술하시오. ············ 444
16. 미국흰불나방(Hyphantria Cunea)의 특성에 대하여 서술하시오. ············ 445
17. 매미나방과 주홍날개꽃매미의 피해, 생태, 방제방법 비교 서술하시오. ············ 446
18. 솔잎혹파리(Thecodiplosis Japonensis)의 생활사와 방제에 관하여 서술하시오. ············ 447
19. 임업적 방제에 관하여 서술하시오. ············ 449
20. 전나무잎응애(Oligomychus ununguis)의 피해 및 생태에 관하여 서술하시오. ····· 451
21. 외줄면충, 사사키잎혹진딧물, 때죽납작진딧물의 생활사와 방제법에 관하여 서술하시오. ············ 452
22. 응애와 진딧물, 깍지벌레의 형태와 생활사를 비교 서술하시오. ············ 453
23. 참나무 시들음병의 병원균, 매개충, 기주, 진단요령, 방제법에 관하여 서술하시오. 454
24. 충영 형성 해충의 종류와 생태적 특성 및 방제법에 대하여 서술하시오. ············ 455
25. 제초제 피해와 피해 진단 및 증상, 방제 방법에 관하여 서술하시오. ············ 460
26. 농약과 비료해의 원인과 증상, 피해 진단과 제초제 오염 방제에 관하여 서술하시오. ············ 461
27. 사람과 차량의 통행량이 많은 도심 한복판에 식재된 소나무가 있으며, 야간에도 불빛이 환하고 높은 온도가 나타난다. 소나무는 15년 전에 식재하였다. 다음 증상을 바탕으로 진단하는 방법과 결과를 서술하시오. ············ 463

28. 소나무류 잎마름병의 종류와 생활사 및 방제법에 관하여 서술하시오. ·············· 468
29. 수목외과수술의 공동충전 문제와 한계점에 관하여 서술하시오. ················· 469
30. 수목 상처의 유형에 따른 치료와 뿌리 상처치료 방법에 관하여 서술하시오. ······· 470
31. 올바른 가지치기 방법에 대하여 서술하시오. ······································ 472
32. 잘못된 가지치기에 대하여 예를 들고 해결 방안을 서술하시오. ··················· 473
33. 쇠조임 방법, 주의사항, 설치에 필요한 기구, 줄당김 설치방법의 장단점 서술하시오.
 ·· 474
34. 자웅동주와 자웅이주의 정의와 나자식물의 수정과정 특징, 단일수정 과정을
 서술하시오. ··· 476
35. 나이테 중 편심생장 정의와 압축재 생성기작과 장력재 생성기작에 대해 서술하시오.
 ·· 477
36. 산림에 피해를 주는 덩굴식물의 종류와 피해 양상을 설명하고, 덩굴식물의 방제법을
 서술하시오. ··· 479
37. 곰팡이, 바이러스, 파이토플라스마 특성과 진단 방법을 서술하시오. ············· 479

PART 01

수목병리학

CHAPTER 01 수목병리 일반
CHAPTER 02 곰팡이에 의한 병해
CHAPTER 03 세균에 의한 병
CHAPTER 04 파이토플라즈마에 의한 병
CHAPTER 05 바이러스에 의한 병
CHAPTER 06 선충에 의한 병

CHAPTER 01 수목병리 일반

1. 수목병의 진단방법

1) 개념

병든 나무의 형태적, 생리적 변화를 조사하여 병의 원인을 찾아내고 정확한 병명을 결정하는 것을 진단이라 하며 진단은 발병 초기에 이루어질 때가 가장 효과적이다. 동정은 병원체의 종류를 규명해서 결정하는 것이다.

2) 병징과 표징

(1) 병징

① 병의 결과로서 식물체 내외부에 나타나는 반응 또는 식물체의 변화로 항상 일정하지는 않다.
② 왜화, 쇠퇴, 위축, 억제, 웃자람, 분열조직 활성화, 이상증식, 상편생장, 퇴색, 얼룩, 바이러스 감염으로 인한 잎맥 투명화 등이 있다.

(2) 표징

① 병환부에 나타난 병원체 자신의 형태로 품종, 발병 부위, 생육 시기, 환경에 따라 다르게 나타나기도 한다.
② 병원체의 영양기관과 번식기관

영양기관	균사, 균사체, 균사막, 균사속, 균핵, 흡기, 해충자체(성충, 약충, 유충), 자좌
번식기관	포자, 자실체, 버섯, 자낭반, 자낭각, 자낭구, 병자각, 분생자병, 분생자좌, 분말, 자좌, 낭상물, 점괴, 종자, 해충 탈피각, 알, 난괴, 고치, 번데기

3) 일반적인 수목병의 진단 절차 (문화재수리기술자 : 2018년)

① 정상과 비정상을 판별한다.
② 나무의 생육 및 재배 환경과 이력을 조사한다. 생육 장소, 기간, 주변 환경, 관수, 비배관리 등 관리 방법과 기상 현황 및 사고 이력 등을 조사한다.

③ 기생성과 비기생성을 구분한다.

구분	전염성(기생성, 생물적 요인)	비전염성(비기생성, 비생물적 요인)
기주특이성	기주특이성이 있다.	• 기주특이성이 없다. • 다른 수종도 비슷한 증상이다.
발병 부위	식물체의 일부에 나타난다.	• 식물체 전체에 나타난다. • 동일 병징이다.
병원체 존재	표징으로 보일 때도 있다.	표징이 없다.
병 진전도	천천히 진행된다(묘입고병 예외).	급속하게 나타난다. ※ 해빙염, 복토는 서서히 나타난다.
병면적	발병 면적이 제한적이다.	발병 면적이 넓다.
발병 개체	발병 개체가 불규칙 분포한다.	방위, 위치에 따라 발병 부위가 독특하다.

④ 병징과 표징의 관찰 : 기주식물에 나타나는 기능장애, 병원체를 확인한다.
⑤ 원인의 검출 : 병원균 배양 현미경 관찰, 생리적 방법을 통한 병원균 탐색, 접종실험, 면역학적 진단, 분자 생물적 진단 등이 있다.
⑥ 자료 분석과 최종 판단을 한다.

4) 수병의 진단법

(1) 육안 관찰

짧은 시간에 진단할 수 있으나 오진 확률이 높다.

(2) 배양적 진단

① 여과지 습실처리법 : 병징이나 표징이 나타나지 않을 경우에 사용한다. 수입종자 검역 시 많이 사용한다.

② 영양배지법 : 습실처리법으로 진단이 어려울 때 식물체 일부를 한천배지 혹은 영양배지에 차상한 후 균생장을 동정한다.

(3) 생리 생화학적 진단

식물이 병에 걸려 변하는 화학적 성질을 조사하여 병을 진단하는 것이다.

(4) 해부학적 진단

① 현미경이나 육안으로 조직 내외부에 존재하는 병원균의 형태 또는 조직 내부의 변색, 식물 세포 내의 X-체 등을 관찰하여 진단하는 방법이다.

② 조직 이상현상, 병원체 존재 및 분포 특성 등을 해부학적으로 밝히는 방법이다.

(5) 현미경적 진단

① 해부 현미경 : 육안으로 진단되지 않는 병원균(해충, 포자퇴)도 관찰할 수 있다.

② 광학 현미경 : 해부 현미경보다 높은 배율로 진균+세균도 관찰할 수 있다.

③ 전자 현미경 : 광학 현미경보다 고배율, 고해상도로 관찰할 수 있다.

㉠ 주사전자현미경(SEM) : 입체상을 형성하며 식물의 표면정보를 얻기 위해 이용한다. 버섯, 녹병균 분류에 많이 사용한다.

㉡ 투과전자현미경(TEM) : 명암 대비로 상을 형성하는 원리로 세포 내부, 바이러스 입자, 파이토플라즈마 등을 관찰한다.

(6) 면역학적 진단(ELISA)

병원균에 대한 항혈청 반응 조사 방법으로 바이러스병에 많이 이용한다. 진균, 세균병 진단에 이용하며 정확하고 신속하다.

(7) 분자 생물학적

핵산 이용 방법으로 DNA추출 후 PCR(중압효소 연쇄반응)을 이용하여 병징 발현이 없는 잠복기 병원균의 동정에 유용하다.

2. 수병의 진단 절차와 진단법의 요약

진단절차		① 정상과 비정상 판별 ② 재배 환경 이력 조사 ③ 기생성과 비기생성 구분 ④ 병징과 표징 ⑤ 원인 검출 ⑥ 최종 판단
진단법	육안진단	보편적 진단 방법으로 오진 가능성이 높다.
	배양적 진단	여과지 습실배양은 병징·표징이 나타나지 않거나 수입종자 검역 시 사용한다.
		영양배지법은 영양배지에 차상 후 동정한다.
	생리생화학적	식물이 병에 걸려 변하는 화학적 성질을 조사하여 진단한다.
	해부학적	병든 조직 속 이상 현상을 현미경으로 진단, 조직 내부의 변색, 식물 세포 내의 X-체 등을 관찰하여 진단하는 방법이다.
	현미경적 진단	해부현미경은 육안으로 진단되지 않는 해충과 포자퇴를 관찰한다.
		광학현미경은 해부 현미경보다 높은 배율로 진균+세균도 관찰한다.
		주사전자현미경은 표면정보, 버섯, 녹병균을 관찰한다.
		투과전자현미경은 세포 내부, 바이러스, 파이토플라즈마를 관찰한다.
	면역학적(ELISA)	항원, 항체 반응 특이성을 이용하여 정밀 진단한다.
	분자생물학진단	핵산 이용 방법은 분자 생물적 지표를 이용하여 진단한다.

문제 해부학적 진단법에 대하여 서술하시오. (문화재수리기술자 : 2018)

3. 병징과 표징에 의한 진단 사례

병징과 표징, 병원균을 관찰해야 하는 병	• 소나무 디폴로디아잎마름병, 봄에 따뜻하거나 비가 많을 때, 10~30년생의 당년생 가지 • 소나무류 페스탈로티아잎마름병
병징부위에 표징이 나타나지 않는 병	• 리기다 송진가지마름병 • 소나무 피목가지마름병 • 소나무재선충병
병징과 표징 관찰	메타세쿼이아 페스탈로티아병, 은행나무 페스탈로티아병, 곰솔 그을음병, 소나무 잎떨림병, 칠엽수 얼룩무늬병, 회양목 잎마름병

문제 병징과 표징의 정의와 각 3가지 예를 제시하라. (문화재수리기술자 : 2018년)

문제 식물병의 진단과 방제 방법을 사례를 들어 설명하고 환경친화적 방제 방법을 서술하시오. (기술고시 : 2003년)

4. 수병의 발생과 병삼각형

1) 개요

① 수병의 발생은 병원체, 기주, 환경의 3가지를 필요로 한다. 3가지의 상호관계를 삼각형으로 나타내고 3대 요소 각각을 삼각형의 각변으로 설명하는 것이 병삼각형이다.
② 나무병의 발생 정도는 이들 3가지 요소의 상호작용에 의해 결정되며 이들 3가지 요소를 적절히 조절함으로써 병 발생 정도를 조절할 수 있다.

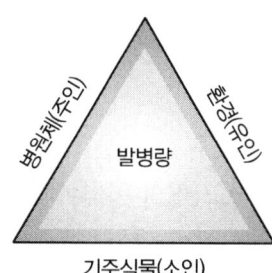

2) 수병의 성립(병삼각형)

① 병원체 : 병을 일으키는 생물적 요인, 발병력과 밀도 등의 총합
② 기주 : 내병성, 감수성, 수령, 식재장소 등
③ 환경 : 생장과 저항성, 병원체 생장과 증식 속도, 병원성 정도, 바람, 물, 매개체 등 병원체 전반에 영향을 준다.
④ 시간 : 병원체에 유리한 환경이 지속되는 기간이 길수록 병이 진전된다.
⑤ 인간 활동 : 특정 기주를 재배하거나, 병원체 방제 처리를 하거나, 병원체를 전파시키는 매개체가 되어 병 발생에 기여한다.
⑥ 발병관계 : 병원체, 기주, 환경의 3가지 요소 중 어느 하나라도 수치가 0이 되면 병이 발생하지 않는다.
⑦ 비전염성병은 병원체가 필요 없어 기주식물과 환경조건 2가지 요소만 영향을 준다.

문제 산림병해의 발생에 관여하는 3대 요소를 기술하고, 이들 각 요소의 상호관계에 대하여 설명하시오. (기술고시 : 2002년)

문제 수목병 발생에 관여하는 5가지 요인 사이의 관계를 설명하시오. (기술고시 : 2010년)

문제 배나무 화상병을 예로 병삼각형 이론을 설명하시오. (기술고시 : 2016년)
1) 병원체 : *Erwinia amylovora*
2) 기주 : 장미과(사과나무, 살구나무, 산사나무 등)
3) 환경 : 봄비가 내리면 활동을 시작하며 18℃ 이상 고온일 때 활성화되어 전파가 빠르다. 매개체는 파리, 개미, 진딧물 등이다.

5. 코흐의 원칙

1) 개요

병든 식물에서 병원체를 동정하고 병의 원인이라는 사실 증명을 위해 수행하는 단계이다.

2) 코흐 원칙의 4가지 조건

① 병든 식물의 병징 부위에서 병원체를 찾을 수 있어야 한다.
② 병원체는 반드시 분리되고 영양배지에서 순수배양되어 그 특성을 알아낼 수 있어야 한다.
③ 배양된 병원체는 병이 나타난 같은 종 또는 품종의 건전한 식물에 접종하였을 때 같은 증상을 일으켜야 한다.
④ 병원체는 재분리하여 배양할 수 있어야 하며 특성은 ②와 같아야 한다.

3) 비적용 병원체

① 배양이나, 순화가 불가능하고 식물체에 재접종이 불가능한 경우
② 바이러스, 파이토플라즈마, 물관부 국재성 세균, 원생동물, 순활물기생물, 흰가루병, 녹병, 노균병에는 코흐의 원칙의 적용이 어렵다.

4) 결론

앞으로 분리배양 병원체 접종기술이 개선된다면 잠정적으로 정한 여러 병원체들이 실체 병원체로 밝혀질 수 있을 것이다.

문제 코흐의 원칙 4가지 조건과 적용되지 않는 병원체의 특징을 설명하시오.
(문화재수리기술자 : 2015년), (기술고시 : 2015년)

6. 엽면시비

1) 개요

수목이 필요로 하는 무기양분을 분무기를 통하여 시비하는 형태로 수목은 기공, 수피, 피목 등을 통해 이를 흡수한다. 뿌리가 부실하거나 병충해로 쇠약할 때는 엽면시비를 한다.

2) 주요 무기원소

식물이 필요로 하는 무기양분은 C, H, O를 포함한 17가지이며 이 중 결핍이 자주 일어나는 Fe, B 그리고 체내 이동이 어려운 Zn, Mn, Cu의 결핍 현상을 치료할 때 사용한다.

구분	원소의 종류	소계
대량원소(체내 건중량 0.1% 이상) 1,000ppm	N, P, K, Ca, Mg, S	6
미량원소(체내 건중량 0.1% 이하)	Fe, B, Cl, Mn, Zn, Cu, Mo, Ni	8

3) 엽면시비용 무기원소 : 요소, 황산철, 일인산칼륨(KH_2PO_4)

① 시비용액 1ℓ당 다음 무기원소를 모두 혼합한다.

- 질산칼슘($Ca(NO_3)_2$) 1g
- 질산칼륨(KNO_3) 0.5g
- 제1인산칼륨(KH_2PO_4) 0.5g
- 황산마그네슘($MgSO_4$) 0.5g
- 요소 2g
- 전착제 0.25~0.5ml

② 요소 0.5~1.0%, 복합비료 500~1,000배액을 희석하여 살포한다.

4) 무기양분의 기능

① 식물조직의 구성 성분 : N, P ,Ca, Mg, S
② 효소활성제 : Ca, Mg, K, 철(Fe), 망간(Mn)
③ 삼투압 조절제 : Na(내염성 식물), K(기공개폐)
④ 완충제 : 칼륨(K), 칼슘(Ca), 마그네슘(Mg), 인(P)
⑤ 세포막의 투과성 조절제 : 칼슘(Ca)

5) 살포 방법

① 사용 직전 조제하고 무기양분 농도는 0.5% 이하로 한다. 농도가 진할수록 시비효과가 크지만 염분피해가 발생한다.
② 구름 낀 날이나 아침, 저녁이 바람직하다.
③ 증산작용이 활발할 때는 흡수가 잘 되나 여름철 고온일 경우는 효율이 떨어진다.
④ 반복 사용 시 10~15일 간격으로 2~3회 살포한다.

7. 무기양분의 이동성 및 결핍 진단법과 치료방법

1) 무기양분의 이동성

(1) 이동성 원소

① N, P, K, Mg는 이동이 용이하다.
② 성숙 잎에서 어린 잎으로 부족한 원소가 쉽게 이동하기에 부족 현상은 성숙 잎에 먼저 나타난다.

(2) 부동성 원소

① Ca, Fe, B는 이동이 쉽지 않다.
② 성숙 잎에서 어린 잎으로 부족한 원소가 이동하지 못하기에 어린 잎, 생장점이 있는 어린 가지, 열매에 결핍증상이 먼저 나타난다.

(3) 중간성 원소

① S, Mo, Mn, Zn, Cu
② 이동성이 중간 정도로 어린 잎과 성숙 잎에서 초기에는 동시에 증상이 나타난다.

2) 진단 및 방지법

① 가시적 결핍증 관찰 : 잘못 판단할 가능성이 있다.
② 시비실험
  ㉠ 소규모로 엽면시비를 한 후 결핍증상이 없어지는지를 확인한다.
  ㉡ 철의 경우 $FeCl_2$(염화제2철) 0.1% 용액을 잎에 뿌려 진단한다.
③ 토양분석 : 지표면 20cm 토양을 채취하여 유효양분 함량을 측정한다.
④ 엽분석
  ㉠ 4가지 방법 중 가장 신빙성이 있다.
  ㉡ 가지의 중간 부위에서 성숙한 잎을 채취하여 함량분석을 한다. 잎의 채취 시기는 봄잎은 6월 중순, 여름잎은 8월 중순이다.

3) 결핍증상과 치료법

원소	치료법	결핍증상 활엽수	결핍증상 침엽수
N	요소, 황산암모늄, 질산암모늄	• 성숙 잎 황녹색 • 잎이 작고 조기낙엽	• 잎이 작고 황변함 • 수관하부 황색 또는 갈색으로 변함
P	과린산석회	• 성숙 잎 녹색 • 엽맥, 엽병, 잎 뒷면의 보라색 • 가는 가지의 조기낙엽	잎, 청색~회녹색
K	황산칼륨, 염화칼륨	• 잎 가장자리와 엽맥조직 황화, 검은 반점 • 측지가 꼬불거리고 짧다.	• 잎 청녹색 → 황색, 적갈색 • 서리 피해에 약하다.
Ca	석고	• 어린 잎 황화, 괴사 • 잎이 작고 기형화	• 잎끝이 꼬불거리고 눈은 왜성화 • 수관상부 어린 잎이 심하다.
S	석고	• 어린 잎, 성숙 잎 담녹색 • 잎이 작고 왜성화	• 성숙 잎 끝 황화~적색화 • 조기낙엽

문제 무기영양소의 결핍과 필수원소의 일반적인 결핍증상과 이동성에 관하여 설명하시오.
(문화재수리기술자 : 2019년)

8. 수간주사의 장단점과 4가지 주입방법

1) 개요

① 약제 살포가 민원의 대상이 되고 또한 키 큰 나무의 방제에 어려움이 많았으나 수간주입과 침투성 약제 개발로 방제효과가 효율적으로 이루어지고 있다.
② 수간주사는 목부(형성층 안쪽)에 약액을 투여하며 물과 함께 상승하도록 하는 방법이다. 중력식은 잎이 달려있는 4월 중순~10월까지 실시가 가능하며 압력식은 연중 사용이 가능하다.
③ 청명한 날 낮 시간이 효율적이며 수용성 무기양분, 침투이행성 약제만 사용이 가능하다.

2) 수간주입법의 장단점

(1) 장점
① 약액이 수체 내부만 전달되기에 환경오염이 없다.
② 연 1회 소량 주입으로 수개월 이상 약효가 지속된다.
③ 파이토플라즈마, 재선충병 등 전신 감염병 치료에 효과적이다.
④ 대추나무 빗자루병의 경우 옥시테트라사이클린 약제 살포는 효과가 없으나 수간주사는 효과가 있다.

(2) 단점
① 주입공으로 인한 목재의 변색 또는 부후가 우려된다.
② 일반 농약 살포보다 고가이며 대단위 방제일 경우 시간과 인건비가 과다하게 소요된다.

3) 수간주입 방법

① 수간주사 위치는 밑둥 근처로 낮을수록 좋고, 지상 60cm 이내로 한다.
② 굵은 뿌리는 상처 치유가 빨라 수간보다 유리하다.
③ 주입공의 깊이는 목질부로부터 2cm 깊이 정도, 직경 5mm, 30~45도 경사지게 뚫는다.
  ㉠ 침엽수 : 직경이 작은 가도관으로 형성되어 있어 마지막 나이테 1~5개를 이용한다.
  ㉡ 활엽수
    • 산공재 : 단풍나무(직경이 작다) 마지막 나이테 1~3개를 이용한다.
      예 포플러, 피나무, 너도밤나무, 벚나무 등
    • 환공재 : 참나무(직경이 크다), 마지막 나이테 1개를 이용한다.
      예 물푸레나무, 음나무, 아까시나무, 가죽나무, 이팝나무 등

4) 약액이 들어가는 원리

(1) 중력식 수간주입법

① 중력에 의해 약액을 주입하는 방법으로 저농도 약액을 형성층 안쪽 목부에 투여하여 물과 함께 상승하게 한다. 다량 주입 시 사용한다.
② 1ℓ의 주입에 12~24시간이 소요된다.
③ 대추나무 빗자루병 치료제인 Oxtetracycline 주입 시 사용한다.
④ 잎이 달려있는 시기인 4~10월까지 실시가 가능하다.

(2) 압력식 수간주입법

① 압력식 수간주입 용기에 약액을 압력으로 주입한다. 가장 많이 이용한다.
② 약액은 5~10mℓ, 소요 시간은 30분 이내이다. 단시간에 많은 나무의 처리가 가능하여 효율적이다.
③ 소나무의 유입식 수간주입은 3~11월에는 불가하나 압력식은 연간 가능하다.
④ 소나무 재선충(아바멕틴, 에마멕틴벤조에이트), 버즘나무방패벌레(이미다클로프리드, 아세타미프리드) 등 조경수의 주요 병해충 방제에 많이 사용된다.

(3) 유입식 수간주입법 : 약액을 채워 놓는 방법

① 중력과 압력을 이용하지 않고 약액이 유입되도록 하는 방법이다.
② 직경 1cm, 깊이 10cm 구멍에 직접 약액을 투입한다. 비용이 적게 들지만 상처가 오랫동안 지속된다.
③ 유입식 수간주입은 주로 활엽수에 사용한다. 소나무는 송진 유동이 활발하지 않은 12~2월에만 가능하고 3~11월에는 송진에 막혀 수간주입이 안 된다.

(4) 삽입식 수간주입법

가루 또는 영양제, 미량원소를 사용한다.

5) 결론

수간주사는 효율적이고 친환경적 방제이나, 흉고직경 10cm 이상의 수목에 시행하여 수목의 생장을 방해하지 않는다. 주입공으로 인한 목재의 변색 또는 부후가 우려되므로 주입공 피해를 최소화하기 위해 지오판 도포제를 발라 상처가 조속히 아물도록 한다.

문제 파이토플라스마에 의한 수목의 병을 치료하기 위해 실시하는 수간주입 방법 4가지를 쓰고 설명하시오. (문화재수리기술자 : 2016년)

문제 수간주사의 정의 및 주입물질, 장단점을 서술하시오. (문화재수리기술자 : 2010년)

9. 종합적 해충 관리(IPM)

1) 개요

관행적인 해충 방제에서 탈피하여 다양한 방제법을 동원하여 해충의 숫자를 줄이되 박멸하는 것이 아니며, 종합적으로 경제적 피해 수준을 최소화하는 수준으로 병충의 발생 밀도를 조절하는 방법이다.

2) 추진방법

① 개발된 방제법(기계적, 재배적, 생물학적, 화학적, 법제적 방제)을 합리적으로 통합하여 모든 적절한 기술을 상호모순 없이 사용함으로써 경제적 피해를 일으키지 않는 수준으로 해충 밀도를 유지한다.

② 경제적 피해 허용 수준 파악

경제적 피해 수준 (EIL)	• 경제적 손실을 가져오는 해충 수준, 피해가 나타나는 최저 밀도 • 해충에 의한 피해액과 방제비가 같은 수준의 밀도로 해충을 방제해야 할 때의 기준이 된다.
경제적 피해 허용 수준 (ET)	경제적 피해수준 도달을 억제하기 위해 직접 방제수단을 써야 하는 밀도 수준으로 시간적 여유가 있어야 한다.
일반평형밀도 (GEP)	• 일반적인 환경조건하에서의 평균 밀도 • 약제방제 같은 외부간섭을 받지 않고 천적의 영향으로 장기간에 걸쳐 형성된 해충의 평균 밀도

※ 솔잎혹파리의 충영이 50%일 경우는 경제적 피해 수준(EIL), 충영이 20%일 경우는 경제적 피해 허용수준(ET)

3) 방제 목적의 달성 위한 방법

일반평형밀도를 낮추는 방법	• 환경조건을 해충의 서식과 번식에 불리하도록 만들어 주는 것 • 살충제나 천적의 이용
경제적 피해 허용 수준을 높이는 방법	해충의 밀도는 그대로 두고 내충성 등 해충에 대한 수목의 감수성을 낮추는 방법

4) 방제원칙

① 적은 방제 비용으로 높은 구제 효과를 얻어야 한다.
② 생태계 교란을 최소화해야 한다.
③ 경제적, 사회적, 생태적 가치를 고려한 피해 허용 수준을 정해야 한다.
④ 해충방제 개념에서 탈피하여 "해충관리" 개념으로 변환되어야 한다.

5) 결론

종합적 병충해 관리는 경제적 피해를 최소화하는 수준으로 병충해 발생 밀도를 조절하는 방법으로 생태적, 경제적, 사회적 영향을 종합하고 병충해 발생 예찰과 개체군과 임분의 동태를 고려한 후 방제 여부나 수단을 결정하고 종합적인 체계를 필요로 한다.

10. 병해충 방제 전략의 변천 과정

1) IPM[1] 이전

① 화학적 병충해 방제가 주류 : 천적 육성, 윤작, 기타 경종적 전략과 단절
② 문제점
  ㉠ 농약 저항성 병해충이 발생한다.
  ㉡ 광범위한 농약 적용(천적까지 제거)으로 농약 확대 적용의 악순환이 되풀이된다.

2) IPM(종합병충해 관리)

① 정의 : 생물적, 경종적, 화학적 방제를 결합한 종합적인 식물 병해충 방제
② 구성 : 생태적, 사회적, 경제적 수용성 고려
③ 목표 : 병해충과 피해를 허용 가능한 수준으로 관리

---

[1] IPM(Integrated Pest Management)의 정의를 FAO(식량농업기구)에서는 모든 적절한 기술을 서로 모순되지 않는 형태로 사용하고, 경제적 피해를 일으키는 수준 이하로 해충 개체군을 감소시키며, 그 낮은 수준을 유지하기 위한 「해충개체군 관리시스템」이라고 정의하고 있다.

11. 페로몬의 개념과 종류

1) 페로몬(pheromone)[2])의 개념

곤충 개체 내부에서 생리적인 작용을 조절하는 것은 호르몬이며, 서로 다른 개체 간의 상호작용을 조절하는 것은 신호물질이라 한다. 신호물질은 종내 서로 다른 개체에게 정보를 전달하는 "페로몬"과 "이종 간 통신물질"이 있다.

2) 페로몬 종류 : 6가지

성	같은 곤충의 종간 개체 유인, 몇 가지 물질이 특정 비율로 혼합되어 종 특이성을 나타낸다 (나비목 방제에 활용, 미국흰불나방, 회양목명나방, 복숭아유리나방).
집합	나무좀, 톡토기류 등이 먹이 혹은 서식지를 찾았을 때(솔수염 하늘소, 북방수염하늘소, 딱정벌레, 노린재류) 분비한다.
경보	사회생활(벌, 개미), 집단생활(진딧물, 노린재류)을 하는 곤충의 위험신호로 휘발성이 강해 빠르게 전파되고 빠르게 사라진다.
길잡이	사회성 곤충(개미, 흰개미)이 이동하기 위한 길을 표지하기 위한 분비로 효과가 지속된다.
분산	• 같은 곤충 종 개체들의 과밀 현상을 막기 위해 분비, 다리의 감각기에 접촉하여 감지한다. • 산란 시 간격 페로몬을 분비하여 가까이서 산란을 못 하게 한다.
계급	사회성 곤충에서 각각의 계급질서를 유지하기 위해 분비한다.

3) 페로몬을 이용한 해충방제 (기술고시 : 2013년)

구분	목적
발생 예찰	해충발생기에 페로몬트랩을 설치, 대상 해충 발생 시기를 예측하여 약제 살포 결정
대량 유살	페로몬트랩에 의한 대상 해충의 대량 포획으로 차세대 밀도 감소
교미 교란	성페로몬 대상 해충의 교미를 교란
생물자극제	대상 해충의 활력을 조장하여 살충제에 접촉할 수 있는 가능성을 높임

---

[2] 페로몬은 같은 종족의 반응을 이끌어 내도록 개체에서 분비되는 호르몬 물질을 말한다.

12. 생물적 방제

1) 개념

생물적 방제는 증가된 해충의 밀도를 감소시키기 위해 곤충병원성 미생물, 포식성 천적, 기생성 천적과 같은 생물적 요인을 이용하여 자연계의 평형을 유지시키는 방법이다.

2) 생물적 방제의 종류

(1) 기생성 천적

① 내부기생성(기주체 내에 기생) : 먹좀벌류, 잔디벌류
② 외부기생(기주체 외부에서 영양 섭취) : 개미침벌, 가시고치벌

(2) 포식성 천적

① 씹는입틀 : 무당벌레, 사마귀, 풀잠자리, 말벌류
② 빠는입틀 : 꽃등에 유충, 풀잠자리 유충, 침노린재, 애꽃노린재
③ 응애류, 거미류, 박새, 진박새

(3) 곤충병원성 미생물

① 바이러스
  ㉠ 핵다각체 병바이러스 : 대부분 나비목 유충을 기주로 한다.
  ㉡ 과립 병원성 바이러스 : 저온에서 비교적 장기간 유지되나 자외선에 의해 활성이 낮아진다(경구, 경란전염).
  ㉢ 반드시 기주곤충이나 곤충 배양 세포에서만 증식이 가능하다.
  ㉣ 해충 치사에 소요되는 기간이 길어 방제 현장에 적용하기 어렵다.
  ㉤ 기주 범위가 좁아 천적에 대한 영향이 적어 복합 방제에 유리하다.

② 세균
  ㉠ 해충에 대한 병원성 가진 포자형성형 세균류이다.
  ㉡ Bt균(Bacillus thuringiensis) : 나비목 유충 방제용이며 소화중독에만 효과가 있고 살포 수일 후 효과가 나타난다.

③ 곰팡이
  ㉠ 곰팡이는 백강균과 녹강균이 있다.
  ㉡ 씹는 입틀을 가진 해충과 흡즙성 해충 방제에 적용되고, 다양한 생육 단계에 적용이 가능하다.

④ 선충
  ㉠ 살충력이 높고 대량 증식과 보관이 가능하며 기존 농약 살포용 기구의 사용도 가능하다.
  ㉡ 화학농약, 곤충 병원성 세균과 혼용이 가능하며 인축에 대한 안정성 등 이점이 많다.
  ㉢ 밤바구미(9월), 복숭아명나방(7~8월), 노랑털알락나방은 살충력이 우수하다.
  ㉣ 햇빛이나 자외선에 매우 약하고 습도가 낮아지면 쉽게 죽는 등 환경에 민감하다.

3) 천적의 구비조건

① 해충 밀도가 낮아도 해충을 찾을 수 있는 수색력이 높아야 한다.
② 성비가 작아야 한다.
③ 기주특이성이 높아야 한다.
④ 세대기간이 짧고 증식력이 높아야 한다.
⑤ 천적의 활동기와 해충의 활동기가 시간적으로 일치해야 한다.
⑥ 신속하게 영향권을 확산할 수 있는 분산력이 높아야 한다.
⑦ 대량사육이 용이해야 하며 2차 기생봉(천적에 기생하는 곤충)이 없어야 한다.

4) 생물적 방제의 장단점

장점	단점
• 생물계의 균형 유지, 방제효과가 영구적·반영구적, 친환경적이다. • 화학적 문제가 없다. • 기주 특이성이 커서 대상 해충만 방제가 가능하다. • 발생 초기의 예방적 방제에 적합하다.	• 유력 천적의 선발과 도입 및 대량 사육이 어렵다. • 해충 밀도가 높을 경우 효과가 미흡하다. • 시간과 경비가 과다하게 소요된다.

5) 천적 방제 성공 사례

사과면충 – 사과면충좀벌	루비깍지벌레 – 루비깍지좀벌
목화진딧물 – 콜레마니진딧벌	꽃노랑 총채벌레 – 애꽃노린재류
온실가루이 – 온실가루이좀벌	진딧물 – 무당벌레·진딧벌
점박이응애 – 칠레이리응애, 긴털이리응애	이세리아깍지벌레 – 베달리아무당벌레

6) 결론

① 생물적 방제는 인간을 비롯한 동물에 미치는 영향이 적고 종류에 따라 차이가 있으나 방제 효과가 영구히 나타나고 해충 밀도가 자연적으로 조절될 수 있다.
② 대상해충을 선별적으로 방제하고 해충에 대한 저항성이 발생하지 않는 방제 방법으로 예방에 적합하므로 연구개발을 하여야 할 것이며, 더불어 환경조건을 천적에게 유리하도록 개선하여 활동 여건을 증대하여야 한다.

문제 환경 친화적인 방제 방법을 논하시오. (기술고시 : 2003년)

문제 침엽수 뿌리썩음병(병원균 : *Heterobasidion annosum*)의 생물적 방제법에 대하여 논하시오. (기술고시 : 2018년)

13. 안노섬뿌리썩음병(담자균)

1) 개요

적송, 가문비나무가 밀집한 지역의 수목에서 많이 발생하며 건강한 임목에서는 발생하지 않는다. 민주름버섯, 구멍장이버섯, 말굽버섯이 발생한다.

2) 병징

① 감염목 지상 부위가 영양 결핍으로 황변하고, 병든 뿌리는 부패되어 섬유질 모양이 된다.
② 집단으로 발생 시 가운데는 죽거나 넘어진 나무들이 있고, 주위에는 위황(황색변) 및 가지마름 증상의 나무들이 둘러싼다.
③ 주로 침엽수에 피해를 입히며, 벌채한 그루터기가 이상적인 침입 장소이다.

3) 방제법

① 식재거리를 넓혀 뿌리 전염을 사전에 방지한다.
② 근처에 감염지가 있으면 나무 벌채 시 그루터기에 붕사, 요소, 질산나트륨 또는 길항미생물, 포자현탁액을 처리하며, 발병지는 감수성 수목을 심지 않는다.

14. 화학적 방제의 장단점과 살충제 사용의 문제점

1) 화학적 방제의 장단점

장점	단점
병해충 억제로 품질이 향상된다.	환경오염이 된다.
경제적이며 효과가 빠르다.	생태계가 파괴된다.
효과가 뚜렷하다.	속효성이지만 일시적이다.
응급구제가 가능하다.	해충에 유효하나 재발생한다.
생산비 저하와 경제적 이익이 크다.	인축에 독성이 있다.

2) 살충제 사용의 문제점

① 저항성 해충 출현 : 생명에 영향을 받는 농약의 약량에도 견딜 수 있는 능력이 발달되는 것으로, 약제에 대한 내성이 유전자에 의해 후대형질로 유전된다.
② 살충제 저항성
  ㉠ 약제저항성 : 동일 약제의 연속적인 사용으로 인해 저항력이 강한 개체만이 선발되어 약효가 떨어지고 결국에 병해충을 방제할 수 없는 현상
  ㉡ 저항성의 종류 : 교차저항성, 복합저항성, 부상관교차저항성
③ 살충제에 의한 환경오염이 된다.
④ 격발현상 : 2차 해충피해 발생 등 피해가 증대된다.
⑤ 약해 피해가 발생한다.
⑥ 작물 잔류에 의한 인체 영향을 미친다.
⑦ 토양 잔류로 인한 후작물의 약해 및 생태계 변화와 지하수를 오염시킨다.
⑧ 수계 잔류 : 인체 영향 및 수생생물 생태계에 악영향을 미친다.
⑨ 대기 잔류 : 최상위 포식자에 영향을 미친다.
⑩ 농약해 : 경엽, 뿌리, 꽃, 과실 등에 약해가 발생한다.

15. 해충의 살충제 저항성 획득 기작과 저항성 방제 (기술고시 : 2006년)

1) 개요

해충이 생명에 영향을 받는 농약의 약량에도 견딜 수 있는 능력이 발달되는 것으로 약제에 대한 내성이 유전자에 의해 후대형질로 유전된다.

2) 살충제 저항성

① 약제저항성 : 동일 약제의 연속적인 사용으로 인해 저항력이 강한 개체만이 선발되어 약효가 떨어지고 결국에 병해충을 방제할 수 없게 되는 현상이다.

② 저항성의 종류

교차저항성	어떤 농약에 대하여 이미 저항성이 발달된 병원균, 해충 또는 잡초가 한 번도 사용하지 않은 농약에 대하여 저항성을 나타내는 것
복합저항성	작용기작이 서로 다른 2종 이상의 약제에 저항성을 나타내는 것으로, 한 개체 안에 두 가지 이상의 저항성 기작이 존재하기 때문에 발생함
부상관 교차저항성	어떤 약제에는 저항성을 나타내나 다른 약제에는 오히려 감수성이 증가하는 것(역상관 교차저항성)

3) 살충제의 저항성 기작

① 행동적 요인 : 살충제가 살포된 지역에 대한 해충의 식별력 증가로 인한 기피현상이 발생한다.
② 생리적 요인 : 해충의 표피로 약제 체내 침투율을 저하, 대사시키는 능력이 증가, 작용점 도달 약량을 감소, 살충제를 신속히 배설하는 능력이 증가한다.
③ 생화학적 요인 : 체내에 침투한 살충제를 무독화하는 능력이 증가, 약제에 대한 작용점의 감수성 저하 능력이 발달한다.

4) 저항성 해충방제

① 저항성을 유발시키지 않거나 지연시키는 방향으로 한다.
② 해충의 생활사, 먹이 선호도, 천적, 가해작물의 내성, 약제의 특성, 살포 농도, 살포 방법 및 횟수, 살충기작 등 약제 처리 전에 다양한 요인을 고려한다.
③ 과도한 살충제의 사용과 동일 약제의 연속 사용을 피한다.
④ 살충 기작이 서로 다른 약제를 교호하여 사용한다.
⑤ 살충 기작이 서로 다른 약제들을 혼합하여 사용한다.
⑥ 살충력의 상승효과를 이용한 혼합제를 이용한다.
⑦ 협력제와의 혼합처리가 필요하다.

16. 병원균 전반 방법 (문화재기술자 : 2013년)

1) 개요
전반이란 병원체가 여러가지 방법으로 다른 지역이나 다른 식물체에 운반되는 것이다.

2) 전반 방법
① 풍매전반 : 잣나무 털녹병균, 밤나무 줄기마름병, 밤나무 흰가루병, 잿빛곰팡이병, 녹병, 일본잎갈나무 가지마름병, 목재썩음(담자균)

② 수매전반 : 근두암종병, 모잘록병, 향나무 녹병, 밤나무 줄기마름병, 불마름병, 호두나무 탄저병

③ 충매전반 : 대추나무 빗자루병 병원체, 각종 식물성 바이러스와 파이토플라즈마

④ 묘목에 의한 전반 : 잣나무 털녹병, 밤나무 근두암종병, 밤나무 줄기마름병

⑤ 종자에 의한 전반 : 파이토플라즈마는 종자전염을 하지 않는다.
　㉠ 종자 표면 부착 전반 : 오리나무 갈색무늬병, 탄저병, 모잘록병
　㉡ 종자조직 잠재 전반 : 호두나무 갈색썩음병

⑥ 식물체 영양번식 기관에 의한 전반 : 오동나무와 대추나무의 빗자루병 병원체, 각종 바이러스와 파이토플라즈마

⑦ 토양에 의한 전반 : 모잘록병균, 근두암종병, 리지나뿌리썩음병

⑧ 기타 방법에 의한 전반
　㉠ 병든 뿌리 접촉 : 재질부후균
　㉡ 벌채 후 통나무나 재목 등에 병원균 잠재 전반 : 목재부후균, 밤나무 줄기마름병, 느릅나무 시들음병

17. 잎시들음과 황화현상의 비교

병징	원인	병징	진단
잎시들음	파이토프토라 뿌리썩음병	• 수관 전체 서서히 쇠락 • 더운 날 갑자기 병징	뿌리변색, 상처, 고사 조사
	토양 통기 불량 (침수, 지하수 과다)	병징 서서히 나타남	토양색 청색, 회색, 악취
	답압, 복토	병징 서서히 나타남	지제부 복토 확인
	바구미, 굼벵이	수관 전체 갑자기 병징 보임	뿌리가해 곤충 확인
	줄기마름병, 재선충	더운 날 갑자기 병징	재선충 존재 확인
	나무좀	수관 전체 또는 한두 가지 내 나타남	탈출구 확인
	수분부족, 모래땅	건조 예민 수종, 급속히 병징 나타남	토성 조사
	저온	내한성 약한 수종은 갑자기 시듦	최근 기상 상태, 내한성 수종 확인
잎 황화 · 전체	토양 내 가스 누출	점진적으로 모든 나무에 황화현상	토양색 검게 변함, 목부조직 청색, 갈색 변함
	질소 결핍	성숙 잎에 먼저 나타남	엽분석, 함량 측정
	뿌리 손상	수관 전체에 천천히 나타남	토양색, 수분 확인
	복토, 뿌리 상처	수관 전체에 천천히 나타남	복토 확인
	파이토프토라 뿌리썩음병	더운 날 갑자기 나타남	뿌리 병색, 고사 조사
	수간피소	수피가 얇은 수종에 나타남	남서쪽 수피 조사
	대기오염	서서히 황화	최근 대기오염 조사
잎 황화 · 엽맥 사이	철 결핍	서서히 나타나며 어린 잎이 심함	토양 pH조사, 함량조사(잎), 토양 온도 낮거나 수분 과다 시 일시적 현상
	망간 결핍	서서히 나타남, 엽맥 주변에 넓은 녹색 띠, 성엽과 어린 잎에 나타남	토양 pH조사, 잎의 망간 함량 조사
	파이토프토라 뿌리썩음병	감수성 수종 국한	토양배수 확인
	제초제	잎끝 가장자리, 엽맥 따라 황화, 뒤틀림 현상	토양 분석

CHAPTER 02 곰팡이에 의한 병해

1. 기주 우점병과 병원균 우점병

1) 개요

뿌리병은 대부분 복합감염 결과이며 복합감염은 병원균 우점, 기주 우점 또는 두 가지 특성 모두 나타내기도 한다.

2) 기주 우점병

① 병원균보다 기주가 병 발생에 많은 영향을 미치는 특성을 가지며 만성적인 병이다.
② 대부분의 뿌리 썩음병과 시들음병이 이에 속한다.
③ 만성적인 병으로 생장이 지연되며 결실률이 저하된다. 병원균 우점병보다 환경의 영향을 더 많이 받는다.

3) 병원균 우점병

① 병원균 우점병은 주로 미성숙 조직에 침입한다.
② 수목이 어릴 때 잠복해 있던 병원균이 활동하여 뿌리의 노화를 촉진하고 고사시킨다.
③ 모잘록병, 파이토프토라뿌리썩음병, 리지나뿌리썩음병 등이 있다.

4) 병 발생에 영향을 미치는 특성

기주 우점병	병원균 우점병

• *Armillaria(solidipes)* 뿌리썩음병
  – 뽕나무버섯, 뽕나무버섯붙이에 의해 발병, 선단부터 고사 시작
  – 침활엽수 가해 → 근상균사속(뿌리꼴균사다발), 부채꼴균사판, 뽕나무버섯이 표징
• 자줏빛날개무늬병(자문우병) : 침활엽수에 발생, 고온기 시들음. 새 가지 생장 불량. 자갈색 헝겊 같은 피막 형성
	• 모잘록병 : 부등편모 조류에 속함
	  – *Pythium* : 임의기생체로 뿌리 먼저 감염시킨 후 지상으로 발전. 잔뿌리에 감염 국한
	  – *Rhizoctonia Solani* (불완전균) : 지제부 줄기를 감염시킨 후 뿌리로 내려옴. 성목에도 발생, 습한 곳에 비교적 많으나 건조한 곳에도 발생

기주 우점병	병원균 우점병
• 흰날개무늬병 : 치사율 낮은 뿌리썩음. 자낭균 • 안노섬뿌리썩음병 : 적송, 가문비나무. 북반구 온대지역, 조밀 지역에서 발생 → 민주름버섯, 구멍장이버섯, 말굽버섯 발생	• *Phytophthora* 뿌리썩음병 : 부등편모 조류. 운동성 있는 유주자가 형성되어 포자가 인근 뿌리로 이동하여 연화병 병해가 발생 • 리지나뿌리썩음병 : 자낭균, 파상땅해파리에 의해 발생. 석회로 중화. 산불 발생지에서 발생(35~45℃에서 포자 발아). 소나무, 가문비나무, 전나무, 일본잎갈나무, 솔송나무 가해 → 치사율 높은 뿌리썩음병

5) 방제

기주 우점병이나 병원균 우점병의 증상이 나타나면 이미 뿌리의 손상이 있는 것이다. 건강상태를 유지하고 전염원을 차단하며 국부적인 경우 객토 등을 실시한다.

2. 리지나뿌리썩음병

1) 개요

1982년 경주에서 처음 발견된 병원균우점병의 뿌리썩음병으로 국내에서는 파상땅해파리버섯에 의해 발병하며 장령목이 집단적으로 고사한다. 태안, 서산 등 해안 지역 곰솔림이 피해가 크다.

2) 기주와 병원체

① 기주 : 소나무류, 곰솔, 전나무류, 가문비나무류, 솔송나무 등 침엽수
② 병원체 : *Rhizina undulata*(자낭균)

3) 병징과 병환

① 잔뿌리가 검은 갈색으로 썩고 나무 전체가 수분을 잃어 적갈색으로 고사한다.
② 감염된 뿌리 표면에 흰색 또는 노란색의 균사가 덮여있다.
③ 줄기 밑동과 주변 토양에 원반형의 파상땅해파리버섯이 형성된다.
④ 감염된 뿌리에서 분비되는 수지가 토양입자와 섞여 모래 덩어리를 형성한다.
⑤ 병원체의 포자가 발아하기 위해서는 35~45℃의 높은 지중온도에서 3시간 이상 노출 시 발아하여 뿌리피층, 체관부(사부)로 침입한다.

⑥ 1년에 약 6~7m의 불규칙한 원형을 이루면서 외곽으로 확산되며 원형 발생지 내는 대부분 고사한다.
⑦ 병원체는 토양 내 다른 미생물과의 경쟁에 약하기 때문에 불이 발생하여 토양미생물이 단순화된 상태에서 우점균으로 발생하며 특히 산성토양에서 잘 발생한다.
⑧ 상대적으로 토양미생물이 적은 해안가 모래의 소나무 숲에서 문제가 되고 있다.

4) 방제법

① 석회 사용으로 토양산도를 중성으로 개선한다. 석회를 1ha당 2.5ton 사용한다.
② 병원체 이동 방지용 도랑을 설치한다. 최초의 병 발병 지점으로부터 약 10m 떨어져서 깊이 80cm, 폭은 약 1m 정도 되는 도랑을 파고 토양에 소석회를 투입하여 병원체의 확산을 막는다.
③ 산불예방 및 산림 내 출입을 통제한다.
　㉠ 산불 발생을 억제하고 산불이 난 지역에서는 기주 수종을 심지 않는다.
　㉡ 산림 내 출입 통제와 지정된 장소 이외에서는 모닥불 및 쓰레기 소각 등과 같이 토양온도를 높일 수 있는 행위를 금지한다.

5) 농약살포

피해목 굴취 장소에는 베노밀수화제를 m^2당 2ℓ 관주한다.

6) 결론

산불, 해안 지역 소나무림 내의 쓰레기 소각, 캠프파이어, 취사 등이 토양의 온도를 상승시키는 주요 원인이며, 병 발생의 가장 중요한 원인 제공자는 사람이라 할 수 있으므로 대국민 홍보가 가장 효과적이다. 특히, 2022년 3월 울진, 삼척 지역에서 발생한 대형 산불 지역의 리지나뿌리썩음병 발병이 크게 우려된다.

문제 리지나뿌리썩음병의 병원체의 생리적 특성, 방제법 및 문제점을 서술하시오. (기술고시 : 2006년)

3. 아밀라리아뿌리썩음병 (담자균)

1) 개요

① 우리나라는 *Armillaria solidipes*에 의해 주로 잣나무에 피해를 준다.
② 소나무, 자작나무, 잣나무, 전나무, 밤나무, 참나무, 포플러 등 침·활엽수에 발생한다.
③ 침엽수인 경우 20년생 이하에서 많이 발생한다.

2) 병원균

① 기주 범위가 광범위하다(잣나무, 소나무, 자작나무, 밤나무, 참나무, 전나무).
② 우리나라의 경우 아밀라리아뿌리썩음병의 주된 병원균이다.

Armillaria solidipes	*Armillaria mellea*
잣나무에 가장 민감함, 피해 증가 추세	천마와 공생하는 내생균근을 형성

③ 병원성이 약한 종들은 부생체로 이로운 역할을 하며, 병원성이 강한 종들은 부적응된 개체를 제거하는 자연간벌의 역할을 한다.
④ 초본식물에서도 병이 발생하고, 임령이 증가할수록 감소하는 경향이 있다. 병징은 정아 생장을 저하하고 수관쇠퇴, 황화현상, 조기낙엽이 된다.

3) 병징, 표징 병환

① 병징
 ㉠ 감염목은 6월~가을 걸쳐 잎 전체 서서히 황변, 갈변하여 고사한다.
 ㉡ 8~9월 병든 나무 주위에 뽕나무버섯이 발생한다.
 ㉢ 잎이 작아지고 나무 꼭대기부터 조기낙엽이 되며 뿌리목 부근의 송진이 굳어있다.

② 표징
 ㉠ 뿌리꼴균사다발 : 뿌리같이 보이는 갈색~흑갈색 보호막 안에 실처럼 가는 균사가 뭉쳐진 다발로 뿌리처럼 잔가지가 있다.
 ㉡ 부채꼴균사판 : 수피와 목질부 사이에서 자라는 부채 모양 균사 조직이다.
 ㉢ 뽕나무 버섯 : 매년 발생하지 않고 발생 몇 주 안에 고사한다(8~10월).
 ㉣ 아밀라리아는 백색부후 곰팡이이며 부후된 부분에서 Zone lines를 볼 수 있다.

4) 방제법

① 저항성 수종 식재 : 기주 범위가 넓어서 어렵지만 임분 구성의 변환이 가능하다.
  ※ 감수성 수종 : 밤나무, 참나무, 가문비나무, 전나무, 소나무, 벚나무 등
② 그루터기 제거 : 병의 확산 속도를 늦춘다. 토양 훈증을 실시한다.
③ 기타 방제법 : 티오판수화제로 토양소독을 하거나 자실체를 걷어내고 도랑 파기를 한다.
④ 경쟁 관계에 있는 곰팡이를 이용하여 병원균 생장에 필요한 양분을 제한함으로써 병 확산을 늦추는 방법이 있다.
⑤ 석회를 시용하여 산성화를 방지한다.
⑥ 곤충, 한발, 번개에 손상되었을 경우 아밀라리아뿌리썩음병에 걸리기 쉽다.

5) 결론

① 산림에서 이미 발생한 Armillaria 뿌리썩음병 방제는 상당히 어렵기 때문에 임분을 건강하게 관리해야 한다.
② 사전 예찰을 강화하고 자실체인 뽕나무버섯은 발견 즉시 제거하며 토양수분, 간벌, 비배관리, 해충방제 등을 통해서 임분을 건강하게 관리해야 한다.

문제 국내에 발생하는 아밀라리아병원균들의 종명, 기주병원성 및 피해증상, 병환, 방제법에 대하여 설명하시오. (문화재수리기술자 : 2018년)

문제 아밀라리아뿌리썩음병과 리지나뿌리썩음병의 학명, 기주, 병의 특성, 방제법을 서술하시오.

4. 리지나뿌리썩음병과 아밀라리아뿌리썩음병의 비교

구분	리지나뿌리썩음병	아밀라리아뿌리썩음병
병원체	*Rhizina undulata*	*Armillaria solidipes*
우점형	병원균 우점병 : 미성숙 조직 침입	기주 우점병 : 만성적, 환경영향
기주식물	침엽수, 곰솔, 소나무, 일본잎갈나무 등	침엽수, 활엽수, 소나무, 자작나무, 잣나무, 밤나무, 참나무, 전나무 등
자실체	파상땅해파리버섯	뽕나무버섯
병징특징	• 잔뿌리가 흑갈색으로 썩고 나무 전체가 수분을 잃어 적갈색으로 고사 • 감염된 뿌리 표면에 흰색 또는 노란색의 균사가 덮여 있음	• 감염목은 6월~가을에 걸쳐 잎 전체가 서서히 황변, 갈변 고사 • 8~10월 병든 나무 주위에 뽕나무버섯 발생

구분	리지나뿌리썩음병	아밀라리아뿌리썩음병

병징특징	• 1982년 경주에서 최초 발생
	• 모닥불, 산불 발생지에서 발생
	• 포자 발아 조건 : 지중 온도 35~45℃
	• 병원균 자실체는 파상땅해파리버섯으로 자낭균
	• 감염목 뿌리에서 분비되는 수지가 토양입자와 섞여 모래 덩어리 형성
	• 뿌리의 피층이나 체관부에 침입
	• 미생물이 단순화된 상태에서 우점균으로 발생하며 특히 산성토양에서 발생
	• 해안가 모래의 소나무 숲에 발생
		• 잎이 작아지고, 나무 꼭대기부터 조기낙엽되며 뿌리목 부근 송진이 굳어 있음
		• 담자균에 속함
		• 우리나라는 잣나무에 피해 많음
		• 목본류, 초본류에 발생
		• 자연간벌 역할 수행
		• 표징
		  – 뿌리꼴균사다발 : 갈색 균사다발로 뿌리에 부착되어 인접 나무 뿌리에 전염
		  – 부채꼴균사판 : 하얀 부채 모양의 균사조직으로 버섯냄새, 나무 밑둥 감염
		  – 뽕나무버섯 : 대표 표징으로 감염수목 뿌리 주변에 8~10월에 발생하며 몇 주 안에 고사

방제법	• 임지 내 모닥불, 취사 금지 • 피해목 벌채 제거 • 산성토양에 피해가 심하므로 석회로 토양을 중화함. 도랑 파기 • 병원체 이동 방지용 도랑 설치 : 발병 지점으로부터 약 10m 떨어져 깊이 80cm, 폭 1m 정도 되는 도랑을 파고 토양에 소석회 투입 • 산불 예방 및 산림 내 출입 통제 • 농약 살포 : 피해목 굴취 장소에는 베노밀수화제를 m^2당 2ℓ 관주	• 저항성 수종 선택 • 그루터기 제거 • 석회로 토양을 중화 • 간벌, 비배관리, 해충방제로 건강한 임분 조성. 도랑파기

5. 파이토프토라뿌리썩음병

1) 개요

병원균 우점병 연화성 병해로 뿌리, 줄기 과실 등 모든 부위에 침입하여 뿌리썩음병을 일으키는 원인이며 기주범위가 넓고 병원체가 강하다.

2) 기주와 피해

① 기주 : 개비자나무, 곰솔, 일본잎갈나무, 편백 등(1999년 진주에서 최초 발견)
   ㉠ 주요 병원균은 *Phytophthora cactorum*, *Phytophthora cinnamomi* 이다.
   ㉡ 운동성 있는 유주포자가 형성되어 뿌리로 이동하기 때문에 배수가 불량한 토양에서 심하게 발생한다.

② 피해
  ㉠ 딱딱한 지반이 있는 토양에서 심하게 발생한다.
  ㉡ 잎에는 반점, 마름증상, 신초에는 괴사, 가지 줄기에는 마름증상과 궤양이 나타난다.
  ㉢ 우리나라 사과밭에 평균 0.2% 감염률로 사과나무 줄기 밑동썩음병을 일으킨다.

3) 병징과 병환 : 병원균은 균사 내에 격막이 없는 것이 특징
  ① 침엽수 : 전년에 비해 잎 왜소, 녹색이 옅어지고 가지 생장 감소, 이듬해에는 잎 전체가 누렇게 변하고 꼬부라져 타래처럼 보인다.
  ② 활엽수 : 잎 왜소, 퇴색되며 조기낙엽, 갈수록 잎은 황변하고 뒤틀어지며 여름에는 잎이 마르고 꼭대기에서 가지 마름 증상이 나타난다.
  ③ 무성생식하거나 유성생식으로 증식한다.
  ④ 균근 형성이 뿌리썩음병을 차단하는 효과는 있으나 유묘는 균근 형성률이 낮고, 균근이 먼저 형성되면 병원균의 침입이 차단된다.

4) 방제법
  ① 적절한 배수와 시비 관리를 한다.
  ② 병든 수목 잔뿌리를 제거하고 토양 훈증을 실시한다.
  ③ 침투성 살균제로 토양 소독이나 종자 소독을 실시한다.
  ④ 토양 개량을 한다. 알칼리 토양 개량으로 아조마이트를 처리한다.
  ⑤ 토양 훈증 처리 후 윤작을 한다.
    ※ 파이토프토라뿌리썩음병은 역병이며, 병원균은 난균이고 유성세대는 난포자, 무성세대는 유주포자로 증식한다.

6. 균근의 종류 및 역할

1) 균근

어린 뿌리가 공생하는 형태로 곰팡이는 기주식물에게 무기염을 전달해 주고, 기주식물은 곰팡이에게 탄수화물을 제공한다. 북극의 툰드라, 고산지대는 균근이 중요한 역할을 한다.

2) 균근의 종류 및 역할

① 균근의 종류

구분	특성과 기주 등
외생균근	• 곰팡이 균사가 기주세포 밖에서 머물러서 외생이라 한다. • 균사가 뿌리를 두껍게 싼 균투가 있고, 뿌리속 피층까지 침투하고 세포와 세포 사이 간극에 균사에 의한 하티그망을 만든다(피층보다 안으로는 들어가지 않음). • 외생균근을 형성하는 곰팡이는 담자균과 자낭균 같은 버섯류이다. • 감염된 뿌리에는 뿌리털이 발생하지 않는다(균사가 역할을 대신함). • 소나무과는 필수적으로 외생균근을 형성한다(균근 없이 살 수 없다). • 균근 곰팡이는 송이버섯, 광대버섯, 무당버섯, 젖버섯, 그물버섯 등이 있다. • 균근 곰팡이의 생활력이 왕성할 때(숲 15~80년생) 공생을 이룬다. 기주선택이 강하다. • 외생균근 해당 수목 : 소나무, 자작나무, 참나무, 오리나무, 버드나무, 피나무 등, 대부분 담자균+자낭균이며 송이버섯은 대표적 외생균근이다.
내생균근	• 곰팡이 균사가 기주식물 피층세포 안으로 들어간다. • 균사생장은 피층세포 안으로 국한되고 내피 안으로 들어가지 않는다. • 뿌리털이 정상적으로 발달한다. • 소낭과 가지 모양 균사, 난초형 균사, 진달래형 균사가 있다. • 관련균 : 접합균이며 바람 전파가 되지 않는다(직경이 크다). • 기주 범위가 넓다 : 초본, 쌍자엽, 외생균근 제외한 목본 • 내생균근 해당 수목 : 향나무, 단풍나무, 동백나무, 백합나무, 은행나무, 삼나무, 편백, 낙우송, 측백나무 등

② 균근의 역할

㉠ 무기염(N, P, S, Cu) 흡수 촉진 : 산성 토양에서 암모늄태(NH_4^+) 질소 흡수 및 인산 가용화 등

㉡ 균근 형성률은 토양의 비옥도가 높으면 낮고, 인산 함량에 반비례한다.

㉢ 토양 건조, pH, 토양 독극물, 극단의 토양온도에 대한 저항성을 높여준다.

㉣ 뿌리표면을 먼저 점령하여 항생제를 생산해 병원균 저항도 증가시킨다.

㉤ 식물생육이 불리한 토양에서 생태적으로 중요한 위치를 차지하며, 산림 생산성을 높여준다.

㉥ 건조 토양에서 수분 흡수 능력이 크다(수분포텐셜이 −0.7Mpa보다 낮으면 수목이 자라지 못하나 균근이 있을 시 −1.5~−2Mpa까지 수분 흡수 가능).

> **Tips 균근 활용 요약**
>
> - 외생균근 : 균사가 뿌리 속까지 침투하되 세포 밖에서만 자라는 형태로 세포에 침투하지 않는다.
> - 내생균근 : 균사가 뿌리 속 세포 내에 침투하면서 자란다.
> - 내외생균근 : 어린 묘목에 발생한다(소나무류).
> - 비교표
>
> | 균근 | 특징 | 기주범위 | 곰팡이 |
> |---|---|---|---|
> | 외생균근 | 균투
하티그망 | 소나무, 자작나무, 참나무, 버드나무, 피나무 | 자낭균, 담자균(버섯), 광대버섯, 무당버섯, 싸리버섯, 그물버섯, 알버섯, 능이버섯, 송이버섯 |
> | 내생균근 | 가지모양 균사 | 초본류, 과수, 산림수종 | 접합균 : 향나무, 단풍나무, 낙우송, 백합나무, 삼나무, 편백, Glomus, Scutellospo |
> | 내외생
균근 | 어린 묘목에만 출현 | 소나무류 묘목 | 오리나무, 버드나무, 유칼립투스
=하티그네트 형성 |

7. 밤나무 줄기마름병과 밤나무 가지마름병 비교

1) 비교표

구분	밤나무 줄기마름병	밤나무 가지마름병
병균	*Cryphonectria Parasitica*	*Botryospheria dothidea*
피해	• 여름철 : 가지나 잎이 아래로 처진다. • 고사 후 맹아 발생 : 고사목서 자실체로 월동 • 일본, 중국 밤나무는 저항성, 미국, 유럽 밤나무는 감수성	• 줄기수피 내외가 갈색으로 변하고 차츰 검은색 표피 위로 거칠게 나타난다. • 다범성 병해 : 밤나무, 사과나무, 호두나무, 대추나무

병징병환
·
생활사
	• 상처 중심 병반 형성, 수피가 황갈색, 적갈색으로 변한다.
	• 병원균은 조직 내에서 균사 또는 죽은 나무에서 자실체로 월동
	  - 분생포자 : 다습할 때 분생포자각에서 분출된 후 빗물과 곤충에 의해 전반
	  - 자낭포자 : 비 온 후 공중 방출, 바람에 의한 전반
		• 뿌리 감염 시 7월경에 지상부 잎이 누렇게 변하고 차츰 적갈색으로 변하면서 고사한다.
		• 열매 감염 시 흑색썩음병→과피에 갈색 반점과 진물이 나오면서 검은색으로 변하며 술냄새가 난다.

방제	• 배수가 불량한 지역, 수세가 약한 지역에 많이 발생한다. • 초기 병반 : 병반 도려내고 도포제 처리 • 시비 : 적기에 하고 질소질 과용 금지 • 동해 방지 : 백색 페인트 도색	• 감염된 가지를 소각하고 비배, 배수관리 유의 • 햇빛이 부족하지 않도록 적절한 가지치기를 한다(수관에 햇빛이 부족한 경우 발병). • 밤나무, 호두나무, 사과나무 재배지 주변의 아까시나무를 제거한다.

구분	밤나무 줄기마름병	밤나무 가지마름병
방제	• 천공성 해충(박쥐나방 등) 방제 • 저항성 품종(이평, 은기) 식재 및 감수성 품종(옥광 등) 제외 • 저병원성 균주 : 진균바이러스 또는 dsRNA를 이용하는 생물적 방제	

2) 줄기마름병과 dsRNA의 관계

① 병원균을 억제할 수 있다.
② 저병원성 균주를 병원성 균주에 접종 시, 균사와 융합해서 다른 병원성 균주로 dsRNA가 옮겨가면서 병 발생의 능력이 저하된 저병원성으로 변한다.

※ 유럽 저병원성 균주나 미국 저병원성 균주는 바이러스나 유전자가 서로 달라 효과가 없다.

8. 줄기에 나타나는 궤양병의 방제

1) 줄기에 발생하는 병원균

Cryphonetria(병원성 강한 자낭균)

2) 개요

① 궤양이란 수피와 형성층 조직상에 병반 형성 시, 부분적으로 발생하는 병반을 말한다.
② 궤양은 균의 이동률과 유합조직 형성량에 따라 윤문형, 확산형, 궤양마름으로 구분한다.
③ 기주는 다음 생육 기간에 유합조직을 만들어 확산을 방지한다.
④ 궤양의 대부분 병원균은 수피조직에 한정적으로 침입하는 능력을 지니지만 일부는 수피와 목질부를 동시에 침입하는 능력도 있다.

3) 줄기 병원균의 생활사

① 병원체는 임의기생체로 살아 있는 수목의 수피나 죽은 가지에 부생적으로 생장한다.
② 상처를 통해 침입하여 궤양을 형성한다.
③ 죽은 수피에는 자실체를 형성한다. 먼 거리는 공기를 통해, 근거리는 빗물에 의한 누출포자에 의하여 전염된다.

4) 줄기병해의 방제

① 상처가 생기지 않도록 한다.
② 외과수술은 감염된 조직과 일부 건전 조직 등을 제거한다.
③ 치료 후 규칙적인 관수, 균형된 시비를 한다.

> **문제** 밤나무 줄기마름병과 가지마름병의 가시적 병징 차이점 5가지를 쓰고, 밤나무 줄기마름병과 dsRNA의 관계를 설명하고 줄기에 나타나는 궤양병의 처치법을 설명하시오.
> (문화재수리기술자 : 2020년)

9. 밤나무에 발생하는 주요 충해(밤나무 주요 병해와 연관된 공부)

구분	밤나무혹벌
학명	*Dryocosmus kuriphilus*
기주	밤나무 동아(눈)에 기생하는 혹벌
피해	• 1959년 충북 제천에서 발견된 국내 고유종 • 충영 형성(10~15mm)을 한다. • 7월 하순경 성충 탈출 후 말라 죽으며 신초가 자라지 못하고 개화·결실이 이루어지지 않는다. 피해가 심하면 고사한다.
병징 병환 생활사	• 연 1회 발생, 유충으로 월동하며, 밤나무 눈에 기생하여 충영을 만들고, 맹아기(4월) 이전에는 육안으로 피해를 식별할 수 없다. • 유충은 3~5월에 급속 생장하고 충영도 팽대(4~5월)해져 가지 생장이 정지하고 개화 결실을 하지 못한다. • 6~7월 충영 내 유충은 번데기로 되며 7~9일간 번데기 기간을 거쳐 우화한다. • 단성생식하며 산란은 새 눈에 3~5개를 낳는다. • 7월 하순부터 8월 하순에 부화, 유충으로 동아내(冬芽內)에서 월동하며, 6~7월 용화한다(6~7월 하순 탈출, 성충 수명은 4일, 산란 200개).
방제	• 생물적 방제 : 중국긴꼬리좀벌을 4~5월 초순 ha당 5,000마리 살포. 남색긴꼬리좀벌, 노란꼬리좀벌, 큰다리남색좀벌, 상수리좀벌 살포 • 물리적 방제 : 성충 탈출 전 충영 채취 소각, 탈출 후 7월 하순부터 고사 • 화학적 방제 : 7월(성충기)에 적용약제 살포(동아에 산란하는 시기 : 6~7월) • 임업적 방제 : 내충성 품종 갱신 산목율, 상림, 순역, 옥광, 상림, 이평, 유마 식재

※ 1년 1회 발생 유충 월동. 3~5월에 급속히 자라고 4~5월 충영 팽대, 6~7월에 충영 내 충방에서 번데기로, 6~7월 하순 탈출하며 수명은 4일, 새눈에는 3~5월 산란

10. 소나무류 가지마름병

1) 개요

① 소나무 피목가지마름병은 자낭균에 의해 발병하며 전염성 약한 내생균근으로 이상건조(가뭄), 이상고온, 밀식 등 환경장애로 수세가 쇠약할 때 주로 2~3년생 가지에 발병한다.
② 리기다소나무 송진가지마름병은 불완전균에 의해 발병하며 상처를 통해 병균이 침입, 1~2년생 가지에서 발병한다.
③ 소나무 가지끝마름병은 Diplodia균에 의해 답압, 피음, 가뭄 등으로 수세가 약해진 수목의 당년생 가지에 발병한다.

2) 소나무류 가지마름병의 비교

소나무 피목가지마름병 (자낭균)	리기다소나무 푸사리움가지마름병 (불완전균)	소나무 가지끝마름병 (불완전균)
Cenangium ferruginosum	*Fusarium Circinatum*	*Diplodia Pinea*
• 1차적 원인 : 기후변화, 환경변화, 이상건조, 따뜻한 가을, 찬 겨울 • 건조 쉬운 토양, 뿌리 발육 불량, 과밀한 밀도로 인해 발병 • 산발적인 가지 고사 • 당년 또는 이듬해에 잎 탈락	• 해충(나무좀, 바구미) 상처, 기계적 상처, 종자 감염 등을 통해 발병 • 밀식조림, 건조 시 해충피해로 더욱 심하다. • 1~2년생 가지 발생 고사 • 병든 가지에 수년간 잎이 붙어 있다.	• 답압, 피음, 가뭄 등 스트레스가 발병 원인 • 20~30년생에 발생이 많다. • 비가 많이 오고 따뜻한 봄에 많이 발생 • 6월부터 새 가지 침엽이 짧아지고 새순과 어린 잎이 갈변하고 구부러지며 당년생 가지 끝이 빨리 고사 • 늦게 감염된 자란 잎은 우산살처럼 처짐(죽은 가지에서 송진이 나옴)
• 4~5월, 2~3년생 가지에 발생, 병든부와 건전부의 경계 뚜렷 • 건조피해 시 증가 속도가 빠름 • 병원성 약한 2차 병원균으로 전염성 거의 없다. • 장마철 이후 병원균 이동 자낭균(6~8월 비산) • 죽은 피목에 황갈색 자낭반 돌출	• 목질부가 수지로 젖게 되는 특징이 있다. → 흰색 균음 • 1월 평균기온 0℃ 이상 아열대 기후 시 다발 • 녹병균 감염조직에서 신속 생장(테다소나무) • 밝은 갈색으로 퇴색 • 6~8월 노랑색 엽흔에 분생포자좌 : 중요 표징	• 솔잎혹파리 발생지에서 균밀도 높다. • 수피를 벗기면 병든부 뚜렷 • 주로 수관하부 발생 • 명나방, 얼룩나방 유충피해와 비슷하다. • 여름에 엽초에 검은색 분생포자각 돌출 : 중요 표징

소나무 피목가지마름병 (자낭균)	리기다소나무 푸사리움가지마름병 (불완전균)	소나무 가지끝마름병 (불완전균)
• 관수와 시비로 예방 • 병든 가지 소각과 남향으로 뿌리 노출된 곳 관목 무육으로 토양 건조 방지	• 저항성 품종 식재(몬테레이 소나무) • 숲가꾸기로 활력 회복 • 종자 소독(베노밀 · 티람 수화제) • 테부코나졸 유탁제 나무주사	• 죽은 가지 소각 • 풀베기 등으로 하부통풍이 좋도록 • 새 잎 자라는 시기에 베노밀수화제 2~3회 살포

11. 소나무류 잎마름병

구분	소나무 잎떨림병 Lophodermium Spp.	소나무 그을음잎마름병 Rhizosphaera Kalkhoffi	소나무 갈색무늬잎마름병 Lecanosticta acicola
원인	통풍과 배수가 불량한 저지대 조림지에서 발생(15년생 이하에 발생이 많음)	뿌리발달이 불량할 경우(과습, 건조 시)와 과밀할 때 발생(아황산가스 농도가 높을 때)	다습한 환경에서 자주 발생
병징 · 표징	• 3~5월에 새잎 나오기 전에 묵은 잎(1년생잎) 1/3이 급격히 갈변하면서 조금만 건드려도 심하게 낙엽되고 새순만 남음 • 새로 침입받은 잎은 노란 점무늬가 나타나고 갈색 띠 모양이 되며 이듬해 봄에 떨어짐 • 6~7월쯤, 병든 낙엽에는 흑색, 타원형의 약간 융기된 1~15개의 자낭반(표징)이 나타남. 1mm 흑갈색 타원형 돌기 • 7~9월에 비가 내린 직후 자낭포자 비산하여 새 잎 기공 통해 전염됨 • 가을에서 초봄까지는 황색 반점 형성되나 갈색으로 변색하면서 노란 띠 형성 • 수관하부 발생 심함	• 6~7월 당년생잎 끝부분 1/3~2/3가 황변~갈변하고, 나머지는 녹색으로 경계가 명확하게 남아 있음 • 변색부에는 구형의 작은 돌기(분생포자각)가 기공따라 줄지어 형성되고 낙엽됨	• 가을(9월)부터 회록색 작은 반점 생기고 황갈색 띠를 형성, 병반이 합쳐져 잎이 갈변, 고사함 • 감염이 심하면 전체 낙엽 • 가을에 죽은 침엽 표피 밑에서 검은 점(분생포자층)이 생김 • 봄에 분생포자 형성하면 표피가 찢어지며 분생포자덩이가 돌출하여 봄비에 전염원이 됨 • 곰솔에 피해 많음 • 주로 수관하부서 발생 • 곰솔 묘목, 어린나무에 발생이 많음
방제법	• 병든 낙엽 소각하거나 땅 속에 묻음 • 풀깎기, 가지치기로 통풍 • 배수관리 및 수세 회복 • 적용약제 살포	• 뿌리 발달을 건전하게 유지(과습, 건조하지 않게) • 과밀한 가지 잘라내거나 풀베기 → 통풍 좋도록 • 적용약제 살포	• 배수 · 통풍이 좋아야 함 • 다습한 환경에 잘 발생 • 새잎 시기 봄비 올 때(5~7월) 적용약제 살포 • 병든 잎 소각 또는 땅에 묻고 전염원을 차단함

12. 소나무류 잎떨림병

1) 개요

소나무, 해송, 잣나무, 스트로브잣나무에서 발생하고, 통풍과 배수가 불량한 저지대 조림지 15년생 이하의 수관 하부에 많이 발생한다.

2) 병원균

Lophodermium Spp.

3) 병징 및 표징

① 3~5월에 묵은 잎(1년생잎) 1/3이 급격히 갈변하면서 조금만 건드려도 심하게 낙엽되고 새순만 남게 된다.
② 6~7월쯤, 병든 낙엽에는 지름 0.5~1mm되는 흑색, 타원형의 약간 융기된 균체(자낭반)가 여러 개 나타난다.
③ 7~9월 병든 낙엽에 형성된 자낭반은 비가 오면 자낭포자가 방출되어 새 잎에 전염된다.
④ 강우량이 많거나 가을과 겨울 사이에 기온이 따뜻하면 다음 해에 피해가 심하다.

4) 방제법

① 병든 낙엽은 모아서 소각하거나 땅속에 묻는다.
② 적절한 비배관리로 수세 증진에 힘쓴다.
③ 배수가 잘 되도록 관리한다.
④ 베노밀수화제, 만코제브수화제를 6월 중순~8월 중순까지 2주 간격으로 3~4회 살포한다.
⑤ 가지치기, 풀깍기로 통풍을 좋게 해야 한다.

13. 잎떨림병의 종류(잣나무, 일본잎갈나무, 포플러류)

구분	잣나무 잎떨림병	일본잎갈나무 잎떨림병	포플러류 점무늬잎떨림병
개요	• 3~5월에 묵은 잎 1/3 이상이 새잎 나오기 전에 갈변하고 낙엽 • *Lophodermium*(병원균) • Seditiosum만 소나무류의 당년생 잎을 감염시킴 • 강우량이 많거나 따뜻한 겨울 이듬해 많음, 고산지대에 피해가 많음	• 조림지 크게 발생, 성장 저하 • 병 발생은 토양과 밀접한 관계 있음 • 산성토, P.K 부족토 발생 • 6~7월 강우량이 많고 기온이 높을 때 발생. 습한 경우 발생 • 한번 발생한 지역에서 계속 발생	• 이태리포플러 : 감수성 • 은백양, 사시나무 : 저항성 • 피해 심하면 꼭대기에 잎만 남음
병징	• 6~7월 병든 낙엽에 1mm 정도 타원형 융기된 자낭반 형성 • 7~9월 자낭포자 비산, 새잎 기공으로 침입 • 가을~초봄 노란 점무늬→적갈색으로 변하고 낙엽 • 조림지가 빨갛게 보임 • 15년생 이하 발생, 수관 하부에 주로 발생	• 병징 7월 중 나타남 • 잎 표면 미세반점 형성 • 5~7월 잎의 병반이 합쳐짐 • 9월 중 수관 하부에서 적갈색으로 변하고 낙엽	• 초기에는 작은 갈색 반점 • 어린 조직 괴사 함몰, 습할 때 회색 분생포자 다량 형성 • 8월 초 조기낙엽, 꼭대기만 남음 • 장마철에 심하며, 수관 하부 → 상부 진전
표징	• 자낭반 : 건조하면 회갈색→흡수하면 흑색 타원형 • 자낭포자 : 가는 실 모양이며, 젤라틴으로 덮여 있다.	• 잎조직에 매몰되어 자낭포자로 월동 • 8월 하순 병반 위에 작은 검은 돌기, 표피조직을 뚫고 나와 돌출	• 월동 분생포자반, 흰색포자 덩이 형성하여 1차 전염원이 됨 • 세포에 액포가 뚜렷이 보임
방제	• 비배관리 철저 • 병든 잎 소각 및 매립 • 풀베기 : 통풍 잘되도록 • 적용약제 살포	• 병든 낙엽을 모아 소각 및 매립 • 대면적 일본잎갈나무 단순 일제림 조림 피함, 혼효림 유도 • 적용약제 살포	• 병든 낙엽 소각, 수세 회복 • 묘포 실균제 살포 • 6월부터 2주 간격으로 살균제 살포

14. 벚나무와 대추나무 빗자루병의 비교

구분	벚나무 빗자루병 (곰팡이에 의한 수목병해)	대추나무 빗자루병 (파이토플라즈마에 의한 병해)
병원균	*Taphrina wiesneri*	*Candidatus Phytoplasma ziziphi*
기주	여러 종류 벚나무 중 왕벚나무의 피해가 큼	• 대추나무, 뽕나무, 쥐똥나무, 일일초 • 마름무늬매미충 : *Hishimonus sellatus*
피해	• 자낭포자와 분생 포자(출아 포자)를 형성 • 4~5월 잎 뒤에 회백색 가루(나출자낭)가 뒤덮고 가장자리는 흑갈색으로 변함. 감염 후 4~5년이면 고사 • 자낭 내 출아를 반복하여 자낭이 출아포자로 가득 차게 됨	• 잔가지와 황록색의 아주 작은 잎이 밀생 → 빗자루 모양 • 꽃의 엽화현상으로 개화·결실되지 않음(꽃봉오리 → 잎으로) • 빗자루 증상 없이 잎 전체가 황화증상을 나타내는 경우도 있음
병징 병환	• 감염된 가지는 혹처럼 부풀고 잔가지 많아 빗자루 모양이 됨 • 나출자낭 형성하는 자낭균으로 4월 중순에 잎 뒷면에 회백색 자낭포자 형성, 비산 후 검은색으로 변하고 낙엽이 지게 됨 • 30년생 이상 수목에 피해가 큼. 복숭아 나뭇잎에서는 "오갈병"을 일으킴 • 병원균이 Auxin, Cytokinnin 생산하여 기공 개폐를 초래하며 나무는 쇠약해짐 • 균사는 가지, 눈 조직에서 월동함	• 마름매미충 구침을 통해 곤충 체내에 들어간 파이토플라즈마는 침샘 및 중장에서 증식한 후 타액선을 통해 전염됨 • 파이토플라즈마는 여름에는 지상부, 가을에는 뿌리 쪽, 겨울을 뿌리에서 월동함 • 이듬해 봄 수액 이동과 함께 줄기로 와서 증식, 병징이 나타남
방제	• 이른 봄에 병든 부위를 잘라 태우고, 자른 부분은 티오파네이트메틸 도포제처리로 줄기마름병균, 목재썩음병균이 2차적으로 침입하는 것을 방지 • 유합조직 촉진 + 테부코나졸 액제 살포	• 병든 나무를 벌채·소각하거나 옥시테트라사이클린을 수간 주입함 • 매개충 구제 : 6~10월에 비피유제나 메프수화제 1,000배액을 2주 간격으로 살포 • 옥시테트라사이클린을 흉고직경 10cm당 1ℓ씩 2년마다 주사(흉고 10cm당 1ℓ) • 내병성 품종 개발

문제 수목의 잎 또는 가지를 빗자루처럼 과다 발생시키는 병원체를 두 종류 열거하고 각각 기주와 병의 특징 및 방제 방법을 기술하시오. (문화재수리기술자 : 2016년)

15. Marssonina에 의한 병의 종류

1) 개요

Marssonia에 의한 병은 유각균강에 속하는 병이며, 대표적인 병으로 포플러 점무늬잎떨림병, 장미 검은무늬병, 참나무 갈색둥근무늬병이 있다.

2) 특성

① 모든 잎에 점무늬병을 일으킨다.
② 분생포자반을 형성하며 성숙 후 표피 밖으로 나출, 습기가 많을 때 흰색~담갈색의 분생포자를 대량 생산하며 육안으로도 관찰이 가능하다.

3) 대표적인 병해

(1) 포플러 점무늬잎떨림병
　① 기주 및 피해
　　㉠ 이태리계 개량 포플러는 감수성, 은백양과 일본사시나무는 저항성이다.
　　㉡ 포플러에 흔히 발생하며 조기낙엽으로 피해가 크다.
　② 병징 및 병환
　　㉠ 6월 하순부터 발생하고 장마철에 심해지며 수관 아래 잎에서 시작, 위쪽으로 진전된다.
　　㉡ 잎에 작은 반점이 많고 8월 초부터 낙엽이 지기 시작하여 8월 하순에는 어린 잎만 남아 있는 것이 특징이다.
　　㉢ 초기 병징은 갈색의 작은 점으로 나타나고 점차 갈색 점으로 뒤덮인다.
　　㉣ 병든 잎은 수분 공급에 이상이 생겨 곧 낙엽이 진다.
　③ 방제법
　　㉠ 병든 잎을 소각하고 수세를 증강한다.
　　㉡ 6월부터 살균제 2주 간격으로 살포한다.

(2) 장미 검은무늬병(흑반병)
　① 기주 및 피해
　　㉠ 장미속에 흔히 발생하며 묘목과 성목에 발생한다.
　　㉡ 봄비가 잦은 5~6월에 심하게 발생하며 가볍게 건드려도 쉽게 낙엽이 지고 동해를 받기가 쉽다.

ⓒ 장마철에 잎이 모두 떨어져 8월에 가지만 남고, 가지 끝에는 새 잎이 나기도 한다.

② 병징 및 병환
ⓐ 잎에 크고 작은 암갈색 내지 흑갈색 원형 내지 부정형 병반을 형성한다.
ⓑ 병반 주위는 황색으로 변하고 병반 위에 작고 검은 점이 나타난다.
ⓒ 곤충, 빗물에 전염되며 건조 시에는 공기전염이 된다.
ⓓ 병든 잎에서 자낭각 형태로 월동하고, 이듬해 봄에 자낭포자로 비상하여 1차 전염이 된다.
ⓔ 분생포자에 의해 반복 전염한다.
ⓕ 아황산가스 오염지역은 발생이 적다.

③ 방제법
ⓐ 병든 낙엽 소각 또는 땅에 묻는다.
ⓑ 상습발생지는 5월부터 10일 간격으로 살균제를 3~4회 살포한다.
ⓒ 비 온 후 아족시스트로빈 수화제를 24시간 이내에 살포하고 휴면기 때에는 석회유황합제를 살포한다.

16. Pestalotiopsis에 의한 병의 종류

1) 개요

Pestalotiopsis에 의한 병은 대부분 잎을 침해하며, 잎 가장자리를 포함하여 큰 병반을 형성하므로 잎마름증상이 나타난다. 은행나무 잎마름병, 삼나무 잎마름병, 철쭉 잎마름병, 동백나무 겹둥근무늬병이 있다.

2) 특성

① 장마철, 태풍이 지난 후 잎에 병반이 만들어진다.
② 병반 위에 검은 점이 돌출하면서 곱슬 머리카락 모양의 분생포자 덩어리가 보인다.
③ 병반이 커지면서 잎이 말라 죽는다.

3) 대표적인 병해

① 은행나무 잎마름병(엽고병)
  ⓐ 기주 및 피해
    • 주로 묘목이나 어린 나무에 많이 발생하며 성목에는 거의 없다.

- 묘포에서는 환경조건에 따라 발생한다.
- 병원균 : *Pestalotia ginkgo Hori*

ⓒ 병징 및 병환
- 고온 건조한 날씨가 계속되어 잎이 데이거나 강풍, 해충의 식해 등에 의해 경계부는 황록색으로 퇴색된다(상처 침입).
- 잎의 가장자리부터 갈색~회갈색의 불규칙한 고사부가 생기며 부채꼴 모양으로 안쪽에 진전되는데 경계부는 황록색으로 퇴색된다.
- 다습할 때는 분생포자반에서 분생포자가 삼각형의 포자덩어리 뿔로 솟아난다.

ⓒ 방제법
- 비배관리로 수세를 강하게 한다.
- 병든 낙엽은 소각하거나 묻고 발병 환경이 조성될 때는 살균제를 1~2회 살포한다.

② 삼나무 잎마름병
③ 철쭉 잎마름병
④ 동백나무 겹둥근무늬병

17. 칠엽수 얼룩무늬병

1) 개요

근래에 조경수로 많이 식재되는 가시칠엽수와 일본칠엽수의 중요한 병으로 어린 묘목과 어린나무의 조기낙엽을 초래한다. 일본칠엽수보다 가시칠엽수의 피해가 크다.

2) 피해상황

① 칠엽수의 대표적 병해로 나무 전체가 붉은 갈색으로 보이며 대량의 낙엽이 진다.
② 7~8월 피해 심하고, 봄부터 장마철까지 지속된다.
③ 병든 나무는 생장이 저하되고 관상 가치가 떨어진다.

3) 병징 및 병환

① 병원균은 *Guignardia aesculi* 이다.
② 어린 잎의 점무늬가 차츰 갈변하며, 커져서 적갈색 얼룩무늬를 형성한다.
③ 성숙 병반 위에 까만 점(분생포자각)들이 다수 나타난다.

④ 병원균은 병든 낙엽 속에 미성숙 자낭각으로 월동하고 봄과 여름에 비가 많을 때 심하게 발생한다(장미검은무늬병도 자낭각 월동).
⑤ 자낭포자가 1차 전염원, 분생포자각 내 분생포자에 의해 2차 전염 및 반복 전염되며 빗물에 의한 분생포자에 의하여 전파된다. 봄과 여름에 비가 많을 때 심하게 발생한다.

4) 방제

① 병든 낙엽을 모아 소각하거나 매립하여 월동 전염원을 제거한다.
② 수세 강화, 밀식 금지, 비배관리를 철저히 한다.
③ 묘포에서는 잎이 빗물에 장시간 젖어 있으면 병원균 침입을 조장하므로 밀식을 피하고 통풍에 유의한다.
④ 잎눈이 틀 무렵 자낭포자가 비산하므로 약제를 살포하며, 주로 빗물에 의해 전파하므로 빗물과 통풍에 유의한다.
⑤ 적용약제를 살포한다.

18. 벚나무 갈색무늬구멍병 · 벚나무 세균성구멍병 비교

1) 개요

벚나무 갈색무늬구멍병은 5~6월부터 시작하고 장마 후 8~9월에 벚나무의 수관하부 잎에 흔하게 발생한다. 그러나 세균성구멍병은 핵과류인 복숭아, 살구나무, 매실나무의 수관상부에 주로 발생하며 병반의 진전 없이도 낙엽이 진다.

2) 비교

구분	갈색무늬구멍병	세균성구멍병
발생현황	벚나무에 많이 발생 *Mycosphaerella cerasella*	벚나무, 복숭아, 살구나무, 자두나무, 매실나무 등 주로 핵과류에 많이 발생 *Xanthomonas arboricola*
병징	• 5~6월 시작, 8~9월에 수관하부잎에 발생한다. • 자낭균이 빗물을 타고 올라와 아래부터 감염되며, 조기 낙엽이 진다. • 작은 반점이 확대되면서 둥근 반점을 형성한다. 다소 부정형+옅은 동심윤문. 강한 바람과 장마 후 급속히 발생한다.	• 잎맥을 따라 부정형의 수침상 점무늬 백색 병반이 발생하고, 시간이 지남에 따라 담갈색, 자갈색으로 변하며 천공이 생긴다. • 감염 부위가 건전 부위로부터 떨어져 나가 구멍이 생겨 구멍병이라 한다. • 봄비가 많이 올 때 수침상 병반이 많고 병반의 진전 없이도 낙엽이 진다.

구분	갈색무늬구멍병	세균성구멍병
병징	• 건전부 경계에 담갈색 이층이 생겨 그 부분이 탈락하여 구멍이 생긴다. • 병반탈락 : 균의 확장을 격리하고 조기낙엽이 진다.	• 2년생 열매가지, 새 가지에 짙은색 부푼 병반이 봄에는 새눈 주변에서 발생하고 여름에는 새순 근처에서 발생한다.
표징 및 병환	• 곰팡이(자낭균)에 의한 병해이다. • 병든 낙엽에서 자낭각으로 월동하고 이듬해 자낭포자로 전염된다.	• 세균에 의한 수목병이다. • 병든 부위 세포 간극에서 월동하고 태풍 후 발병이 급격히 증가한다.
방제	• 병든 잎을 소각한다. • 잎이 필 때 디페노코나졸 수화제, 테부코나졸 수화제를 살포한다. • 비배관리를 철저히 한다.	• 유실수 봉지 씌우기를 한다. • 수세증진, 저항성 품종을 식재한다. • 4~5월 스트렙토마이신 수화제를 2~3회 살포한다.
결론	갈색무늬구멍병 병반은 부정형, 옅은 동심윤문, 병반 안쪽에 검은색 작은 돌기가 생기고 대부분 장마 후 수관하부 잎에 주로 발생한다. 세균성구멍병은 핵과류 나무의 수관상부에 주로 발생한다.	

19. 흰가루병과 그을음병 비교

병명	흰가루병 *Erysiphe, Phyllactinia,* *Podosphaera, Sawadaea, Cystotheca*	그을음병(매병) *Capnodium*
병원균	자낭균류 절대기생체	대부분 불완전균, 부생성 외부착생균
기주	배롱나무, 밤나무, 장미, 사과나무 등 기주 선택성이 있음	사철나무, 쥐똥나무, 무궁화, 피나무, 배롱나무, 산수유 등 기주 선택성이 없음
발생	• 6~7월 장마철 이후 급증. 잎, 어린 줄기, 열매에도 발생함 • 새가지는 말라 죽거나 가지마름으로 진행 • 그늘지고 습한 곳에 발생함	• 장마철 이후에 발생이 많음 • 7월경 가지와 잎에 발생이 많음 • 통풍이 없고 습한 곳에 발생함
병징	외견상 흰 가루는 병원균이 무성세대인 분생포자경 및 분생포자를 집단 형성하기 때문(가을에는 노란 알갱이(자낭구)가 성숙하면 검은색)	• 바람에 의해 전파되지만 진딧물, 깍지벌레, 가루이, 개미, 파리, 벌이 전파하기도 함 • 흡즙성 곤충의 분비물을 영양원으로 번식하는 부생성 외부착생균 : 암흑색 균사 + 포자
표징 및 병환	• 병원균의 균사체가 기주 표면에 존재하여 광합성을 저해함 • 균사 일부는 기주 조직에 흡기를 형성하여 양분을 탈취함 • 감염된 세포는 죽지 않으며 계속해서 양분을 탈취하며 병원균은 절대기생체임	• 기주식물 광합성을 저해함 • 그을음 모양 균총을 형성하고 종종 합쳐져서 불규칙한 커다란 병반이 되기도 함 • 병반 위에 균사 또는 자낭각으로 월동함

병명	흰가루병 *Erysiphe, Phyllactinia, Podosphaera, Sawadaea, Cystotheca*	그을음병(매병) *Capnodium*
표징 및 병환	• 8월 이후 잎에 작은 흰 반점 모양 균총(균사 + 분생포자 무리)이 나타남 • 늦가을에 자낭구로 월동함	
방제법	• 병든 낙엽을 소각하여 전염원 차단함 • 병원균의 자낭과가 어린가지에 붙어서 월동하고 이듬해 1차 전원염이 되므로 자낭과 붙은 어린 가지 제거가 중요함 • 묘포에서는 예방 약제가 반드시 필요함 • 통기불량, 일조불량, 질소과다 등 발병 유인을 해소함 • 발병 초기는 마이클로뷰타닐, 트리아디메포수화제, 헥사코나졸수화제를 살포함	• 깍지벌레, 진딧물을 구제함 • 통풍과 채광이 잘 되도록 함 • 휴면기에는 기계유제 20~25배액, 발생기 때는 이미다클로프리드 수화제 2,000배액, 뷰프로페진·테부페노자이드 수화제 1,000배액 살포로 깍지벌레를 구제함 • 진딧물, 깍지벌레가 없는데도 그을음병 발생 시는 피라클로·스트로빈 입상수화제를 살포함 • 질소질 비료의 과용을 하지 않음

20. 흰가루병의 병원균

1) 개요

자낭균에 속하며 절대기생체이다.

2) 대표적인 병원균

① *Erysiphe* : 매자나무, 댕강나무, 목련, 사철나무, 쥐똥나무, 인동, 단풍나무, 배롱나무, 양버즘나무, 꽃오동, 호두나무, 오리나무, 개암나무, 밤나무, 참나무류, 아까시나무, 옻나무, 물푸레나무류

② *Phyllactinia* : 오동나무, 진달래, 오리나무, 가죽나무, 철쭉

③ *Podosphaera* : 벚나무류, 조팝나무, 장미

④ *Sawadaea* : 단풍나무, 모감주나무

⑤ *Cystotheca* : 가시나무류(자주빛곰팡이병, 자미병으로 불리기도 함)

⑥ *Pseudoidium* : 수국

21. 배롱나무 흰가루병(균사 + 분생포자)

1) 기주와 피해

① 5~6월에 꽃눈과 기부가 흰가루로 뒤덮혀 발육이 저하되면서 정상 크기의 1/3이 된다.
② 잎이 두꺼워지며 위로 말리고 뒤틀린다.

2) 병징·병환

① 병원균은 낙엽의 흰가루 병반 위에서 자낭구로 9~10월에 월동한다.
② 1차전염은 자낭포자, 2차전염은 분생포자에 의해 가을까지 되풀이된다.
③ 건조하고 따뜻한 낮기온, 서늘하고 습기 많은 밤기온 교차 시 발생한다.

3) 방제법

① 통풍을 좋게 하고 최소 6시간 일조시간이 되도록 한다.
② 발병 초기에 10일 간격으로 트리플루미졸수화제 2,000배액을 살포한다.
③ 통풍을 좋게 하고 밀식하지 않으며 맹아는 병에 잘 걸리므로 일찍 제거한다.

문제 수목의 피해 증상 및 기주, 발생 시기 및 발병하기 쉬운 환경, 감염에 따른 영향, 병원균의 월동 형태, 방제 방법을 서술하시오. (문화재수리기술자 : 2016년)

22. 일본잎갈나무 가지끝마름병(선고병 : 자낭균)

1) 개요

주로 10년생 내외의 일본잎갈나무와 고온다습하고 강한 바람이 마주치는 임지에 발생이 심하다. 새로 나온 잎, 가지가 감염된다.

2) 병원균

Guignardia laricina

3) 병징 및 병환

① 고온다습하고 강한 바람이 마주치는 임지에 심하게 발생한다.
② 새 잎과 가지가 감염되며, 퇴색, 수축되고 흘러내린 수지로 희게 보인다.

③ 6~7월 감염 : 수관 위쪽만 남기고 낙엽이 되어 가지 끝이 아래로 처진다.
　8~9월 감염 : 가지는 꼿꼿이 선 채로 말라 죽는다.
④ 어린 묘목에서는 감염 부위 위쪽이 말라 죽고, 이식묘에서는 죽은 가지가 총생하여 빗자루 모양을 한 무정묘(無頂苗)가 된다.
⑤ 매년 피해가 반복되는 조림지에서는 수고생장이 정지되고 많은 가지가 발생하여 빗자루 모양이 된다.
⑥ 7월부터 감염된 가지 윗부분과 잎 뒷면에 자낭각이 형성되고 검은색 분생포자각이 많이 형성된다.

4) 방제법

① 임지에서는 방제가 어렵다. 묘포에서 병이 발생하지 않도록 관리한다.
② 병든 묘포를 소각하고 반출되지 않도록 한다.
③ 묘포장 주변은 일본잎갈나무, 활엽수로 방풍림을 조성한다.
④ 7월 상순부터 적용약제를 살포한다.

23. 버즘나무 탄저병

1) 개요

버즘나무 탄저병은 버즘나무류의 중요한 병으로 북미, 유럽 지역에서는 피해가 크고 우리나라도 피해가 늘고 있으며, 버즘나무 새순과 어린 잎이 서리를 맞은 것 같은 모습을 띠고 있다.

2) 기주와 피해

① 기주 : 버즘나무
② 병원균 : *Apiognomonia Veneta*
③ 피해
　㉠ 봄비가 많은 해에 심하게 발생하고 어린 잎과 가지가 모두 말라 죽어 늦서리를 맞은 것 같다.
　㉡ 늦은 봄에 잎이 모두 낙엽지고 초여름에는 새 잎이 나기도 한다.
　㉢ 이른 봄, 새잎이 필 때 10~13℃ 정도 기온이 낮고 비가 자주 오면 잘 발생한다.
　㉣ 봄철 이후에는 거의 발생하지 않으나 때로는 장마철에도 발생한다.

3) 병징과 병환

① 초봄에 발생 시에는 어린 싹이 까맣게 말라 죽고, 잎이 난 후 발생하면 잎맥 중심으로 번개 모양의 갈색 괴사병반이 형성되고 조기낙엽이 된다.
② 잎맥 주변에는 작은 점이 무수히 나타나는데 이는 병원균의 분생포자층이다.
③ 잎이 나오기 전에 1년생 가지 끝을 죽이고, 눈이 싹트기 전에 죽기도 한다.
④ 병든 가지, 낙엽에서 균사와 자낭각으로 월동한다.

4) 방제법

① 병든 낙엽은 소각하거나 땅에 묻는다.
② 상습 발생지에서는 새싹이 나오기 전에는 예방 위주로 그리고 일평균 기온이 15℃ 이하, 강우가 있는 저온다습할 때는 반드시 살균제를 살포한다.
③ 테부코나졸유제, 티오파네이트메틸 수화제를 살포한다.

24. 버즘나무에 발생하는 주요 병과 충해(탄저병, 방패벌레)

구분	버즘나무 탄저병	버즘나무방패벌레
학명	*Apiognomonia Veneta*	*Corythucha ciliata*
기주	버즘나무	양버즘나무, 물푸레나무류, 닥나무류
피해	• 봄비가 많은 해, 10~13℃의 서늘한 날씨에 심하게 발생 • 어린 잎과 가지가 말라 죽어 늦서리 맞은 것 같음 • 늦은 봄에 잎이 모두 낙엽지고 초여름에 새 잎이 나기도 함 • 봄철 이후에는 거의 발생하지 않으나 장마철에 발생하기도 함	응애 피해와 비슷하며 작은 주근깨 같은 반점이 많고 잎은 황백색이며 뒷면은 배설물과 탈피각이 붙어 있음
생태	• 초봄 발생 : 어린 싹이 까맣게 말라 죽고, 잎이 난 후 발생하면 잎맥 중심으로 갈색 반점이 형성되고 조기낙엽 • 잎맥 주변의 작은 점은 병원균의 분생포자층 • 잎이 나오기 전 1년생 가지 끝을 죽이고, 눈이 싹트기 전에 죽기도 함	• 연 3회 발생. 성충 월동 • 2세대 시기인 장마가 끝난 후 7월 초순 이후에 피해가 심함(2~3세대 혼재) • 4월 월동성충은 15℃ 이상이 수일 동안 지속되면 수목의 위쪽으로 이동 • 5월부터 약충은 잎을 가해하며 4~5령이 되면 잘 움직임 • 산란 : 잎 뒤 주맥과 부맥이 만나는 곳

구분	버즘나무 탄저병	버즘나무방패벌레
방제	• 병든 낙엽은 소각 · 매몰 • 상습 발생지는 새싹이 나오기 전에 예방 위주로, 일평균 기온이 15℃ 이하인 경우에 강우가 있을 시(저온다습할 경우) 반드시 살균제 살포 • 테부코나졸유제, 티오파네이트메틸 수화제 살포	• 생물학적 방제 : 무당벌레, 풀잠자리, 거미류 보호 • 물리적 방제 : 가해 초기에 피해 잎 채취 · 소각 • 화학적 방제 　- 다발생기 : 에토펜프록스 유탁제 1,000배 또는 클로티아니딘 8% 입상수화제 2,000배액 살포 　- 나무 주사 : 이미다클로프리드 분산성액제 20%를 0.3㎖/흉고직경 cm 성충발생기에 실시

25. 녹병

1) 특징

녹병은 양지식물, 종자식물 모두 가해하는 "활물기생균"이며, 절대기생체지만 최근 몇 종은 펩톤이나 효모 추출물 등이 첨가된 인공배지에서 배양되고 있다.

2) 생활사

① 생활사를 완성하기 위하여 분류학적으로 서로 다른 두 종의 기주를 필요로 하는 이종기생균이며 경제적으로 중요한 쪽을 기주, 그렇지 않은 쪽을 중간기주라 한다. 한 종의 기주에서 생활을 마치는 것을 동종기생균이라 하고 회화나무 녹병, 후박나무 녹병이 있다.

② 이종기생균

녹병균	병명	기주식물	
		녹병정자, 녹포자세대	여름포자, 겨울포자세대
Cronartium ribicola	잣나무 털녹병	잣나무	송이풀, 까치밥나무
C. quercuum	소나무 혹병	소나무, 곰솔	졸참나무, 신갈나무
C. flaccidum	소나무 줄기녹병	소나무	모란, 작약, 송이풀
Coleosporium asterum	소나무 잎녹병	소나무	참취, 쑥부쟁이, 개미취, 과꽃
Gymnosporangium asiaticum	향나무 녹병	배나무 등 (장미과 식물)	향나무 (겨울포자세대만 형성)

③ 녹병균의 생활환과 핵상

기호	포자명	핵상	비고
O	녹병정자	n	원형질 융합하여 녹포자 형성, 유성세대, 잎 앞면 형성
I	녹포자	n+n	• 녹포자 발아로 n+n 균사 형성, 기주교대, 잎 뒷면 형성 • 무늬돌기 동정자료
II	여름포자	n+n	• 여름포자 발아로 n+n 균사 형성, 반복 감염 • 같은 기주식물에 침해하며 녹병 피해 확산에 중요
III	겨울포자	n+n=2n	핵융합으로 핵상은 2n이 되고 발아할 때 감수분열하여 담자포자 형성, 월동포자
IV	담자포자	n	• 담자포자 발아로 n균사 형성, 기주교대 • 4개의 담자기(전담자기), 각 1개씩 담자포자(소생자)

※ 녹병정자와 녹포자는 같은 기주에 생성한다.
※ 녹병균이 형성하는 5가지 포자형에 대한 명칭 : 형태적 체제 → 발생학적 체제

녹병정자 → 녹포자 → 여름포자 → 겨울포자 → 담자포자
n   n+n   n+n   2n   n

※ 대부분의 녹병균은 기주의 형성층과 체관부의 세포간극에 침입한 후 흡기를 내어 세포막을 뚫고 세포 내로 들어가지만 원형질막을 파괴하지 않아서 세포는 살아있다.

3) 피해 및 방제

① 피해는 발생 부위에 따라 다르다.
   ⊙ 잎 : 경관 가치가 떨어진다.
   ⓒ 줄기 : 생장 저하, 병든 부위 줄기를 일주(一周)하면 고사한다.

② 방제
   ⊙ 기주 또는 중간기주를 완전히 제거하며, 생활사 고리를 차단하는 것이 중요하다.
   ⓒ 병든 나무는 소각하거나 땅에 묻는다.
   ⓒ 각 포자가 비상하기 전에 살균제를 살포한다.
   ⓔ 저항성 수종을 대체 식재한다.

26. 향나무 녹병

1) 개요

양치식물, 종자식물 모두 가해하는 대표적인 식물병원균으로 이종기생성병이며 장미과(명자나무, 산당화, 모과나무, 산사나무 등) 수목에 피해를 주고 과수에는 붉은별무늬병을 유발하여 수확량을 감소시킨다.

2) 기주와 피해

① 기주 : 향나무, 노간주나무
② 병원균 : *Gymnosporangium Spp.*
③ 겨울포자 세대기주로 향나무와 노간주나무는 배나무로 기주교대를 하는 *G. asiaticum*과 향나무와 사과나무를 기주교대하는 *G. yamadae*가 경제적으로 중요한 녹병균이다.

구분	겨울포자	녹포자세대
Gymnosporangium asiaticum	향나무	배나무, 모과나무, 명자나무
Gymnosporangium yamadae	향나무	사과나무, 아그배나무

④ *Gymnosporangium* 속 균들은 여름포자세대를 형성하지 않는 대표적인 중세대형 녹병균이다.
⑤ 녹포자세대인 장미과 수목 등은 조기낙엽, 생장을 저하시키며 향나무에는 큰 피해를 주지 않으나 줄기와 가지를 고사시킨다.

3) 병징 및 병환

① 겨울포자세대 기주인 향나무와 노간주 나무에서는 돌기, 혹, 빗자루 증상, 가지 고사 등이 나타나지만 녹포자세대 기주인 장미과는 병징이 비슷하다.
② *G. asiaticum*(향나무 – 배나무 기주교대)의 생활사
  ㉠ 4~5월에 비가 오면 향나무잎과 줄기에 겨울포자가 담갈색 한천처럼 부풀고 겨울포자는 발아해서 담자포자를 형성(5~6월)하여 장미과 식물에 침입(배나무 개화 직후)한다.
  ㉡ 6~7월에 배나무 잎과 열매 등에 노란색 작은 반점이 나타나고 반점 가운데 검은색의 녹병정자기가 형성된다. 뒷면은 회색~담갈색 긴털모양 녹포자퇴 안에 녹포자를 형성하며 향나무로 비산한다. 향나무에서 균사상태로 월동한다.
  ※ 녹포자는 여름포자를 만들지 않기에 반복 감염시키지 않는다(중세대종).

4) 방제법

① 향나무 부근에는 배나무, 사과나무, 명자나무 등 장미과 나무는 심지 않는다.
② 배나무와 이격 거리는 서로 2km 이상으로 한다.
③ 약제살포 : 10일 간격으로 살포 2~3회(기주 이동 때 약제 살포)
  ㉠ 향나무 : 3~4월과 7월에 테부코나졸 유탁제, 디페노코나졸 수화제, 헥사코나졸 액상수화제 등을 살포한다.
  ㉡ 장미과식물 : 담자포자가 날아오는 4월 중순~6월까지 10일 간격으로 살포한다.

5) 결론

① 도시 생활권 또는 공원 내 식재계획 시에는 녹병의 기주와 중간기주 관계를 미리 파악하여 식재계획을 세워 병해 피해를 사전에 차단한다.
② 자연림에서는 측백나무과와 장미과의 분포 지역이 달라 병원균이 공존하지는 않지만 생활권 조경식재에 의해 향나무 녹병이 발생되므로 향나무 주변에 장미과 수종(배나무, 사과나무, 모과나무 등)의 식재는 최소 2km 이상 이격거리를 두고 한다.
③ 병든 나무는 소각하거나 땅에 묻어 재확산을 방지한다.
④ 중간기주 관리 등에 생태적인 방법을 고려한다.

문제) 향나무 녹병 병원균의 학명을 쓰고 발병 생태에 대하여 설명하시오.

문제) 향나무 녹병의 병원균의 생활사를 서술하시오.

27. 향나무의 주요 병해와 충해

구분	향나무 녹병	향나무하늘소
기주	향나무, 노간주나무	향나무, 측백나무, 화백, 삼나무 등
피해	• 이종 기생성 병이며 장미과 수목에 피해를 주고 과수에는 붉은별무늬병을 유발하여 수확량을 감소시킨다. • 중간기주의 조기낙엽, 생장을 저하시키며 향나무에는 큰 피해를 주지 않고, 눈향나무는 줄기와 가지를 고사시켜 수관을 엉성하게 한다.	• 유충이 형성층 가해 시 빠르게 고사하고 목설을 배출하지 않는다. • 대발생 시 건전목에도 피해가 있다. • 가지를 환상으로 가해 시 양분, 수분이 차단되어 상층부가 고사한다.
생활사	• 향나무와 배나무를 기주 교대하는 *G. asiaticum*과 향나무와 사과나무를 기주교대하는 *G. yamadae*가 경제적으로 중요한 녹병균이다. • *Gymnosporangium* 속균들은 여름포자세대를 형성하지 않는 대표적인 중세대형 녹병균이다. • *G. asiaticum* 생활사(향나무와 배나무를 기주교대) 　-4~5월에 비가 오면 향나무잎과 줄기에 겨울포자가 담갈색 한천처럼 부품 → 겨울포자는 발아해서 담자포자 형성(6월) → 장미과 침입(배나무 개화 직후) 　-6~7월에 배나무 잎과 열매 등에 노란색 작은 반점 나타남 → 반점 가운데 검은색의 녹병정자기 형성 → 뒷면은 담갈색 긴털 모양 녹포자퇴 안에 녹포자 형성 → 향나무로 비산 → 향나무에서 균사 상태로 월동 ※ 녹포자는 여름포자를 만들지 않기에 반복 감염시키지 않는다(중세대종).	• 연 1회 발생, 성충으로 월동한다. • 3~4월에 성충 탈출, 산란은 28개 정도 한다. • 3월 부화 유충은 형성층을 불규칙하게 편평하게 가해하며, 갱도에 목설을 채운다. • 암컷의 더듬이 길이는 몸길이의 1/2이다.

구분	향나무 녹병	향나무하늘소
방제	• 임업적 방제 : 향나무 부근에 장미과 식재 지양, 이격 거리는 서로 2km 이상 • 화학적 방제 : 기주 이동 때 약제 살포 　- 향나무 : 3~4월과 7월에 살포 　- 장미과 : 담자포자가 날아오는 4월 중순~6월까지 10일 간격으로 살포 　- 약제 : 테부코나졸 유탁제, 디페노코나졸 수화제, 헥사코나졸액상 수화제 등	• 생물적 방제 : 조류 보호(딱따구리 등) • 물리적 방제 : 10월부터 2월까지 피해목 벌채, 반출, 소각 • 화학적 방제 : 3~4월 적용약제 살포

28. 회화나무 녹병(혹병)

1) 개요

회화나무는 가로수, 조경수로 많이 식재되고, 회화나무 녹병은 흔히 볼 수 있는 병으로 가지와 줄기에 발생하며, 생육불량, 기형화되어도 병해 관리 없이 방치되거나 감염된 묘목이 유통되어 피해가 증가하고 있어 병해 관리가 중요한 병이다.

2) 기주와 피해

① 병원균 : *Uromyces truncicola*, 동종기생성
② 기주 : 회화나무(잎, 가지, 줄기에 길쭉한 혹을 만듦)

3) 병징과 병환

① 봄에는 담자포자를 만들어 새 잎과 어린 가지가 감염된다.
② 7월에 여름포자는 황갈색 가루덩이로 빗물, 바람에 의해 전반이 되어 초가을까지 반복 감염된다.
③ 겨울포자는 가을에 줄기 껍질이 갈라져 흑갈색 가루 덩이(겨울포자)가 무더기 발생하거나 또는 매년 비대해지며 혹 위쪽 가지가 서서히 말라 죽는다.

4) 방제법

① 병든 잎과 혹은 소각하거나 매립한다.
② 묘목에는 개엽기~9월 말까지 10일 간격으로 약제를 3~4회 살포한다.
③ 약제는 헥사코나졸 액상수화제, 디페노코나졸 수화제 등이다.

5) 결론

회화나무는 우리나라 고유 수종으로 공원, 아파트, 학교, 가로 등지에 많이 식재되어 있고 대형수목으로 자라고 있어 녹병의 피해도 점차 증가하고 있으므로 관리를 철저히 하여 귀중한 자원이 되도록 하여야 한다.

문제 회화나무 녹병의 병의 증상, 병환, 방제에 관하여 설명하시오. (문화재수리기술자 : 2017년)

29. 회화나무 녹병(혹병)과 소나무 혹병의 비교

구분	회화나무 혹병	소나무 혹병
병원균	• 병원균 : *Uromyces truncicola*, 동종기생성 • 기주 : 회화나무(잎, 가지, 줄기에 길쭉한 혹을 만듦)	• 병원균 : *Cronartium quercuum* • 소나무, 곰솔에 발생하며 졸참나무, 신갈나무, 상수리나무, 떡갈나무 등이 중간기주이다. • 구주소나무는 이 병에 약하다.
병징 및 병환	• 봄에는 담자포자를 만들어 새 잎과 어린 가지가 감염된다. • 7월에 여름포자는 황갈색 가루덩이로 빗물, 바람에 의해 전반되고 초가을까지 반복 감염된다. • 겨울포자는 가을에 줄기 껍질이 갈라져 흑갈색 가루 덩이(겨울포자)가 무더기 발생한다. • 혹은 매년 비대해지며 혹 위쪽 가지가 서서히 말라 죽는다. ※ 녹포자세대가 없다.	• 혹의 표면은 거칠고 조직이 약하여 부러지기 쉽다. • 4~5월 혹에서 단맛 나는 점액이 흐름(녹병정자 포함) → 녹병 진단 • 5월 혹의 표면이 거칠게 갈라지면서 녹포자기 돌출 → 녹포자 비산 → 참나무류의 잎으로 전반함(5~6월 여름포자 형성) • 중간기주 잎 뒷면에 겨울포자퇴 형성(7월 이후) → 담자포자(9~10월) → 소나무, 곰솔 어린 가지에 침입한 후 10개월 잠복 → 이듬해 여름~가을 사이에 발병, 혹을 형성한다. ※ 발병 정도는 9~10월 강우량에 따라 차이가 있다.
방제법	• 병든 잎과 혹은 소각하거나 묻는다. • 묘목에는 개엽기~9월 말까지 10일 간격으로 약제를 3~4회 살포한다. • 약제 : 적용약제 살포	• 병든 부분을 소각한다. • 소나무 묘포 근처에 참나무류를 식재하지 않는다. • 약제 : 9월 상순부터 2주 간격으로 2~3회 살포한다. • 병든 나무에서 종자를 채취하지 않는다.

※ 회화나무 혹병과 소나무 혹병의 월별 비교

회화나무 혹병	시기	소나무 혹병
담자포자 새 잎, 새 가지	4~5월	단맛 나는 점액 흐름. 녹병정자
	5월	혹 표면 갈라지면서 녹포자기 돌출
	5~6월	참나무잎에 여름포자 형성
여름포자 황갈색 가루(7월) 빗물, 바람에 의하여 초가을까지	7월 이후	겨울포자퇴 형성
겨울과 가을에 껍질 갈라지고 흑갈색 덩어리 발생	9~10월	담자포자

30. 잣나무 털녹병

1) 개요

1936년 가평군에서 처음 발견된 병으로 1980년대 대표적인 산림 병해이며, 강원도 평창, 정선 등의 고산지대 조림지에서 대규모로 발병되고 있는 병이다. 담자포자는 잎의 기공을 통해 침입한다.

2) 기주와 피해

① 병원균 : *Cronartium ribicola*
② 기주 : 잣나무, 스트로브잣나무는 감수성이며, 섬잣나무, 눈잣나무는 저항성이다.
③ 수관은 죽은 가지로 인해 엉성하며 침엽은 황갈색으로 말라 죽는다.
④ 5~20년생에서 많이 발생한다.

3) 병징과 병환

① 녹병정자가 형성되고 10개월 후 이듬해 4~6월에 녹포자기가 형성된다.
② 병든 수피는 노란색~갈색으로 변하면서 방추형으로 부풀고 수피가 거칠고 수지가 흐른다.
③ 4월 하순부터 비산하는 녹포자(비산 거리는 수백 km)는 중간기주인 송이풀에 침입한다.
④ 4~6월 송이풀 잎 뒷면에 여름포자퇴를 형성한다(2주 내).

※ 송이풀 잎으로 반복 전염 → 8월 하순부터 겨울포자퇴 형성 → 송이풀 낙엽 전 담자포자를 형성(비산 거리 300m) → 잣나무로 침입

4) 방제법

① 5~8월 말까지 송이풀의 겨울포자 형성 전에 제거한다(8월 하순 이전).
② 8월 이전 병든 나무와 중간기주를 지속적으로 제거한다. 녹포자 비산 이전인 4월 하순이 효과적이다.
③ 수고의 1/3까지 가지치기로 경로를 차단하고 풀베기로 통풍을 양호하게 한다.
④ 녹포자기 발생목은 녹포자 비산 전에 비닐로 감싸고 8월 이후 병든 나무를 제거한다.
⑤ 송이풀 자생지는 조림을 피한다.
⑥ 잣나무 묘포에서 8월 하순부터 2~3회 보르도액을 살포하여 담자포자의 침입을 방지한다.
⑦ 저항성 품종을 식재한다. 절대기생체지만 최근 몇 종은 펩톤이나 효모 추출물 등이 첨가된 인공배지에서 배양되고 있다.

31. 잣나무의 주요 병해와 충해

구분	잣나무 털녹병	잣나무 별납작잎벌
학명	*Cronartium ribicola*	*Acantholyda parki*
기주	• 감수성 : 잣나무, 스트로브잣나무 • 저항성 : 섬잣나무, 눈잣나무	잣나무
피해	• 1936년 가평군에서 처음 발견된 병으로 1980년대 대표적인 산림 병해 • 담자포자는 잎의 기공을 통해 침입 • 수관이 엉성하며 침엽은 황갈색으로 말라 죽음(5~20년생에서 많이 발생)	• 20년 이상 된 잣나무림에서 대발생 • 1953년 광릉에서 발견, 1990년 초반까지 피해, 3~4년 계속되면 임목이 고사함
병징 병환	• 녹병정자가 형성되고 10개월 후 4~6월 녹포자를 형성 • 병든 수피는 노란색~갈색으로 변하고 방추형으로 부풀고 수피가 거칠고 수지가 흐름 • 4월 하순부터 비산하는 녹포자(비산 거리 수백 km)는 중간기주인 송이풀에 침입 • 4~6월 송이풀 잎 뒤에 여름포자퇴 형성(2주 내), 반복전염 → 송이풀 잎으로 반복 전염 → 8월 하순부터 겨울포자퇴 형성 → 송이풀 낙엽 전 담자포자 형성(비산 거리 300m) → 잣나무 침입	• 연 1회 또는 2년 1회 발생 • 7~8월에 땅에 떨어져 5~25cm 깊이의 땅속에서 흙집을 짓고 유충으로 월동 • 익년 6~8월에 성충이 우화(최성기는 7월)하여 새 잎에 1~2개씩 알을 낳음 • 유충은 잎기부에 실을 토해 잎을 묶어 집을 짓고 잎을 절단하여 끌어당기면서 가해. 위쪽에서 아래로 식해함

구분	잣나무 털녹병	잣나무 별납작잎벌
방제	• 5~8월 말까지 송이풀 제거, 겨울포자 형성 전에 제거 • 8월 이전 병든 나무와 중간기주 지속 제거(녹포자 비산 이전이 효과적임) • 수고의 1/3까지 가지치기로 경로 차단 및 풀베기로 통풍을 양호하게 함 • 녹포자기 발생목은 녹포자 비산 전에 비닐로 감싸고 8월 이후 병든 나무 제거 • 송이풀 자생지는 조림 피함 • 예방 : 잣나무 묘포에서 8월 하순부터 2~3회 보르도액 살포 → 담자포자 침입 방지 • 저항성 품종 식재	• 생물적 방제 : 알은 알좀벌류, 유충은 벼룩좀벌류 Bt균(Bacillus thuringiensis)이나 핵다각체병바이러스 • 물리적 방제 　-9월~익년 4월에 호미나 괭이로 굴취 소각 　-4월 중 폴리에틸렌필름으로 임내 피복을 함 • 화학적 방제 : 유충시기인 7~8월에 클로르플루아주론 유제를 살포

32. 소나무 혹병

1) 병원균과 피해

① 병원균

　㉠ *Cronartium quercuum* : 유럽, 북미

　㉡ *Cronartium Orientale* : 한국

② 소나무, 곰솔에 발생하며 졸참나무, 신갈나무, 상수리나무, 떡갈나무 등이 중간기주이다.
③ 구주소나무는 이 병에 약하다.

2) 병징 및 병환

① 혹의 표면은 거칠고 조직이 약하여 부러지기 쉽다.
② 4~5월 혹에서 단맛 나는 점액이 흐름(녹병정자 포함) → 녹병 진단
③ 혹의 표면이 거칠게 갈라지면서 녹포자기 돌출 → 녹포자 비산 → 중간기주인 참나무류의 잎으로 전반(5~6월 여름포자 형성)
④ 중간기주 잎 뒷면에 겨울포자퇴 형성(7월 이후) → 담자포자(9~10월) → 소나무, 곰솔의 어린 가지에 침입한 후 10개월 잠복 → 이듬해 여름~가을 사이에 발병, 혹을 형성한다.
　※ 발병 정도는 9~10월 강우량에 따라 차이가 있다.

3) 방제법

① 병든 부분을 소각한다.
② 소나무 묘포 근처에 참나무류를 식재하지 않는다.
③ 9월 상순부터 2주 간격으로 약제를 2~3회 살포한다.
④ 병든 나무에서 종자를 채취하지 않는다.

33. 참나무 시들음병

1) 개요

병원균은 변재부에서 목재 변색, 물관부에서는 물과 양분 이동을 방해하는 시들음병이며, 신갈나무 대목이 가장 피해가 심하다.

2) 기주와 피해

① 기주 : 참나무류, 서어나무, 밤나무, 굴피나무 등
　㉠ 병원균 : *Raffaelea quercus mongolicae*
　㉡ 매개충 : *Platypus koryoensis*(광릉긴나무좀)로 연 1회 발생, 유충월동
② 피해 : 7월부터 빨갛게 시들고 고사하며 겨울에도 잎이 떨어지지 않는다.

3) 병징·병환

① 매개충이 5월 초순부터 가해하고 목설의 관찰이 쉬우며 7월 말부터는 빠르게 시들고 빨갛게 말라 죽는다.
② 피해목 줄기, 가지에 1mm 정도의 침입공이 있고 침입 부위는 수간 하부에서 2m 내외이다.
③ 침입공에는 목재 배설물이 나와 있고 뿌리목에 배설물이 쌓여 있다.
④ 광릉긴나무좀 수컷이 먼저 침입한 후 암컷을 유인하여 산란하고, 부화한 유충은 매개충의 몸에 묻어 들어와 생장한 병원균 *Raffaelea quercus mongolicae*를 먹고 생장한다.
⑤ 암컷 개체 등에는 병원균 포자를 저장할 수 있는 5~11개의 균낭이 있다(ambrosia).

4) 방제법

구분	대상	시기	처리방법
소구역 선택베기	피해지	11월~ 익년 3월	• 고사목, 피해도 중, 심 본수 20% 이상 지역, 벌채산물 반출 가능 지역(집단 발생 지역의 소구역은 모두베기 시행) • 1개 벌채 지역 5ha 미만, 참나무 위주 벌채, 집재, 반출, 폭 20m 이상 수림대 존치 • 4월 말까지 산물 완전 처리(매개충 우화 전까지)
벌채훈증	고사목	7월~ 익년 4월	• 메탐소듐 액제 25% 약량 $1\ell/m^3$ • 1m 길이 $1m^3$ 집재, 그루터기도 훈증 처리
끈끈이트랩 (6월 15일까지)	전년 피해	4~5월	• 고사목 중심으로부터 20m 이내에 집중 설치 ※ 작년 피해목 증상은 지제부에 가루목분이 보임 ※ 신규 침입목 증상은 2~3mm 원통형실목분이 보임
	신규 피해	5~6월	
지상약제 살포	피해지	6월	적용약제를 살포
약제줄기 분사법	피해지	5~6월	• Paraffin, Ethannol, Turpentine 등 혼합액 • 살충 효과와 침입 저지 효과
유인목 설치	피해지	4~5월	• ha당 10개소 내외, 지름 20cm 원목 이용 • 10월경 소각, 훈증, 파쇄

5) 결론

생물학적인 방법을 연구 개발하여 생태계 스스로 밀도 조절에 성공할 수 있도록 환경을 개선해야 할 것이다.

문제 참나무시들음병 병원균, 매개충의 학명, 병징과 피해 기작, 매개충의 생활사, 목설의 시기별 형태를 서술하시오. (문화재수리기술자 : 2015년)

1) 병원균과 매개충

① 병원균 : *Raffaelea quercus mongolicae*

② 매개충 : *Platypus koryonensis*(광릉긴나무좀), 연 1회 발생, 유충월동

③ 기주 : 참나무류(신갈나무), 서어나무, 밤나무, 굴피나무 등

2) 병징 · 병환

① 매개충이 5월 말부터 가해하고 목설을 쉽게 관찰할 수 있으며 7월 말부터는 빠르게 시들고 빨갛게 말라 죽는다.

② 매개충 침입 부위는 수간 하부에서 2m 내외이다.

③ 침입공에는 목재 배설물이 나와 있고 뿌리목에 배설물이 쌓여있다.

④ 광릉긴나무좀 수컷이 먼저 침입한 후 암컷을 유인하여 산란하고, 부화한 유충은 매개충의 몸에 묻어 들어와 생장한 병원균 *Raffaelea quercus mongolicae*를 먹고 생장한다.

⑤ 암컷 개체 등에는 병원균 포자를 저장할 수 있는 5~11개의 균낭이 있다(ambrosia).

3) 진단요령
① 여름에 갑자기 고사한다.
② 줄기의 침입 구멍은 약 1mm 정도이다.
③ 피해목 잎의 일부 또는 전체가 마른다.
④ 목설의 형태
⑤ 피해목의 변재부에 갈색 얼룩이 생긴다.

4) 매개충 생활사
① 연 1회 발생, 노숙유충으로 월동하나 성충과 번데기로 월동하기도 한다.
② 성충은 5월 중순부터 우화 탈출하며 최성기는 6월 중순이다.
③ 7월 갱도 끝에 알을 낳는다.
④ 암컷은 등판에 5~11개의 균낭이 있어 병원균을 지니고 다닌다.
⑤ 유충은 분지공을 형성하고 병원균을 먹으며 5령기에 걸쳐 성장하고 번데기가 된다.
⑥ 목설의 형태와 양으로 가해 여부와 갱도 내 발생 상태를 추정한다.

시기	충태	목설 형태
5~6월	수컷 성충	원통형
6~7월	암수 교미 후	거친구형
8~9월	유충	분말형

문제 참나무 시들음병의 피해 기작과 방제법을 기술하시오. (기술고시 : 2008년)

34. 소나무 잎의 왜소, 황화현상, 조기낙엽의 요인과 대책

1) 개요

소나무 잎의 왜소와 황화현상, 조기낙엽은 생물적 요인으로 아밀라리아뿌리썩음병과 관련이 있으며, 잎의 황화현상과 조기낙엽은 답압이나, 무기영양의 부족, 과습과 같은 비전염성 요인에 의해서도 발생한다.

2) 생물적 요인의 분석과 방제

(1) 아밀라리아뿌리썩음병

① 기주와 피해
㉠ 소나무, 자작나무, 잣나무, 전나무, 밤나무, 참나무, 포플러 등 침·활엽수에 발생한다.

ⓒ 우리나라는 *Armillaria solidipes*균에 의한 잣나무 피해가 주를 이룬다.
　　ⓒ 침엽수인 경우 20년생 이하에 많이 발생한다.
　　ⓔ 곤충, 한발, 번개에 손상되었을 경우 아밀라리아뿌리썩음병에 걸리기 쉽다.
② 병원균
　　㉠ 기주 범위가 광범위하다.
　　ⓒ 우리나라의 경우 다음이 아밀라리아 뿌리썩음병의 주된 병원균이다.

Armillaria solidipes	*A · mellea*
잣나무가 가장 민감하며 피해가 증가하는 추세이다.	천마와 공생하는 내생균근을 형성한다.

　　ⓒ 병원성이 약한 종들은 부생체로 이로운 역할을 하며, 병원성이 강한 종들은 부적응된 개체를 제거하는 자연간벌의 역할을 한다.
　　ⓔ 초본식물에서도 병이 발생하고 임령이 증가할수록 감소하는 경향이 있다. 병징은 정아 생장을 저하하고 수관쇠퇴, 황화현상, 조기낙엽이 된다.

③ 병징, 표징, 병환
　　㉠ 병징
　　　• 감염목은 6월~가을 걸쳐 잎 전체 서서히 황변, 갈변 고사한다.
　　　• 잎이 작아지고 나무 꼭대기부터 조기낙엽이 되며 뿌리목 부근에 송진이 굳어있다.
　　ⓒ 표징
　　　• 뿌리꼴 균사다발 : 뿌리같이 보이는 갈색~검은갈색 보호막 안에서 실처럼 가는 균사 다발로 뿌리처럼 잔가지가 있다.
　　　• 부채꼴균사판 : 수피와 목질부 사이에서 자라는 흰색의 부채모양 균사조직
　　　• 뽕나무 버섯 : 8~10월 발생
　　ⓒ 아밀라리아는 백색부후 곰팡이이며 부후된 부분에서 Zone lines을 볼 수 있다.

④ 방제법
　　㉠ 저항성 수종 식재 : 기주 범위가 넓어서 어려우나 임분 구성 변환 가능
　　ⓒ 그루터기 제거 : 병의 확산 속도를 늦추고 토양 훈증
　　ⓒ 도랑파기 : 티오파네이트메틸 수화제 토양 소독, 자실체 걷어내고 도랑 파기
　　ⓔ 석회처리를 하여 산성화 방지
　　ⓜ 경쟁관계에 있는 곰팡이를 이용하여 병원균 생장에 필요한 양분을 제한함으로써 병의 확산을 늦추는 방법

3) 비생물적 피해

(1) 답압

① 개요
㉠ 표토가 다져져서 견밀화된 토양경화 현상을 의미한다.
㉡ 답압이 진행되면 용적비중이 높아지고, 통기성, 배수성이 나빠져 수분 및 산소 공급, 무기양분 공급 등의 부족으로 뿌리 발달이 저조하다.

② 병징
㉠ 토양 내 수분, 산소, 무기양분 부족 현상이 발생한다.
- 수분, 양분, 산소 공급 역할을 하는 세근의 80%는 표토 30cm 내에 분포하지만 뿌리 생육 불량으로 제 역할을 하지 못한다(표토 20cm 내는 대기 중 산소 농도와 비슷한 20% 정도).
- 토양 내 산소가 10% 이하면 뿌리 피해가 시작되고 3% 이하에서는 수목이 질식한다.
- 답압은 토심 30cm 이상까지 영향을 미치고 표층 0~4cm에서 용적밀도가 급격히 증가한다.

㉡ 잎 왜소화, 가지 생장 둔화, 황화현상이 발생한다.
㉢ 수관 상부에서부터 내려오면서 가지가 고사하고 수관이 엉성해진다.

③ 방제
㉠ 경화된 토양은 대개 지표면에서 20cm 내 토양이므로 시차를 두고 부분적으로 경운한다.
㉡ 토양 개량을 한다. 부숙 퇴비와 토탄, 이끼+펄라이트+모래+유공관을 설치한다.
㉢ 다공성 유기물(바크, 우드칩, 볏짚 등)로 5cm 이내로 토양멀칭을 시행한다.

(2) 무기양분의 영양상태

① 진단 · 분석 방법
㉠ 가시적 결핍증 관찰 : 잘못 판단할 가능성이 있다.
㉡ 시비실험 : 철의 경우 $FeCl_2$(염화제2철) 0.1% 용액을 잎에 뿌려 진단한다.
㉢ 토양분석 : 지표면 20cm 토양을 채취하여 유효양분의 함량을 측정한다.
㉣ 엽분석 : 가지의 중간 부위에서 성숙한 잎(봄잎 6월 중순/ 여름잎 8월 중순)을 채취 · 분석한다.

② 영양 결핍 증상
  ㉠ 병징
   - N, P, K, S 결핍 : 잎 전체 황색
   - Mg 결핍 : 가장자리 변색, 엽맥은 녹색 유지
   - Fe, K, Mn 결핍 : 엽맥과 엽맥 사이 조직만 황색
   - 괴사, 백화, 가지 로젯트형, 열매 기형, 왜소, 변색
  ㉡ 이동성에 따른 차이
   - N, P, K, Mg와 같이 체내 이동이 용이한 원소는 부족 시 성숙 잎에 피해 증상이 먼저 나타난다.
   - Ca, Fe, B 같은 부동성 원소는 부족 시 어린 잎, 가지, 열매에 피해 증상이 나타난다.
   - S, Mo, Mn, Zn, Cu 등은 이동이 중간 정도이며 부족 시 어린 잎, 성숙 잎에 증상이 동시에 나타난다.

③ 영양 결핍 치료법 : 토양 내 양분이 충분하더라도 식물이 흡수할 수 없는 형태로 존재하는 경우 "결핍 증상"이 나타나며 식물은 무기질 형태로 존재하는 양분만 흡수가 가능하다.
  ㉠ 화학비료 : 신속한 영양공급에서 유리하나 토양을 산성화한다.
  ㉡ 퇴비 : 토양의 물리적, 화학적, 생물학적 성질을 개량한다.
  ㉢ 엽면시비
   - 요소, 황산철, 일인산칼륨(KH_2PO_4)
   - 흡수효율 : Na > Mg > Ca
   - 영양 농도가 진할수록 시비 효과가 크지만 너무 크면 염분 피해가 나타난다.
   - 안전한 영양소 농도는 0.2~0.5%이며 전착제(계면활성제)는 0.1%를 첨가한다.

(3) 과습
  ① 잎자루가 누렇게 변하면서 아래로 쳐진다(에틸렌가스 생산 · 이동 때문).
  ② 잎이 작고 황화현상 발생, 가지의 생장이 둔화되고 겨울철 동해에 약하다.
  ③ 주목, 동백나무, 무궁화 등은 잎 뒷면에 코르크성 과습돌기(edima)가 생기기도 한다.
  ④ 파이토프토라에 의한 뿌리썩음병, 부정근이 발생한다.
  ⑤ 수관 축소(꼭대기에서 밑으로 죽어 내려옴), 조기단풍, 살아있는 눈의 형성이 불량하다.
  ⑥ 줄기종양, 융기, 돌기, 새잎 생장 정지, 감소 등

4) 결론

이미 발생한 Armillaria 뿌리썩음병 방제는 상당히 어렵기 때문에 수목을 건강하게 관리해야 하며, 답압에 의해 경화된 토양은 시차를 두고 부분적으로 경운하고 토양을 개량한다. 무기영양 공급에 있어서는 토양 개량과 함께 지속적인 영양 공급이 유리한 유기질비료를 시비한다.

35. 은행나무 가로수 잎의 여름철 황화현상, 갈변현상의 원인과 방제 방법

1) 개요

은행나무 가로수 황화현상과 갈변현상은 생물적 요인과 비생물적 요인에 의하여 발생하며 다음과 같은 요인으로 분석할 수 있다.

구분	병징	피해양상
생물적 요인	황화현상, 갈변현상	• 은행나무 잎마름병 • 은행나무 그을음무늬병
비생물적 요인	황화현상, 갈변현상	• 기상적 피해(건조), 고온 피해(엽소) • 제설염 피해(염화칼슘)

2) 생물적 요인

(1) 은행나무 잎마름병

① 기주 및 피해

㉠ 고온건조하거나 태풍이 지난 후 많이 발생한다.

㉡ 병원균 : *Pestalotia ginko*

② 병징과 표징

㉠ 7~8월에 발생하여 초가을에 증상이 많다.

㉡ 병반은 잎 가장자리에서 안쪽으로 부채꼴 쐐기 모양으로 확대되며 갈색을 띠고, 둘레는 황록색으로 퇴색한다.

㉢ 잎 앞뒤의 까만 점은 분생포자층이다.

㉣ 병든 잎은 오랫동안 붙어 있다.

㉤ 분생포자는 빗물, 바람, 곤충에 의해 전파되고 상처를 통해 침입한다.

③ 방제
   ㉠ 병든 잎은 모아서 소각하거나 묻어서 전염원을 제거한다.
   ㉡ 태풍이 지난 후 만코제브수화제, 보르도액을 1~2번 살포한다.

3) 비생물적 요인

(1) 제설제에 대한 피해

① 발생 상황
   ㉠ 겨울철 제설용으로 뿌린 염화칼슘이 토양에 집적되면 식물의 양분, 수분 흡수가 어렵고 6월부터 황화, 조기낙엽 등의 증상이 나타나며 고사 원인이 된다.
   ㉡ 토양 염분 허용 농도는 0.05%이다.

② 제설제 피해와 작용기작
   ㉠ 피해 증상
   - 낙엽수는 피해가 적고 상록수는 제설제가 잎에 바로 접촉하여 피해가 크다.
   - 침엽수는 잎끝 황화현상이 발생하고 광합성이 줄어든다.
   - 노엽은 피해가 크고 신엽은 피해가 적다. 활엽수가 침엽수보다 더 예민하다.
   - 잎과 줄기 끝 가장자리에 괴저가 생기고, 진전되면 낙엽이 되고 쇠락된다.
   - 6~8월 중 토양 습도가 낮을 때 염분 농도의 증가로 피해가 나타나는 경우가 있다.
   - 염화칼슘의 피해 : 잣나무는 구엽과 신엽, 소나무는 구엽, 구상나무는 신엽 끝부터 갈색으로 변한다.
   ㉡ 작용기작 : 토양 속에 들어간 염이온과 토양수가 결합하여 영양과 수분 흡수를 저해하고 생리적 가뭄이 발생한다.

③ 방제법
   ㉠ 겨울철 토양을 비닐이나 짚으로 멀칭하며 증산억제제를 뿌린다.
   ㉡ 토양세척, 배수시설 처리를 한다. 150mm 관수는 표토 30cm 이내 염분의 50% 제거가 가능하다.
   ㉢ 토양 표토를 치환한다.
   ㉣ 토양에 활성탄(숯가루)을 투입하여 염분을 흡착시킨다.
   ㉤ 도로변의 경우 장마기가 지나면 소금의 피해가 없어진다. 휴유증이 오래 간다.

(2) 고온에 의한 피해인 엽소현상
　① 햇빛을 집중적으로 받고 상대습도가 높은 날 남서향쪽 잎이 탈수 상태로 누렇게 변하는 현상이다.
　② 해를 향한 부위와 응달 부위의 온도 차이로 변색이 되며 수침증상, 물집이 발생한다.
　③ 장마 후 기온이 상승하고 대기 건조 시에 잎의 증산속도는 증가하나 뿌리는 수분 흡수 저조로 탈수현상이 발생한 경우이다. 묵은 잎이 심하다.
　④ 방지법
　　㉠ 토양 배수와 통풍을 좋게 한다.
　　㉡ 토양 개량, 유기물 시비를 통해 뿌리 기능을 활성화한다.
　　㉢ 가지, 잎이 과밀하지 않도록 균형시비를 한다.

(3) 건조에 의한 피해
　① 건조피해 유형 : 가뭄, 이식, 기상이변으로 인한 건조피해
　② 건조피해 증상
　　㉠ 활엽수 : 어린 잎과 줄기가 시듦
　　　• 잎은 가장자리 엽맥 사이가 갈색으로 고사하며, 말려 들어가 조기낙엽된다.
　　　• 잎의 왜소와 생장 위축으로 엽면적 감소, 가지끝부터 고사한다.
　　㉡ 침엽수의 경우
　　　• 건조피해가 초기에는 잘 나타나지 않는다.
　　　• 소나무는 잎이 쪼그라들고 연녹색 증상이 나타난다.
　　㉢ 건조피해는 끝부분부터 발생하기 때문에 병징이 어디서부터 관찰되는지 확인하는 것이 중요하다.
　③ 겨울이상 가뭄현상(동계건조)
　　㉠ 기후변화, 이상난동으로 겨울 가뭄이 올 경우 상록수가 이른 봄 고사하는 현상이 자주 발생한다(소나무, 잣나무).
　　㉡ 2007년 영월 진천 잣나무, 2009년 밀양 사천 소나무림에서 발생하였다.
　④ 방지법(건조와 가뭄)
　　㉠ 관수 : 한번에 충분히 관수한다.
　　㉡ 나무 아래 잔디나 관목류 제거 : 수분 탈취를 방지한다.
　　㉢ 토양멀칭 : 수분 증발을 방지한다.
　　㉣ 소나무, 오리나무, 보리수, 사시나무, 사철나무 등의 내건성 수종을 식재한다.

4) 결론

황화 및 갈변현상은 여러가지 원인 즉 생물적, 기상적, 인위적 요인이 복합적으로 작용하여 발생한다. 특히 가뭄과 고온 등 기상적 피해와 아울러 겨울철 제설염의 사용에 의한 인위적 피해도 크다. 지속적인 모니터링과 병해관리는 물론 토양관리 등으로 수세 회복을 하여야 한다.

36. 소나무 잎의 황화현상과 관련 있는 병충해와 비생물적 요인

1) 개요

소나무 잎의 황화현상과 관련되는 생물적 요인인 병충해와 비생물적 요인에 대한 피해 기작과 방제법에 대하여 다음과 같이 분석하고 기술하고자 한다.

2) 생물적 요인

(1) Scleroderris 궤양병

① 기주와 피해
  ㉠ 소나무, 방크스소나무, 잣나무
  ㉡ 궤양병이 진전되기 전에는 진단이 어려운 병이다.

② 병징 및 병환
  ㉠ 침엽의 기부가 노랗게 변한다.
  ㉡ 형성층과 목재조직이 연두색으로 변하며 심하면 고사한다.
  ㉢ 병원균은 저온에서 생장이 양호하다.

③ 방제법 : 전염원 밀도를 감소시키기 위하여 발병 임지에서 아랫부분의 가지를 전정한다.

(2) 소나무 피목가지마름병

① 기주와 피해
  ㉠ 병원균 : *Cenangium ferruginosum*
  ㉡ 기주 : 소나무, 곰솔, 전나무, 가문비나무, 잣나무
  ㉢ 해충피해, 이상건조 등에 의해 수세가 약해지면 대면적에 발생하고 심한 가뭄 후 쇠약한 수목에 피해가 극심하다.
  ㉣ 겨울철 기온이 매우 낮았을 때 피해가 심하다. 가을철 이상건조와 겨울철 이상고온일 때도 피해가 심하다.

② 병징 및 병환
- ㉠ 4~5월 피해를 받은 2~3년생 가지는 산발적으로 적갈색으로 고사하고 침엽은 기부에서 위쪽으로 갈변되면서 낙엽이 된다.
- ㉡ 수피를 벗기면 건전 부위와 병든 부위 경계가 뚜렷하다.
- ㉢ 죽은 가지 피목에 쭈그러진 컵 모양의 자낭반(늦봄~여름)이 형성되며 장마철 후 자낭포자가 비산되어 건전가지로 침입 후 균사로 월동한다.
- ㉣ 전염성 약한 병원균(내생균근)은 수피 밑에 있지만 발병은 되지 않는다.
- ㉤ 가뭄과 이상건조에서 발병하며(2~3년생 가지, 줄기) 죽은 가지의 수피에서 농갈색의 자낭반이 나온다.

③ 방제법
- ㉠ 남향으로 뿌리가 노출된 임지에서는 관목을 무육하여 토양건조를 방지하고 관수와 시비로 예방한다.
- ㉡ 병든 가지는 장마 전인 6월까지 소각한다.
- ㉢ 적정한 식재 밀도를 유지한다.

(3) 솔잎혹파리

① 기주와 피해
- ㉠ 학명 : *Thecodiplosis Japonensis*
- ㉡ 기주 : 소나무, 곰솔
- ㉢ 유충이 솔잎기부에 충영을 형성하고 5월 하순~10월 하순까지 흡즙한다.
- ㉣ 피해잎은 건전한 잎의 1/2 수준으로밖에 자라지 못하고 당년에 낙엽이 진다.
- ㉤ 가을철에 잎은 갈색으로 변하고 낙엽이 지며, 5~7년차에 피해가 극심하다.

② 생활사 : 연 1회 발생하며 유충으로 1~2cm 흙속에서 월동하나 지역에 따라 벌레혹 내에서 월동하는 유충도 있다.

구분	기간	비고
성충	5월 중순~7월 중순	• 우화 최성기인 6월 상·중순에는 하루 중 15시~17시에 가장 많다. • 산란수는 90개 내외, 수명은 1~2일이다.
알	5~6월	알 기간은 5~6일, 새로운 잎 사이에 6개씩 산란한다.
유충	6월~익년 4월	• 잎기부에 벌레혹을 형성하고 벌레혹당 평균 6마리가 서식(피해잎 : 6월 하순부터 생장 중지)한다. • 유충은 9월 하순~다음 해 1월(최성기는 11월 중순) 사이에 주로 비 올 때 떨어져 지표 밑 2cm 내에서 월동한다.

구분	기간	비고
번데기	5월 상순~ 6월 말	최성기 5월 중순, 지피물에서 용화, 기간은 20~30일이다.

③ 방제법
  ㉠ 생물적 방제
    • 후방 회복된 임지와 천적기생율 10% 미만인 임지
    • 솔잎혹파리먹좀벌, 혹파리살이먹좀벌, 혹파리등뿔먹좀벌, 혹파리반뿔먹좀벌 : 5월 하순~6월 하순에 ha당 2만마리를 방사한다.
  ㉡ 임업적 방제 : 위생간벌, 치수 제거, 피해 회복 촉진은 8~9월, 9월 말까지 피해목 벌채
  ㉢ 화학적 방제
    • 수간주사 : 충영형성률이 20% 이상인 임지, 피해 선단지에서는 충영형성률 관계없이 선정 가능(티아메톡삼 · 이미다클로프리드 분산성액제)
    • 지면 및 수관살포 : 선단지 천적기생율 10% 이하인 임지 중 상수원, 양어장 등에 약제 유실 우려가 없는 임지
  ㉣ 기타 : 지피물 제거(3cm 이내 유충)로 토양을 건조시켜 토양 속 유충의 폐사 유도

3) 비생물적 요인

서리의 피해는 생육기간에 나타난다.
① 만상(늦서리)
  ㉠ 봄에 내리는 서리로 4월 말경 갠날 밤의 야간온도가 −3℃~−5℃일 때 새순과 어린잎이 피해를 입는다.
  ㉡ 피해수목 : 목련, 백합나무, 모과나무, 단풍나무, 철쭉, 영산홍, 쥐똥나무, 주목, 전나무, 일본잎갈나무 등
  ㉢ 병징 : 새순, 잎, 꽃이 마른다. 활엽수는 검은색, 침엽수는 붉은색으로 변색된다.
② 조상(첫서리)
  ㉠ 가을 첫서리 피해는 수고가 3m 이하인 나무에 피해가 많고 이 경우 만상 피해보다 크다.
  ㉡ 병징 : 새순을 죽여 휴유증이 1~2년간 지속되어 만상보다 심각하게 수형을 훼손하며 나무가 왜성 혹은 관목형으로 변하기도 한다. 소나무의 경우는 잎의 기부 피해로 잎이 밑으로 처진다.

ⓒ 방제 : 늦여름 시비 금지로 가을 생장을 정지시키고 스프링클러, 연기 발생, 관수작업 등을 실시한다.

4) 결론

소나무 잎의 기부부터 황화되는 현상은 여러 가지 복합적인 원인으로 발견될 수 있다. 이러한 병징의 원인은 수세가 허약하여 나타나는 현상이므로 무기영양을 공급하고 수세관리를 위한 지속적인 모니터링이 필요하다.

37. 목재부후균 종류 및 특성

1) 개요

목재부후균 종류는 기생부위와 분해성분에 따라 구분된다.

2) 목재부후균의 분류

분류	부후명칭	부후내용	버섯명
기생 부위	심재	살아있는 수목 줄기	꽃구름버섯, 장수버섯, 진흙버섯속, 말굽버섯속, 덕다리버섯속, 해면버섯속
	근계	살아있는 수목 뿌리	뽕나무버섯속, 시루뻔버섯속, 해면버섯속, 복령속버섯속, 땅해파리버섯속, 송편버섯속
	변재	죽은 부분 목재	잔나비버섯속, 말굽버섯속, 구름버섯속, 치마버섯속, 조개버섯속, 꽃구름버섯속, 옷솔버섯속, 구멍장이버섯속
분해 성분	백색 부후	cellulose hemicellulose lignin	말굽버섯, 잎새버섯, 조개껍질버섯, 간버섯, 치마버섯, 영지버섯, 표고버섯, 느타리버섯, 흰구름버섯
	갈색 부후	cellulose hemicellulose	실버섯류, 구멍버섯류, 전나무조개버섯, 조개버섯, 잣버섯, 버짐버섯, 개떡버섯 등
	연부후균	cellulose hemicellulose	콩버섯, 콩꼬투리버섯

3) 목재부후균의 종류와 특성

구분	특성
갈색부후 (담자균)	• 셀룰로오즈, 헤미셀룰로오즈 등은 분해되지만 리그닌은 분해되지 않고 남아 있다. • 암황색 네모난 형태로 금이 생기고 잘 부서진다. 주로 침엽수에 나타나지만 활엽수도 나타난다. • 벽돌 모양으로 금이 가며 쪼개진다. • 구멍버섯, 조개버섯, 개떡버섯, 덕다리버섯
백색부후 (담자균)	• 셀룰로오즈, 헤미셀룰로오즈뿐만 아니라 리그닌도 분해된다. • 분해가 진행된 목재는 흰색의 스폰지처럼 쉽게 부서진다. • 주로 활엽수에 나타나지만 침엽수에도 나타난다. • 말굽버섯, 조개껍질버섯, 치마버섯, 영지버섯, 표고버섯, 느타리버섯, 흰구름버섯
연부후 (자낭균)	• 목재의 함수율이 높은 상태에서 발생하는 부후이다. • 표면이 연해지고 암갈색으로 변하지만 내부는 건전 상태를 유지한다. 오랫동안 수침상태인 경우 나타난다. • 피해목재 건조 시 할렬이 길이 방향으로 나타난다. • 갈색부후와 유사하지만 표면에만 국한적으로 나타난다. • 콩버섯, 콩꼬투리버섯 : 파상땅해파리속(*Rhizina*/자낭균)을 제외하고는 모두 담자균이다.

4) 부후의 방제법

① 임업적 방제
　㉠ 병원균 유입 방제를 위한 산림시업을 한다.
　㉡ 가지가 부러지거나 상처 발생 시 가지치기 또는 간벌을 한다.

② 생물적 방제 : 상처, 그루터기에 길항균 처리를 한다.

③ 화학적 방제
　㉠ 제재목 변색, 부후 방제를 위한 목재건조, 유기수은제 처리한다.
　㉡ 인체에 저독성 목재보존제인 ACQ를 사용한다(목재방부).
　㉢ 상처 부위에 도포제로 처리한다.

5) 목재 변색

① 개요 : 목재 변색은 목재의 질을 저하시키지만 목재의 강도에는 영향을 미치지 않는다.

② 목재 변색의 주된 원인
　㉠ 변색 곰팡이, 목재부후균, 화학적 반응(건조과정)
　㉡ 원인균 : *Ophiostoma, Ceratocystis, Leptographium, Graphium*

③ 목재변색균의 생태
  ㉠ 벌채된 침엽수, 특히 소나무 변재 부위에 가장 먼저 침입하여 빠르게 생장한다.
  ㉡ 모든 세포에서 발견되지만 특히 방사상 유조직 세포와 수지관에 주로 존재한다. 생장 시세포를 파괴하며 다른 세포로 이동한다.
  ㉢ 목재 변색은 균사 내 존재하는 멜라닌에 기인한다.
  ㉣ 목재청변곰팡이는 주로 천공성 해충인 소나무좀, 소나무줄나무좀에 의해 전반한다.

④ 방제법
  ㉠ 청변곰팡이 침입과 생장 억제를 위해 목재를 물로 포화한다.
  ㉡ 살균제나 화학물질을 처리한다.
  ㉢ 1990년대 변색균에서 멜라닌색소가 결핍된 무색균주를 선발하여 미리 처리하면 변색균 침입을 억제할 수 있는 결과를 얻고 Cartapip(상품명)을 개발하여 시판하고 있다.

문제 목재부후균의 종류를 나열하고 특성에 대하여 서술하시오. (기술고시 : 2013년)

38. CODIT 이론(수목부후의 구획화)

1) 개요
1977년 사이고 박사에 의해 만들어진 이론으로 수목의 외과수술의 이론적 토대가 되었다. 수목이 상처에 대한 자기방어 기작으로 4개 방향의 벽으로 칸을 만들어 부후를 구획화하여 감염된 조직이 확대되는 것을 막는 것이다.

2) 방어벽

① 방어벽 1
  ㉠ 부후가 상처의 위아래로, 즉 종축 방향으로 확산되는 것을 막는 벽으로, 통도조직을 폐쇄시키면서 만든 벽이며 가장 약한 방어벽이다.
  ㉡ 환공재는 전충제 형태로, 산공재는 Gum과 과립물질로 도관을 막는다. 침엽수는 송진, 테르펜으로 가도관을 막는다.

② 방어벽 2 : 부후가 나무의 중심부를 향해 수선을 따라 방사 방향으로 진전되는 것을 막기 위해 나이테를 따라 추재를 형성하고 접선 방향으로 방어벽을 형성하여 중앙으로 침투하는 것을 막는다.

③ 방어벽 3 : 부후가 나이테를 따라 원둘레 방향으로, 즉 접선 방향으로 진전되는 것을 저지하기 위해 수선 유세포가 접선 방향으로 둥글게 휘면서 이동을 차단한다(방사단면에 만든 벽).
④ 방어벽 4 : 상처가 난 후에 형성층이 만든 새로운 보호벽으로 된 방어벽으로 가장 강하다.

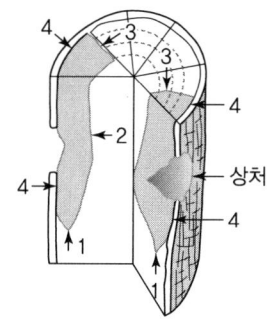

방어벽1, 방어벽2(나이테), 방어벽3(방사유조직), 방어벽4(상처유조직)

3) 상처 구획화의 특성

① 기존 조직 포기, 새 조직 보호를 위한 기작으로, 에너지 손실로 인해 생장이 위축된다.
② 구획 능력이 강한 수종과 약한 수종

강한 수종	약한 수종
참나무류, 소나무류, 주목, 주엽나무, 은단풍, 아까시나무, 배롱나무, 느티나무	서양측백, 솔송나무, 버즘나무, 버드나무, 벚나무, 사시나무, 오동나무, 자작나무, 팽나무

4) 결론

나무의 변색과 부후가 위아래 방향으로 진행되는 것은 1번 방어벽이 가장 약하기 때문이다. 나무가 자라며 많은 상처를 입고도 살아남는 것은 "수목 부후의 구획화"로 설명되는 나무의 "자기방어 기작"때문이다.

문제 상처에 대한 목재의 방어 기작을 서술하시오. (기술고시 : 2013년)

CHAPTER 03 세균에 의한 병

1. 화상병

1) 개요

2015년 안성을 시작으로 천안과 제천에서 발생이 확인되었고 식물방역법을 발동하여 발병주를 제거하였다. 병이 발생된 과원은 폐쇄조치를 한 바 있으며 이병은 식물방역법상 "금지병"[3]에 해당한다.

2) 기주와 피해

① 병원균 : *Erwinia amylovora*
② 기주 : 사과나무, 살구나무, 배나무, 벚나무, 산사나무, 물푸레나무 등 주로 장미과 수목에 많이 발생한다.

3) 병징과 병환

① 늦은 봄에 어린 잎, 꽃, 작은 가지가 갑자기 시든다. 처음엔 물이 스며든 듯하다가 곧 갈색, 검은색으로 변하여 마치 불에 탄 듯 보인다.
② 기관별 병징

꽃	• 암술머리에서 처음 발생하여 전체가 시들고 꽃으로 파급된다. • 꽃이 감염되기 가장 쉬운 조직이다.
과실	수침상 반점이 점차 검은색으로 변한다.
가지	선단부 작은 가지에서 시작하여 피층의 유조직을 침해하고 아랫부분의 큰 가지 또는 줄기에 움푹 파인 궤양을 만든다.

③ 병원균은 병든 가지 주변에서 월동하다가 봄비가 내릴 때 활동을 시작한다.
④ 고온에서 전파 속도가 빠르며 18℃ 이상에서 활성화된다.

---

3) 발병 지역의 묘목, 생과일 수입 금지

⑤ 따뜻하고 습도 높은 날에 병든 나무 수피에서 우윳빛의 세균 점액이 스며나와 파리, 개미, 진딧물 등 곤충을 모으고 이들이 병원체를 옮긴다. 빗물에 의해 옮겨지기도 한다.
⑥ 감염은 봄의 생장이 끝날 때까지 또는 개화기부터 한 달 뒤까지 계속되며 2차 전염은 피목, 기공, 흡즙곤충, 바람, 우박의 상처 등을 통해 전염된다.

4) 방제법

① 병든 가지는 감염 부위로부터 30cm 정도 위아래를 잘라내고 궤양은 늦여름에서 겨울에 도려낸다.
② 수술 도구는 반드시 70% 알콜 또는 살균 소독제로 표면소독한다.
③ 질소 시비를 피하고 P. K를 사용하여 수세를 강화한다.
④ 매개곤충과 화분 매개곤충을 방제한다(화분매개곤충 이동제한 발생지 반경 2km 내).
⑤ 예방책으로 개화기부터 여름까지 Streptomycin, 구리계 살균제를 조합하여 여러 번 살포한다.
⑥ 꽃눈 발아 전에 석회보르도액으로 예방한다.
   ㉠ 개화기, 생육기는 농용신수화제나 아그로마이신수화제를 살포한다.
   ㉡ 환부에 보르도액 또는 석회황합제를 원액으로 처리한다.
⑦ 감염목은 발견 즉시 불태우거나 땅속에 묻고 발생지의 잔재물 이동을 금지한다.
⑧ 건전한 접수와 묘목을 사용한다.

5) 결론

화상병은 2015년 발생한 이래 확산하고 있으며 2019년에는 충주·제천지방에서 발생하였다. 감염목은 1년 이내 고사하는 치명적인 병으로 인산, 칼륨 등 시비로 건전수세를 유지하고 이병주는 즉시 제거, 소각, 매몰하는 것이 최선이며 정기적으로 조사하고 매개충을 방제하여야 한다.

문제 화상병의 병환을 단계적 설명과 방제 방법에 대하여 기술하라. (기술고시 : 2016년)

2. 석회보르도액[4] 제조 방법

1) 두 개의 고무통 준비

① 한 통에 80~90%에 해당하는 물을 담고 황산구리를 용해시킨다.
② 또 다른 통에는 생석회를 넣고 소량의 물을 첨가하여 소화시킨 다음 나머지 물 10~20%을 넣고 석회유를 만든다.
③ 완전히 식은 석회유를 나무막대로 저으면서 먼저 만든 황산구리용액을 조금씩 넣는다.

2) 주의사항

① 황산구리 용액에 석회를 첨가하거나 따뜻한 상태에서 반응시키면 산성액이 되어 현수성이 불량해진다.
② 조제 후 바로 사용하지 않으면 살균력이 떨어진다.
③ 유기인계, 카바이트계를 혼용하지 않는다.
④ 핵과류에 사용하지 않으며 비 오기 전후에는 사용하지 않는다.

3) 보르도액 호칭

물 1ℓ 속의 황산구리와 생석회의 g수에 의하여 4-4식, 6-6식 보르도액이라 부른다.

4) 보르도액의 종류

종류		4-4식	4-6식	6-6식
물 20ℓ(1말) 함량	황산구리	80g	80g	120g
	생석회	80g	120g	120g

3. 뿌리혹병

1) 개요

목본와 초본류에 모두 발생하며 세균에 의해 기생당한 세포와 주변 세포들의 융합과 핵분열에 의해 거대한 세포로 변하고 거대세포의 주변 조직이 세포분열로 비대한 결과이다. 핵과류, 인과류, 나무딸기류, 벚나무, 밤나무, 감나무, 호두나무 등에 발생하고 묘목에 발생 피해가 크다. 우리나라는 1973년 밤나무 묘목에서 크게 발생했다.

---

[4] 황산구리와 석회를 혼합한 살균보호제

2) 병징

① 뿌리나 줄기의 지제부 또는 땅위 줄기나 가지에 혹이 발생한다.
② 혹은 상처 부위, 접목 부위에 잘 나타나며 혹이 생긴 가지는 생육이 부진하고 여러 장해의 저항력이 약하다.
③ 목재부후균 감염으로 병든 부위가 쉽게 부러진다.

3) 병원균 및 병환

① *Agrobacterium tumefaciems* 이다.
② 그램음성균 비항산성, 비호기성으로 기주식물 없이도 오랜 시간 동안 살 수 있다.
③ 생육 최적 온도는 22℃, 최적 pH는 7.3이다.
④ 고온다습한 염기성 토양에서 잘 발생하며 상처를 통해 기주에 침입한다.

4) 방제법

① 상처 발생을 막고, 건전묘를 식재한다.
② 석회 사용량을 줄이고 유기물 사용으로 수세를 강화한다.
③ 접목 도구는 70% 알콜로 소독하고, 병든 나무는 제거 후 소각하고 토양소독을 한다.
④ 혹을 제거한 자리에 석회황합제 또는 도포제를 처리한다.
⑤ 재식할 때 묘목을 스트렙토마이신 용액에 침지하면 효과적이다.
⑥ 이병주를 즉시 제거하고 발생 지역은 4~5년간 묘목 생산을 금지한다.

4. 호두나무 갈색썩음병 (문화재수리기술자 : 2019년)

1) 개요

2016년 6월 경북 안동에서 처음 발생하였다. 세균성 병해로 잎, 가지, 줄기, 열매 등에 발생하고 1996년에 "식물방역법"상 관리병으로 지정되었다.

2) 병원균

Xanthomonas arboricola

3) 기주와 피해

① 기주 : 호두나무, 가래나무
② 피해
  ㉠ 봄~초여름에 걸쳐서 잎, 신초, 열매에 갈색~흑색의 반점이 형성된다.
  ㉡ 잎의 반점이 합쳐져서 기형이 되고 죽은 조직이 떨어져 나가서 감염된다. 잎은 누더기 모양이 된다.
  ㉢ 감염이 잔가지까지 확장되어 가지의 고사를 초래하고 궤양의 형태로 큰 가지까지 진전된다.
  ㉣ 초기에 감염된 열매는 조기 낙과된다.

4) 병징과 병환

① 병징 : 잎, 열매에 갈색~흑색 반점이 생기고 가지와 줄기에 궤양이 생기며 종자는 변색하면서 부패한다.
② 병원균 생태
  ㉠ 병원균은 주로 눈과 가지의 궤양 부위에서 월동한다.
  ㉡ 봄철 비, 바람, 곤충에 의해 전파된다.
  ㉢ 상처를 통해 침입하며 전개되는 잎과 신포의 기공, 피목으로 침입하기도 하며 꽃에 감염하여 개화기가 끝날 무렵에 열매로 침입한다.
  ㉣ 감염이 계속되면 가지와 잔가지가 고사한다.
  ※ 포엽 : 꽃을 보호하기 위하여 잎이 변형되어 만들어진 것 **예** 산딸나무

5) 방제

① 경종적 방제 : 저항성 수종을 선택한다.
② 화학적 방제
  ㉠ 예방 위주로 농약을 살포한다.
  ㉡ 눈 트기 전 4월부터 7~10일 간격으로 3~6회 약제를 살포한다.
    • 전년도 병이 발생되었던 시군구 : 5~6회
    • 전년도 병이 발생되었던 인접 시군구 : 3~4회
③ 눈이 트기 전에는 보르도액, 가스마이신수화제를 살포한다. 구리가 함유된 약제는 생육기에 피해를 유발하므로 눈트기 전에 살포한다.
④ 눈이 트기 시작한 후에는 스트렙토마이신수화제, 가스가마이신 입상수화제를 교대로 살포한다.

문제 뿌리혹병의 피해 발생 부위 및 병징, 전염 경로, 방제법에 대하여 기술하시오.

… Tree Doctor

CHAPTER 04 파이토플라즈마에 의한 병

1. 대추나무 빗자루병과 벚나무 빗자루병의 비교

구분	대추나무 빗자루병	벚나무 빗자루병
병원균	*Candidatus Phytoplasma ziziphi*	*Taphrina wiesneri*
기주	대추나무, 뽕나무, 쥐똥나무, 일일초, 마름무늬매미충(*Hishimonus sellatus*)	여러 종류의 벚나무 중 왕벚나무의 피해가 크다.
피해	• 잔가지와 황록색의 아주 작은 잎이 밀생 → 빗자루 모양 • 꽃의 엽화현상으로 개화, 결실되지 않는다(꽃봉오리 → 잎으로). • 빗자루 증상 없이 잎 전체가 황화증상을 나타내는 것도 있다.	• 자낭포자와 분생포자(출아포자)를 형성한다. • 4~5월 잎 뒤에 회백색 가루(나출자낭)로 뒤덮이고 가장자리는 흑갈색으로 변한다. 감염 후 4~5년이면 고사한다. • 자낭 내 출아를 반복하여 자낭이 출아포자로 가득 차게 된다.
병징 병환	• 마름무늬매미충의 구침을 통해 곤충 체내에 들어간 파이토플라즈마는 침샘 및 중장에서 증식한 후 타액선을 통해 전염된다. • 파이토플라즈마는 여름에는 지상부, 가을에는 뿌리쪽, 겨울에는 뿌리에서 월동하고 이듬해 봄 수액 이동과 함께 줄기로 이동하여 증식, 병징을 나타난다.	• 감염된 가지는 혹처럼 부풀고 잔가지가 많아 빗자루 모양이 된다. • 나출자낭을 형성하는 자낭균으로 4월 중순 잎 뒷면에 회백색 자낭포자를 형성, 비산 후 검은색으로 변하고 낙엽이 진다. • 30년생 이상 수목에 피해가 크다. 복숭아 잎에서는 "오갈병"을 일으킨다. • 병원균이 *Auxin*, *Cytokinnin*을 생산하여 기공 개폐를 초래하며 나무는 쇠약해진다. • 균사는 가지, 눈 조직에서 월동한다.
방제법	• 병든나무 벌채소각 또는 옥시테트라사이클린 수간에 주입한다. • 매개충 구제 : 적용약제를 살포한다. • 옥시테트라사이클린을 흉고직경 10cm당 1ℓ씩 2년마다 주사한다. • 내병성 품종을 개발한다.	• 이른 봄에 병든 부위를 잘라 태운다. • 자른 부분은 티오파네이트메틸 도포제 처리로 줄기마름병균, 목재썩음병균이 2차적으로 침입하는 것을 방지하며, 유합조직을 촉진한다.

문제 대추나무 빗자루병과 벚나무 빗자루병의 병원체, 기주, 특징, 방제 방법을 기술하시오.

(문화재수리 기술자 : 2013년)

2. 파이토플라즈마에 의한 수목병과 특성

1) 개요

① 식물에서 발견된 마이코플라즈마는 인공배양이 되지 않는다.
② 1994년 보르도학회에서 파이토플라즈마속으로 임시 명명하였다.

2) 파이토플라즈마의 특성

(1) 생리 및 생태적 특성

① 세포벽이 없고 원형질막으로 둘러싸여 있다.
② 인공배양을 하지 못 한다.
③ 체관부에 존재하고 증식한다.
④ 곤충의 체내에 침입하여 우선 증식한 후 건전 식물체를 흡즙할 때 구침을 통해 침입한다.
⑤ 성엽보다 어린 잎을 흡즙할 때 보독이 잘 된다. 바로 전염되지는 않으며 30℃에서 10일, 10℃에서 45일의 기간을 거쳐야 증식한다.
⑥ 즙액, 종자, 토양전염, 경란전염은 하지 않는다.

(2) 파이토플라즈마에 의한 병해

구분	대추나무 빗자루병	뽕나무 오갈병	오동나무 빗자루병	쥐똥나무 빗자루병
기주	대추나무, 뽕나무, 쥐똥나무, 일일초	뽕나무, 대추나무, 일일초, 클로버	오동나무, 일일초 나팔꽃, 금잔화	쥐똥나무, 왕쥐똥나무, 좀쥐똥나무, 광나무
병징	• 빗자루 증상 • 황갈색 작은 잎 • 엽화현상(꽃→잎) • 잎 전체 황화현상	• 초기 황화 증상 • 생육 억제, 오갈 증상 • 잎 담황색 결각 없고 표면 쭈글 • 나무 왜소	• 연약한 잔가지 총생 • 황록색 작은잎 밀생 • 빗자루 병징	• 작은잎 총생 황화현상, 빗자루 병징 • 가지총생 위축 • 감염 가지 그해 고사
매개충	마름무늬매미충	마름무늬매미충	담배장님노린재, 썩덩나무노린재, 오동나무매미충	마름무늬 매미충
방제	• 이병주 벌채 소각 • 옥시테트라사이클린 수간주사 1g/1L • 매개충 구제 • 건전접수	• 저항성 품종 식재 • 이병주 제거 • 무병주 접수, 삽수 이용 • 매개충 구제 • 적용약제 살포	• 건전실생묘 사용 • 이병주 벌채 소각 • 수간주사 : 옥시테트라사이클린 • 매개충 구제 6~7월 • 적용약제 살포	• 이병주 분주 금지 • 항생제 처리 • 매개충 구제

※ 대추나무 흉고직경에 따른 옥시테트라사이클린 수간주사 주입량
  • B 10cm : 1g/0.5L • B 10~15cm : 1g/1L • B 15~20cm : 2g/3L • B 20~25cm : 3g/3L

3) 파이토플라즈마병의 방제

① 전신 감염병으로 분근묘 등 영양체 통한 전염은 되나 즙액전염, 종자전염, 토양전염은 되지 않는다.
② 테트라사이클린계 항생제로 치료가 가능하나 처리를 멈추면 곧 병이 재발된다. 엽면살포, 토양살포는 효과가 없다.
③ 세포벽 합성을 저해하는 페니실린 등의 항생제에서는 저항성을 나타낸다.
④ 테트라사이클린 용액에 병든 식물을 침지하거나 주입은 병징 발현을 억제한다.
⑤ 병든 식물 및 영양번식기관은 열처리로 파이토플라즈마를 완전히 제거할 수 있다.

구분	처리 방법	비고
병든 식물	30~37℃	환경조절장
영양기관	50℃ 온수에 10분간	침지하면 효과
	30℃ 온수에 3일간	

※ 바이러스 불활성화 : 35℃~40℃ → 7~12주
                    38℃ 4주간 열처리(열풍)
※ 세균 불활성화 : 52℃ 20분

문제 파이토플라즈마의 특징에 대하여 설명하고, 대추나무 빗자루병의 병징, 병환 및 방제법에 대하여 서술하시오. (기술고시 : 2006년)

CHAPTER 05 바이러스에 의한 병

1. 수목 바이러스병 진단 방법(6가지)과 특성

1) 개요

① 바이러스는 세포 구조가 아닌 "감염성 핵단백질 입자"이다.
② 절대기생체이며 병징은 엽록소 합성 방해로 잎에 모자이크, 둥근 무늬를 형성한다.

2) 수목 바이러스병의 진단 방법

① 외부병징 관찰 : 잎, 꽃, 줄기, 열매에 나타난 외부 병징을 관찰한다.
  ㉠ 잎 : 모자이크, 잎맥 투명(장미, 사과나무, 사철나무 모자이크병), 번개 무늬(벚나무, 장미 모자이크병), 퇴록 둥근 무늬 등이 있다.
  ㉡ 꽃 : 얼룩 무늬(동백나무 바이러스병)
  ㉢ 줄기 : 목부 천공 : 가지 표면의 요철 → 사과 고접병, 감귤바이러스

② 전자현미경에 의한 진단(DN법) : 절단면에서 나오는 즙액을 1~2% 인산텅스텐 용액으로 염색하여 전자현미경으로 검사한다.
③ 내부병징에 의한 진단(진단 보조 수단) : 광학 현미경으로 관찰하여 봉입체 존재를 확인한다.
④ 검정식물에 의한 진단(진단 보조 수단으로 유용) : 오이, 호박, 천일홍, 명아주, 동부콩, Nicotina glutinosa(글루티노사종 담배)
⑤ 면역진단 방법 : 특이항체를 이용한 면역학적 진단으로, 효소결합 항체법(ELISA)을 통해 정확한 진단이 가능하다.
⑥ 중합효소 연쇄반응법에 의한 진단(PCR) : 정밀동정 방법이다.

3) 바이러스의 특성과 형태

① 전자 현미경으로 실체 관찰 가능 : 감염된 어린 세포의 경우 바이러스가 모여서 만들어진 세포 내용물은 광학현미경으로 관찰이 가능하다.
② 인공 배지에 배양되지 않는다(절대 활물 기생체).
③ 바이러스는 기주가 바이러스를 생산하도록 유도한다(세포가 단백질을 만드는 방식으로 증식한다. 이분법이 아니다).

4) 식물 바이러스 전염

① 외부 도움 없이는 세포벽을 뚫고 세포 내로 들어갈 수 없다.
② 매개 생물에 의거 전반 또는 관리 작업 중 생긴 상처를 통해 전염된다.
③ 전염 방법
　㉠ 즙액접촉 : Virus 특성검사, 증식에 활용
　㉡ 접목 및 영양번식체 : 포플러 모자이크병(종자로 전염되지 않음), 장미 모자이크
　㉢ 곤충, 응애, 선충, 곰팡이, 새삼 : 선충 장미 모자이크(Arabis mosaic virus)
　　※ 매개충과 종자 전염이 가능한 바이러스 전염은 벚나무 번개무늬병이다.
　㉣ 종자 및 꽃가루에 의해 전염 : 장미 모자이크, 느릅나무 녹반바이러스

5) 수목 바이러스병의 방제

① 주기적으로 ELISA기법, PCR기법으로 검정하여 무병의 어미나무를 확보한다.
② 어미나무 바이러스 방제
　㉠ 온실에서 열풍처리(35~40℃, 7~12주) : 바이러스 불활성화, 무독식물 확보
　㉡ 모자이크 감염 장미 묘목 : 38℃에서 4주간 열처리
③ 감염식물 생장점 배양(莖頂 배양)

2. 벚나무 번개무늬병

1) 기주

벚나무, 매화나무, 자두나무, 복숭아, 살구나무

2) 병징

① 5월부터 중앙맥과 굵은 지맥에 따라 황백색 줄무늬 병반이 나타난다.
② 병징은 항상 봄에 자라나온 잎에만 나타나며 전체 잎에 나타나는 경우는 드물다.
③ 되풀이해서 병징이 나타나지만 수세는 큰 영향이 없다.

3) 병원체

American Plumline pattern virus

4) 전염

접목에 의해 전염이 된다.

5) 진단

즙액 접종으로 Nicotiana megalosiphon과 동부콩에 국부 병반이 나타나며 ELISA 진단이 가능하다.

문제 식물의 바이러스병을 진단하는 6가지 방법, 특성과 형태, 방제 방법에 대하여 서술하시오.

CHAPTER 06 선충에 의한 병

1. 소나무재선충(*Bursaphelenchus xylophilus*)

1) 개요

1988년 부산에서 발견되었고 전국의 소나무, 곰솔, 잣나무에 큰 피해를 주었다. 매개충은 남부지방의 경우 솔수염하늘소이며 중부지방에서의 북방수염하늘소는 잣나무를 주로 가해한다. 잣나무의 재선충은 소나무보다 병의 진전 속도가 느린 것이 특징이다.

2) 본론

(1) 기주와 피해

① 기주 : 소나무, 곰솔, 잣나무, 방크스소나무
  ※ 리기다소나무, 리기테다소나무는 저항성이다.

② 피해
  ㉠ 피해목은 수분과 양분 이동이 차단되어 솔잎이 아래로 처지며 시든다.
  ㉡ 기온이 높으면 빠르게 병징이 나타난다. 3주 정도면 묵은 잎의 변색이 확인되며 1개월이면 잎 전체가 갈색으로 변화하면서 고사되기 시작한다.

(2) 발병기작

기주식물인 소나무, 매개충인 솔수염하늘소, 병원체인 재선충, 그리고 미생물 등과 같은 제3요인 간의 상관관계의 결과로 소나무는 고사한다. 재선충의 생활환은 다음과 같다.

① 선충 보유 매개충이 소나무 새순을 먹을 때 재선충이 침입한다.
② 재선충에 의하여 소나무가 고사한다.
③ 고사목(죽어가는)에 매개충이 산란한다.
④ 매개충 유충이 소나무 내부 목질부를 먹고 자란다.
⑤ 노숙유충(4령)은 번데기 방을 만들어 활동하고 재선충이 번데기 방으로 모여들고 월동한다.
⑥ 이듬해 봄에 번데기가 된다.

⑦ 성충이 우화할 때 선충이 매개충의 기문에 올라탄다(우화최성기 6월).
⑧ 재선충을 보유한 성충이 고사목을 탈출한다.

(3) 소나무 재선충의 생태적 특성

① 매개충에서 탈출 후 30일을 전후하여 성충이 되고 100~800여 개의 알을 산란한다. 25℃에서 1세대 기간은 5일이다.
② 2기 유충에서 분산형 3기 유충으로 탈피하게 되며, 이 시기가 소나무재선충이 솔수염하늘소 체내로 침입하는 단계이다.
③ 분산기 4기 유충이 매개충의 번데기방의 표면에 나타나 청변균의 자낭각을 타고 올라 매개충의 기문을 통해 기관계로 침입한다.
④ 소나무 재선충의 식성은 균식성이며 *Pestalotia sp. Botrytis Cinerea* 등 다양한 사상균으로 소나무 유조직을 먹이로 한다.
⑤ 재선충은 5~6월 번데기방에서 우화하는 매개충의 몸속으로 침입한 다음 매개충이 후식을 할 때 상처를 통하여 소나무 조직 내에 들어감으로써 전파·감염된다.

3) 결론

1988년 이후 소나무재선충은 전국으로 확산되어 막대한 피해를 주었다. 병든 수목은 소각과 화학적 방제법이 많이 사용되었으나 이는 제한적이며, 매개충과 선충에 기생하는 곰팡이 등 생물학적 방제법이 더욱 연구·발전되어야 할 것이다.

2. 소나무재선충 예찰과 진단

1) 예찰 방법

① 소나무 잎이 우산살처럼 처지고 수세가 쇠약한 나무
② 탈출공(6mm)이 있는 고사목과 수세가 쇠약한 나무
③ 소나무 표피가 건조하고 톱으로 절단 시 송진이 전혀 없는 나무
④ 소나무 잎이 시들어 죽은 소나무는 일단 모두 감염된 것으로 의심

2) 준비단계

① 고사목 상중하부 또는 흉고직경(1.2m) 높이에서 4방위에서 목편 시료를 채취한다.
② 목편 시료를 전정가위로 잘게 부수어 실험용 티슈를 깔고 체위에 올린다.
③ 증류수를 붓고 25℃에서 24~48시간 동안 적치한다.

④ 목편 시료에서 빠져나온 선충을 증류수와 함께 수거한다.
⑤ 체에 걸린 선충만을 수집한다.

3) 현미경 검경에 의한 진단

① 해부현미경이나 도립현미경으로 형태적 차이에 근거하여 소나무재선충을 동정한다.
② 유전자 마크를 이용한 분자생물학적 진단을 한다. PCR을 이용하여 재선충 특이적인 유전자 마커를 증폭하여 진단한다.

문제 병원체의 국명 및 학명, 감수성 수종과 내명성 수종, 매개충의 종류 및 분포 지역, 4월 말까지 고사목을 제거하는 이유, 임업적 방제법과 화학적 방제법에 대해 설명하시오.

문제 소나무재선충의 병원체, 피해 특성 및 초기 진단 요령, 병징 발달에 있어 소나무 솔수염하늘소와 소나무재선충의 상호관계, 방제법을 생물적, 화학적, 임업적으로 구분하여 서술하시오. (기술고시 2005년)

3. 솔수염하늘소와 북방수염하늘소

1) 서론

소나무 시들음병은 1988년 부산에서 발견, 전국의 소나무, 곰솔, 잣나무에 큰 피해를 준 선충에 의한 병이다. 선충을 매개하는 매개충은 주로 소나무를 가해하는 솔수염하늘소이며 중부지방의 경우 북방수염하늘소로 잣나무를 주로 가해한다.

2) 본론

(1) 솔수염하늘소 : *Monochamus alternatus*

① 기주와 피해
  ㉠ 기주 : 소나무, 곰솔, 잣나무, 전나무, 개잎갈나무 등
  ㉡ 피해 : 재선충의 매개체로 18~28℃에서 활동성이 왕성하며 먹이가 풍부할 경우 100m 이내로, 짧지만 3~4km까지 이동이 가능하다. 성충의 크기는 18~28mm이다.

② 생활사
  ㉠ 1년 1회 발생하나 추운 지방은 2년 1회 발생하기도 하며 유충으로 피해목에서 월동한다.
  ㉡ 4령 유충은 4월에 수피와 가까운 곳에 번데기집을 짓고 번데기가 된다.

ⓒ 성충은 5월 하순~8월 상순에 우화하며, 우화 최성기는 6월 중하순이다. 10시~2시 사이 맑고 따뜻한 날씨에 많이 우화하며 탈출공은 약 6mm 원형이고, 3년생 전후 어린가지의 수피를 가해한다.
　　　ⓔ 성충은 체내에 15,000마리의 재선충을 지니고 탈출한다.
　　　ⓕ 산란기는 6~9월이고 7~8월에 가장 많다.
　　　ⓖ 암컷은 하루에 1~8개씩 100여 개의 알을 산란한다.

(2) 북방수염하늘소 : *Monochamus Saltuarius*
　① 기주와 피해
　　　㉠ 기주 : 잣나무, 소나무, 곰솔, 스트로브잣나무, 가문비나무, 일본잎갈나무 등
　　　㉡ 피해 : 2006년에 잣나무의 재선충 매개충으로 국내에서 최초 확인되었다. 제주도를 제외한 전국에 분포한다.
　　　㉢ 우화시기 : 4월 중순~5월 하순이다. 솔수염하늘소는 5월 하순~8월 상순으로 이보다 빠르다.

　② 생활사
　　　㉠ 1년 1회 발생하며 유충으로 피해목 줄기에서 월동한다. 추운 지방에서는 2년 1회 발생한다.
　　　㉡ 유충은 4월에 수피와 가까운 곳에 번데기집을 짓고 번데기가 된다.
　　　㉢ 성충은 4월 중순~5월 하순에 약 5mm의 원형 구멍으로 탈출한다. 우화 최성기는 5월 상순이다.
　　　㉣ 성충은 야행성이며 수세쇠약목의 굵기 1.5cm 이상의 가지와 줄기를 3mm가량 뜯어내고 1개의 알을 낳는다. 총 산란수는 44~122개 정도이다.
　　　㉤ 부화한 유충은 내수피를 갉아 먹으며 가는 목설을 배출하고 2령기 후반부터는 목질부도 가해한다.

(3) 방제법

구분	시기	방제 방법
임업적 방제	10~11월 4월	• 위생 간벌 : 피압목, 쇠약목, 지장목 등 • 피해목 처리 4월까지 : 유충 방제 위해
생물적 방제		• 천적 보호 : 개미침벌, 가시고치벌, 쌀도적개미붙이 • 페로몬유인 트랩 설치
물리적 방제	3~4월	유인목 설치(우화 개시 전 3~4월)

구분		시기	방제 방법
화학적 방제			
	① 나무주사	3.15~4.15 12~2월	티아메톡삼 분산성액제 주사. 성충 우화 전(3.15~4.15) 아바멕틴 1.8%유제, 에마멕틴벤조에이트 2.15%
	② 지면살포	7~8월	티아클로프리드 10%
	③ 토양관주	4~5월	밑둥 1m 이내 "포스치아제이트" 폭 20m, 깊이 10~20cm
	④ 수관살포 (항공방제)	5~7월	티아클로프리드 액상수화제, 클로티아니딘 액상수화제
벌채목 처리			
	① 열처리		목재 중심부 온도 56℃ 이상에서 30분 이상 유지하거나 전자 파를 이용, 60℃ 이상에서 1분 이상 열처리
	② 건조처리		함수율이 19% 이하가 되도록 처리 후 목재로 활용
	③ 훈증	4월까지	메탐소디움 25% 액제, $1m^3$ 당 1ℓ 처리, 비닐 0.1mm 1겹 밀봉
	④ 소각		목재 표면에서 2~3cm 깊이까지 소각
	⑤ 파쇄		1.5cm 이하로 파쇄, 솔수염하늘소 유충 절단 폐사

3) 결론

매개충과 선충에 기생하는 곰팡이 등 생물학적 방제법이 연구되어 적정한 해충 밀도가 유지
되어야 할 것이다.

4. 참나무 시들음병 방제

구분		시기	처리 방법
임업적 방제	소구역 골라베기	11월~ 익년 3월	• 고사목, 피해도 중, 심본수 20% 이상 지역 • 1개 벌채 지역 5ha 미만, 참나무 위주로 벌채, 집재, 반출. 폭 20m 이상 수림대 존치 • 4월 말까지 산물 완전 처리(목재 안의 유충 때문에)
물리적 방제	끈끈이트랩 (6월 15일까지)	4~5월 5~6월	• 고사목 중심으로부터 20m 이내에 집중 설치 • 4월 하순~5월 초순 : 전년도 피해목으로 가루목분 • 5~6월 : 신규 침입목으로 2~3mm 정도의 원통형 실목분 배출
	유인목 설치	4월	• ha당 10개소 내외의 지름 20cm 원목을 이용한다 • 10월경 소각, 훈증, 파쇄

구분		시기	처리 방법
화학적 방제	지상약제 살포	6월	페니트로티온 유제 10일 간격으로 3회 살포
	약제줄기 분사	5~6월	• Paraffin, Ethannol, Turpentine 등 혼합액 • 살충 효과와 침입 저지 효과
벌채목 처리	훈증	7월~ 익년 4월	• 메탐소듐액제 25% 약량 $1\ell/m^3$ • 1m 길이로 $1m^3$ 집재, 그루터기도 훈증 처리

5. 솔수염하늘소와 북방수염하늘소 비교

구분	솔수염하늘소 : *Monochamus alternatus*	북방수염하늘소 : *Monochamus Saltuarius*
기주	곰솔, 소나무, 잣나무, 전나무, 개잎갈나무	잣나무, 곰솔, 소나무, 가문비나무 등
피해	• 여름 이후 침엽이 급격히 솔잎이 아래로 처지며 마르고 송진이 거의 나오지 않는다. • 기온이 높으면 빠르게 병징이 나타나며, 3주 정도면 묵은 잎이 변색한다. • 1개월이면 잎 전체가 갈색으로 변화하면서 고사되기 시작한다.	• 여름 이후 침엽이 급격히 솔잎이 아래로 처지며 마르고 송진이 거의 나오지 않는다. • 기온이 높으면 빠르게 병징이 나타나며, 3주 정도면 묵은 잎이 변색한다. • 1개월이면 잎 전체가 갈색으로 변화하면서 고사되기 시작한다.
생태	• 1년 1회 발생, 추운 지방은 2년에 1회 발생하고 유충으로 월동한다. • 4령유충은 4월에 수피와 가까운 곳에서 번데기가 된다. • 5월 하순~8월 상순에 성충으로 우화한다. 우화 최성기는 6월 중하순이며 하루 중 10~12시 사이에 맑고 따뜻한 날씨에 많이 나온다. • 성충은 체내에 12,000~15,000마리 재선충을 지니고 탈출한다. • 산란기는 6~9월로 7~8월에 가장 많고 100개의 알을 산란한다.	• 1년 1회 발생, 추운 지방은 2년에 1회 발생하고 유충으로 월동한다. • 4령유충은 4월에 수피와 가까운 곳에서 번데기가 된다. • 4~5월 우화기, 11~13시 많이 우화한다. • 4,000~6,000마리 재선충을 지니고 탈출 • 산란 양은 44~122개이다.

※ 솔수염하늘소와 북방수염하늘소의 생태적 특성 요약

구분	솔수염하늘소	북방수염하늘소
성충 우화 시기	5~8월(6월 최성기) 10~12시	4~5월(5월) 11~13시
산란특성	밀도 낮게 산란	밀도 높게 산란
선호기주	곰솔, 소나무	잣나무
분포	전북 이남	전국(제주 제외)
영점 발육 온도	13.1℃	8.3℃
크기	성충 18~28mm	성충 11~20mm
형태	등에 격자무늬 흰 점, 검은 점	검은 반점, 파스텔톤
산란	100개	44~122개

구분	솔수염하늘소	북방수염하늘소
탈출공	6mm	5mm
재선충 매개	12,000~15,000마리	4,000~6,000마리
수명	40~50일	30일
기주 내 분포	듬성듬성	조밀하게
유충방 크기	20mm	15mm
비행능력	북방수염하늘소보다 좋다.	솔수염하늘소보다 못하다.

6. 소나무재선충과 솔껍질깍지벌레 피해 특성과 방제

구분	소나무재선충	솔껍질깍지벌레
피해수종	소나무, 해송, 잣나무	해송
고사목의 외형상 특징	나무 전체가 동시에 붉게 변함, 주로 수관 상부 가지부터 고사	• 수관 하부 가지부터 고사, 초두부는 고사 직전까지 생존 • 오래된 피해지는 가지가 밑으로 처지나 선단지는 수관 형태 그대로 고사
잎의 모양	우산살처럼 아래로 처짐	처지지 않고 원 상태로 고사
피해발생 소요기간	1년 내 고사	5~7년간 누적 피해로 고사
피해발생 시기	주로 9~11월	11월~익년 3월에 가해하고, 3~5월에 나타남
수간 천공 시 송진 유출	미유출	가지고사율 80% 정도까지 송진 유출
항공방제방법		
실행 시기	5월~7월(매개충 성충 발생기)	2월 중순~3월 초순(후약충 말기)
사용약제	메프 50% 유제 또는 티아클로프리드 10% 액상수화제	뷰프로페진 40% 액상수화제
살포 방법	50배액으로 희석하여 ha당 50ℓ 살포, 3회 실시	50배액으로 희석하여 ha당 100ℓ 살포
지상방제방법		
실행 시기	5월~7월	3월
사용 약제	메프 50% 유제(500배 희석액) 티아클로프리드 10% 액상수화제 (1,000배 희석액)	뷰프로페진 40% 액상수화제 (100배 희석액 2~3회 살포)
살포방법	매개충 발생 시기인 5~7월 잎과 줄기에 약액이 충분히 묻히도록 골고루 살포	10일 간격으로 2~3회 수간 및 가지의 수피가 충분히 젖도록 살포

	수간주사방법	
실행 시기	12~2월, 3월 15일~4월 15일	12~2월, 11~2월 후약충 시기
사용 약제	아바멕틴(1.8%), 티아메톡삼	에마멕틴벤조이트, 이미다클로프리드
	혼생지는 11~12월에 약제 주입, 재선충과 깍지벌레 동시에 구제	

7. 소나무 재선충병과 참나무 시들음병의 특성과 공통점

구분	소나무 재선충병	참나무 시들음병
병원	*Bursaphelenchus xylophilus*	*Raffelea quercus mongolicae*
매개	*Monochamus alternatus* *Monochamus Saltuarius*	*Platypus koryonensis*
병징 병환	• 여름 이후 침엽의 솔잎이 급격히 아래로 처지며 마르고 송진이 거의 나오지 않는다. • 기온이 높으면 빠르게 병징이 나타나며, 3주 정도면 묵은 잎의 변색이 확인된다. • 1개월이면 잎 전체가 갈색으로 변화하면서 고사되기 시작한다.	• 7월 말부터는 빠르게 시들고 빨갛게 고사한다. • 피해목은 줄기나 가지에 1mm 정도의 침입공이 다수 있다. • 매개충 침입 부위는 수간 하부 2m 내외이다. • 침입공에는 목재 배설물이 나와 있고 뿌리목에 배설물이 쌓여 있다. • 피해목은 변재부가 갈색 얼룩이 진다.
생활사	• 1년 1회 발생, 추운 지방은 2년에 1회 발생하고 유충으로 월동한다. • 4령 유충은 4월에 수피와 가까운 곳에서 번데기가 된다. • 성충은 5월 하순~8월 상순에 우화한다. 우화 최성기는 6월 중하순이며 하루 중 10~12시 사이에 맑고 따뜻한 날씨에 많이 나온다. • 성충은 체내에 15,000마리의 재선충을 지니고 탈출한다. • 산란기는 6~9월이고 7~8월에 가장 많다.	• 1년 1회 발생, 유충으로 월동하나 성충과 번데기로 월동하기도 한다. • 성충은 5월 중순부터 우화 탈출하며 최성기는 6월 중순이다. • 수컷이 침입 후 암컷을 유인하여 산란하고 부화 유충은 매개충의 몸에 묻어 들어와 생장한 병원균(*Raffaelea quercus mongolicae*)을 먹고 생장한다. • 7월에 갱도 끝에 알을 낳는다. • 암컷은 등판에 5~11개의 균낭이 있어 병원균을 지니고 다닌다. • 목설의 형태와 양으로 가해 여부, 갱도 내 발생 상태를 추정한다.
공통점	재선충에 의해 물과 양분의 이동이 차단되어 잎이 시든다(소나무+매개충+재선충+미생물 등 제3의 요인 상관관계 결과).	균사가 물관부의 주요 기능인 물과 양분 이동을 방해하여 시들음 현상이 나타난다.

문제 소나무 재선충병과 참나무 시들음병의 매개체와 병원체, 병징, 역학적 공통점과 공통적으로 적용할 수 있는 방제법을 서술하시오. (기술고시 : 2016년)

8. 소나무 재선충병과 참나무 시들음병의 공통적 방제 방법

임업적 방제	재선충	10~1월 4월	• 위생간벌 : 피압목, 쇠약목, 지장목 등 제거 • 4월까지 유충 방제를 위해 피해목 제거
	참나무 시들음	11월~ 익년 3월	• 고사목 제거 : 피해도 중, 심본수 20% 이상 지역 • 1개 벌채 지역 5ha 미만, 참나무 위주 벌채, 집재, 반출 • 폭 20m 이상 수림대 존치 • 4월 말까지 산물 완전 제거(5~6월 광릉긴나무좀의 우화 탈출을 막기 위해)
훈증	재선충	4월까지	메탐소디움 25% 액제, $1m^3$ 당 1ℓ 처리, 0.1mm 비닐 1겹으로 밀봉
	참나무 시들음	7월~ 익년 4월	• 메탐소듐 액제 25% 훈증, 약량 $1\ell/m^3$ • 1m 길이 $1m^3$집재, 그루터기도 훈증 처리
유인목 설치	재선충	3~4월	유인목 설치(우화 개시 전 3~4월)
	참나무 시들음	4월	ha당 10개소 내외. 지름 20cm 원목 이용, 10월경 소각, 훈증, 파쇄

문제 소나무재선충병과 참나무시들음병에 공통적으로 적용할 수 있는 방제 방법을 설명하시오.

9. 수목의 유관속에 피해를 주는 병

수병	병원균	병징	전파
느릅나무 시들음병	*Ophiostoma*	잎마름	느릅나무좀
느릅나무 시들음병	*Ceratocystis*	잎마름	느릅나무좀
Verticillium 시들음병	*Verticillium*	목부에 녹색, 갈색 꽃무늬 생김	뿌리접촉
참나무 시들음병	*Raffelea quercus mongolicae*	7월 말 빠르게 시들고 빨갛게 고사	매개충 : 광릉긴나무좀
소나무 시들음병	*Busaphelenchus xylophilus*	잎이 우산살처럼 처지고 수세 약함, 탈출공 6mm	매개충 : 솔수염하늘소, 북방수염하늘소

PART 02
외과수술

1. 수목의 외과수술

1) 서론

수목외과수술의 목적은 상처 부위나 공동이 더 이상 부패하지 않도록 하고 수간의 물리적 지지력을 높이며 자연스러운 외형을 가지게 하는 것이다. 외과수술 시기는 형성층의 유합조직이 활발한 이른 봄이 적기이다.

2) 수목외과수술 순서

(1) 고사지 및 쇠약지 제거 : 고사지 제거는 공동 발생의 위험을 제거하고, 쇠약지 제거는 새로운 가지 발생을 유도한다.

(2) 공동 내 부후조직 제거 : 푸석한 썩은 조직을 제거하고, 썩은 조직을 둘러싸고 있는 단단한 조직은 다치지 않도록 하고, 변색되었더라도 방어벽 보존을 위하여 보전한다.

(3) 공동 내부 살충, 살균, 방부처리

① 살충처리 : 잔존하는 하늘소류, 나무좀류, 바구미류 등 해충의 구제를 위하여 침투성이 강한 스미치온과 훈증 효과가 있는 다이아지논을 각 200~300배액 혼합하여 $1m^2$당 $0.6~1.2\ell$ 살포한다.

② 살균제 처리 : 70~90% 알콜을 사용하기도 하며 분무기로 $1m^2$당 $0.6~1.2\ell$ 사용한다.

③ 방부처리 : 무기화합물인 황산동, 중크롬산칼륨, 염화크롬, 아비산을 혼합하여 사용한다. 이들은 물에 용해되거나 건조해도 방부효과가 오래 지속된다.

※ 살균, 표면소독이나 방부처리는 의미 없다는 이론도 있다. CODIT이론에 기초한 외과수술에서는 각종 목재 서식균이 침입해 있는 목재 변색부를 제거하지 않고 남겨 두기 때문이다. 방부제는 살아있는 조직 목질부, 형성층 세포를 죽여 상처 유합을 저해한다는 이론 때문이다.

(4) 건조 및 보호막 처리

① 건조가 충분하지 않으면 충전 후 수액이나 외부로부터 물이 스며들어 실패의 중요 원인이 된다.

② 완전히 건조되면 상처도포제인 락발삼, 티오파네이트메틸(톱신페스트), 데부코나졸(실바코) 등을 발라 공동 충전 시 우레탄폼이 목질부와 맞닿는 것을 차단한다.

③ 도포 후 1일 정도면 건조되고, 송풍기를 사용하면 1~2시간이면 건조된다.

(5) 형성층 노출

　① 수목외과수술에서 중요한 필수 과정이다.

　② 형성층 노출은 수피와 충전물 사이에 틈이 없게 하기 위함이다.

　③ 공동 본래의 목질부층에 맞추어 메우고자 할 때는 공동 가장자리에 살아있는 형성층을 적절하게 노출하여 공동을 메웠을 때 공동표면 처리층 가장자리를 감쌀 수 있게 한다.

　④ 표면처리층 상단부 위쪽으로 약 5mm 되는 위치에서 안으로 말려 들어간 수피조직을 매끈하게 도려내어 형성층을 노출(5~10mm)시킨다.

　　※ 형성층 노출이 없거나 형성층 위치보다 높게 공동을 메우면 충전물 밑에서 상처유합제가 자라 충전물을 떠밀고 올라온다.

　⑤ 형성층 노출 부위는 곧바로 상처도포제를 처리하여 마르지 않도록 하고, 죽거나 쇠약한 형성층은 제거하고 활력이 있는 형성층을 새로 노출한다.

(6) 공동메우기

　① 작은 공동의 경우

　　㉠ 상처유합제 처리와 성장을 촉진시켜 스스로 아물도록 하는 것이 바람직하다.

　　㉡ 기술한 형성층의 노출 작업을 마친 후 공동충전은 실리콘+코르크로 충전하며 노출형성층보다 5mm 낮게 충전한다.

　　㉢ 배합은 실리콘 500㎖에 지름 3mm 코르크 100g을 섞는다.

　② 큰 공동의 경우 : 우레탄폼을 주로 충전제로 사용한다.

　③ 충전제의 종류

합성수지 종류		비고
발포성	폴리우레탄	• 수간 지지력과 강도가 약하지만 구석까지 채울 수 있다. • 경제적이다.
비발포성	우레탄 고무	• 빗물, 습기침투 방지, 피해 확산 예방에 이상적이다. • 직사광선에 약하고 고가이다.
	실리콘 수지	• 접착력과 탄력이 우수하다. • 산화가 되지 않는다.

　④ 작업 방법

　　㉠ 보호테이프 등으로 형성층 부위를 포함한 공동 가장자리를 폭 넓게 감싼다.

　　㉡ 두꺼운 비닐포 등으로 공동 부위를 덮어 씌우고 고무밧줄 같은 끈으로 단단히 묶는다.

　　㉢ 우레탄폼 접촉 비닐면에 실리콘 이형제를 뿌린다.

㉠ 비닐포 위쪽에 작은 구멍을 뚫고 우레탄폼으로 분사하여 충전한다.
㉤ 1~2일 후 굳으면 비닐 등을 제거한 다음 1~2일 경과시켜 휘발성 물질을 발산시킨다.
㉥ 삐져나온 우레탄을 제거하고 충전층에 인공수피처리(실리콘+코르크)를 할 수 있도록 형성층 부위에서 밑으로 2~3cm 정도 깎아낸다.

(7) 매트처리
① 충전물 보호와 빗물, 병해충 침입 방지를 위해 설치한다.
② 목질부 및 공동 외부 노출 모양 따라 매트를 재단한 후 작은 못으로 고정한다.
③ 매트처리 부위가 형성층이나 수피를 덮으면 유합조직 형성 시 들뜨거나 갈라질 위험이 있으므로 주의한다.
④ 매트에 에폭시 수지를 발라주어 접착제 역할을 하도록 한다.

(8) 인공 수피처리
① 우레탄폼은 충격과 직사광선에 약하므로 직사광선을 차단하고, 충격에 강하고 방수력이 좋은 실리콘수지+코르크 혼합물을 사용한다.
② 실리콘과 지름 3mm 코르크 가루를 혼합한 후 우레탄폼 위에 두께를 2~3cm로 하여 골고루 바른다(혼합비율 : 실리콘 500mℓ+코르크 가루 100g).
③ 노출시킨 형성층 위치보다 5mm 낮게 처리한다.

(9) 외과수술 후의 관리
① 정기적인 조사와 지속적 관리를 통해 수세 증진과 자기방어시스템을 강화한다.
② 발근촉진제 토양관주, 영양제 수간주사, 토양 개량, 멀칭, 복토 제거, 엽면시비 등으로 생육환경을 개선한다.

3) 결론

외과수술은 공동 부위가 더 이상 진전하지 못하도록 하여 수목의 생육을 도와주는 것이다. 외과수술을 받기 전에도 정상적인 수목에 비해 수세가 떨어진 상태이므로 수술 후에도 정기적으로 수세를 진단하고 수세관리를 철저히 하여야 한다.

2. 수목 뿌리의 외과수술

1) 개요

(1) 뿌리 기능 장애 요인은 병충해 피해, 복토, 과습, 배수불량, 답압, 토양오염, 홍수 및 가뭄 등이며, 뿌리 생육을 확인 후 수술 여부를 결정한다.

(2) 죽은 뿌리를 제거하고 살아있는 뿌리를 박피하여 새로운 뿌리 발달을 촉진하고, 토양개량으로 양분 흡수를 용이하게 해주는 과정이다.

2) 뿌리 외과수술 순서

(1) 표토 제거 및 흙파기

① 수관폭 밖에서 원형으로 밑둥을 향하여 시행한다.

② 복토나 포장면이 있으면 원지반이 나올 때까지 제거한다. 복토가 아닌 경우 표토 깊이 15~30cm에 수평근과 잔뿌리가 있다.

(2) 뿌리 절단(단근)과 박피 및 도포 처리

① 고사한 뿌리 제거 시 반드시 유합조직의 형성이 가능한 살아있는 뿌리 부분까지 절단하여 새로운 뿌리 발달을 유도한다.

※ 띠 모양 박피 : 길이 7~10cm, 환상 박피 : 폭 3cm

② 절단 박피 부위는 발근촉진제(IBA 10~50ppm)와 도포제를 처리한다.

※ 락발삼, 티오파네이트, 테부코나졸

(3) 토양 소독, 개량

① 살균제 : Captan분제, 티오파네이트메틸(톱신엠)을 사용한다.

② 부후균과 병원균 억제 : 황산칼슘, 탄산칼슘, 생석회 등을 처리한다.

③ 살충제 : 다이아톤, 보라톤, 오드란

④ 토양 개량

㉠ 물리적 성질 : 모래, 완숙퇴비(총부피 10% 이상), 질석, 석회 시용 등

㉡ 화학적 성질 : 산도 개량

(4) 흙 채우기

① 원래의 지면 높이까지 한다.

② 관수 시 주기적으로 발근촉진제와 영양제를 혼합 관주한다.

③ 과습, 배수 불량, 답압 지역은 배수시설 및 유공관을 설치한다.

(5) 지상부 수목 처리
① 불필요한 가지인 쇠약지, 고사지, 도장지 등을 제거하여 엽량을 줄여준다.
② 엽면시비는 요소 0.5%와 복합비료 500~1,000배액을 희석하여 살포한다.
③ 시비용액 1ℓ당 질산칼슘[$Ca(NO_3)_2$] 1g, 질산칼륨(KNO_3) 0.5g, 황산마그네슘($MgSO_4$) 0.5g, 제1인산칼륨(KH_2PO_4) 0.5g, 요소(urea) 1g, 전착제 0.25mℓ를 섞어 0.01~0.1% 제조하여 살포한다.

3) 결론

도심지역 수목의 생육 저해 원인은 대부분 뿌리생장 장애이다. 복토, 답압, 과습, 병충해 등의 수목 생육 현황을 정확히 진단하고 대책을 제안하고 개선해 나가야 수목자원을 지속적으로 보전할 수 있을 것이다.

3. 공동충전의 문제점

1) 외과수술 부위의 산소 차단 미흡으로 목재 부후 우려

① 곰팡이는 산소를 좋아한다.
② 우레탄이나 에폭시수지 사용으로 공동 충전 시 공기접촉면이 상당 수준으로 차단되나 곰팡이가 필요로 하는 산소 공급을 완전히 차단하지 못할 경우 부후 우려가 있다.
③ 공기가 완전히 차단되었다 하더라도 혐기성 곰팡이의 활동으로 습재(濕材)가 발생할 우려가 있다.

2) 형성층 노출로 인한 새로운 부후 상처의 발생

① 활력이 떨어진 노거수의 경우 새로운 형성층 노출로 상처가 유합되지 않으면 새로운 상처가 되어 수명을 단축할 수 있다.
② 수술 전 진단을 철저히 하여 외과수술 여부를 결정하고, 생명이나 재산상 피해가 없도록 하여야 한다.

문제 공동충전 위한 부패부 처리 방법, 재료의 성질에 대하여 서술하시오. (기술고시 : 2006년)

문제 지상부 외과수술의 작업을 순서대로 정리하고 과정을 설명하시오. (기술고시 : 2009년)

문제 부후의 종류 및 특성을 설명하고 부후 방제법을 기술하시오. (기술고시 : 2013년)

문제 수간에 공동이 생겼을 경우 외과수술의 목적을 요약하고 수술 과정을 설명하시오.
(문화재수리기술자 : 2009년)

4. 수목의 상처 치료 방법

1) 개요

① 수목의 상처는 인위적, 기상적, 생물적 원인에 의해 발생하게 되고 큰 상처는 방치하였을 경우 생장 위축, 공동으로 진행되기 때문에 적극적인 치료를 하여야 한다.
② 수세가 왕성할수록 상처유합제 생장이 활발하므로 수세 관리에 노력해야 한다.

2) 유형에 따른 상처 치료 방법

(1) 갓 생긴 나무 상처 응급치료

① 이물질을 제거하고 상처가 마르기 전에 벗겨진 수피를 제자리에 밀착시킨 후 못이나 테이프로 고정하고 젖은 패드＋비닐로 덮어 햇빛이 투과하지 않도록 청색테이프로 고정한다. 2주 후 유합조직이 자라면 비닐, 패드를 제거하고 햇빛만 가려준다.
② 유합조직이 자라지 않으면 붙여둔 수피 조각을 제거한 후 상처 가장자리 1~2cm 이내의 온전 수피를 도려내고 상처 도포제를 발라준다.

(2) 어린 상처 치료(수개월 미만)

① 상처 가장자리를 둥글게 다듬어 유합조직이 균일하게 자라 상처가 매끄럽게 아물도록 한다.
② 들떠있는 수피, 지저깨비를 제거하고 상처 가장자리 바깥쪽 1~2cm 온전 수피를 완만 곡선으로 도려낸 후 상처도포제를 바른다.

(3) 상렬, 피소 또는 낙뢰로 인한 상처 치료

① 벗겨진 수피 제거 후 상처도포제 처리한다.
② 상렬 피해지는 되풀이 피해를 받을 수 있어 줄기를 마대로 싸거나 석회유를 바르고 토양 멀칭으로 지면의 복사열을 차단한다.
③ 상처의 가장자리에 유합조직이 형성되어 있지 않으면 들뜬 수피 모두를 제거하고, 타원형으로 상처 가장자리의 온전한 수피를 최소한 도려내고 상처도포제로 처리한다. 상처도포제는 상처가 아물 때까지 매년 봄에 1차례 얇게 바른다.
④ 상처가 크지 않을 경우 도포제 처리로 병원균 침입을 차단하고 부서진 수피는 약 1년 정도 두었다가 상처 가장자리에 유합조직이 형성된 후에 제거한다.

(4) 오래된 상처의 치료
　① 상처유합재가 완전 노출되어 있을 때는 이물질을 씻어내고 70% 에틸알코올이나 티오파네이트메틸 수화제로 소독한 후 상처도포제로 처리한다.
　② 상처유합재가 들떠있는 수피에 갇혀 있을때는 들뜬 수피를 제거한다.
　③ 노출된 목질부가 썩지 않고 단단하면 깨끗이 세척·건조 후 상처도포제로 처리한다. 상처가 아물 때까지 매년 봄에 1회 상처도포제로 처리한다.

(5) 수피 이식
　① 줄기의 수피가 수평으로 벗겨진 경우 상처 크기가 줄기둘레 25% 미만은 상처를 극복하지만 50% 이상은 점점 쇠약해지고 심하면 고사한다.
　② 수피가 수평 방향으로 벗겨지고 간격이 좁다면 수피 이식으로 치료 가능하다.
　　㉠ 들뜬 수피를 제거한 후 상처 아래, 위 높이 2cm가량 살아있는 수피를 수평 방향으로 벗겨내고 다른 나무에서 벗겨 온 비슷한 두께의 수피를 이식한다.
　　㉡ 벗겨 온 수피가 마르지 않게하고 수피의 극성(상하 위치)이 바뀌지 않게 한다.
　　㉢ 상처가 수평 방향으로 길게 이어진 경우 이식 수피를 5cm 길이로 잘라 연속 부착 후 못으로 고정한다.
　　㉣ 젖은 패드＋비닐＋테이프로 고정하여 건조와 이탈을 방지하며 그늘을 만들어준다.
　　㉤ 수피이식 1~2주 뒤 상처 부위 유합조직이 자라 나오면 성공이다. 수피 이식은 늦은 봄에 성공률이 높다.

(6) 뿌리 상처의 치료
　① 고사한 뿌리 제거 시 반드시 유합조직의 형성이 가능한 살아있는 뿌리 부분까지 절단하여 새로운 뿌리의 발달을 유도한다.
　　※ 띠 모양 박피 : 길이 7~10cm, 환상박피는 폭 3cm
　② 절단한 박피 부위는 발근촉진제(IBA 10~50ppm)와 도포제를 처리한다.
　　※ 락발삼, 티오파네이트메틸(톱신페이스트), 데부코나졸(실바코 도포제)
　③ 적기는 봄이나 9월까지 가능하다.
　④ 토양 소독과 토양 개량
　　㉠ 살균제 : Captan분제, 티오파네이트메틸(톱신엠)을 사용한다.
　　㉡ 부후균과 병원균 억제 : 황산칼슘, 탄산칼슘, 생석회 등을 처리한다.
　　㉢ 살충제 : 다이아톤, 보라톤, 오드란

㉣ 토양 개량
- 물리적 성질 : 모래, 완숙퇴비(총부피 10% 이상), 질석, 석회 시용
- 화학적 성질 : 산도 개량

문제 수피가 손상되면 목질부가 썩게 되고, 수분 이동에 장애가 생기면서 뿌리가 손상되는데 그 이유를 서술하시오. (기술고시 : 2013년)
① 사부와 형성층 파괴 시 생장 위축과 노출부 부후가 나타난다.
② 이른 봄과 늦여름 뿌리가 생장을 시작하면서 형성층과 더불어 탄수화물의 수용부가 되는데 수피손상이 되어 목질부가 썩게 되면 뿌리도 손상된다.

문제 수피와 목질부에 상처가 났을 때 나무가 상처의 확산을 억제하는 과정을 설명하시오. (기술고시 : 2013년)
형성층에서 자라 나온 유합조직이 상처를 감싸는 방식
① 형성층에서 세포분열에 의해 유합조직이 자라 나와 노출된 목질부를 감싼 뒤 수주에서 수개월 후 손상유합제에 의해 상처가 닫히게 된다.
② 나무생장기인 봄철에 유합조직 형성이 좋다.

문제 상처에 대한 수목의 방어기작에 대하여 설명하시오. (기술고시 : 2013년)
CODIT 이론(수목 부후의 구획화) 참조

5. 올바른 가지치기

1) 자연표적 가지치기(Natural Target Pruning ; NTP)

① 1979년 사이고 박사가 과학적인 가지치기를 제안한 사항이다.
② 지피융기선5)과 지륭(가지밑살)6)이 잘려나가지 않도록 절단하여 "가지보호대"를 보호한다.
③ 가지보호대는 부후균의 침입을 억제, 썩는 것을 방지한다.
④ 활엽수는 페놀, 침엽수는 테르펜을 주제로 한 물질이다.

2) 가지치기 위치

줄기와 가지의 결합 부위, 가지와 가지의 결합 부위에서 자르며 가지치기는 나무의 위쪽 가지부터 아래쪽으로 해서 내려온다.

---

5) 지피융기선 : 줄기와 가지 분지점에 있는 주름 모양의 융기 부분으로 줄기조직과 가지조직의 경계선이다.
6) 지륭 : 가지밑살이라고도 하며 가지가 자신의 무게를 지탱하기 위해 나이테가 비대 생장한 볼록한 조직이다.

① 지륭이 뚜렷한 가지치기 : 지피융기선 상단 바깥쪽과 지륭이 끝나는 점을 비스듬히 자른다.
② 지륭이 뚜렷하지 않은 가지자르기 : 지피융기선 상단부 지점에서 줄기와 평행으로 가상의 수직선을 긋고 지피융기선과 수직선 사이의 각도(a)와 등각(b)이 되도록 절단한다.
③ 죽은 가지 자르기(지륭발달) : 지피 융기선을 표적으로 하지 말고 지륭 끝에서 바짝 자른다.
④ 줄기자르기 : 지피융기선 상단부에서 제거할 줄기에 90° 각도로 가상의 수평선과 지피융기선과의 각도를 이등분 한 선이 절단면이다.
→ 상처도포제(락발삼도포제, 티오파네이트메틸, 테부코나졸)을 1년에 1차례, 봄, 가을에 도포를 실시한다.
⑤ 굵은 가지 자르기 : 3단계 절단법으로 자른다.
㉠ 초절 : 마지막 절단위치보다 20cm 바깥 쪽에서 치켜 잘라 30~40% 절단한다.
㉡ 차절 : 초절보다 2~3cm 위에 절단하여 무게를 제거한다.
㉢ 종절 : 자연 표적 가지치기에 따라 절단한다.

3) 상처 도포제

① 락발삼, 티오파네이트메틸, 테부코나졸 처리 : 병원균 침입을 방지하고 유합조직의 형성을 촉진한다.
② 부후에 취약한 벚나무, 은행나무 등은 도포제를 발라 상처를 보호한다.
③ 수액이 많이 흘러나오는 단풍나무, 자작나무 등은 늦가을이나 겨울에 나온 잎을 제거한 후 수액이 마른 후 도포제를 바른다.

6. 잘못된 가지치기(밀착 절단, 지륭이 모두 잘림 → 공동의 원인)

1) 잘못된 가지치기

① 바투 자르기(평절) : 지륭이 모두 잘림 → 공동의 원인이 된다. 상처가 아물지 않고, 병원균 침입으로 줄기가 썩고, 공동으로 진전하기 쉽다. 지피융기선, 지륭까지 포함된 절단은 융합에 많은 시간이 소요되며 지륭에 형성된 가지 보호대가 손상되어 변색과 부후가 수간 내부로 확산된다.
② 남겨두고 자르기(Stub Cut) : 부후와 공동의 원인이 된다. 상처유합제가 상구를 감싸지 못해 가지터기가 썩는다.

2) 해결 방안

① 자연표적 가지치기 시행 : 지피융기선과 지륭이 잘려 나가지 않도록 지피융기선 상단부의 바깥쪽에서 시작해서 지륭이 끝나는 지점을 향해 가지를 절단한다. 즉 자연의 이치에 따른 가지치기를 시행한다.
② 장기적으로 가지 솎기나 축소 절단을 시행한다.
③ 어린가지는 눈 바로 위를 자른다.
④ 굵은 가지 자르기는 3단계 절단법으로 자른다.
  ㉠ 초절 : 마지막 전정위치보다 20~30cm 바깥 쪽에서 치켜 잘라 30~40% 절단한다. 이는 가지 지름의 1/3~1/4, 30~40%가량 가지 위쪽 방향으로 자른다.
  ㉡ 차절 : 초절보다 2~3cm 위에서 절단하여 무게를 제거한다.
  ㉢ 종절 : 자연 표적 가지치기로, 지피융기선 기준으로 지륭(밑살)을 남겨줄 수 있는 각도로 자른다.

문제 잘못된 가지치기에 의한 피해양상을 구체적으로 설명하시오. (기술고시 2010년)

[수목의 가지치기 위치]

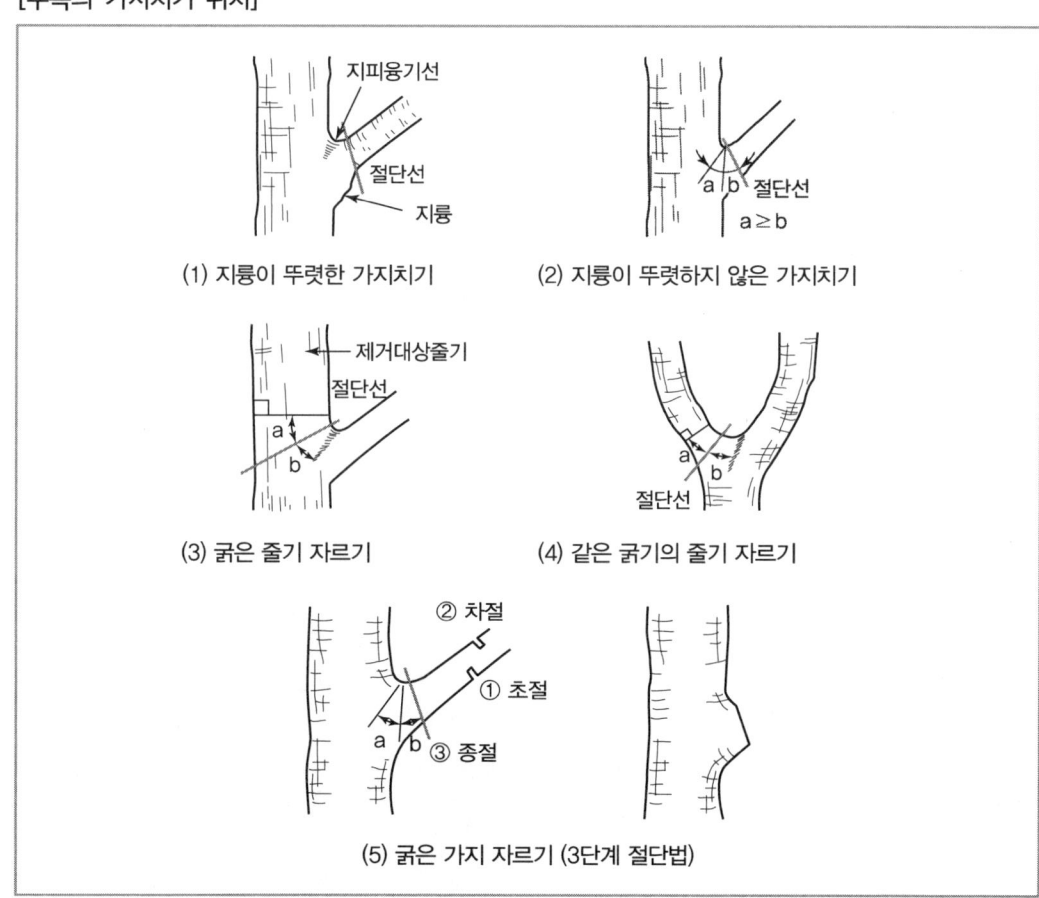

(1) 지륭이 뚜렷한 가지치기
(2) 지륭이 뚜렷하지 않은 가지치기
(3) 굵은 줄기 자르기
(4) 같은 굵기의 줄기 자르기
(5) 굵은 가지 자르기 (3단계 절단법)

PART 03

수목해충학

CHAPTER 01 해충 일반
CHAPTER 02 식엽성 해충
CHAPTER 03 흡즙성 해충
CHAPTER 04 종실 가해 해충
CHAPTER 05 충영을 만드는 해충
CHAPTER 06 천공성 해충

CHAPTER 01 해충 일반

1. 종합적 해충관리(IPM)

1) 개요

관행적인 해충 방제에서 탈피하여 다양한 방제법을 동원하여 해충의 숫자를 줄이되 박멸하는 것이 아니며, 종합적으로 경제적 피해 수준을 최소화 수준이 되도록 병충 발생 밀도를 조절하는 방법을 말한다.

2) 추진방법

① 개발된 방제법(기계적, 재배적, 생물학적, 화학적, 법제적 방제)을 합리적으로 통합하여 적절한 기술을 상호 모순 없이 사용하여 경제적 피해를 일으키지 않는 수준으로 해충의 밀도를 유지한다.
② 경제적 피해 허용 수준 파악

경제적 피해 수준 (EIL)	• 경제적 손실을 가져오는 해충 수준, 피해가 나타나는 최저 밀도 • 해충에 의한 피해액과 방제비가 같은 수준의 밀도로 해충을 방제해야 할 때의 기준이 됨
경제적 피해 허용 수준 (ET)	경제적 피해 수준 도달을 억제하기 위해 직접 방제수단을 써야 하는 밀도 수준으로, 시간적 여유가 있어야 함
일반 평형 밀도 (GEP)	• 일반적인 환경 조건하에서의 평균 밀도 • 약제 방제 같은 외부 간섭을 받지 않고 천적의 영향으로 장기간에 걸쳐 형성된 해충의 평균밀도

※ 솔잎혹파리 충영
  • 경제적 피해 수준(EIL) : 50%
  • 경제적 피해 허용 수준(ET) : 20%

3) 방제 목적의 달성을 위한 방법

일반 평형 밀도를 낮추는 방법	• 환경조건을 해충의 서식과 번식에 불리하도록 만들어 주는 것 • 살충제나 천적을 이용함
경제적 피해 허용 수준을 높이는 방법	해충의 밀도는 그대로 두고 내충성 등 해충에 대한 수목의 감수성을 낮추는 방법

4) 방제 원칙

① 적은 비용으로 높은 구제 효과를 얻어야 한다.
② 생태계 교란을 최소화하여야 한다.
③ 경제적, 사회적, 생태적 가치를 고려한 피해 허용 수준을 정해야 한다.
④ 해충 방제 개념에서 탈피하여 "해충 관리" 개념으로 변환되어야 한다.

※ 경제적, 생태적 측면에서의 수목 해충

주요 해충 (관건해충)	• 매년 지속적인 피해를 일으키는 해충, 경제적인 피해 허용 수준 이상이나 비슷한 정도로 인위적인 방제가 실행되지 않으면 심각한 손실이 발생함 • 솔잎혹파리, 솔껍질깍지벌레 – 1차 해충
돌발 해충	• 해충 밀도 억제 요인의 변화로 안정 상태가 깨지면 주기적으로 대발생 • 매미나방, 대벌레, 주홍날개꽃매미, 미국선녀벌레, 갈색날개매미충
2차 해충	• 생태계 균형 파괴, 밀도 제어 요인 변화 → 급격한 밀도 증가로 해충화됨 • 동일 계통 약제 지속 처리 등 → 진딧물, 응애
비경제적 해충	방제가 필요 없는 해충, 잠재해충

5) 결론

종합적 병충해 관리는 경제적 피해를 최소화하는 수준으로 병충해 발생 밀도를 조절하는 방법으로 생태적, 경제적, 사회적 영향을 종합하고 병충해 발생 예찰과 개체군과 임분의 동태를 고려한 후 방제 여부나 수단을 결정하고 종합적인 관리체계를 필요로 한다.

2. 병해충 방제 전략의 변천 과정

① IPM 이전
  ㉠ 화학적 병충해 방제가 주류 : 천적 육성, 윤작, 기타 경종적 전략과 단절
  ㉡ 문제점
    • 농약 저항성 병해충 발생
    • 광범위한 농약 사용으로 천적까지 제거되는 생태적 악순환 발생

② IPM(종합 병충해 관리)
　㉠ 정의 : 생물적, 경종적, 화학적 방제를 결합한 종합적인 식물 병해충 방제
　㉡ 구성 : 생태적, 사회적, 경제적 수용성 고려
　㉢ 목표 : 병해충과 피해를 허용 가능한 수준으로 관리

3. 수목해충의 생물적 방제

1) 생물적 방제 원리

기생곤충·포식층·병원미생물 등의 천적, 불임성, 유전학적 원리 등 생물 자체를 해충의 개체군 밀도 억제 수단으로 이용하는 방법이다.

2) 생물적 방제의 장단점과 방법

장점	• 생물계의 균형을 유지하며 방제 효과가 영구적, 반영구적, 친환경적이다. • 화학적 문제가 없고 해충 밀도가 낮을 경우 효과적이다. • 기주특이성이 커서 대상 해충만 방제가 가능하다. • 발생 초기의 예방적 방제에 적합하다.
단점	• 유력 천적의 선발과 도입 및 대량 사육에 어렵다. • 해충 밀도가 높을 경우 효과가 미흡하다. • 시간과 경비가 과다하게 소요된다.

3) 천적에 의한 방제

① 기생성 천적
　㉠ 기생벌류 : 맵시벌상과, 먹좀벌상과, 좀벌상과 등
　㉡ 기생파리류 : 쉬파리과, 기생파리과 등

② 포식성 천적 : 포식성 곤충과 기타 거미, 응애류 등
③ 병원미생물 : 곤충에 기생하여 병을 일으키는 것으로 원생동물, 세균, 진균, 바이러스 등과 곤충기생성 선충 및 응애가 있다.
　㉠ 바이러스
　　• 핵다각체병 바이러스 : 대부분 나비목 유충을 기주로 한다.
　　• 과립 병원성 바이러스 : 저온에서 비교적 장기간 유지되나 자외선에 의해 활성이 낮아진다.
　　• 반드시 기주곤충이나 곤충배양 세포에서만 증식이 가능하다.

ⓒ 세균
- 해충에 대한 병원성 가진 포자형성형 세균류이다.
- 생육환경이 부적합할 때는 내생포자를 형성하며 환경 변화에 저항성이 강하다.
- Bt제 : 나비목 유충 방제용으로, 소화중독에만 효과가 있고 살포 후 수일이 지나야 해충의 활력이 떨어진다.

ⓒ 곰팡이
- 백강균(분생포자에 덮여 굳어 죽음)과 녹강균(흰색포자와 균사는 점차 초록색)
- 씹는입틀과 흡즙성 해충 방제 및 다양한 생육 단계에 적용한다.

④ 선충
㉠ 살충력이 높고 대량 증식과 보관이 가능하다.
㉡ 기존의 농약 살포용 기구의 사용이 가능하다.
㉢ 농약, 곤충 병원성 세균과 혼용이 가능하며 인축에 대한 안정성 등 이점이 많다.
㉣ 밤바구미(9월), 복숭아명나방(7~8월), 노랑털알락나방에 살충력이 우수하다.
㉤ 햇빛이나 자외선에 매우 약하고 습도가 낮아지면 쉽게 죽는 등 환경에 민감하다.

4) 임업적 병해충 방제

(1) 건전 묘목 육성
   병든 묘목을 조림지에 이식할 시 큰 피해를 입는 병으로 일본잎갈나무 가지끝마름병, 소나무 혹병, 뿌리혹선충병, 소나무 잎떨림병 등이 있다.

(2) 임지 정리
   줄기, 가지, 잎 등이 전염원이 될 수 있기 때문에 임지 정리를 한다.

(3) 숲 가꾸기 : 지속적이고 장기간에 걸쳐 효과가 나타난다.
   ① 임분 과밀화는 임목의 병해 저항성을 저하시킴
   ② 위생간벌, 제벌(어린나무 가꾸기), 가지치기, 풀베기, 덩굴치기 등
      ㉠ 제벌과 간벌로 방제
         - 소나무류 잎떨림병, 가지끝마름병
         - 과도한 간벌 시에는 남서쪽 잔존목이 피소현상으로 목재부후, 줄기마름병 등이 발생할 수 있음
      ㉡ 간벌로 방제
         - 피압목일 때 많이 발생하는 소나무 잎떨림병, 피목가지마름병, 잿빛곰팡이병
         - 천연하종 묘목일 때 많이 발생하는 모잘록병

ⓒ 가지치기로 방제
- 소나무 잎떨림병, 일본잎갈나무 잎떨림병, 편백 잎마름병, 삼나무 균핵병 등 나무의 아랫가지에 발생이 많은 병
- 느티나무, 벚나무, 단풍나무는 고사지만 제거하고 도포제 처리로 상처 융합을 촉진함

ⓔ 풀깎기 : 소나무 잎녹병, 전나무 잎녹병, 소나무 혹병은 겨울포자의 형성 전에 풀베기로 중간기주 병원균을 제거

ⓕ 덩굴치기(주기적) : 소나무 피목가지마름병, 일본잎갈나무 잎떨림병의 방제가 가능하며 일본잎갈나무 잎끝마름병 방제를 위해서는 여름철 덩굴 제거를 피함

(4) 육종적 방제
  내병성 수종개체나 집단을 선발하여 육종한다.

5) 병해충별 임업적 해충방제 방법

구분	시기	처리 방법
솔잎혹파리	8~9월	위생간벌, 치수 제거, 피해 회복 촉진

	6~11월	• 솎아베기 : 양분 및 수분의 경쟁을 완화
		• 피해목벌채
		   -6~9월 성충 우화와 산란이 끝나고 충영 내 유충이 어린 시기에 실시
		   -유충기간 : 6월~익년 4월, 우화기간 : 5~7월

솔껍질깍지벌레	6~11월	• 모두베기 : 피해도 "심" 이상 지역 잔존본수 30% 내외 수종 갱신 • 단목제거 : 피해도 "중" 이상 지역 나무주사 대상지 우선 • 피해혼생지 : 재선충 피해목 100% 제거 후 밀도조절사업 시행
솔수염하늘소	10~11월 3~4월	• 위생간벌 : 피압목, 쇠약목, 지장목 등 • 유인목 설치(우화 개시 전 3~4월)
참나무 시들음병 (소구역 선택베기)	11월~ 익년 3월	• 고사목, 피해도 중, 심본수 20% 이상 지역 • 1개 벌채 지역은 5ha 미만, 참나무 위주 벌채, 집재, 반출 • 폭 20m 이상 수림대 존치 • 4월 말까지 산물 완전 처리(목재 안에 유충)

CHAPTER 02 식엽성 해충

1. 2021년 다발생(多發生)한 해충(대벌레, 솔나방, 소나무허리노린재)

1) 대벌레

학명	*Ramulus irregulariterdentatus*
기주	상수리나무, 졸참나무, 갈참나무, 밤나무, 생강나무, 벚나무, 아까시나무 등
피해	• 1990년 이전에는 산림피해 사례가 없었다. • 대발생 시 약충과 성충이 집단으로 이동하며 잎을 모두 식해한다. • 산림이나 과수해충으로 때때로 대발생한다.
생활사	• 연 1회 발생하고 낙엽 속에서 알로 월동한다. • 약충은 3월 하순부터 나타난다. • 수컷은 5회, 암컷은 6회 탈피한 후 6월에 성충하여 11월 중순까지 나타난다. • 산란수는 600~700개이고 산란 시 머리를 위쪽으로 정지하는 행동을 한다. • 산란은 나무 위에서 지표면에 떨어뜨린다. • 수컷은 몸체가 가늘고 민첩하며 담녹색이며, 암컷은 체색이 서식 환경에 따라 다양하고 느리다. • 환경에 따라 단위생식을 하기 때문에 돌발적으로 대발생할 수 있다. • 약충은 주간, 성충은 야간에 활동한다.
방제	• 생물적 방제 : 무당벌레류, 풀잠자리류, 거미류, 사마귀류, 딱정벌레류, 침노린재 • 물리적 방제 : 성충과 약충을 포살하고 산란 잎을 제거한다. • 화학적 방제 : 6월 중순 이전, 성충이 되기 전에 적용약제를 살포한다.

2) 소나무허리노린재

학명	*Leptoglossus occidentalis*
기주	소나무류
피해	• 성충, 약충이 열매(잣)에 모여 흡즙한다. • 종자 결실을 방해한다(2010년 창원에서 방해).
생활사	남부지역은 연 2회, 중부지역은 연 1회 발생하며, 소나무 껍질 밑에서 월동한다(6~9월 솔잎에 산란 30~80개).
방제	• 생물적 방제 : 무당벌레, 풀잠자리, 거미류 보호, 깡총좀벌류, 벼룩좀벌류 • 물리적 방제 : 산란잎 채취 제거, 포살

3) 솔나방

학명	*Dendrolimus spectabilis*	
기주	소나무, 곰솔, 리기다소나무 등	
피해	• 1970년대까지 전국적으로 피해가 심했으나 현재는 일부 도서지역에서 발생한다. • 유충 한 세대의 섭식량은 평균 솔잎 64m 정도이다. • 95% 이상은 월동 후의 유충기인 6~7월에 식해한다. • 묵은 잎을 식해하나 밀도가 높으면 새 잎도 식해한다.	
생활사	유충	• 연 1회 발생하며 5령충으로 월동한다. 제주도에서는 수관에서 월동한다. • 4월 월동유충은 17℃ 이상 계속되면 4월부터 솔잎을 먹고 8령충이 된다. • 7~8월 부화한 유충은 알껍데기를 먹고 유충 초기는 모여서 묵은 솔잎 한쪽만 먹는다. → 충격이나 바람에 의해 실을 토하고 낙하하며 분산하고 밀도가 높으면 새잎을 가해한다. • 유충은 묵은 잎부터 먹지만 유충밀도가 높으면 새 잎을 가해한다. • 8월부터 익년 7월 : 320일간 주로 밤에 활동한다. 월동유충은 4~5월 가해한다. • 잎의 95% 이상을 월동한 후 6~7월에 식해한다. • 전년도 10월 유충 밀도는 금년도 봄 발생 밀도를 결정한다.
	성충	성충 출현은 7월 하순~8월 상순이며 유아등 구제기는 7~8월이다.
	알	• 7~8월 산란하며 산란수는 500~600개이다. • 알에서 성충이 될 때까지 99%는 자연 폐사한다. • 8월 비가 많을 때 사망률이 높다(난기~기생봉 : 송충알좀벌, 20%, 유충 때 강우 및 바람 70%).

방제	• 생물적 방제
	  - 혼효림에서 알 기생봉에 의한 치사율이 높다.
	  - 고치벌, 맵시벌, 경화병균은 습기가 높을 때 많이 발생한다.
	  - 좀벌류, 맵시벌류, 일좀벌류, 기생파리류, 무당벌레, 풀잠자리류, 거미류, 박새 등 천적보호
	  - 병원성 세균인 Bt균을 4월~9월 살포한다.
	• 물리적 방제 : 잠복소 설치로 월동 시 유충 구제
	• 화학적 방제
	  - 유충월동기 : 아바멕틴 · 설폭사플로르 분산성액제 1mℓ/cm(흉고직경) 나무주사
	  - 유충다발생기 : 아세타미프리드 미탁제 2,000배액
	  - 유충가해기(4~6월 및 8월 하순~9월 중순) : 트리플루뮤론 수화제 6,000배
	  - 유충활동기(4~5월) 부화유충 발생기(8월 하순~9월 중순) : 페니트로티온 수화제 800배 또는 펜토에이 유제 1,000배 살포	

2. 일본잎갈나무잎벌(*Pachynematus itoi*)

1) 기주와 피해

① 기주 : 일본잎갈나무, 만주잎갈나무
② 피해
  ㉠ 새 잎보다는 기존의 단지를 가해하고, 2년생 이상 잎만 가해하며, 5령부터는 분산하여 가해한다.
  ㉡ 국지적으로 대발생하여 임분 전체가 잿빛으로 변한다.

2) 생활사

① 연 3회 발생하며 3화기 때 전용 상태로 지표면의 3cm 깊이에서 번데기로 월동한다.
② 1화기 때 성비 1 : 9로 수컷이 절대적으로 많다. 2화기 때부터는 암컷의 비율이 60%이다.
③ 5령부터 분산해서 잎을 가해한다. 새 잎보다는 기존의 단지를 가해, 2년생 이상 잎만 가해한다.
④ 한번 발생한 곳은 다시 발생하지 않는다.

3) 방제

① 생물적 방제
  ㉠ 발생 초기에 곤충생장조절제, 미생물농약을 살포한다.
  ㉡ 천적 보호 : 일본잎갈나무잎벌살이, 뾰족맵시벌, 북방청벌붙이
② 화학적 방제 : 적용약제를 살포한다.

3. 미국흰불나방(*Hyphantria Cunea*)

기주와 피해	• 북미원산으로 아시아 침입 시기는 1948년 일본, 1958년 한국, 1979년 중국 순으로 발생 • 기주 : 과수, 뽕나무, 왕벚나무, 버즘나무, 그밖의 160여 종의 활엽수 • 피해 　-1화기(5월 중~6월 초) : 날개에 검은 점 　-2화기(7~8월) : 피해 심함
생활사	• 연 2회 발생, 번데기로 월동 • 5~6월 성충 600~700개 산란 • 알 : 담녹색 괴상으로 잎 뒷면에 붙어있고 흰털로 덮여 있음 • 부화유충 : 실을 토하여 나뭇잎을 싸고 군서생활을 하며 5령충부터 분산하여 잎맥만 남기고 식해

	• 유충 : 색 변화가 많고, 1마리당 100~150cm² 식해 • 번데기 : 엷은 황백색 고치 속에 들어있음
방제	• 생물적 방제 　- 포식성 : 꽃노린재, 검정명주딱정벌레, 흑선두리먼지벌레, 사성풀잠자리 　- 기생성 : 무늬수중다리좀벌, 긴등기생파리, 나방살이납작맵시벌 보호 　- 곤충병원성 핵다각체 바이러스를 1화기는 6월, 2화기는 8월 중순에 수관 살포(450g/ha) • 화학적 방제 　- 유충발생기 : 람다사이할로트린 수화제 1,000배 　- 유충부화기 : 비타쿠르스타키 수화제 1,000배 　- 유충다발생기 : 클로르플루아주론 유제 6,000배 • 물리적 방제 　- 잠복소, 지피물 등에 월동하는 번데기 채취하여 소각 등 　- 5~8월 알덩어리 채취하여 소각하거나 군서유충 포살 　- 5~9월 성충 시기에 유아등, 흡입 포충기로 유인 포살

4. 매미(집시)나방(Lymantria dispar)

1) 기주와 피해

① 벚나무, 참나무, 포플러, 자작나무, 소나무, 일본잎갈나무 등 침엽수, 활엽수를 가해한다.
② 유충 한 마리당 700~1,800cm²를 식해하며 주로 참나무를 가해하고 지역에 따라 대발생한다.

2) 생활사

① 연 1회 발생하며 알덩어리로 줄기나 가지에서 월동한다. 4월 중순쯤 부화한 유충은 거미줄에 매달려 바람에 날려 분산한다. 난기간은 9개월이다.
② 유충머리는 어릴 때 검은색에서 황갈색으로 변하며 양쪽에 八자형 무늬가 있다.
③ 유충은 6~7월에 잎을 말아 엉성한 고치를 만들고 용화(蛹化, 번데기)한다.
④ 성충은 7~8월에 출현하여 이른 더위 등 이상기온 현상에서 대발생하며 성충의 크기와 색깔에 있어 암수가 전혀 다르다.
　㉠ 암컷 : 회백색, 더듬이는 검은 실 모양, 편 날개의 길이는 78~93mm, 날개에 4개의 담홍색 가로 띠가 있음
　㉡ 수컷 : 암갈색, 더듬이는 깃털 모양, 편 날개의 길이는 41~54mm, 날개에 물결 모양 무늬가 있음

⑤ 암컷은 무거워서 날지 못하고 수컷은 활발하다.
⑥ 산란수는 평균 500개이며, 알은 덩어리로 낳고 암컷의 노란 털로 덮여 있다.

3) 방제법

① 물리적 방제 : 4월 이전에 알덩어리를 제거하고, 성충 우화기인 7월에 유아등을 설치하여 포살한다.

② 생물적 방제
  ㉠ 포식성 천적보호 : 풀색딱정벌레, 검정명주딱정벌레, 청노린재
  ㉡ 기생성 천적보호 : 무늬수중다리좀벌, 벼룩좀벌, 집시벼룩좀벌, 나방살이납작맵시벌, 황다리납작맵시벌, 송충알벌, 독나방살이고치벌, 긴등기생파리
    ※ 6월 중 따뜻하고 저온 다습하면 기생충 발생이 많다.
  ㉢ Bt균이나 핵다각체병바이러스를 살포한다.

③ 화학적 방제
  ㉠ 발생 초기에 에마멕틴벤조에이트 유제 2,000배 또는 스피네토람 액상수화제 2,000배 살포
  ㉡ 소나무에 발생 시 티아클로프리드 액상수화제 1,000배 살포

5. 매미나방과 주홍날개꽃매미 비교

구분	매미나방	주홍날개꽃매미
학명	*Lymantria dispar*	*Lycorma delicatula*
기주	벚나무, 참나무, 포플러, 자작나무, 소나무, 일본잎갈나무 등 침활엽수 가해	가죽나무, 포도, 산오리나무, 호두나무, 사과나무, 황벽나무, 쉬나무, 참죽나무, 산오리나무, 과수 등 40여 종 발생(2006년 중국에서 유입)
피해	유충 한 마리당 700~1,800cm² 식해, 주로 참나무 가해, 지역에 따라 대발생	감로 배설로 부생성 그을음병 유발

생태	• 연 1회 발생. 알덩어리로 월동하고, 4월 중순쯤 부화유충은 거미줄에 매달려 바람에 날려 분산
	• 유충머리는 어릴 때 검은색 → 황갈색으로 변하며 양쪽에 八자형 무늬를 지님
	• 유충은 6~7월 잎을 말아 엉성한 고치를 만들고 용화(번데기)함
	• 성충은 7~8월에 출현, 이상기온 현상에서 대발생하며 성충의 크기와 색깔에 있어 암수가 전혀 다름
		• 연 1회 발생, 알로 줄기, 가지에 월동
		• 약충(4~8월)
		  −2~3령 : 검은 바탕에 흰 점, 4월 하순~7월 상순
		  −4령 : 붉은 등에 검은 점+흰 점, 6월 하순~8월
		• 성충(7~10월) : 7월 상순~10월까지 활동, 성충 앞뒤 날개에 붉은색 무늬를 지님

구분	매미나방	주홍날개꽃매미
생태	−암컷 : 회백색, 더듬이는 검은 실 모양, 편 날개의 길이는 78~93mm, 날개에 4개의 담홍색 가로 띠가 있음 −수컷 : 암갈색, 더듬이는 깃털 모양, 편 날개의 길이는 41~54mm, 날개에 물결 모양 무늬가 있음 • 암컷은 무거워서 날지 못하고 수컷은 활발함 • 산란 : 평균 500개, 알은 덩어리로 낳고 암컷의 노란 털로 덮여 있다. 산란 기간은 9개월	• 산란 −남쪽 향한 나무의 줄기 틈새, 수피에 평행배열, 덩어리 산란, 진회색 분비물로 덮여 있다. −9~10월에 40~50개 산란 • 아열대성 해충
방제	• 물리적 방제 : 4월 이전 알덩어리 제거 • 생물적 방제 −포식성 : 풀색딱정벌레, 검정명주딱정벌레, 청노린재 −기생성 : 무늬수중다리좀벌, 벼룩좀벌, 집시벼룩좀벌, 송충알벌, 긴등기생파리 −Bt균이나 핵다각체병바이러스를 살포 • 화학적 방제 : 에마멕틴벤조에이트 유제, 스피네토람액상수화제 살포	• 생물적 방제 : 벼룩좀벌 • 물리적 방제 −알덩이 제거 : 11~3월 −황토색 끈끈이트랩 설치(4~8월 약충 시) −가죽나무 등 기주 수목 제거 • 화학적 방제 −나무주사 : 이미다클로프리드 분산성액제 0.5 mℓ/흉고직경 cm −다발생기 : 아세타미프리드 액제 2,000배 또는 설폭사플로르 입상수화제 2,000배 −부화약충기 : 비펜트린 유제 1,000배 −어린약충기(5월) : 델타메트린 유제 1,000배

※ 매미나방의 맞춤형 방제 방법 : 유충기는 화학적 방제로 에마멕틴벤조에이트유제를 살포하고, 성충 및 산란기는 유아등, 페로몬트랩, 방제차를 활용한 물리적 방제를 실시하고, 월동기는 월동란을 제거한다.

6. 밤나무산누에나방

1) 기주와 피해

① 주로 밤나무에 많이 발생하고 참나무류, 느티나무, 벚나무류, 감나무, 단풍나무, 호두나무, 사과나무, 은행나무 등 57종 이상의 활엽수 잎을 가해한다.

② 4월 하순~5월 상순 사이에 부화한다.

2) 생활사

① 연 1회 발생, 알의 형태로 줄기의 수피에서 월동한다.

② 4월 하순경 부화한 유충은 잎 뒷면에 집단으로 모여 가해하여 5월 중·하순경 밤나무는 줄기만 남긴다.

③ 유충은 6회 탈피 후 6월 하순경 잎 사이에 타원형의 그물 모양 고치 속 번데기가 된다.

④ 성충은 9월 하순~10월 중순에 출현한다.
⑤ 산란수는 약 300개, 줄기 하부 또는 분지점에 무더기로 산란한다.

3) 방제법

① 생물적 방제
  ㉠ 기생성 천적
    • 알 기생 : 벼룩좀벌류
    • 유충 기생 : 고치벌류, 맵시벌류
    • 번데기 기생 : 침파리류
  ㉡ 포식성 천적 : 노린재류, 개미류
  ㉢ 포식 조류 : 까치, 박새, 참새, 꾀꼬리 등을 보호한다.
② 물리적 방제
  ㉠ 월동기에 줄기와 가지에 산란한 알덩어리를 채취하여 제거한다.
  ㉡ 7~8월경에 고치를 채집하여 제거한다.
③ 화학적 방제 : 5~6월경 적용약제를 살포한다.

7. 오리나무잎벌레

1) 기주와 피해

① 기주 : 오리나무, 박달나무, 개암나무, 서어나무, 피나무, 배나무, 뽕나무, 벚나무 등
② 피해 : 잎살만 식해하기 때문에 피해 잎은 붉게 변한다.

2) 생활사

① 연 1회 발생, 성충으로 월동한다.
② 성충(4월)과 유충(5~9월)이 함께 오리나무 잎을 가해하며, 수관 아래 잎에서 위 잎으로 진행하고 수관 아래쪽의 피해가 심하다. 새 잎은 잎맥만 남기고 가해하며 나무는 붉게 변한다. 피해 수목은 8월부터 새 잎이 나오며 고사하지는 않는다.
③ 알은 잎 뒷면에 수십 개씩 덩어리로 낳는다. 산란수는 200~500개이며 난기간은 12일 정도이다.
④ 2회 탈피한 후 노숙한 유충은 흙 속에 집을 만들고 6월 하순~7월 하순에 용화한다. 성충은 주맥만 남기고 잎을 가해(신성충은 7월, 월동유충은 4월)한다.

⑤ 7월 중순 신성충은 우화하여 식해하다가 8월에 지면으로 떨어져 낙엽이나 지피물의 밑이나 땅속에서 월동한다.

3) 방제법

① 무당벌레, 노린재, 거미류, 조류 등 천적을 이용한다.
② 디플루벤주론수화제를 살포한다.

8. 호두나무잎벌레

1) 기주와 피해

① 기주 : 호두나무, 가래나무
② 피해
    ㉠ 유충과 성충이 잎을 식해하고 잎살을 먹어 그물 모양 식흔을 남기며 새순은 주맥만 남기고 잎이 망상으로 변하여 고사한 것처럼 보인다.
    ㉡ 솔나방처럼 알껍데기를 먹은 유충이 모여서 가해하며 3령 유충부터 분산한다.

2) 생활사

① 연 1회 발생하며 5월 중순에 출현하고 성충으로 지피물이나 수피틈에서 월동한다.
② 교미 전 암컷은 몸을 부풀린다.
③ 3령부터 분산가해하며, 주맥만 남기고 거꾸로 매달려 용화한다.

3) 방제법

① 피해 잎을 채취하여 소각한다.
② 남생이, 무당벌레(성충과 유충 모두 포식), 다리무늬침노린재, 거미류, 풀잠자리, 조류 등 천적을 보호한다.
③ 유충 가해 시기에 적용약제를 살포한다.

9. 잣나무별납작잎벌

1) 기주와 피해

① 기주 : 잣나무
② 피해
  ㉠ 20년 이상된 잣나무림에 대발생하며 4.5령기에 집중적으로 가해한다.
  ㉡ 1953년 경기도 광릉에서 발견되었고 1990년 초반까지 피해가 심했다. 3~4년 피해가 계속되면 임목이 고사한다.

2) 생활사

① 연 1회 발생하며 일부는 2년에 1회 발생한다.
② 노숙 유충은 7~8월 하순에 땅에 떨어져 5~25cm 깊이의 땅속에서 흙집을 짓고 유충으로 월동한다.
③ 익년 6~8월에 성충으로 우화한 후 새로 나온 잎에 1~2개씩 알을 낳는다. 우화 최성기는 7월이다.
④ 유충은 잎 기부에 실을 토해 잎을 묶어 집을 짓고 잎을 절단하여 끌어당기면서 가해한다. 위쪽부터 식해하고 아래로 내려온다.

3) 방제법

① 흙 속의 유충은 9월~다음해 4월에 호미나 괭이로 굴취하여 소각한다.
② 4월 중에 폴리에틸렌필름(0.5mm 이상)으로 임내 지표를 피복하는 것이 효과적이다.
③ 곤충병원성 미생물인 Bt균(Bacillus thuringiensis)이나 핵다각체병바이러스를 살포한다.
④ 알 천적인 알좀벌류와 유충 천적인 벼룩좀벌류를 보호한다.
⑤ 유충발생 초기에 클로르플루아주론 유제를 4,000배 살포한다.

10. 잣나무의 주요 병충해

구분	잣나무별납작잎벌	잣나무 털녹병
학명	*Acantholyda parki*	*Cronartium ribicola*
기주	잣나무	• 감수성 : 잣나무, 스트로브잣나무 • 저항성 : 섬잣나무, 눈잣나무
피해	• 20년 이상된 잣나무림에 대발생 • 1953년 광릉에서 발견 1990년 초반까지 피해, 3~4년 계속되면 임목이 고사함	• 1936년 가평군에서 처음 발견된 병으로 1980년대 대표적인 산림 병해 • 담자포자는 잎의 기공을 통해 침입 • 수관이 엉성하며 침엽은 황갈색으로 말라 죽음 (5~20년생에서 많이 발생)
병징 병환	• 1년에 1회 또는 2년에 1회 발생 • 7~8월에 땅에 떨어져 5~25cm 깊이의 땅속에서 흙집을 짓고 유충으로 월동(←두더지) • 익년 6~8월 성충 우화(최성기는 7월), 잎에 1~2개씩 알을 낳음 • 유충은 잎기부에 실을 토해 잎을 묶어 집을 짓고 잎을 절단하여 끌어당기면서 가해함(위쪽에서 식해하여 아래로 향함)	• 녹병정자가 형성되고 10개월 후 4~6월 녹포자 형성 • 병든 수피는 노란색~갈색으로 변하고, 방추형으로 부풀며 수피가 거칠고 수지가 흐름 • 4월 하순부터 비산하는 녹포자(비산 거리 수백 km)는 중간기주인 송이풀 침입 • 4~6월 송이풀 잎 뒤 여름포자퇴 형성(2주 내), 반복 전염→ 송이풀 잎으로 반복 전염→ 8월 하순부터 겨울포자퇴 형성→ 송이풀 낙엽 전 담자포자 형성(비산 거리 300m)→ 잣나무 침입
방제	• 생물적 방제 : 알은 알좀벌류, 유충은 벼룩좀벌류, Bt균(Bacillus thuringiensis)이나 핵다각체병바이러스 • 물리적 방제 : 9월~익년 4월에 호미나 괭이로 굴취 소각, 4월 중 폴리에틸렌필름으로 임내 피복 • 화학적 방제 : 유충발생 초기에 클로르플루아주론 유제 4,000배 살포	• 5~8월 말까지 송이풀 제거(겨울포자 형성 전에 제거) • 8월 이전 병든 나무와 중간기주 지속 제거(녹포자 비산 이전이 효과적) • 수고 1/3까지 가지치기로 경로 차단 및 풀베기로 통풍을 양호하게 함 • 녹포자기 발생목은 녹포자 비산 전에 비닐로 감싸고 8월 이후 병든 나무 제거 • 송이풀 자생지는 조림을 피함 • 예방약제 : 잣나무 묘포에서 8월 하순부터 2~3회 적용약제 살포→ 담자포자 침입 방지 • 저항성 품종 식재

11. 회양목명나방

1) 기주와 피해

① 유충이 실을 토해 잎을 묶고 그 속에서 잎의 표피와 잎살을 먹어 잎이 반투명해진다. 피해 수목에는 거미줄이 많다.
② 4월 하순에 거미줄을 치고 6월에 피해가 심하며, 해가 지속되면 나무 전체가 고사된다.

2) 생활사

① 연 2~3회 발생하기도 하며 유충으로 월동한다. 1화기는 6월부터 우화하고 2화기는 8월 중순에 우화한다.
② 유충은 6령을 거치고 기간은 24일이다.
③ 번데기는 연녹색에서 흑갈색으로 변하며 가해 부위에서 번데기가 된다.

3) 방제법

① 유충 밀도가 낮을 때 손으로 잡아 죽이며 심할 때는 잎과 가지를 채취하여 소각한다.
② 곤충병원성 미생물인 Bt균(Bacillus thuringiensis)이나 핵다각체병바이러스를 살포한다.
③ 페로몬트랩으로 성충을 유인하여 유살한다.
④ 다발생기에 메티다티온 수화제 1,000배, 클로르페나피르유제 1,000배 등 약제를 살포한다.
⑤ 맵시벌 등 천적을 보호한다.

12. 회양목혹응애

1) 기주와 피해

① 기주 : 회양목
② 성충과 약충이 잎, 눈 속에서 가해하여 마디에 꽃봉오리 모양의 벌레혹을 형성한다.
③ 3월 중순에 벌레혹은 갈색으로 변색하고 새로 생긴 녹색 혹은 4월 하순부터 변색하여 5월에는 흑갈색으로 변한다.

2) 생활사

① 연 2~3회 발생하며 주로 성충으로 월동하나 알, 약충으로도 월동한다.
② 월동한 성충은 3월에 새로운 눈 속으로 침입하여 벌레혹을 만들고 그 속에서 2~3세대를 경과한다.
③ 신성충은 9월 상순에 나타나서 회양목 눈 속으로 들어간다.

3) 방제법

벌레혹이 형성된 가지를 제거하고 9월 상순에 적용약제를 살포한다.

CHAPTER 03 흡즙성 해충

1. 갈색날개매미충(*Pochazia shantungensis*)

1) 개요

갈색날개매미충은 국내에서는 2010년도에 피해가 처음 보고되었고, 기주범위가 광범위하여 활엽수뿐만 아니라 침엽수인 주목에서도 피해가 확인되고 있다.

2) 기주 및 피해의 특성

① 기주 : 산수유, 감나무, 밤나무, 때죽나무, 단풍나무, 주목 등
② 성충, 약충의 형태적 특성

구분	형태	수컷	암컷
성충	암갈색 몸길이 8.2~8.7mm	복부 선단부가 뾰족하다.	복부 선단부가 둥글다.
약충	몸길이 1.6~4.5mm	5월경 항문을 중심으로 노란색 밀랍 물질을 부채살 모양으로 형성한다.	

③ 피해증상 : 성충과 약충이 잎과 어린 가지, 과실에서 수액을 흡즙해 부생성 그을음병을 유발하고 반점, 황화현상, 낙엽을 초래한다.

3) 생활사

① 연 1회 발생하며 가지속에서 알로 월동한다.
② 약충(5월)은 항문을 중심으로 연한 노란색 밀랍 물질을 부채살 모양으로 형성한다.
③ 성충은 4회 탈피 후 7월 중순~11월 중순에 나타난다.
④ 알을 8월 중순부터 1년생 가지에 산란해 가지가 말라 죽는다.
⑤ 1년생 가지 속에 2열로 20~30개씩 산란하며, 톱밥과 하얀 밀랍으로 덮는다.

4) 방제법

① 끈끈이롤 트랩을 설치하고, 월동하는 알과 가지를 제거한다.
② 거미류 등 천적을 보호한다.
③ 화학적 방제 : 다발생기에 아세타미프리드 입상수화제 2,000배 또는 설폭사플로르 입상수화제 2,000배를 살포한다.

문제 갈색날개매미충의 성충과 약충의 형태적 특징, 피해 증상, 발생 생태 및 방제법에 대하여 서술하시오. (문화재수리기술자 : 2018년)

2. 미국선녀벌레(*Metcalfa Pruinosa*)

1) 기주와 피해

① 기주 : 2009년 처음 보고되었으며 김해 단감원에서 발생하였다. 기주식물은 아까시나무, 감나무, 참나무류, 배나무, 명자나무 등의 활엽수와 농작물, 초본류, 최근에는 리기다소나무도 피해가 있다.
② 피해 : 성충, 약충이 가지와 잎에서 흡즙하고, 감로 배출로 부생성 그을음병을 유발한다. 고온성 해충으로 광합성 저해하며 바이러스를 매개한다. 약충은 백색 솜과 같은 물질로 덮여 있다.

2) 생활사

① 연 1회 발생하며 알로 월동한다.
② 약충은 4~8월 기주식물을 흡즙한다.
③ 4회 탈피 후 성충이 되며 성충은 7~10월까지 나타난다. 성충은 삼각형 앞날개가 몸에 수직으로 붙어 있어 위에서 보면 쐐기 모양이다.
④ 기주식물의 나무가지, 수피의 갈라진 틈에 9~10월에 90개 정도의 알을 낳는다.

3) 방제법

① 기주식물의 범위가 매우 넓어 산림, 농경지, 생활권까지 공동방제를 해야 효과적이다.
② 천적인 선녀벌레집게벌을 보호한다.
③ 발생 초기에 티아클로프리드 액상수화제 2,000배 경엽처리하고, 다발생기 설폭사플로르 입상수화제 2,000배 또는 아바멕틴 · 설폭사플로르 분산성액제 2,000배 살포한다.

3. 주홍날개꽃매미(*Lycorma delicatula*)

1) 기주와 피해

① 가죽나무, 포도, 산오리나무, 호두나무, 배나무, 사과나무, 매실나무, 황벽나무, 쉬나무, 참죽나무 등이며 과수에도 광범위하다. 가죽나무와 포도에 특히 심하며 2006년에 중국으로부터 도입되었다.
② 감로 배설로 부생성 그을음병을 유발한다.

2) 생활사

① 연 1회 발생하며 알로 줄기와 가지에서 월동한다.
② 4월 하순에 부화하며 4회 탈피 후 7월 상순~10월 하순까지 성충으로 우화한다.
③ 1~3령 약충은 검은 바탕에 흰 점이 있으며 4월 하순~7월 하순에 나타난다. 4령 약충은 붉은 등에 검은 점과 흰 점이 있으며, 날개 딱지가 보이고 6월 하순~8월 중순에 나타난다.
④ 성충은 7월 상순~10월까지 활동하고 생존기간은 30일 이상이다. 성충의 앞뒤 날개에 붉은색 무늬가 있어 주홍날개꽃매미라 한다.
⑤ 산란은 9월 하순부터 남쪽으로 향한 나무줄기 틈새, 수피에 평행으로 배열하여 덩어리로 산란하며 진회색 분비물로 덮여 있다.

3) 방제법

① 생물적 방제 : 벼룩좀벌을 방사한다(잣나무별납작잎벌, 밤나무산누에나방의 천적).
② 물리적 방제
  ㉠ 월동하는 알이 부화하기 전에 알덩이를 제거한다(4월).
  ㉡ 약충 시기인 4월 하순~8월 중순에 끈끈이트랩을 설치한다.
  ㉢ 가죽나무 등 기주수목의 피해가지를 채취하여 소각한다.
③ 화학적 방제
  ㉠ 나무주사 : 이미다클로프리드 분산성액제 0.5ml/흉고직경 cm
  ㉡ 다발생기 : 아세타미프리드 액제 2,000배 또는 설폭사플로르 입상수화제 2,000배
  ㉢ 부화약충기 : 비펜트린 유제 1,000배
  ㉣ 어린약충기(5월) : 델타메트린 유제 1,000배

※ 해충별 약충과 성충의 발생 시기

해충	약충	성충
꽃매미, 미국선녀벌레	4~8월	7~10월
갈색날개나방	5~8월	7~11월
매미나방	6~7월	7~8월

4. 주홍날개꽃매미, 미국선녀벌레, 갈색날개매미충, 매미나방 특성 비교

구분	주홍날개꽃매미	미국선녀벌레
학명	*Lycorma delicatula*	*Metcalfa Pruinosa*
기주	가죽나무, 포도나무, 과수 등 40여 종	아까시나무, 감나무, 초본류, 참나무, 리기다소나무 등 145종 침·활엽수 가해
피해	감로배설로 부생성 그을음병 유발	그을음병 유발
생태	• 연 1회 발생, 알로 월동 • 4~8월에 약충, 검은 바탕에 흰점 • 1~3령은 4월 하순~7월 하순, 붉은 등에 검은 점+흰 점, 4령은 6월 하순~8월 중순 • 7~10월에 성충은 앞뒤 날개에 붉은색 무늬가 있음 • 9~10월에 산란하며 남쪽으로 향한 나무줄기틈이나 수피에 평행 배열하여 40~50개의 덩어리로 산란, 진회색 분비물로 덮여 있음, 아열대성 해충	• 연 1회 발생, 알로 월동 • 4~8월 약충은 하얀 밀랍 물질로 덮여 있음 • 7~10월 성충은 검정 얼룩과 흰색 반점, 회갈색 날개, 잎과 가지에서 흡즙 • 9~10월에 수피 사이에 90개 정도 산란함

방제	• 생리적 방제 : 벼룩좀벌 방사
	• 물리적 방제
	  -알덩이 제거 : 11~3월
	  -약충시기인 4~8월에 황토색 끈끈이트랩을 설치
	  -가죽나무 등 기주수목 제거
	• 화학적 방제
	  -나무주사 : 이미다클로프리드 분산성액제 0.5 ㎖/흉고직경 cm
	  -다발생기 : 아세타미프리드 액제 2,000배 또는 설폭사플로르 입상수화제 2,000배
	  -부화약충기 : 비펜트린 유제 1,000배
	  -어린약충기(5월) : 델타메트린 유제 1,000배
		• 생리적 방제 : 선녀벌레집게벌 방사
		• 화학적 방제
		  -발생초기에 타아클로프리드 액상수화제 2,000배 경엽처리
		  -다발생기 설폭사플로르 입상수화제 2,000배 또는 아바멕틴·설폭사플로르 분산성액제 2,000배 살포
		• 생활권과 공동방제

구분	갈색날개매미충	매미나방
학명	*Pochazia shantungensis*	*Lymantria dispar*
기주	감나무, 때죽나무, 주목 등 138종 가해	벚나무, 참나무, 소나무, 침·활엽수 가해
피해	황화현상, 낙엽 초래, 그을음병 유발, 반점 등	유충 한 마리당 700~1,800cm^2 식해, 주로 참나무에 발생하고 지역에 따라 대발생

생태	• 연 1회 발생, 알로 월동
	• 5~8월 약충(4.5mm)이며 꼬리에 밀랍 물질을 부채살 모양으로 형성
	• 7~11월 성충은 잎, 가지, 과육을 흡즙
	• 8월에 1년생 새 가지에 2열로 20개씩 산란함 (가지고사)
		• 연 1회 발생, 알덩이로 월동
		• 4월 유충은 거미줄을 내며 바람에 날려 분산
		• 머리는 八자이며 검은색 → 황갈색으로 변함
		• 유충은 6~7월에 잎을 말아 엉성한 고치에서 용화(蛹化)
		• 성충은 7~8월에 이상기온에서 대발생함
		  - 암컷 : 유백색, 검은 실 모양 더듬이
		  - 수컷 : 흑갈색, 깃털 모양 더듬이
		• 암컷은 무거워서 날지 못하고 수컷은 활발
		• 평균 500개 산란, 알 덩어리로 산란
		• 알은 암컷의 노란 털로 덮여 있으며 산란 기간은 9개월임

방제	• 생물적 방제 : 거미류 등 천적 보호
	• 물리적 방제 : 끈끈이트랩 설치
	• 화학적 방제 : 다발생기에 아세타미프리드 입상수화제 2,000배 또는 설폭사플로르 입상수화제 2,000배 살포
	• 임업적 방제 : 11월에 가지치기
		• 생물적 방제
		  - 포식 : 풀색딱정벌레, 검정명주딱정벌레, 청노린재 보호
		  - 기생 : 무늬수중다리좀벌, 벼룩좀벌, 집시벼룩좀벌, 송충알벌, 긴등기생파리
		• 미생 : Bt균이나 핵다각체 병바이러스를 살포
		• 물리적 방제 : 4월 이전에 알덩어리 제거
		• 화학적 방제
		  - 에마멕틴벤조에이트 유제 2,000배, 스피네토람 액상수화제 2,000배
		  - 소나무에 발생 시 티아클로프리드 액상수화제 1,000배

5. 버즘나무방패벌레(*Corythucha ciliata*)

1) 기주와 피해

① 기주 : 1995년 처음 보고되었고, 버즘나무류(양버즘의 피해가 큼), 물푸레나무류, 닥나무류를 잎 뒷면에서 가해한다.

② 피해 : 응애와 피해와 비슷하며 작은 주근깨 같은 반점이 많다. 잎은 황백색이며 뒷면은 배설물과 탈피각이 붙어 있다. 나무가 고사할 정도는 아니지만 잎 색이 변해 경관을 해친다.

2) 생활사

① 연 3회 발생하며 수피틈에서 성충으로 월동한다. 장마가 끝난 후 2세대 시기인 7월 초순 이후에 피해가 심하다. 2~3세대가 혼재하며 가해한다.
② 월동 성충은 4월 하순 온도가 15℃ 이상으로 수일 동안 지속되면 수목의 위쪽으로 이동한다.
　　※ 15℃ 이하에서 봄비가 올 경우 탄저병 발생
③ 약충은 5월부터 잎을 가해하고 4~5령이 되면 잘 움직이며 활동이 왕성하다.
④ 성충과 약충이 동시에 기주잎 뒷면에서 즙액을 빨아먹어 잎이 황백색으로 변한다.
⑤ 알은 잎 뒷면의 주맥과 부맥이 만나는 곳에 무더기로 산란한다.

3) 방제법

① 가해 초기에 피해 잎을 채취하여 소각한다.
② 거미류 등 포식성 천적을 보호한다.
③ 다발생기 : 아세타미프리드 미탁제 2,000배 또는 에토펜프록스 유탁제 1,000배 살포한다.
④ 나무주사(성충발생기) : 이미다클로프리드 미탁제 0.3mℓ/흉고직경 cm, 이미다클로프리드 분산성액제 0.3mℓ/흉고직경 cm를 나무주사한다.

6. 버즘나무의 주요 병충해

구분	버즘나무방패벌레	버즘나무 탄저병
학명	*Corythucha ciliata*	병원균 : *Apiognomonia Veneta*
기주	양버즘나무, 물레나무류, 닥나무류	버즘나무
피해	응애 피해와 비슷하며 작은 주근깨 같은 반점이 많고 잎은 황백색이며 응애 피해와 달리 뒷면은 배설물과 탈피각이 붙어 있음	• 봄비가 많은 해 10~13℃에서 심하게 발생하고 어린잎과 가지가 말라 죽어 늦서리를 맞은 것 같은 형태를 띰 • 늦은 봄에 잎이 모두 지고 초여름에 새 잎이 나기도 함 • 봄철 이후에는 거의 발생하지 않으나 장마철에는 발생함
생태	• 연 3회 발생, 성충으로 월동 • 2세대 시기 장마가 끝난 후 7월 초순 이후에 피해가 심함(2~3세대 혼재)	• 초봄에 어린 싹이 까맣게 말라 죽고 잎맥 중심으로 갈색 반점이 형성되며 조기 낙엽 • 잎맥 주변의 작은 점은 병원균의 분생포자층임

구분	버즘나무방패벌레	버즘나무 탄저병
생태	• 4월 월동 성충은 15℃ 이상이 수일 지속되면 수목의 위쪽으로 이동 • 5월부터 약충은 잎을 가해하며 4~5령이 되면 잘 움직임 • 산란은 잎 뒤 주맥과 부맥이 만나는 곳에 산란	• 잎이 나오기 전에 1년생 가지 끝을 죽이고 눈이 싹트기 전에 죽기도 함

방제	• 생물적 방제 : 무당벌레, 풀잠자리, 거미류 보호
	• 물리적 방제 : 가해 초기의 피해 잎을 채취하여 소각
	• 화학적 방제
	  -다발생기 : 아세타미프리드 미탁제 2,000배 또는 에토펜프록스 유탁제 1,000배 살포
	  -나무주사(성충발생기) : 이미다클로프리드 미탁제 0.3ml/흉고직경 cm, 이미다클로프리드 분산성액제 0.3ml/흉고직경 cm
		• 병든 낙엽은 소각·매몰함
		• 상습 발생지는 새싹이 나오기 전에 예방(일평균 기온이 15℃ 이하인 경우에 강우가 있을 때는 반드시 살균제를 살포)
		• 적용약제 살포

문제 버즘나무방패벌레의 피해 증상, 형태, 생활사 및 방제법에 대하여 서술하시오.

7. 솔껍질깍지벌레(*Matsucoccus matsumurae*)

1) 개요

솔껍질깍지벌레는 대면적으로 발생하며 곰솔과 소나무를 집단으로 고사시키고, 특히 곰솔에 큰 피해를 주기 때문에 생리 상태 및 발생 예찰을 명확히 하여 적기에 방제를 하여야 한다.

2) 본론

(1) 기주와 피해

① 기주 : 곰솔, 소나무

② 피해

㉠ 가지만을 가해하고 곰솔에 큰 피해를 준다.

㉡ 약충이 가해할 때 세포막이 파괴되고 세포 내 물질 분해와 같은 피해가 나타난다.

㉢ 11월~이듬해 3월까지의 후약충 시기에 발육이 왕성하여 가장 많은 피해를 준다.

㉣ 피해 증상은 3~5월에 수관 하부 가지 잎부터 갈색으로 변색되며 심하면 전체 수관이 갈색으로 변하고 5~7년의 누적 피해로 고사한다.

ⓜ 겨울에 가해하고 외견상 피해는 익년 3~5월에 심하고, 여름·가을에는 증상이 없다.

ⓑ 최초 침입 후 4~5년이 경과한 후에 피해가 심해진다. 피해율은 7년 이상 22년 이하의 수령에서 가장 높다.

ⓢ 오래된 피해 지역은 가지가 밑으로 처지는 현상이 나타나지만 선단지는 수관 형태가 그대로 유지된 채 고사하는 경향이 있다.

(2) 생활사

① 연 1회 발생하며 후약충으로 겨울을 보내지만 겨울에도 수액을 흡즙하여 피해를 준다.
② 암컷은 불완전변태, 수컷은 완전변태를 한다.
㉠ 암컷 : 알 → 부화약충 → 정착약충 → 후약충 → 성충
㉡ 수컷 : 알 → 부화약충 → 정착약충 → 후약충 → 전성충 → 번데기 → 성충
③ 우화시기는 3월 하순~5월 중순이며 우화 최성기는 4월 중순이다.
④ 가지에 작은 흰 솜덩어리 모양의 알주머니를 만들고 150~450개를 산란한다.
⑤ 부화약충은 5월 상순~6월 중순에 나타나며 정착약충은 6월부터 하기휴면을 한다.
⑥ 10월부터 휴면이 끝나고 11월이면 탈피하여 후약충이 되며 이듬해 3월까지 흡즙과 발육이 왕성하다.
⑦ 고사 직전까지 초두부는 생존하며 잎은 처지지 않고 원상태로 고사한다.

(3) 방제방법

생물적 방제		무당벌레, 침노린재류, 말벌류, 거미류 등
임업적 방제		
• 모두베기		피해도 "심" 이상 지역 잔존본수 30% 내외 수종 갱신
• 단목제거		피해도 "중" 이상 지역 나무주사 대상지 우선
		피해 혼생지 재선충 피해목 100% 제거 후 밀도 조절사업 시행
화학적 방제		
• 나무주사	11~2월	경관보전지역, 보존대상지역 • 후약충발생 초기 이미다클로프리드 미탁제 0.6mℓ/흉고 직경 cm, 후약충기에 티아메톡삼 분산성액제 0.6mℓ/흉고 직경 cm • 피해도 "중" 이상 지역
• 지상살포	3월	후약충기 뷰프로페진 액상수화제 100배 살포

3) 결론

솔껍질깍지벌레는 대면적으로 발생하고, 활력이 왕성한 나무에 급속히 퍼지므로 질소질비료의 시비를 삼가고, 겨울눈이 부풀고 깍지 보호층을 만들기 전에 기계유제를 살포하는 등 적기방제를 할 수 있도록 예찰하는 것이 중요하다.

Tips 솔껍질깍지벌레의 형태 및 생태 요약

형태		생태	기타
성충	암컷	• 2~5mm, 더듬이 9절, 날개 없음 • 성유인물질 발산 → 수컷 유인	3월 상순~5월 중순
	수컷	• 1.5~2mm, 파리와 비슷함 • 날개는 1쌍이며 흰꼬리가 있음	최성기 4월 중순
알		• 평균 280개/난낭 • 나무껍질과 가지 사이에 흰 솜덩어리 모양의 알주머니 속에 있음	4월 상순~5월 중순
부화약충		• 가지 위를 기어다님 • 바람에 날려 확산	5월 상순~6월 중순
정착약충		• 흰 왁스 물질 분비 • 정착 후 긴 구침을 꽂고 가해 • 6월부터 4개월간 하기휴면한 후 저온에 의해 (10월) 끝남	5월 상순~익년 11월
후약충		• 발이 보이지 않고 둥근 몸통의 형태 • 가장 많은 피해를 주는 시기 • 가해 자리에는 반점이 나타남	11월~익년 3월
전성충(수컷)		• 암컷 성충과 비슷하며 크기가 작음 • 기어다니며 번데기가 될 장소를 찾음	3월~4월
번데기(수컷)		• 흰 솜덩어리 모양의 타원형 고치 • 기간은 7~20일이며 3월 20일경 용화 최성기	3월~4월

8. 솔껍질깍지벌레 피해목 식별 방법

① 피해목은 대부분 수관 하부의 가지부터 고사한다.
② 피해목 잎은 적갈색으로 변하며 3~5월에 심하다.
③ 성충 발생 시기인 3~5월과 후약충 발생시기인 11~3월에 육안으로 관찰이 용이하다.
④ 5~10월 껍질을 벗기면 인피부에 갈색 반점이 생긴다. 심하면 반점이 연결 환상으로 나타나 소나무 줄기조직이 괴사한 상태로 띠를 형성한다.

9. 솔껍질깍지벌레, 솔잎혹파리, 소나무좀의 피해 현상과 방제법의 비교

구분	솔껍질깍지벌레(*Matsucoccus matsumurae*)			
기주	곰솔, 소나무			
가해 부위	가지만을 가해하고 주로 곰솔에 피해가 크다.			
피해 현상, 가해 방법	• 약충이 가해할 때 세포막이 파괴되고 세포 내 물질 분해와 같은 피해가 발생한다. • 피해증상 : 3~5월에 수관하부 가지 잎부터 갈색으로 변색되며, 심하면 전체 수관이 갈변하고 5~7년 누적 피해로 고사한다. 오래된 피해지는 가지가 처지나 선단지에서는 수관 형태 그대로 고사한다. ※ 겨울에 가해하기 때문에 외견상 피해는 3~5월에 심하고, 여름, 가을에는 증상이 없다. • 11월~익년 3월까지의 후약충 시기에 발육이 왕성하여 가장 피해가 많다. • 최초 침입 후 4~5년이 경과한 후에 피해가 심해진다. 피해율은 7년 이상 22년 이하의 수령에서 가장 높다.			
방제	생물적 방제			무당벌레, 침노린재류, 말벌류, 거미류 등
	임업적 방제			
		모두베기	피해도 "심"	이상 지역 잔존본수 30% 내외 수종 갱신
		단목제거	피해도 "중"	이상 지역 나무주사 대상지 우선
		피해혼생지		재선충 피해목 100% 제거 후 밀도조절사업 시행
	화학적 방제			
		나무주사	11월~2월	• 경관보전지역, 보존대상지역 • 이미다클로프리드 미탁제 0.6ml/흉고직경 cm, 티아메톡삼 분산성액제 0.6ml/흉고직경 cm • 피해도 "중" 이상 지역
		지상살포	3월	뷰프로페진 액상수화제 100배 살포

구분	솔잎혹파리	소나무좀
기주	*Thecodiplosis Japonensis* 소나무, 곰솔 가해	*Tomicus Piniperda* 적송, 곰솔, 잣나무
가해 부위	• 유충이 솔잎기부에 충영을 형성하고 5월 하순~10월 하순까지 흡즙하고 충영은 6월에 부풀기 시작하여 9월에 혹이 보인다. 피해 잎을 쪼개면 분리되지 않고, 황색 유충이 보인다. • 피해 잎은 건전한 잎의 1/2 수준으로 자라고 당년에 낙엽이 진다.	• 3~4월에 월동성충이 나와 쇠약목을 가해한다. • 4월에 유충은 인피부(형성층과 목질부)를 1차로 가해한다. • 6월에 신성충은 신초를 뚫고 2차 가해를 한다. 고사된 신초는 구부러지거나 붙어 있다. 이를 후식피해라 하고, 35~40년 소나무에서 피해가 크다.

구분	솔잎혹파리	소나무좀
피해 현상 및 가해 방법	• 성충 : 5~7월 15~17시, 최성기는 6월 • 산란 : 5~7월 새 잎에 6개씩 90개 • 유충 : 6월~익년 4월, 잎기부 혹당 6마리, 충영 피해 잎은 6월 하순부터 생장 중지 • 월동 : 9월~익년 1월에 떨어져(최성기 11월) 지표면 2cm에서 월동 • 번데기 : 5~6월, 최성기 5월 중순 20~30일	• 연 1회 발생, 성충 월동, 15℃ 이상(2~3일)에서 활동을 시작 • 교미한 암컷은 상부로 10cm 종갱을 만들고 양쪽에 1개씩 40~60개 산란 • 부화유충 → 모갱(母坑)과 직각으로 유충갱도를 만듦 • 성충은 6월부터 신초(新梢) 속 위쪽으로 가해하다가 늦가을에 지제부 수피틈에서 월동
방제	• 생물적 방제 : 후방회복임지+천적기생률 10% 미만→솔잎혹파리먹좀벌, 혹파리살이, 혹파리등뿔먹좀벌, 혹파리반뿔먹좀벌 5~6월 ha당 2만 마리 방사 • 임업적 방제 　-8~9월 : 위생간벌, 치수 제거 등 　-6~11월 : 솎아베기를 하여 경쟁을 완화 • 화학적 방제 　-수간주사 : 충영 형성률 20% 이상, 피해 선단지에서는 관계없이 선정 가능(티아메톡삼 분산성액제 0.2㎖/흉고직경 cm 성충우화전 수간주사, 이미다클로프리드 분산성액제 0.3㎖/흉고직경 cm 성충발생기 수간주사) 　-수관살포 : 선단지 천적기생율 10% 이하, 상수원 등 약제 유실 우려가 없는 곳 • 기타 : 지피물 제거(3cm 이내 유충)로 토양을 건조시켜 토양 속 유충의 폐사를 유도	• 병충목, 불량목 등 조기간벌 → 박피 • 고사 직전목은 용화전 박피 소각 • 피해림 부근 벌채목을 조기 반출하며 심한 경우에는 벌채 그루터기도 박피함 • 유치목 설치 구제 　-1~2월 벌채목 → 2~3월에 임내에 세움 　-월동성충 산란을 유인하여 5월에 박피 소각 • 수중저목(水中貯木) • 천적 보호

10. 진딧물과 응애의 차이

진딧물	응애
곤충강 노린재목 진딧물과 3쌍의 다리+겹눈	• 거미강 진드기목 응애과, 4쌍다리, 홑눈 • 침엽수, 활엽수 가해
따뜻하고 건조한 곳	고온건조, 먼지 많을 때 다발생
• 1~4.8mm 이내로 충체는 유선형 • 육안 진단 가능	0.2~0.8mm
알로 월동	수정한 암컷+알
감로 배설로 그을음병 유발, 광합성 저해	감로 배설로 그을음병 유발, 광합성 저해

진딧물	응애
• 봄에 부화한 약충은 단위생식하며 밀도 급증 • 병원성 미생물에 의한 2차 피해 발생 • Virus 매개 • 형태적 특징으로 등 후면에 뿔관 있음 • 식물의 진액을 빨아 고사시킴	• 침엽수는 구엽부터 가해, 새 잎은 녹색 유지 • 피해 초기에는 회백색 반점이나 먼지로 보이며 진행될수록 잎 전체가 황갈색으로 변함 • 대부분 세포액을 빨아 생육 저해 • 잎과 가지 사이에 거미줄 같은 가는 실이 있음(4계절 피해)
무당벌레, 풀잠자리, 거미류, 잔디벌 등 천적 보호	긴털이리응애, 칠레이리응애, 꽃노린재, 검정명주딱정벌레, 흑선두리먼지벌레
아세타미프리드 미탁제, 아세타미프리드 수화제, 디노테퓨란 수화제, 이미다클로프리드 수화제 등	에마멕틴벤조이트 유제, 아미트라즈 유제, 기계유 유제, 살비제 : 아세퀴노실 액상수화제

11. 진딧물류와 깍지벌레류의 공통적인 피해 양상 (문화재수리기술자 : 2019년)

구분	진딧물 노린재목 진딧물과	깍지벌레 노린재목 깍지벌레과
피해	• 성충과 약충이 새가지 잎 뒷면에서 집단 흡즙 • 감로 배설로 그을음병 유발 • 광합성 저해, 수세 약화, 조기낙엽, 고사로 이어짐 • 바이러스 매개	• 성충과 약충이 가지와 잎 뒷면에서 흡즙 • 감로 배설로 그을음병 유발 • 광합성 저해, 수세약화, 조기낙엽, 고사로 이어짐 • 개체수가 많으며 집단 가해
월동	알로 월동, 수회 발생	• 암컷 성충으로 월동 • 산란 수천 개(밀탑 속 알주머니)
생활사	• 부화약충은 단위생식 → 밀도 급증 • 따뜻하고 건조한 곳 • 생활사 중 대부분 기주교대를 함	• 약충 탈출 후 대부분 정착, 기주 수액 흡즙 • 흰색 밀랍을 덮어쓰고 있음 • 군서생활하며, 고약병 발생
방제	• 천적 : 무당벌레, 풀잠자리, 거미류, 잔디벌 • 월동란 채취 소각, 매립 • 밀도가 낮으면 잡아 죽임 • 약제 살포 : 아세타미프리드, 이미다클로프리드, 디노테퓨란 등	• 천적 : 애홍점박이무당벌레 • 가지 소각, 가지치기로 통풍 • 밀도가 낮으면 포획 구제 • 약제 살포 : 뷰프로페진, 디노테퓨란, 티아메톡삼, 아바멕틴 등 • 질소비료 삼가 • 낙엽수는 겨울눈이 부풀기 전에 기계유 유제 살포

12. 흡즙성 해충의 방제 방법

1) 개요

흡즙성 해충은 잎이나 가지에서 수액을 흡즙하는 해충으로 수세 쇠약, 영양실조에 의한 생리적 피해와 혼돈하기 쉽다.

2) 흡즙성 해충의 종류

① 진딧물 : 소나무왕진딧물, 배롱나무알락진딧물 등
② 깍지벌레 : 소나무가루깍지벌레, 솔껍질깍지벌레 등
③ 응애 : 소나무응애, 전나무응애, 벚나무응애 등
④ 나무이 : 회화나무이, 돈나무이
⑤ 방패벌레 : 진달래방패벌레, 버즘나무방패벌레

3) 방제

① 침투성 농약이나 침투이행성이 강한 농약으로 구제하며, 솔잎혹파리, 느티나무외줄면충 등은 전염시기에 약제를 살포한다. 이 경우 혹을 만들지 못하도록 예방하는 것이 효과적이다.
② 초기방제는 2차 병해인 오갈병, 바이러스 매개를 막을 수 있다.
③ 내성이 강한 수종 식재 : 목련, 은행나무, 팽나무, 자귀나무, 수수꽃다리 등
④ 응애는 살비제인 아세퀴노실, 진딧물은 이미다클로프리드수화제를 살포한다.
⑤ 이행형 입제를 토양관주, 이행형 보독 성분의 약제를 수간에 주입한다.
⑥ 침투성 살균제는 천적에 직접적인 영향이 없다(이미다클로프리드 등).

※ 농약 종류

소화중독제	• 저작구형 가진 나비류 유충, 딱정벌레류, 메뚜기류에 적당 • 비산납 등 대부분 유기인계 살충제 해당
접촉제	• 해충에 직접 약제를 부착시켜 죽이는 약제 • 깍지벌레, 진딧물, 멸구류에 적당 • 제충국, 니코틴제, 데리스제, 솔지합제, 기계유 유제
침투성 살충제	• 흡즙성 해충 살해 약제 • 천적에 피해가 없음 • 솔잎혹파리, 솔껍질깍지벌레 수간주사, 진딧물 엽면살포, 솔잎혹파리, 응애류 근부 처리 • 에마멕틴벤조에이트, 에토펜프록스, 이미다클로프리드, 아세타미프리드

13. 향나무응애와 전나무잎응애 비교

구분	향나무응애	전나무잎응애
기주	향나무류	가문비나무, 전나무, 소나무, 잣나무, 편백, 밤나무, 굴참나무, 떡갈나무 등
피해	• 활엽수 : 잎 갈색, 조기낙엽 　침엽수 : 오래된 잎 먼저 가해, 연녹색으로 변하고 새 잎은 녹색 유지 • 미세한 먼지의 발견이 어려움 • 기후에 따라 재번식, 수관의 일부분부터 시작해 나무 전체로 확산됨 • 잎 뒤에서 흡즙하고 덥고 건조하고 먼지 많은 환경을 좋아함	• 응애 중 가장 피해가 심함(건조 시 피해 심하고 소나무에 가장 큰 피해) • 도시의 가로수나 정원수에 피해 심함 • 밤나무 조림지 등 상습적으로 약제를 살포하는 임지에 피해가 발생 • 가문비나무와 분비나무의 주요 해충으로, 특히 묘목에 피해가 심함 • 성충과 약충은 다른 잎응애류와 달라서 대부분이 잎의 표면에 기생함 • 참나무류 등의 활엽수에서는 피해받는 잎 표면이 잎맥을 따라 황변함
생활사	• 연 5회 정도 발생하고 봄~초여름과 늦여름~늦가을에 특히 심함 • 우기와 여름에는 피해가 감소함 • 피해가 심한 잎과 가지에 무수한 거미줄이 있음(잎의 영양 가치가 상실되거나 서식 밀도가 많은 곳에 생김)	• 연 5~6회 발생, 알로 월동 • 알은 5월 중순경 부화, 제1세대 약충은 5월 하순~6월 상순 출현 • 10월 하순경까지 불규칙한 발생 지속 • 1세대의 기간은 15~20일, 알 기간은 7~10일 • 성충은 탈피 후 3일째부터 산란 시작
방제	화학적 방제 : 적용약제 살포, 엽면시비 병행 실시	화학적 방제 : 클로르페나프르 액상수화제 3,000배, 엽면시비 병행 실시

CHAPTER 04 종실 가해 해충

1. 밤바구미(*Curculio sikkimensis*)

1) 기주와 피해

① 기주 : 밤나무 종실, 참나무류 도토리

② 피해

  ㉠ 밤나무 종실을 가해하며 배설물을 밖으로 내보내지 않아 탈출 전까지 피해 확인이 불가능하며 불규칙하게 식해한다.

  ㉡ 중생종, 만생종 밤에 피해가 많고 밤송이 가시 밀도가 높은 품종이 피해가 낮다. 그 외 밤나무 종실을 가해하는 해충으로 복숭아명나방이 있다.

2) 생활사

① 연 1회 발생하며 유충은 땅속에서 월동한다.

② 성충은 8~9월에 나오고 1개 밤에 과육과 종피 사이에 1~3개의 알을 산란한다.

③ 부화 유충은 과육 표면에 불규칙하게 식해하다가 과육 중심부로 이동한다.

④ 9월 중순~11월 상순에 종피에서 3mm 구멍을 내고 탈출하며 유충은 땅속에서 월동한 후 7월경 용화(蛹化)한다.

3) 방제법

① 수확한 밤은 포스핀 훈증제로 훈증한다.

② 8월 하순 성충우화기에 10일 간격으로 비펜트린 액상수화제, 디노데퓨란 입상수화제를 살포한다.

③ 성충기에 유아등, 유살등을 이용한다.

※ 심식나방, 밤바구미는 배설물을 배출하지 않는다.

2. 복숭아명나방(*Conogethes punctiferalis*)

구분	침엽수형	활엽수형
기주 및 피해	• 잣나무 구과 피해 • 유충은 신초에서 잎이나 작은 가지를 거미줄로 묶고 그 속에서 식해한다. • 배설물을 가해 부위에 붙여놓는다. • 새 잎이 나는 5월에 피해가 심하다. • 2세대 유충은 피해가 적다.	• 밤나무, 상수리나무, 벚나무 • 유충은 과육을 먹고 자란다. • 배설물과 먹은 찌꺼기를 배출하여 구과에 붙여 놓는다. • 조생종 밤에 피해가 심하나 만생종에도 피해가 있다.
생활사 (공통)	• 1년에 2~3회 발생, 성충은 등황색 바탕에 검은색 반점이 산재한다. • 유충의 머리색은 흑갈색, 몸은 복숭아색에 갈색점이 산재한다.	
생활사	• 유충으로 벌레주머니 속에서 월동한다. • 5월부터 활동한다. • 1세대 성충 : 6~7월 • 2세대 성충 : 8~9월 • 가해 수종 : 소나무, 곰솔, 리기다소나무, 잣나무, 전나무, 구상나무	• 유충은 수피 틈에서 실을 토하여 고치를 만들고 그 속에서 월동한다. • 1세대 성충 : 6월에 나타나 복숭아, 자두나무 등 과실에 산란한다. • 2세대 성충 : 7월 중순~8월 상순에 주로 밤나무 종실에 1~2개 산란한다. ※ 3령부터 과육을 먹는다. • 어린 유충 : 밤 가시를 식해하고 성숙하면 과육을 식해한다.
방제	• 피해 종실 구과를 모아 소각한다. • 성페로몬트랩을 통풍이 잘되는 지상 1.5~2m 높이의 밤나무 가지에 ha당 5~6개를 설치하여 성충을 유인·포살하고, 성충 발생 시기를 예측한다. 방제 효과는 20~30%이다. • 발생 초기에 델타메트린 유제, 비펜트린 유탁제를 살포한다. • 거미, 무당벌레, 풀잠자리, 좀벌, 맵시벌, 기생파리, 보리나방살이 고치벌 등 천적을 보호한다. • 곤충병원성미생물인 Bt제, 핵다각체바이러스 등을 살포한다. • 산란기부터 10일 간격으로 디노테퓨란 입상수화제, 람다사이할로트린 유제를 살포한다.	

3. 밤바구미와 복숭아명나방 비교

구분	밤바구미	복숭아명나방
학명	*Curculio sikkimensis*	*Conogethes punctiferalis*
기주	밤나무, 참나무	• 활엽수형 : 밤나무, 상수리나무, 복사나무, 벚나무, 자두나무 등 • 침엽수형 : 소나무, 잣나무, 전나무, 리기다소나무, 은행나무 등
분류	딱정벌레목, 바구미과	나비목, 풀명나방과

구분	밤바구미	복숭아명나방

피해양상	• 유충은 과육을 먹고 배설물을 밖으로 배출하지 않아서 피해 발견이 어렵다.
	• 조생종보다 중만생종의 피해가 많다.
	• 가시 밀도가 높은 품종의 피해가 적다.
		• 침엽수형 : 잣나무
		  －1화기는 6~7월, 2화기는 8~9월에 산란한다.
		  －유충은 신초에 거미줄 같은 실로 잎과 가지를 묶고 식해하며 배설물을 배출한다.
		  －2화기 유충은 피해가 적다.
		• 활엽수형 : 밤나무, 복숭아, 배나무
		  －1화기는 6월에 복숭아, 자두, 사과에 산란한다.
		  －2화기는 7~8월에 밤 종실에 1~2개 산란한다.
		  －어린유충은 밤가시를 잘라 먹어 밤송이가 누렇다(성숙하면 과육으로 이동함).
		  －밤 벌레구멍은 대부분 복숭아명나방이다.

생태	• 연 1회 또는 2년에 1회 발생하고 유충으로 월동한다.
	• 성충은 과육과 종피 사이에 1~3개의 알을 산란한다(최성기는 9월 중 하순).
	• 부화유충은 밤 알에서 20~25일간 가해한다.
	• 9~11월에 종실에서 탈출한 유충은(3mm) 땅속 18~36cm 깊이에서 흙집을 짓고 월동한다.
	• 월동유충은 7월 중순 이후 번데기가 된 후 8~9월부터 우화한다.
		• 연 2~3회 발생한다.
		  －침엽수형 : 벌레주머니에서 유충 월동
		  －활엽수형 : 수피 틈 고치 속에서 월동
		• 활엽수형 유충은 4~5월 번데기가 된다.
		• 1화기 : 6월, 복숭아, 자두, 사과에 산란한다.
		• 2화기 : 7~8월, 밤 종실에 1~2개 산란한다.
		• 어린 유충은 밤 가시를 식해하다가 성숙하면 과육을 먹는다.

방제	• 비펜트린 액상수화제, 디노테퓨란 입상수화제 • 수확기 : 포스핀훈증제	• 비펜트린 유탁제, 람다사이할로트린 유제 • 성페로몬트랩 : 1ha당 5~6개 • 수확 때 구과를 모아 소각, 매몰한다.

4. 도토리거위벌레(*Cyllorhynchites ursulus quercuphillus* Legalov)

1) 기주와 피해

① 기주 : 상수리나무, 신갈나무 등 참나무류

② 피해 : 부화한 유충은 도토리를 파먹고 자라다가 20일 후 열매에서 탈출하여 땅속으로 들어간다.

2) 생활사

① 연 1회 발생하며, 노숙유충으로 땅속 3~9cm 깊이에 만든 흙집에서 월동한다.
② 월동유충은 5월 하순에 번데기가 되며, 성충은 6월 중순~9월 하순에 나타나고 우화 최성기는 8월 상순이다.
③ 알을 낳기 전에 가지를 1차 절단하여 1~2개의 알을 낳고 산란공을 메운 후 최초 절단한 부위을 완전히 절단하는 2차 가지 절단을 한다.

3) 방제법

① 여름철에 도토리가 달린 채 떨어진 가지를 모아서 소각한다.
② 성충 우화 최성기에 유아등을 설치한다.
③ 성충 우화 시기인 8월 상순에 적용약제를 2~3회 살포한다.

※ 거위벌레류 : 활엽수 잎을 원통형으로 말고 그 속에서 산란한다.
주둥거위벌레류 : 대부분 새싹, 잎, 꽃봉오리, 과실 등을 절단하고 식해한다.

5. 종자를 가해하는 해충의 종류

과	해충	발생회수	특징	가해수목
바구미과	밤바구미	1회	배설물을 배출하지 않음	밤나무, 참나무
명나방과	복숭아명나방	2회	배설물, 거미줄 보임	밤나무, 상수리나무, 벚나무, 과수 등
	솔알락명나방	1회	구과, 새순 가해	소나무류
잎말이나방과	밤애기잎말이나방	1회	배설물을 배출함	밤나무, 참나무류
심식나방과	복숭아심식나방	3회	배설물을 배출하지 않음	고추, 대추나무, 명자나무

※ 심식나방, 밤바구미는 배설물을 배출하지 않는다.

CHAPTER 05 충영을 만드는 해충

1. 솔잎혹파리(*Thecodiplosis Japonensis*)

1) 개요

우리나라에서는 1929년 서울의 비원(秘苑)과 전라남도 목포 지방에서 처음으로 발견된 후 전국의 소나무림에 큰 피해를 주었으며, 1970~80년대에는 주요 산림해충이 되었다. 1995년 이후에 전국에 확산된 충해이며 특히 지피식물이 많은 임지, 북향 임지, 산록부에서 많이 발생하며, 동일 임지에는 수관폭이 좁은 임목에 많이 발생한다.

2) 기주와 피해

① 기주 : 소나무, 곰솔
② 피해
  ㉠ 유충이 솔잎기부에 충영을 형성하여 5월 하순~10월 하순까지 흡즙하고 충영은 6월부터 부풀기 시작하여 9월 이후 혹이 보인다. 피해 잎을 쪼개면 분리되지 않고 황색 유충이 보인다.
  ㉡ 피해 잎은 건전한 잎의 1/2 수준으로 자라고 당년 10월부터 황색으로 낙엽되며 멀리서 보면 임지가 붉게 보인다.
  ㉢ 5~7년 차에 피해가 극심하다.

3) 생활사

연 1회 발생하며 유충으로 흙속 1~2cm 깊이에서 월동하나 지역에 따라 벌레혹 내에서도 월동하기도 한다.

구분	기간	비고		
성충	5월 중순~ 7월 중순	• 우화(최성기 : 6월 상·중순)는 하루 중 15시~17시에 가장 많음 • 산란수는 90개 내외이며, 수명은 1~2일		
알	5~7월	알기간은 5~6일, 새로운 잎 사이에 6개씩 90개 산란함		
유충	6월~ 익년 4월	• 잎기부의 벌레혹당 평균 6마리 서식, 피해 잎은 6월 하순부터 생장이 중지됨 • 충영은 6월부터 부풀기 시작하여 9월 이후 혹이 보임. 피해 잎을 쪼개면 분리되지 않고 황색 유충이 보임 • 유충은 9월 하순~다음 해 1월(최성기는 11월 중순) 사이에 주로 비가 올 때 떨어져 지표 밑 2cm 내에서 월동함		
번데기	5월 상순~ 6월 말	최성기 5월 중순, 지피물에서 용화하며 기간은 20~30일		
충영 형성률	경		중	심
	1~19%		20~49%	50%

4) 방제법

① 생물적 방제

　㉠ 대상지는 후방 회복 임지와 천적기생률 10% 미만 임지

　㉡ 솔잎혹파리먹좀벌, 혹파리살이먹좀벌, 혹파리등뿔먹좀벌, 혹파리반뿔먹좀벌을 5월 하순~6월 하순 ha당 2만 마리를 방사한다.

　㉢ 쇠박새, 박새, 쑥새(20~100마리/일 포식) 등의 천적을 보호한다.

② 임업적 방제

　㉠ 8~9월 피해지, 선단지 중심으로 간벌을 실시한다.

　㉡ 6~11월 경쟁 완화를 위하여 솎아베기를 실시한다.

　㉢ 피해목 벌채는 9월까지 완료하고, 충영 내 유충이 어릴 때 실시한다.

③ 화학적 방제

　㉠ 수간주사

　　• 충영 형성률이 20% 이상인 임지에 6월에 실시한다. 피해 선단지에서는 충영 형성률과 관계없이 선정이 가능하다.

　　• 적용약제
　　　－성충발생기 : 이미다클로프리드 분산성액제 0.3mℓ/cm(흉고직경)
　　　－성충우화전 : 티아메톡삼 분산성액제 0.2mℓ/cm(흉고직경)

　㉡ 11월 하순경 다이아지논 입제를 토양에 살포한다.

④ 기타 : 봄에 3cm 이내로 지피물을 제거하여 토양을 건조시켜 토양 속 유충의 폐사를 유도한다.

5) 결론

솔잎혹파리는 피해 극심기 때의 피해목 고사율이 밀생 임분에서 높다. 간벌이나 불량 치수 및 피압목을 제거하고 임내를 건조시켜 솔잎혹파리의 번식에 불리한 환경을 조성한다. 또한, 이 해충이 확산되고 있는 지역에 미리 간벌 등을 하면 수관이 발달하여 고사율이 낮아진다. 화학적 방제로는 해충 밀도 조절에 한계가 있으므로 상기와 같이 임업적, 생물적 방제를 실시한다.

2. 솔잎혹파리, 참나무시들음병, 솔수염하늘소의 임업적 방제 방법

구분	시기	처리방법
솔잎혹파리	8~9월	• 피해목 수세 회복을 위하여 위생간벌, 쇠약목, 피압목 제거 • 유충 방제를 위하여 9월 초순까지 마무리

	6~11월	• 솎아베기 : 선단지 등 대면적을 선정하여 양분 및 수분의 경쟁을 완화하기 위하여 실시
		• 피해목 벌채
		  −6~9월에 성충이 우화와 산란이 끝나고 충영 내 유충이 어린 시기에 실시
		  −유충 기간은 6월~익년 4월, 우화 기간은 5~7월

참나무시들음병 (소구역선택베기)	11월~ 익년 3월	• 고사목, 피해도 중, 심본수가 20% 이상인 지역 • 1개 벌채 지역은 5ha 미만, 참나무 위주로 벌채, 집재, 반출 • 폭 20m 이상 수림대 존치 • 4월 말까지 산물을 완전 처리(목재에 남은 유충 처리)
솔수염하늘소	10~11월, 3~4월	• 위생간벌 : 피압목, 쇠약목, 지장목 등 • 유인목 설치는 우화 개시 전인 3~4월에 실시

문제 솔잎혹파리의 생물적 방제 방법에 대하여 서술하시오. (기술고시 : 2018년)

3. 밤나무혹벌(*Dryocosmus kuriphilus*)

1) 기주와 피해

① 1959년 충북 제천에서 발견된 국내 고유종이다.
② 기주는 밤나무(눈)이다.
③ 피해는 밤나무 눈에 10~15mm 충영이 형성되며 7월 하순 성충이 탈출한 후 말라 죽는다.

2) 생활사

① 연 1회 발생하며 유충으로 월동하고 밤나무 눈에 기생하여 충영을 만든다.
② 유충은 3~5월에 급속히 생장하고, 충영도 팽대해지며 가지 생장이 정지되어 개화와 결실을 하지 못한다.
③ 6~7월 충영 내 유충은 번데기가 되며 7~9일간 번데기 기간을 거쳐 우화한다.
④ 단성생식을 하며 산란은 새 눈에 3~5개의 알을 낳고 7월 하순부터 8월 하순에 부화하여 유충으로 동아(冬芽) 내에서 월동하며, 6~7월 용화한다. 6~7월 하순 탈출한 성충의 수명은 4일이며 산란수는 200개이다.

3) 방제법

① 내충성 품종으로 갱신한다. 토착종인 산목율, 순역, 옥광율, 상림과 도입종인 유마, 이취, 삼조생, 이평 등을 식재한다.
② 4~5월에 초순 ha당 5,000마리의 중국긴꼬리좀벌을 방사한다. 남색긴꼬리좀벌, 노란꼬리좀벌, 큰다리남색좀벌, 상수리좀벌 등의 천적을 보호한다.
③ 충영은 성충 탈출 후 7월 하순부터 고사하므로 성충 탈출 전 충영을 채취하여 소각한다.
④ 성충 발생 최성기인 7월 초순경에 티아클로프리드 액상수화제 1,000배액을 10일 간격으로 2~3회 살포한다.

4. 밤나무의 주요 병충해

구분	밤나무혹벌	밤나무 줄기마름병
학명	*Dryocosmus kuriphilus*	*Cryphonectria Parasitica*
기주	밤나무	밤나무
피해	• 1959년 충북 제천에서 발견된 국내종 • 밤나무 눈에 기생하는 혹벌 • 충영 형성 : 10~15mm, 7월 하순 성충 탈출 후 고사함	• 여름철 : 가지나 잎이 아래로 처짐 • 고사 후 맹아 발생 : 고사목에서 자실체로 월동
병징, 병환 및 생활사	• 연 1회 발생, 유충월동 밤나무 눈에 기생 • 3~5월에 유충은 급속 생장, 충영팽대, 가지 생장 정지. 개화 결실 못 함 • 6~7월 번데기로 되며 기간은 7~9일 • 단성생식, 새 눈에 3~5개 산란 • 7~8월 부화유충으로 동아 내에서 월동 • 익년 6~7월 용화, 하순에 성충 탈출, 수명 4일, 산란 200개	• 상처 중심으로 병반 형성, 수피가 황갈색~적갈색으로 변함 • 병원균은 조직 내에서 균사 또는 죽은 나무에서 자실체로 월동 ※ 분생포자 : 다습할 때 분생포자각에서 분출된 후 빗물과 곤충에 의해 전반 ※ 자낭포자 : 비 온 후 공중 방출, 바람에 의한 전반
방제	• 생물적 방제 : 4~5월 초순 ha당 5,000마리의 중국긴꼬리좀벌을 방사. 남색긴꼬리좀벌, 노란꼬리좀벌, 큰다리남색좀벌, 상수리좀벌 등 천적보호 • 물리적 방제 : 성충 탈출 전에 충영을 채취・소각 (탈출 후 7월 하순부터 기주는 고사) • 화학적 방제 : 7월(성충기) 티아클로프리드 1,000 배액을 10일 간격으로 2~3회 살포(동아에 산란 시기 : 6~7월) • 임업적 방제 : 내충성 품종 갱신, 산목율, 상림, 순역, 옥광, 이평, 유마 식재	• 배수 불량 지역, 수세가 약한 지역에서 많이 발생 • 초기 병반은 도려내고 도포제 처리 • 시비는 적기에 하고 질소질 과용 금지 • 동해 방지 → 백색 페인트 도색 • 박쥐나방 등 천공성 해충 방제 • 저항성 품종 이평, 은기 식재, 감수성 품종(옥광 등) 식재 제외 • 저병원성 균주 : 진균바이러스, ds RNA 이용(생물적 방제)

구분	밤나무줄기마름병(자낭균)	밤나무 가지마름병
병원균	*Cryphonectria Parasitica*	*Botryospheria dothidea*
병징 및 병환	• 상처 중심으로 병반 형성, 수피가 황갈색(적갈색)으로 변함 • 여름철에 가지나 잎이 아래로 처짐 • 병원균은 조직 내에서 균사로 또는 죽은 나무에서 자실체로 월동 • 분생포자는 다습할 때 분생포자각에서 분출된 후 빗물+곤충에 의해 전반	• 줄기수피 내외가 갈색으로 변하고 차츰 검은색 표피 위로 거칠게 나타남 • 뿌리 감염 시 7월경에 지상부 잎이 누렇게 변하고 차츰 적갈색으로 변하면서 고사 • 열매 감염 시 흑색썩음병은 과피에 갈색 반점과 진물이 나오면서 검은색으로 변하며 술 냄새가 남

구분	밤나무줄기마름병(자낭균)	밤나무 가지마름병
병징 및 병환	• 자낭포자는 비가 온 후 공중 방출, 바람에 의한 전반 • 윗부분 고사 후 맹아 발생 : 고사목에서 자실체로 월동	
방제법	• 배수 불량 지역, 수세가 약한 지역에서 다수 발생 • 초기 병반 시 병반을 도려내고 도포제를 처리 • 적기 시비를 하고 질소질 과용 금지 • 동해 방지를 위해 백색 페인트 도색 • 박쥐나방 등 천공성 해충 방제 • 저항성 품종(이평, 은기) 식재 및 감수성 품종(옥광 등) 제외 • 저병원성 균주 : 진균바이러스, ds RNA 이용(생물적 방제)	• 감염된 가지는 소각하고 비배, 배수관리 유의 • 수관에 햇빛이 부족한 경우 발병하므로 적절한 가지치기 필요 • 밤나무, 호두나무, 사과나무 재배지 주변 아까시나무 제거

5. 외줄면충[느티나무외줄진딧물, *Colopha moriokaensis* (Monzen)]

1) 기주와 피해

① 기주 : 느티나무, 대나무, 느릅나무

② 피해

㉠ 간모가 느티나무잎 뒷면에서 흡즙하면 표주박 모양의 담녹색 벌레혹이 만들어진다.

㉡ 유시충이 탈출하면 갈색으로 변색하며 굳은 채로 잎에 남는다.

㉢ 대발생하면 전체 잎에 벌레혹을 형성하여 미관을 해친다.

2) 생활사

① 1년에 수회 발생하고, 수피 틈에서 알로 월동한다.

② 월동한 알은 4월 초순에 부화하고 5월 중순까지 3회 탈피하여 간모가 된다.

③ 1세대는 3회 탈피 시 간모[7], 2세대는 4회 탈피 시 벌레 혹당 15~24마리 유시충이 된다.

④ 5월 하순~6월 상순의 유시충 성충은 중간기주인 대나무로 이동한다.

⑤ 무시충 성충이 낳은 약충은 대나무 뿌리 근처에서 여름을 보내고 10월 중순~하순에 유시충 성충이 출현하여 느티나무로 이동한다.

---

[7] 진딧물의 월동란이 봄에 부화하여 발육한 것으로 날개가 없이 새끼를 낳는 단위 생식형의 암컷

3) 방제법

① 유시충의 탈출 전인 5월 하순에 피해 잎을 채취하여 제거한다.
② 4월 중순 약충 시기에 적용약제를 살포한다.
③ 충영 형성 전에 이미다클로프리드 미탁제 0.41mℓ/cm(흉고직경) 나무주사를 실시한다.
④ 여름기주인 대나무류를 제거한다.

문제 사사키잎혹진딧물, 외줄면충, 검은배네줄면충, 향나무혹파리, 밤나무혹벌의 피해 증상(충영의 모양 및 색깔)과 생태적 특성(생활사) 및 방제법을 서술하시오. (문화재수리기술자 : 2017년)

6. 사사키잎혹진딧물(*Tuberocephalus sasakii*)

1) 기주와 피해

① 기주 : 벚나무
② 피해
  ㉠ 성충과 약충이 벚나무의 새 눈에 기생하며, 잎 뒷면에서 흡즙하면 오목하게 되고 잎 앞면에는 잎맥을 따라 벌레혹을 만든다.
  ㉡ 황백색혹 → 황록색 또는 홍색 → 갈색의 순서로 고사한다.

2) 생활사

① 1년에 수회 발생하며 벚나무 가지에서 알로 월동한다.
② 4월 상순에 부화한 약충은 새눈의 뒷면에 기생한다.
③ 성충과 약충이 벚나무 새 눈에 기생하며 잎 앞면에 잎맥을 따라 수개의 주머니 혹을 만든다.
④ 5월 하순~6월 중순에 출현한 유시형 암컷이 중간기주인 쑥으로 이동하여 여름을 나고, 10월 하순에 유시형 암수가 출현하여 벚나무로 이동하여 동아에 산란한다.

3) 방제법

① 4월 상순에 적용약제를 수간주사한다.
② 6~10월 중간기주인 쑥에 약제를 살포한다.

7. 때죽납작진딧물(*Ceratovacuna nekoashi*)

1) 기주와 피해

① 기주 : 때죽나무
② 피해
　㉠ 간모는 겨울눈의 즙액을 빨아먹고 있다가 측아가 형성되면 이동하여 바나나 송이 모양의 황록색 벌레혹을 만든다.
　㉡ 벌레혹 꼬투리는 평균 11개며, 진딧물 탈출 후에는 암갈색으로 변한다.

2) 생활사

① 1년에 수회 발생하며 때죽나무 가지에서 알로 월동한다.
② 간모는 4월에 월동란에서 부화하여 발아하지 않은 겨울눈의 즙액을 먹고 있다가 측아가 형성되면 측아로 이동하여 벌레혹 형성을 유도한다.
③ 벌레혹 꼬투리는 평균 11개이고 꼬투리당 진딧물은 약 15마리이다.
④ 7월 하순에 출현하는 유시충은 2차 기주인 나도바랭이새로 이주한다.
⑤ 나도바랭이새에서는 잎 뒷면에 솜털 모양 균체를 형성하고 가을에 유시충으로 나타나 때죽나무로 이주한다.

3) 방제법

① 성충 탈출 전인 6~7월 전에 벌레혹을 채취하여 소각한다.
② 4월 상순에 적용약제 살포 또는 수간주사를 한다.
③ 무당벌레류(특히 홍가슴애기무당벌레, 풀잠자리류, 거미류)를 보호한다.
④ 8~10월 중간기주인 나도바랭이새에 약제를 살포한다.

※ 혹을 만드는 진딧물과 면충

소속	곤충명	이주	중간기주	가해수종
납작진딧물과	때죽납작진딧물	7월	나도바랭이새	때죽나무, 쪽동백나무
진딧물과	사사키잎혹진딧물	6월	쑥	벚나무류
면충과	외줄면충	6월	대나무류	느티나무, 느릅나무, 대나무

8. 회양목혹응애(*Eriophyes buxis*)

1) 기주와 피해

① 기주 : 회양목

② 피해

㉠ 성충과 약충이 잎눈 속에서 가해하여 마디에 꽃봉오리 모양의 벌레혹을 형성한다.

㉡ 3월 중순에 벌레혹은 갈색으로 변색, 새로 생긴 녹색 혹은 4~5월에 흑갈색으로 변색한다.

2) 생활사

① 연 2~3회 발생하며 주로 성충으로 월동하나 알과 약충으로도 월동한다.

② 월동 성충은 3월에 새눈을 벌레혹으로 만들고 그 속에서 2~3세대가 경과한다.

③ 신성충[8]은 9월 상순에 나타나 회양목의 눈 속으로 들어간다.

3) 방제법

① 벌레혹이 형성된 가지를 제거 후 소각한다.

② 밀도가 높을 경우 약제 처리를 한다.

③ 9월 상순에 적용약제를 살포한다.

9. 회양목명나방(*Glyphodes perpectalis*)

1) 기주와 피해

① 기주 : 회양목

② 피해

㉠ 유충이 실로 잎을 묶고 속에서 잎살을 먹어 잎이 반투명해진다. 피해목에는 거미줄이 많다.

㉡ 4월 하순 거미줄을 치고 6월에 피해가 심하며, 피해가 지속되면 나무 전체가 고사된다.

---

[8] 성충으로 월동하면 이듬해 봄에 성충이 잠에서 깨어나 산란 – 부화약충 – 번데기 – 성충으로 월동을 한다. 이런 경우에 나타나는 성충을 신성충이라 한다.

2) 생활사

① 연 2~3회 발생하기도 하며 1화기는 6월, 2화기는 8월에 우화하며 유충으로 월동한다.
② 유충은 6령을 거치고 기간은 24일이다.
③ 번데기는 연녹색에서 흑갈색으로 변하며 가해 부위에서 번데기가 된다.

3) 방제법

① 유충 밀도가 낮을 때는 손으로 잡아 죽인다. 심할 때는 잎과 가지를 채취하여 소각한다.
② 곤충병원성미생물인 Bt균이나 핵다각체병바이러스를 살포한다.
③ 천적인 맵시벌, 기생파리류를 보호한다.
④ 페로몬트랩으로 성충을 유인하여 유살한다.
⑤ 다발생기에 클로르페나피르 유제 1,000배, 메티다티온 수화제 1,000배를 경엽처리한다.

CHAPTER 06 천공성 해충

1. 광릉긴나무좀[*Platypus koryonensis* (Murayma)]

1) 개요

참나무시들음병의 병원균을 매개하여 큰 피해를 초래하고 성충과 유충은 흉고직경 30cm 이상의 신갈나무 대경목을 가해하는 등 참나무류 피해가 확대되고 있다.

2) 기주와 피해

① 기주 : 신갈나무, 졸참나무, 갈참나무, 상수리나무, 서어나무
② 피해 : 참나무시들음병의 병원균인 *Raffaelea quercus mongolicae*를 매개한다. 흉고직경 30cm 이상의 대형 신갈나무의 피해가 많고, 7월 말부터는 빠르게 시들고 빨갛게 고사한다.

3) 생활사(병징)

① 연 1회 발생하며 주로 노숙유충으로 월동하나 성충과 번데기로 월동하기도 한다.
② 성충은 5월 중순부터 우화 탈출하며 우화 최성기는 6월 중순이다.
③ 갱도 끝에 7월에 알을 낳는다.
   ※ 오리나무좀도 갱도 끝에 산란한다.
④ 암컷은 등판에 5~11개의 균낭이 있어 병원균을 지니고 다닌다.
⑤ 유충은 분지공을 형성하고 병원균을 먹으며 5령기에 걸쳐 성장하고 번데기가 된다.
⑥ 목설의 형태와 양으로 가해 여부를 판단하고, 갱도 내 발생 상태를 추정한다.

충태	목설형태	시기
성충(수컷)	원통형(2~3mm)	5~6월
교미 후(암·수컷)	거친구형	6~7월
유충	분말형	8~9월

4) 방제법

① 피해목을 잘라 훈증한다.
② 4월 하순~5월 하순에 ha당 10개소 내외에 井자의 유인목을 1m 높이로 설치하고 10월에 훈증 소각한다. 井자 중간에는 에탄올 원액 200mℓ 용기를 고정한다.
③ 우화 최성기 이전인 6월 15일 전까지 끈끈이트랩을 설치한다. 설치 높이는 2m까지이며, 4~5월은 전년도 침입한 것의 탈출을, 5~6월은 신규 침입을 방지한다.
④ 우화 최성기인 6월 중순을 전후하여 페니트로티온 유제, 티아메톡삼 입상수화제 등을 나무줄기에 3회 살포한다.
⑤ 딱따구리 등의 조류를 보호하고, 약제를 줄기에 분사한다. 약제는 파라핀+에탄올+Turpantain을 혼합하여 사용한다.

※ 광릉긴나무좀 진단
  • 7월 말 여름에 갑자기 고사하며, 약 1mm 정도의 침입공이 보이고 피해목의 잎이 마른다.
  • 목설이 쌓이고 형태별로 구분된다.
  • 피해목 변재부에 갈색 얼룩이 있다.

2. 참나무시들음병

1) 개요

병원균은 변재부에서 목재가 변색하고 물관부에서 물과 양분의 이동을 방해하는 시들음병으로, 신갈나무 대목의 피해가 가장 심각하다.

2) 기주와 피해

① 기주 : 참나무류(신갈나무), 서어나무, 밤나무, 굴피나무
  ㉠ 병원균 : *Raffaelea quercus mongolicae*
  ㉡ 매개충 : *Platypus koryonensis*(광릉긴나무좀), 연 1회 발생, 유충월동
② 피해 : 7월부터 빨갛게 시들고 고사한다. 겨울에도 잎이 떨어지지 않는다.

3) 병징 · 병환

① 매개충이 5월 말부터 가해하고 목설을 쉽게 관찰할 수 있으며 7월 말부터는 빠르게 시들고 빨갛게 말라 죽는다.
② 피해목의 줄기, 가지에 1mm의 침입공 있고 침입 부위는 수간 하부에서 2m 내외이다.
③ 침입공에는 목재배설물이 나와 있고 뿌리목에 배설물이 쌓여 있다.

④ 광릉긴나무좀 수컷이 먼저 침입한 후 암컷을 유인하여 산란하고, 부화한 유충은 매개충의 몸에 묻어 들어와 생장한 병원균(*Raffaelea quercus mongolicae*)을 먹고 생장한다.
⑤ 암컷 개체 등에는 병원균 포자를 저장할 수 있는 5~11개의 균낭이 있다.
※ ambrosia

4) 방제법

구분	대상	시기	처리 방법
소구역선택베기	피해지	11월~익년 3월	• 고사목, 피해도 중, 심본수 20% 이상 지역, 벌채산물 반출 가능 지역(집단 발생 지역의 소구역은 모두 베기 시행) • 1개 벌채 지역 5ha 미만, 참나무 위주 벌채, 집재, 반출. 폭 20m 이상 수림대 존치 • 4월 말까지 산물 완전 처리(매개충 우화 전까지)
벌채훈증	고사목	7월~익년 4월	• 메탐소듐액제 25% 약량 0.6ℓ/m³ • 1m 길이 1m³ 집재, 그루터기도 훈증 처리
끈끈이트랩 (6월 15일까지)	전년 피해	4~5월	• 고사목 중심으로부터 20m 이내에 집중 설치 • 빗물이 스며들지 않도록 하단에서 상단으로 감아줌 • 4월 하순~5월 초순(작년 피해목: 가루목분) • 5~6월에 신규 침입목(원통형 실목분: 2~3mm 정도)
	신규 피해	5~6월	
지상약제	피해지	6월	페니트로티온 유제 500배(우화최성기 10일 간격 경엽 처리)
약제줄기분사법	피해지	5~6월	Paraffin, Ethannol, Turpentine 등 혼합액, 살충 효과와 침입 저지 효과
유인목 설치	피해지	4~5월	• ha당 10개소 내외, 지름 20cm 원목 이용 • 10월경 소각, 훈증, 파쇄

5) 결론

생물학적인 방제 방법을 연구 개발하여 생태계 스스로 밀도 조정에 성공할 수 있도록 환경을 개선해야 한다.

3. 참나무 시들음병의 병원균과 병징의 진단 요령

1) 병원균과 매개충

① 기주 : 참나무류(신갈나무), 서어나무, 밤나무, 굴피나무
② 병원균 : *Raffaelea quercus mongolicae*
③ 매개충 : *Platypus koryonensis*(광릉긴나무좀), 연 1회 발생, 유충월동

2) 병징·병환

① 매개충이 5월 말부터 가해하고 목설을 쉽게 관찰할 수 있으며 7월 말부터는 빠르게 시들고 빨갛게 말라 죽는다.
② 매개충 침입 부위는 수간 하부에서 2m 내외이다.
③ 침입공에는 목재배설물이 나와 있고 뿌리목에 배설물이 쌓여 있다.
④ 광릉긴나무좀은 수컷이 먼저 침입한 후 암컷을 유인하여 산란하고 부화한 유충은 매개충의 몸에 묻어 들어와 생장한 병원균(*Raffaelea quercus mongolicae*)을 먹고 생장한다.
⑤ 암컷 개체 등에는 병원균 포자를 저장할 수 있는 5~11개의 균낭이 있다.

※ 나무좀은 먹이에 따라 Ambrosia beetles과 Bark beetles로 구분한다.

구분	나무좀의 종류	
	Ambrosia beetles	Bark beetles
차이	성충이 수피를 뚫고 터널을 만들면서 암브로시아균을 감염시키고, 유충은 증식된 균을 먹고 자란다.	수피를 뚫고 터널을 만들면서 성충과 유충이 수피와 목질부 사이의 인피부를 가해한다.
종류	광릉긴나무좀, 오리나무좀, 긴나무좀, 사과둥근나무좀, 붉은목나무좀	소나무좀 등

3) 진단요령

① 여름에 갑자기 고사한다.
② 줄기에 약 1mm 정도의 침입구멍이 있다.
③ 피해목 잎이 일부 또는 전체가 마른다.
④ 뿌리목에 목설이 쌓인다.
⑤ 피해목의 변재부에 갈색 얼룩이 생긴다.

4. 참나무 시들음병과 소나무 재선충병의 비교

구분	참나무 시들음병	소나무재선충
병원	*Raffelea quercus mongolicae*	*Bursaphelenchus xylophilus*
매개	*Platypus koryonensis*	*Monochamus alternatus* *Monochamus Saltuarius*
병징 병환	• 7월 말부터는 빠르게 시들고 빨갛게 고사한다. • 피해목의 줄기나 가지에는 1mm 정도의 침입공이 다수 있다. • 매개충 침입 부위는 수간 하부 2m 내외이다. • 침입공에는 목재 배설물이 나와 있고 뿌리목에 배설물이 쌓여 있다. • 피해목은 변재부에 갈색 얼룩이 진다.	• 여름 이후 급격히 솔잎이 아래로 처지며 마르고 송진이 거의 나오지 않는다. • 기온이 높으면 빠르게 병징이 나타나며, 3주 정도면 묵은 잎의 변색이 확인된다. • 1개월이면 잎 전체가 갈색으로 변화하면서 고사되기 시작한다.
생활사	• 연 1회 발생하며 유충으로 월동하나 성충과 번데기로 월동하기도 한다. • 성충은 5월 중순부터 우화, 탈출하며 최성기는 6월 중순이다. • 수컷이 침입 후 암컷을 유인하여 산란하고 부화 유충은 매개충의 몸에 묻어 들어와 생장한 병원균(*Raffaelea quercus mongolicae*)을 먹고 생장한다. • 갱도 끝에 7월에 알을 낳는다. • 암컷은 등판에 5~11개의 균낭이 있어 병원균을 지니고 다닌다. • 목설의 형태와 양으로 가해 여부, 갱도 내 발생 상태를 추정한다.	• 연 1회 발생하며 추운 지방은 2년에 1회 발생하며 유충으로 월동한다. • 4령 유충은 4월에 수피와 가까운 곳에서 번데기가 된다. • 성충은 5월 하순~8월 상순에 우화하고 우화 최성기는 6월 하순이며 하루 중 10~12시 사이의 맑고 따뜻한 날씨에 많이 나온다. • 성충은 체내에 15,000마리의 재선충을 지니고 탈출한다. • 산란기는 6~9월이고 7~8월에 가장 많다.
공통	균사가 물관부의 주요 기능인 물과 양분의 이동을 방해하여 시들음 현상이 나타난다.	재선충에 의해 물과 양분의 이동이 차단되어 잎이 시든다.

> **문제** 참나무 시들음병의 병원균과 매개충 학명, 병원균과 매개충의 상호작용, 병징 및 피해 양상, 광릉긴나무좀의 목재배설물(frass)의 시기별 형태, 방제 방법을 설명하시오. (문화재수리기술자 : 2015년)

> **문제** 참나무 시들음병 발생, 작용기작, 병징, 매개충 생태와 방제에 대하여 서술하시오.
> (기술고시 : 2012년)

5. 솔수염하늘소와 북방수염하늘소

1) 개요

소나무시들음병은 1988년 부산에서 처음 발견되었으며, 전국의 소나무, 곰솔, 잣나무에 큰 피해를 준 선충에 의한 병이다. 선충을 매개하는 매개충은 주로 소나무를 가해하는 솔수염하늘소이며 중부지방에서는 북방수염하늘소가 잣나무를 주로 가해한다.

2) 솔수염하늘소(*Monochamus alternatus*)

① 기주와 피해
  ㉠ 기주 : 소나무, 곰솔, 잣나무, 전나무, 개잎갈나무 등
  ㉡ 피해 : 직접적인 피해는 크지 않지만 소나무에 치명적인 피해를 주는 재선충을 매개한다.

② 생활사
  ㉠ 연 1회 발생하며 추운 지방은 2년에 1회 발생하기도 하며 유충으로 피해목에서 월동한다.
  ㉡ 4령 유충은 4월에 수피와 가까운 곳에 번데기집을 짓고 번데기가 된다.
  ㉢ 성충은 5월 하순~8월 상순에 우화하며 우화 최성기는 6월 중 하순이며, 10~12시 사이의 맑고 따뜻한 날씨에 많이 우화한다. 탈출공은 약 6mm 원형이며 3년생 전후의 어린 가지와 수피를 가해한다.
  ㉣ 성충은 체내에 12,000~15,000마리의 재선충을 지니고 탈출한다.
  ㉤ 산란기은 6~9월이고 7~8월에 가장 많다.
  ㉥ 암컷은 하루에 1~8개씩 100여 개의 알을 산란한다.
  ㉦ 18~28℃에서 활동성이 강하며 먹이가 풍부할 경우 100m 이내로 짧지만 3~4km 이동이 가능하다.

3) 북방수염하늘소(*Monochamus Saltuarius*)

① 기주와 피해
  ㉠ 기주 : 잣나무, 소나무, 곰솔, 스트로브잣나무, 가문비나무, 일본잎갈나무 등
  ㉡ 피해 : 직접적인 피해는 크지 않지만, 2006년 잣나무의 재선충 매개충으로 국내에서 최초로 확인되었으며 제주도를 제외한 전국에 분포한다.

② 생활사
  ㉠ 연 1회 발생하며 유충으로 피해목 줄기에서 월동하며 추운 지방에서는 2년에 1회 발생한다.
  ㉡ 유충은 4월에 수피와 가까운 곳에서 번데기집을 짓고 번데기가 된다.
  ㉢ 성충은 4월 중순~5월 하순에 약 5mm의 원형 구멍으로 탈출하고 우화 최성기는 5월 상순이다.
  ㉣ 성충은 야행성이며 수세 쇠약목 굵기가 1.5cm 이상인 가지 줄기를 3mm 가량 뜯어내고 1개의 알을 낳는다. 산란수는 44~122개이다.
  ㉤ 부화한 유충은 내수피를 갉아 먹으며 가는 목설을 배출하고 2령기 후반부터는 목질부까지 가해한다. 우화 시기는 4월 중순~5월 하순이다.
    ※ 솔수염하늘소의 우화 시기는 5월 하순~8월 상순이다.

4) 방제법

임업적 방제	10~11월, 4월	• 위생간벌 : 피압목, 쇠약목, 지장목 등 • 피해목 처리 : 유충 방제를 위하여 4월까지 진행
생물적 방제		• 천적 보호 : 개미침벌, 가시고치벌, 쌀도적개미붙이 • 페로몬 유인 트랩 설치
물리적 방제	3~4월	유인목 설치, 우화 개시 전 3~4월
화학적 방제		
• 나무주사	3.15~4.15, 12~익년 2월	티아메톡삼 분산성액제 성충 우화 전(3.15~4.15) 0.5ml/흉고직경 cm, 아바멕틴·설폭사플로르 분산성액제 1ml/흉고직경 cm(성충 우화 전)
• 지상살포	7~8월	티아클로프리드 액상수화제 10% 1,000배, 클로티아니딘 액상수화제 1,000배
• 토양관주	4~5월	밑둥 1m 내 포스티아제이트 액제 폭 20m, 깊이 10~20cm
• 수관살포 (항공방제)	5~7월	• 티아클로프리드 액상수화제 1,000배(성충 우화 최성기) • 아세타미프리드 미탁제 2,000배(성충 우화기)
벌채목 처리		
• 열처리		목재 중심부 온도를 56℃ 이상에서 30분 이상 유지하거나 전자파를 이용하여 60℃ 이상에서 1분 이상 열처리
• 건조처리		함수율 19% 이하가 되도록 처리 후 목재 활용
• 훈증	4월까지	메탐소디움 25% 액제, 1m³당 1ℓ처리, 비닐 0.1mm, 1겹 밀봉
• 소각		목재 표면에서 2~3cm 깊이까지 소각
• 파쇄		1.5cm 이하로 파쇄, 솔수염하늘소 유충 절단 폐사

5) 결론

솔수염하늘소와 북방수염하늘소는 주로 쇠약목, 고사목에 발견되며 건전한 소나무에는 산란하지 않기에 해충으로 인한 직접적인 피해는 크지 않다. 그러나 치명적인 피해를 주는 재선충을 매개하므로 문제가 되며 매개충과 선충에 기생하는 곰팡이 등 생물학적 방제법이 연구되어 자연적인 해충 밀도가 유지되어야 할 것이다.

Tips 솔수염하늘소와 북방수염하늘소 비교

구분	솔수염하늘소	북방수염하늘소
학명	*Monochamus alternatus*	*Monochamus Saltuarius*
기주	곰솔, 소나무, 잣나무, 전나무, 개잎갈나무	잣나무, 곰솔, 소나무, 가문비나무
피해	• 여름 이후 침엽이 급격히 솔잎이 아래로 처지며 마르고 송진이 거의 나오지 않는다. • 기온이 높으면 병징이 빠르게 나타나며, 3주 정도가 되면 묵은 잎의변색이 확인된다. • 1개월이면 잎 전체가 갈색으로 변화하면서 고사되기 시작한다.	좌동
생태	• 연 1회 발생하고 추운 지방은 2년에 1회 발생하며 유충으로 월동한다. • 4령 유충은 4월에 수피와 가까운 곳에서 번데기가 된다. • 5월 하순~8월 상순에 성충이 우화하고 우화 최성기는 6월 중 하순이며 하루 중 10~12시 사이에 맑고 따뜻한 날씨에 많이 나온다. • 성충은 체내에 15,000마리의 재선충을 지니고 탈출한다. • 산란기는 6~9월이고 7~8월에 가장 많다.	• 4~5월, 11~13시 우화 • 산란 44~122개
성충 우화시기	5~8월(최성기 6월 하순) 10~12시	4~5월 11~13시
산란 특성	밀도 낮게 산란	밀도 높게 산란
선호 기주	곰솔, 소나무	잣나무
분포	전북 이남	전국(제주 제외)
영점발육온도	13.1℃	8.3℃
성충 크기	18~28mm	11~20mm
형태	등에 격자무늬 흰 점, 검은 점	검은 반점(파스텔톤)
산란	100개	44~122개
탈출공	6mm	5mm
재선충 매개	12,000~15,000마리	4,000~6,000마리
수명	40~50일	30일
기주 내 분포	듬성 듬성	조밀하게
유충방 크기	20mm	15mm
비행 능력	북방수염하늘소보다 뛰어나다.	솔수염하늘소보다 못하다.

6. 소나무재선충(*Bursaphelenchus xylophilus*)

1) 개요

소나무재선충은 1988년 부산에서 발견되었고 전국의 소나무, 곰솔, 잣나무에 큰 피해를 주었다. 매개충은 남부지방은 솔수염하늘소이며 중부지방에서의 북방수염하늘소는 잣나무를 주로 가해한다. 잣나무의 재선충은 소나무보다 병의 진전 속도가 느린 것이 특징이다.

2) 본론

(1) 기주와 피해

① 기주 : 소나무, 곰솔, 잣나무, 방크스소나무
   ※ 리기다소나무, 리기테다소나무는 저항성이다.

② 피해
   ㉠ 피해목은 수분과 양분 이동이 차단되어 솔잎이 아래로 처지며 시든다.
   ㉡ 기온이 높으면 병징이 빠르게 나타나며, 3주 정도면 묵은 잎의 변색이 확인되며 1개월이면 잎 전체가 갈색으로 변화하면서 고사되기 시작한다.

(2) 발병기작

기주식물인 소나무, 매개충인 솔수염하늘소, 병원체인 재선충, 그리고 미생물 등과 같은 제3요인 간의 상관관계의 결과로 소나무가 고사한다. 재선충의 생활환은 다음과 같다.
① 선충 보유 매개충이 소나무 새순을 먹을 때 재선충이 침입한다.
② 재선충이 소나무를 죽인다.
③ 죽어 가는 소나무에 매개충이 산란한다.
④ 매개충은 피해목 조직 내에서 유충 월동한다.
⑤ 봄에 매개충의 유충이 번데기가 될 때 재선충이 주위에 모이고 매개충의 기관에 침입한다.
⑥ 재선충을 가진 매개충이 우화한다(우화기 5~8월, 최성기 6월).
⑦ 건전한 소나무로 매개충이 이동한다.

(3) 소나무 재선충의 생태적 특성

① 매개충에서 탈출한 후 30일을 전후하여 성충이 되고 100~800여 개의 알을 산란한다. 25℃에서 1세대 기간은 5일이다.
② 2기 유충에서 분산형 3기 유충으로 탈피하게 되며, 이 시기가 소나무재선충이 솔수염하늘소 체내로 침입하는 단계이다.

③ 분산기 4기 유충이 매개충의 번데기방의 표면에 나타나 청변균의 자낭각을 타고 올라 매개충의 기문을 통해 기관계로 침입한다.
④ 소나무 재선충의 식성은 균식성으로 *Pestalotia sp, Botrytis Cinerea* 등 다양한 사상균으로 소나무 유조직을 먹이로 한다.
⑤ 재선충은 5~6월 번데기방에서 우화하는 매개충의 몸속으로 침입한 다음 매개충이 후식할 때 상처를 통하여 소나무 조직 내에 들어가므로 전파 감염된다.

3) 결론

소나무재선충은 1988년 이후 전국으로 확산되어 막대한 피해를 주었다. 병든 수목에는 소각과 화학적 방제법이 많이 사용되었고 소나무 이동제한 등의 강력한 행정조치를 하고 있다. 근본적 방제를 위해서는 매개충과 선충에 기생하는 곰팡이 등 생물학적 방제법이 더욱 연구·발전되어야 할 것이다.

7. 소나무재선충 예찰과 진단

1) 예찰 방법

① 소나무 잎이 우산살처럼 처지고 수세가 쇠약한 나무
② 탈출공(6mm)이 있는 고사목과 수세가 쇠약한 나무
③ 소나무 표피가 건조하고 톱으로 절단 시 송진이 전혀 없는 나무
④ 소나무 잎이 시들어 죽은 소나무는 일단 모두 감염된 것으로 의심

2) 준비 단계

① 고사목의 상중하부 또는 흉고직경(1.2m) 높이의 4방위에서 목편 시료를 채취한다.
② 목편 시료를 전정가위로 잘게 부수어 실험용 티슈를 깔고 체위에 올린다.
③ 증류수를 붓고 25℃에서 24~48시간 동안 적치한다.
④ 목편 시료에서 빠져 나온 선충을 증류수와 함께 수거한다.
⑤ 체에 걸린 선충만을 수집한다.

3) 현미경 검경에 의한 진단

① 해부현미경이나 도립현미경으로 형태적 차이에 근거하여 소나무재선충을 동정한다.
② 유전자 마크를 이용하여 분자생물학적으로 진단한다.
③ PCR을 이용하여 재선충 특이적인 유전자 마커를 증폭하여 진단한다.

8. 소나무재선충병의 병원체, 피해 특성 및 초기 진단 요령

1) 병원체 : *Bursaphelenchus xylophilus*

① 기주는 소나무, 곰솔, 잣나무, 방크스소나무이다.
② 리기다소나무와 테다소나무는 저항성이다.

2) 피해증상

① 피해목은 수분과 양분 이동이 차단되어 솔잎이 아래로 처지며 시든다.
② 기온이 높으면 병징이 빠르게 나타나며, 3주 정도면 묵은 잎의 변색이 확인되고 1개월이면 잎 전체가 갈색으로 변화하면서 고사되기 시작한다.

3) 초기진단요령

① 여름 이후 침엽이 급격히 아래로 처지면서(구엽에서 신엽으로) 송진이 거의 나오지 않는다.
② 감염목은 당년도에 80% 고사되고, 나머지는 이듬해 3월에 고사한다.
③ 감염 고사목의 가지 및 줄기의 수피 밑에는 매개충의 가늘고 길쭉한 배설물이 있다.
④ 고사목 수피를 관찰하면 집게로 집은 듯한 산란 흔적이 있다.

문제 소나무재선충을 매개하는 각 매개충별 일반명, 학명, 자연 상태에서의 활동 시기, 분포 지역, 매개충의 유충과 성충의 차이, 매개충의 재선충 보유 기작과 소나무류로의 재선충 침입 경로에 대하여 서술하시오. (문화재수리기술자 : 2015년)

9. 소나무재선충과 솔껍질깍지벌레 비교

구분	소나무재선충	솔껍질깍지벌레
피해수종	소나무, 곰솔, 잣나무	곰솔
고사목의 외형상 특징	나무 전체가 동시에 붉게 변함. 주로 수관 상부 가지부터 고사	수관 하부 가지부터 고사, 초두부는 고사 직전까지 생존, 오래된 피해지는 가지가 밑으로 처지나 선단지는 수관 형태 그대로 고사
잎의 모양	우산살처럼 아래로 처짐	처지지 않고 원 상태로 고사
피해 발생 소요 기간	1년 내 고사	5~7년간 누적피해로 고사

구분	소나무재선충	솔껍질깍지벌레
피해 발생 시기	주로 9~11월	3~5월에 나타남(11월~익년 3월에 가해)
수간 천공 시 송지 유출	미유출	가지고사율 80% 정도까지 송지 유출
항공방제 방법		
실행 시기	매개충 성충 발생기(5~7월)	2월 중순~3월 초순(후약충 말기)
사용 약제	아세타미프리드 미탁제 또는 티아클로프리드 10% 액상수화제	뷰프로페진 40% 액상수화제
살포 방법	ha당 50ℓ 살포, 3회 실시	50배액으로 희석하여 ha당 100ℓ 살포
지상방제 방법		
실행 시기	5~7월	3월
사용 약제	아세타미프리드 미탁제 2,000배, 티아클로프리드 10% 액상수화제	뷰프로페진 40% 액상수화제
살포 방법	매개충 발생 시기인 5~7월 잎과 줄기에 약액이 충분히 묻히도록 골고루 살포	100배 희석액을 10일 간격으로 2~3회 수간 및 가지의 수피가 충분히 젖도록 살포
수간주사 방법		
실행 시기	12~2월, 3월 15일~4월 15일	12~2월, 11~2월 후약충 시기
사용 약제	아바멕틴(1.8%) 유제 1mℓ/cm(흉고직경), 에마멕틴벤조이트 유제 1mℓ/cm(흉고직경)	에마멕틴벤조이트 유제 1mℓ/cm(흉고직경), 이미다클로프리드 분산성액제 0.6mℓ/cm (흉고직경)
	혼생지는 11~12월에 약제 주입, 재선충과 깍지벌레 동시에 구제	

문제 매개충의 일반명, 자연 상태에서의 활동 시기, 분포 지역, 매개충의 재선충 보유 기작과 소나무류로의 재선충 침입 경로에 대하여 서술하시오.

10. 하늘소와 바구미류 가해 특징

1) 하늘소별 특징

구분	발생 횟수	성충 우화 시기	비고
솔수염하늘소	1~2년, 1회	5월 하순~8월 상순	소나무, 곰솔, 전나무
북방하늘소	1~2년, 1회	4~5월	잣나무, 소나무, 곰솔, 일본잎갈나무
알락하늘소	1~2년, 1회	6월 중순~7월 중순	단풍나무, 버즘나무, 버드나무, 포플러, 벚나무
향나무하늘소	연 1회	3~4월	측백나무, 편백, 향나무, 삼나무 ※ 목설을 배출하지 않음
털두꺼비하늘소	1~2년, 1회	4월 하순~8월 초순	• 상수리나무, 졸참나무, 밤나무, 가시나무 • 최근 벌채목 가해, 흉고직경 10cm 내외
미끈이하늘소	3년, 1회	7~8월	• 참나무, 밤나무, 느티나무, 뽕나무 • 15~30년생 건전목에도 많이 발생

2) 바구미류 특징

① 형성층을 가해하기 때문에 쇠약목이 고사하는 경우가 자주 있다.
② 소나무과(노랑무늬솔바구미, 흰점박이바구미), 삼나무, 편백, 버드나무, 참나무류, 오리나무, 밤나무를 주로 가해한다.
   ※ 바구미 탈출공은 직경 3~4mm, 나무좀 탈출공은 직경 0.7~2.0mm, 하늘소 탈출공은 직경 5~9mm, 비단벌레 탈출공은 직경 10mm정도이다.
③ 건강한 수목에는 산란하지 않는다.

3) 천공성 해충의 가해 양상

구분	분열조직 가해	목질부 가해	인피부, 목질부
해충종류	소나무좀, 오리나무좀, 향나무하늘소	솔수염하늘소, 북방수염하늘소, 광릉긴나무좀	복숭유리나방, 알락하늘소, 박쥐나방

11. 벚나무사향하늘소와 복숭아유리나방 비교

구분	벚나무사향하늘소	복숭아유리나방
학명	*Aromia bungii*	*Synanthedon hector*
기주와 피해	• 벚나무, 매실나무, 복숭아나무, 살구나무, 자두나무, 버드나무 등(벚나무속에 피해가 많음) • 유충은 많은 가루와 짧고 넓은 목설을 배출하며 수액이 배출되기도 함 • 목질부를 가해함	• 복사나무, 자두나무, 벚나무, 사과나무, 매화나무, 배나무 등 장미과 • 유충은 형성층 부위를 가해함 • 가해부에 가지마름병균이나 부후균이 들어가 심하면 고사하고 벚나무 피해가 심함
생활사	• 2년에 1회 발생하며 유충으로 월동 • 7월에 산란 활동을 하며 가지틈에 1~6개를 산란하고 생존기간 중 300여 개를 산란 ※ 수컷은 더듬이가 몸 길이의 2배, 암컷의 더듬이는 짧음	• 연 1회 발생하고 유충으로 월동 • 노숙유충은 6월, 어린 유충은 8월 하순에 우화하므로 연 2회 발생하는 것처럼 보임 • 유충은 4~7월 이후 번데기가 되며, 몸의 반 정도를 수피 밖으로 내놓고 우화
목설	• 목질부에서 다량의 목설이 배출되고 지제부에 쌓임 • 표피 밑 인피부만 가해	• 소량의 굵은 목설이 수액과 함께 배출 • 지제부에 쌓이지 않음
색	목질부 색과 유사한 밝은색	수액과 섞여 진한 갈색이며 물에 젖어 벚나무 수피색과 유사함
형태	길이가 짧고 넓은 가루가 많이 발생	섬유질 형태이나 수지와 배설물이 뭉쳐있어 원형에 가까움
방제	• 철사를 이용하여 유충을 포살 • 끈끈이트랩을 이용하여 성충 포획 • 기피제 도포, 페로몬트랩을 이용하여 성충을 유인하여 포살 • 천적인 딱따구리 보호, 기생봉은 아직 알려지지 않음	• 철사를 넣어 유충을 포살 • 피해목과 고사목을 제거하여 소각 • 6~8월 성충 발생 시기에 사이안트라닐리프롤 액제, 플루벤디아마이드 액상수화제 4,000배 살포 • 페로몬트랩을 이용하여 성충을 유인하고 유살 • 5~10월에 끈끈이롤트랩을 설치
기타	• 벚나무사향하늘소의 피해가 심한 곳은 복숭아유리나방 피해처럼 여러 곳에서 수액이 배출되며 실제로 동시에 발생 • 복숭아유리나방 우화 시기의 경우 피해 부위에서 번데기 탈피각이 관찰됨	

문제 복숭아유리나방의 피해 부위, 생활사, 방제 시기와 방제법을 서술하시오. (문화재수리기술자 : 2014년)

12. 향나무하늘소

1) 기주와 피해

① 기주 : 향나무, 측백나무, 편백, 화백, 삼나무 등이 있다.
② 피해
  ㉠ 대발생 시 건전목에도 피해를 주고 유충이 형성층을 가해할 시 빠르게 고사한다.
  ㉡ 목설은 배출하지 않는다.

2) 생활사

① 연 1회 발생하며 성충으로 피해목 목질부 번데기 집에서 월동한다.
② 3~4월에 성충은 탈출하며 산란은 28개 정도이다.
③ 3월에 부화유충은 형성층을 불규칙하게 또는 편평하게 가해하며 갱도에 목설을 채워 놓는다.
④ 암컷의 더듬이 길이는 몸길이의 1/2이다.

3) 방제법

① 10월부터 2월까지 피해목을 벌채하여 반출·소각한다.
② 딱따구리 등 조류를 보호한다.
③ 3~4월에 적용약제를 살포한다.

13. 유리알락소

2014년~2015년 중국에서 유입되어 인천, 부산에 큰 피해를 주고 있고 "숲의 파괴자"라는 별명이 있는 유리알락하늘소는 세계자연보호연맹(IUCN)이 세계 100대 유해 외래생물로 지정했다.

1) 기주와 피해

① 기주수목 : 칠엽수, 느릅나무, 단풍나무, 버드나무, 산겨릅나무, 고로쇠나무, 버즘나무 등
② 피해 특징 : 유충이 줄기 속에서 목질부를 가해하고, 수목은 수관 끝부터 고사가 진행되며 성충의 탈출공은 지상 2.5m 이내이다.

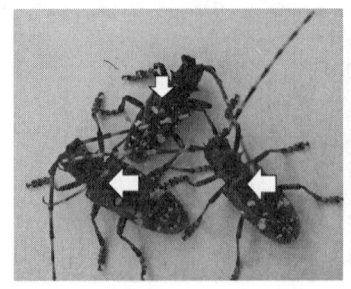  

등 쪽에 작은 돌기가 없다.   탈출공은 지상 2.5m   수관 끝부터 고사 진행

2) 생활사

① 성충 암컷은 한 해에 보통 35~90개의 알을 산란하고 나무를 갉아 먹은 자리에 낳는다.
② 성충 활동은 6월 하순~8월 중순이며 유충으로 월동한다.

3) 방제

① 철사를 침입공에 넣어 유충을 죽이고 성충은 후식기인 6~8월에 방제한다.
② 적용약제를 살포한다(※ 감귤알락하늘소 방제는 아세타미프리드 · 뷰프로페진 유제).

14. 알락하늘소(*Anoplophora chinensis*)

1) 기주와 피해

① 기주 : 은단풍나무, 단풍나무, 벚나무, 삼나무, 버드나무, 자작나무, 오리나무 등 침 · 활엽수를 가해한다.
② 피해 : 유충이 줄기 아래쪽 목질부 속을 갉아 먹으며 목설을 배출하고 성충은 가지의 수피를 환상으로 갉아먹어 가지가 고사하기도 한다.

2) 생활사

① 연 1회 발생하며 노숙유충으로 줄기에서 월동한다.
② 번데기 시기가 가까워진 노숙유충은 지제부[9]로 이동하여 형성층을 먹는다.
③ 월동한 유충은 5월 상순에 목질부 내에서 번데기가 된다.
④ 6월 중순에서 7월 중순에 가해 부위에서 우화하여 탈출한다.
⑤ 땅에 맞닿는 지제부의 줄기 수피와 목질부 사이에 1개의 알을 낳는다. 산란수는 30~120개 정도이다.

---

9) 식물체 지상부와 토양 사이의 경계 부위. 줄기가 땅에 접한 부분이다.

3) 방제법

① 피해목이나 가지를 제거하여 반출 소각한다.
② 철사를 침입공에 넣어 유충을 죽인다.
③ 알락하늘소살이고치벌 등 고치벌류, 좀벌류, 맵시벌류, 기생파리 천적을 보호한다.
④ 성충 우화기, 성충 후식기인 6월 중순에 수관을 살포하고, 5월에는 접촉독성제 혹은 식독제를 살포한다.
⑤ 아세타미프리드 · 뷰프로페진 유제 2,000배를 살포한다.

※ 알락하늘소 분포국 : 특정 기주식물에 대한 "긴급수입 제한조치" 2008.10.31. 유럽공동체 EC

15. 앞털뭉뚝나무좀(*Scolytus frontails*)

1) 기주와 피해

① 기주
  ㉠ 느티나무
  ㉡ 1983년 국내 수입된 해충으로 2010년에 국내에서 서식이 확인되었다.

② 피해
  ㉠ 주로 느티나무를 가해하며 이식목에 피해가 많다.
  ㉡ 수고 12m 이상의 수간 상부와 직경 8mm 내외 작은 가지에도 침입하여 대부분 고사 시킨다.
  ㉢ 5~8월에 우윳빛 또는 연갈색 액체가 침입공에서 흐르며 수세가 약한 나무는 수액을 배출하지 않는다.

2) 생활사

성충은 연 1회 발생하며 번데기로 피해목에서 월동한다.

3) 방제법

작은 가지도 가해하여 방제가 어려우므로 성충이 탈출하기 전에 피해목을 소각하고 우화 추정시기인 6~7월 전후에 적용약제를 살포한다.

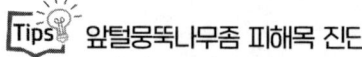 앞털뭉뚝나무좀 피해목 진단

[문제] 다음은 느티나무에 대한 설명이다. 추가적인 진단을 진행하고 방제법을 기술하시오.

> 수관 잎이 작아지고 노란색 잎이 다수 있다. 드문드문 가지가 고사한 부위가 있으며, 5월 단오 행사를 위하여 밤에도 조명을 밝혔다. 많은 관광객이 방문하였으며 수간 상부에 작은 구멍이 산재하며 우윳빛 액체가 흘러나오고 주위에 인도가 있다.

Ⅰ. 서론

문제의 지역은 느티나무가 식재된 공원이나 광장, 가로수길 같은 곳으로 느티나무의 피해 증상으로 보아 생물적인 피해로 앞털뭉뚝나무좀이 발생한 것으로 보이며, 비생물적 피해로는 답압이나 영양 부족, 과도한 복토에 의한 피해가 보이고 생리적으로 일조량이나 열해 피해가 우려되어 추가적인 현장 진단을 통하여 처방을 제시하고자 한다.

※ 이 문제에서 착안하여야 할 사항
- 생물적 피해 증상인 수간 상부 작은 구멍, 우유 및 액체 유출로 보아 앞털뭉뚝나무좀으로 진단
- 비생물적 피해증상인 잎 왜소, 노란색 잎, 가지 고사, 다수 관광객, 인도 조명 등으로 볼 때 영양 부족, 답압, 복토, 일조량, 열해 등으로 진단

Ⅱ. 본론

1. 생물적 피해

수간 상부에 작은 구멍이 산재하며 우윳빛 액체가 흘러 나오는 것은 느티나무에 발생하는 앞털뭉뚝나무좀의 피해로 진단된다. 앞털뭉뚝나무좀의 기주와 특성, 방제법 등에 대하여 다음과 같이 서술한다.

① 기주와 피해
- ㉠ 기주 : 느티나무. 1983년 국내 수입해충으로 2010년에 국내에서 서식이 확인되었다.
- ㉡ 피해
  - 주로 느티나무를 가해하며 이식목에 피해가 많다.
  - 수고 12m 이상의 수간상부와 직경 8mm 내외 작은 가지에도 침입하여 대부분 고사시킨다.
  - 5~8월에 우윳빛 또는 연갈색 액체가 침입공에서 흐르며 수세가 약한 나무는 수액을 배출하지 않는다.

② 생활사 : 성충은 연 1회 발생하며 번데기로 피해목에서 월동한다.

③ 방제법 : 작은 가지도 가해하여 방제가 어려우므로 성충이 탈출하기 전에 피해목을 소각하고 우화 추정 시기인 6~7월 전후에 적용약제를 살포한다.

2. 비생물적 피해

잎이 작아지고 황화현상의 잎이 발생하며 일부 가지가 고사하고 야간조명과 많은 관광객의 방문, 주위에 인도가 설치되어 있는 점으로 보아 답압과 열해의 피해가 있는 것으로 진단되었다.

1) 답압

① 개요
- ㉠ 답압은 표토가 압력으로 인해 다져진 것으로 토양의 경화현상을 의미한다.
- ㉡ 토양의 공극이 낮아져 용적비중이 높아지고 통기성, 배수성이 나빠서 뿌리 생장에 불리하며 수분, 산소, 무기양분 공급 부족으로 뿌리 발달이 저조하다.

② 병징
- ㉠ 잎이 왜소해지고 가지 생장이 둔화되며 황화현상이 나타난다.
- ㉡ 수관 상부에서부터 내려오면서 가지가 고사하고 수관이 엉성해진다.

ⓒ 과습 피해와 유사한 증상이 나타난다.
   ⓔ 뿌리가 지면으로 돌출한다.
   ⓜ 뿌리가 줄기를 죈다. 뿌리가 자신의 줄기를 감싸는 현상이 나타난다.
   ⓗ 토양에서 수분, 양분, 산소공급 역할하는 세근의 80%가 표토 30cm 내에 분포하지만 답압으로 인하여 활동이 저조하다. 토양에서 산소가 10% 이하가 되면 뿌리의 피해가 시작되고 3% 이하에서는 수목이 질식한다.
   ⓢ 답압은 토심 30cm 이상까지 영향을 미치고 표층 0~4cm에서 용적 밀도가 급격히 증가한다.
  ③ 답압 측정 방법
   ㉠ 토양경도계를 이용하여 측정한다.
   ㉡ 우리나라에서는 산중(山中)식 토양경도계를 주로 사용한다.
   ㉢ 토양경도지수가 18~23mm일 때 식물의 뿌리 생장에 가장 적합하나 23~27mm 이상이면 식물이 생육에 장애를 일으킨다.
  ④ 방제
   ㉠ 경화된 토양은 대개 지표면에서 20cm 이내 토양이므로 시차를 두고 부분적으로 경운한다.
   ㉡ 부숙퇴비와 토탄으로 개량하고, 이끼 · 펄라이트 · 모래를 혼합한 유공관을 설치한다.
   ㉢ 다공성 유기물인 바크, 우드칩, 볏짚 등으로 5cm 이내로 토양멀칭을 시행한다.
   ㉣ 수목의 수관 범위 내 울타리를 설치하고 조경공사 현장에서는 작업의 차량의 동선을 관리한다.
 2) 야간조명에 따른 열해 및 일조량
  ① 야간온도의 피해
   ㉠ 야간온도가 주간온도보다 낮아야 수목은 정상적인 생육을 하지만 온도주기 변화로 수목생장에 장애를 일으킬 수 있다.
   ㉡ 주간온도보다 5~10℃ 낮은 것이 수목 생장에 적합하다.
   ㉢ 야간에 호흡이 억제되어야 탄수화물을 생장에 최대한 이용할 수 있으나 고온으로 인하여 생장 저해를 일으킨다.
  ② 일조량(광주기 반응)
   ㉠ 온대지방에서 장일조건은 수고생장과 직경생장을 촉진한다.
   ㉡ 낙엽과 휴면을 지연하고 억제한다.
   ㉢ 단일조건 : 수고생장이 정지되고 동아 형성 유도로 월동 준비를 한다.
   ㉣ 목본식물의 개화는 광주기 반응을 나타내지 않는 특성이 있다. 예외적으로 무궁화와 측백나무과는 장일조건에서 개화를 촉진하며, 진달래는 단일조건에서 꽃눈이 분화된다.
  ③ 방제 방법 : 야간조명으로 인한 일장피해로 낙엽과 휴면의 지연 또는 억제 등의 현상이 나타날 수 있으므로 야간조명을 일정 시간만 시행하여 느티나무가 건전하게 생육하도록 유도하여야 한다.

3. 추가적 진단
 잎의 황화와 관련해서 추가적인 진단으로 무기영양 상태의 진단을 위하여 토양분석과 엽분석을 실시하고 최근 보호수와 천연기념물의 미관 개선 사업 시 자주 발생하는 복토 피해를 확인하였다.

 1) 무기영양 상태 진단
  ① 토양 분석 : 지표면 20cm 토양을 채취하여 유효양분 함량을 측정하였다.
  ② 엽분석
   ㉠ 가장 신빙성이 있는 무기영양 진단법이다.
   ㉡ 가지의 중간 부위에서 성숙한 잎(봄 잎은 6월 중순, 여름 잎은 8월 중순)을 채취하여 무기염류 함량을 분석하였다.
   ㉢ 토양 분석과 엽분석 결과 무기영양분의 부족 여부를 확인한다.
  ③ 방제 방법 : 토양이 산성일 경우 중화제 시비와 영양제를 엽면시비한다.

2) 복토 확인 진단
   ① 복토의 피해 증상
      ㉠ 수간 상부 끝가지부터 고사되는 쇠락 증상을 보인다.
      ㉡ 잎 크기가 작아지고 잎의 수가 적어지며 조기낙엽되지만 오랜 시일이 걸려 나타나는 현상이라 판단하기 어렵다.
      ㉢ 마른 잎이 오래 붙어 있다.
      ㉣ 15cm 이상 복토 시 세근이 고사한다.
   ② 복토 확인
      ㉠ 수목 주간의 원줄기 둘레를 파본다.
      ㉡ 원줄기와 지제부 확인 결과 복토로 인하여 지제부 아래 줄기에 병목현상이 나타났다.
   ③ 방제 방법
      ㉠ 지제부 아래 원지반이 나올 때까지 복토 부분을 제거하고 잔뿌리가 나타나면 더 이상 제거하지 않는다.
      ㉡ 복토 제거가 불가능할 여건이면 다음과 같은 조치가 가능하다.
         • 지제부가 썩지 않도록 하고 산소와 수분을 공급한다.
         • 마른 우물을 조성한다. 수간과 벽 사이의 이격거리는 60cm 이상으로 한다.
         • 수관폭 안쪽은 지름 2cm, 자갈 20cm 정도 포설한다.
         • 유공관은 표토 위로 5cm가 나오게 설치한다.
         • 복토는 0.5~1m의 거친 사양토로 한다.

Ⅲ. 결론
1. 자세한 생활사뿐만 아니라 천적도 파악되지 않았다. 도입 해충의 경우 천적 부재로 인하여 밀도가 크게 늘어날 수 있으므로 지속적인 관찰과 연구가 필요하다.
2. 유기물과 퇴비 시비로 수세 회복이 시급한 현장이다. 장기적인 계획으로 주변의 도로 이설을 통해 답압의 피해를 받지 않도록 자원 보호를 위한 행정적인 지원이 필요하다.

16. 느티나무벼룩바구미 (문화재기술자 21013년)

1) 기주와 피해

① 기주 : 느티나무, 비술나무
② 피해 : 유충은 5월부터 잎 가장자리부터 터널을 형성하여 식해하며, 피해 잎은 갈색으로 변한다. 성충과 유충은 잎살을 가해하며 성충은 구멍, 유충은 잎 가장자리에 터널을 형성한다.

2) 생활사

① 연 1회 발생하며 지피물이나 토양 내에서 성충으로 월동한다. 4월 중순에 최대 출현한다.
② 알은 잎 뒷면의 주맥에 1~2개 산란한다.

③ 2회 탈피 후 잎 조직 속에서 번데기가 된다.
④ 신성충은 5월에 출현하며 10~11월 지피물에서 월동한다.

3) 방제법

성충 발생기에 이미다클로프리드 20% 분산성액제를 0.3ml/cm(흉고직경) 수간주사를 한다.

17. 소나무좀과 오리나무좀의 비교

구분	소나무좀	오리나무좀
학명	*Tomicus Piniperda*	*Xylosandrus germanus*
기주 및 피해	• 소나무, 곰솔, 잣나무를 가해한다. 3~4월 월동한 성충이 나와 쇠약목을 가해한다(15℃ 이상 3일 연속될 때 가해). • 유충은 4월에 인피부를 1차 가해하고 성충은 신초를 2차 가해하며 특히 35~40년 소나무림에 피해가 크다. • 신성충은 6월에 신초를 뚫고 가해하므로 고사된 신초는 구부러지거나 부러진 채로 붙어있다(후식피해).	• 오리나무, 참나무, 느티나무, 밤나무, 편백, 삼나무, 일본잎갈나무 등 잡식성 해충으로 침활엽수 150여 종을 가해한다. • 4~5월 월동성충이 출현하고, 신성충은 7~8월에 나타난다. • 목질부 갱도에서 성충이 암브로시아균을 배양하고 외부로 백색 목설을 배출한다. • 종종 밤나무에 대발생한다.
생활사	• 연 1회 발생, 성충 월동, 15℃ 이상(2~3일)에서 활동을 시작한다. • 교미한 암컷은 상부로 10cm 종갱을 만들고 양쪽에 1개씩 60개를 산란한다. • 부화유충은 모갱(母坑)과 직각으로 유충갱도한다. • 성충은 6월 중하 순경부터 신초(新梢) 속 위쪽으로 가해하다가 늦가을에 지제부 수피틈에서 월동한다(탈출공 1.5~2mm).	• 연 2~3회 발생하며 성충으로 월동한다. • 월동유충은 4~5월에, 신성충은 7~8월에 우화하여 출현한다. • 쇠약목, 벌채원목, 고사목을 가해한다. • 갱도 끝에 20~50개를 무더기로 산란한다. • 부화한 유충은 암브로시아균을 먹고 자란다.
방제법	• 병충해목, 불량목 등은 조기 간벌하고 박피를 한다. • 고사 직전목은 용화 전인 5월에 박피소각을 한다. • 피해림 부근의 벌채목을 조기 반출하고 심한 경우에는 벌채 그루터기도 박피한다. • 유인목을 설치하여 구제한다(1~2월 벌채목 → 2~3월 임내에 세움).	• 피해목, 고사목을 제거하여 소각한다. • 수세회복, 비배관리, 수분관리를 철저히 한다. • 발생 초기에 디클로르보스·람다사이할로트린 분산성액제 1,000배, 펜토에이트 유제 400배를 살포한다. ※ 동고병 피해 밤나무는 4월 초 줄기에 약제를 살포한다.

구분	소나무좀	오리나무좀
	• 월동성충의 산란을 유인 후 5월에 박피소각한다. • 수중 저장, 천적을 보호한다. • 포스핀 훈증제 200g/m³로 훈증처리한다.	

문제 소나무좀의 기주식물, 가해 부위, 유충 먹이, 목설의 형태, 연간 발생 횟수 비교 등을 서술하시오. (문화재수리기술자 : 2019년)

18. 박쥐나방(*Endoclyta excrescens*)

1) 기주와 피해

① 기주 : 아까시나무, 단풍나무, 버즘나무, 은행나무, 삼나무, 편백 등 침 · 활엽수를 가해한다.
② 피해 : 유충은 초본류의 줄기 속을 가해하고 성장 후 나무로 이동하여 수피와 목질부의 표면을 환상으로 파먹고 목질부 속으로 들어가 갱도를 만들고 가해한다.

2) 생활사

① 연 1회 발생하며 알로 지표면에서 월동한다. 2년에 1회 발생할 때는 갱도에서 유충으로 월동한다.
② 부화 유충은 초본식물의 줄기를 가해한 후 나무로 이동하여 수피를 환상으로 먹고 목설을 거미줄과 같은 실로 묶어 놓아 혹과 같이 보인다. 침입공은 줄기 밑부분에 많고 껍질을 고리 모양으로 먹고 똥과 목분을 거미줄로 철한다.
③ 가지 중심부로 먹어 들어가다가 그 속에서 용화한다.
④ 가해 부위는 바람에 잘 부러진다.
⑤ 성충은 유충기의 가해 수종에 따라 몸체 크기 변동이 크다.
⑥ 지표면에 산란하며 8월 상순~10월 상순 사이에 우화하며 박쥐처럼 저녁에 활동하며 풀에 5,500여 개의 알을 산란한다.

3) 방제법

① 페니트로티온유제 50%, 100배액을 주사기로 주입한다.
② 어린 유충이 잡초에 구멍을 뚫고 가해하는 시기인 6월 이전 임내 하예작업을 실시한다.

19. 털두꺼비하늘소(*Moechotypa diphysis*)

1) 기주와 피해

① 기주 : 상수리나무, 졸참나무, 밤나무, 가시나무, 개서어나무, 굴피나무 등
② 피해
  ㉠ 유충이 수피 밑을 식해하고 목설을 배출한다. 최근 고사목 또는 최근 벌채목에 산란한다.
  ㉡ 표고골목인 벌채 당년에 접종한 직경 10cm 미만 소경목에 산란한다.

2) 생활사

연 1회, 또는 2년에 1회 발생하며 성충으로 월동한다. 4월 하순경 월동 성충은 수피를 먹고 생활한다. 털두꺼비하늘소의 형태는 앞날개 등쪽기부에 돌기가 있고 흑갈색 긴털이 밀생한다.

3) 방제법

① 함수율이 높은 원목에 산란하므로 전년도 가을이나 겨울에 벌채목을 사용한다.
② 산란 최성기인 6월 상순까지 방충망을 씌워 산란을 예방한다.

문제 느티나무벼룩바구미, 느티나무알락진딧물, 외줄면충, 알락하늘소, 앞털뭉뚝나무좀은 느티나무를 가해하는 대표적 해충이다. 이들 해충의 동정과 피해 진단에 관하여 서술하시오.
(문화재수리기술자 : 2020년)
1) 유충의 입틀 형태에 관하여 약술하시오.
  ① 빠는형 : 느티알락진딧물, 외줄면충, 느티벼룩바구미
  ② 씹는형 : 알락하늘소, 앞털뭉뚝나무좀
2) 해충별 가해 습성에 관하여 서술하시오.
3) 해충별 생리적, 물리적 방제 방법에 관하여 서술하시오.

PART 04

비생물적 피해

1. 전염성과 비전염성의 차이

1) 개요

① 수목은 여러가지 요인에 의해 피해를 받을 수 있으며 수목이 비정상적인 상태에 있을 때 병이라 부른다.
② 생물적 요인에 의한 이상은 다른 식물로 옮겨질 수 있으므로 전염성병, 또는 식물에 기생하므로 기생성이라 하고, 대조적으로 비생물적 요인에 의한 이상은 옮겨지지 않으므로 비전염성, 기생체가 아니므로 비기생성이라 한다.

2) 전염성과 비전염성의 차이

구분	전염성(기생성병, 생물적 요인)	비전염성(비기생성병, 비생물적 요인)
기주 특이성	기주 특이성 있음	기주 특이성 없음, 모든 나무에 동시 발생
발병 부위	식물체의 일부	식물체 전체에 나타남, 균일한 병징
표징	표징으로 보일 때도 있음(균사, 버섯)	표징이 없음
진전 속도	급속한 진전 없음(모잘록병 예외)	• 기상, 약해 : 급속하게 나타남 • 해빙염, 복토 : 서서히 나타남
발병의 차	이병체 간에도 발병의 차이가 있으며 건강 개체와 섞여 있음	방위 위치, 햇빛, 바람 등에 따라 발병 부위가 다름

3) 특징

① 비전염성 피해는 기능장해로 나타나기 때문에 피해 흔적이나 표징이 없다.
② 피해 원인 규명에 혼돈을 주는 경우 : 엽색 황변이나 반점이 나타나는 경우, 영양 결핍, 응애류 피해, 뿌리장애 피해 등이 모두 비슷하다.

4) 결론

① 비기생성 요인은 필요한 요인이지만, 모자라거나 지나쳐서 피해를 일으킨다.
② 비전염성에 의한 요인은 주변 환경에 영향을 많이 받기에, 진단을 위해서는 이웃 나무와 주변을 면밀히 검토하여야 하며, 예방은 극단적인 환경에 노출되지 않게 하고, 치료는 수목 생장에 적합한 정상 범위를 만들고 수세 회복을 하여야 한다.

문제 전염성 병의 특징 및 비전염성 병의 특징을 서술하시오. (문화재수리기술자 : 2017년)

2. 고온과 저온피해(기상적 피해)

1) 개요

급격한 온도 변화는 물론 평균 온도 1~2℃의 변화로도 나무는 피해를 받고 상처 입는 경우가 빈번하며, 특히 새로운 환경에 적응하지 못한 수목에 영향이 크다.

2) 고온피해

(1) 엽소현상

① 햇빛을 집중적으로 받고 상대습도가 높은 날 남서향쪽 잎이 탈수 상태로 누렇게 변하는 현상을 말한다.
② 해를 향한 부위와 응달 부위의 온도 차이로 변색되며 수침 증상, 물집이 발생한다.
③ 장마 후 기온이 상승하고 대기가 건조할 시 잎의 증산 속도는 증가하나, 뿌리는 수분 흡수 저조로 탈수현상이 발생한 경우이며 묵은 잎의 피해가 심하다.
④ 방지법
  ㉠ 토양 배수와 통풍을 좋게 한다.
  ㉡ 뿌리기능 활성화를 위해 토양 개량, 유기물 시비를 한다.
  ㉢ 가지, 잎이 과밀하지 않게 균형시비한다.

(2) 피소현상

① 남서향의 노출된 지표면과 가까운 수피가 햇빛과 열에 의해 형성층과 목부조직이 노출되어 수피가 수직으로 갈라지는 현상이다.
② 밀식재배하던 수목을 단독으로 식재한 경우와 이식한 나무에 많이 발생한다.
③ 피해수종으로 벚나무, 단풍나무, 목련, 매화나무, 버즘나무, 칠엽수, 물푸레나무, 층층나무, 잣나무, 주목, 전나무, 자작나무 등이 있다.
④ 방지법
  ㉠ 수피를 녹화마대, 새끼줄로 싸거나, 백색 수성페인트로 높이 2m 정도까지 도포한다.
  ㉡ 관수로 증산을 촉진하여 냉각효과로 수피의 온도를 낮춘다.

문제 고온피해의 생리적 원인, 유형과 발생 조건, 예방법을 서술하시오. (문화재수리기술자 : 2016년)

문제 볕데기와 상렬의 발생 과정과 피해 환경, 예방책을 서술하시오. (기술고시 : 2013년)

3) 저온피해(寒害)

(1) 냉해
　① 3~11월 사이 생육기간 내 빙점 전후 저온에 따른 피해이다.
　② 피해
　　㉠ 주로 잎에 나타나며 엽록소 파괴로 인한 백화현상이 나타난다.
　　㉡ 사과나무, 배나무가 미수정된다.

(2) 동해
　① 빙점 이하에서 나타나는 피해이다.
　② 순화되지 않은 식물이 빙점에 노출될 때 상록 활엽수의 경우 잎 끝 가장자리가 괴사하고 갈색을 띤다.
　③ 내한성 약한 수종으로 삼나무, 편백, 배롱나무, 자목련, 사철나무, 능소화, 벽오동 등이 있다.

　※ 냉해와 동해의 방제 대책
　　• 내한성 수종으로 방풍림을 조성한다.
　　• 뿌리권역을 피복하여 멀칭한다.
　　• 증산억제제를 살포한다(동백 등 상록수).
　　• 늦여름 시비를 금지한다(겨울 생장 정지).

(3) 만상과 조상
　① 만상 : 봄에 오는 늦서리
　　㉠ 4월 말경 맑게 갠 날 야간온도가 영하로 내려갈 때 꽃, 새순, 잎이 시든다.
　　㉡ 활엽수 : 잎이 검은색으로 변한다(목련, 백합나무, 모과나무, 철쭉, 영산홍 등).
　　㉢ 침엽수 : 붉게 변한 후 고사한다.
　② 조상 : 가을 첫서리로 만상의 피해보다 심하고 수고 3m 이하 수목에 피해가 크며, 1~2년간 지속되어 만상보다 수형 훼손이 심하다.

　※ 만상과 조상의 방제 대책
　　• 가을 생장을 정지시켜야 하므로 여름 시비를 금지한다.
　　• 관수 또는 연기(안개)를 발생한다.
　　• 송풍기로 바람을 일으킨다.

(4) 상렬
　① 겨울철 동결 과정에서 변재와 심재의 수축 불균형으로 생기는 장력 때문에 수직 방향으로 갈라지는 현상이다.
　② 남서향쪽의 직경 15~30cm 활엽수에서 자주 발생한다.

③ 방제 : 크라프트지 또는 녹화마대로 수간을 싸거나 흰색 수성페인트로 도포한다.
④ 고립목이나 임연부 수목에서 자주 관찰된다.

(5) 동계건조
① 토양이 동결된 상태인 늦겨울과 봄에 상록수의 과다한 증산작용으로 발생한다.
② 토양이 녹은 후 수관 전체가 적갈색으로 변한다.
③ 방제
㉠ 방풍림 조성으로 증산작용을 최소화한다.
㉡ 배수 상태를 양호하게 하여 기온 상승 시 빠른 해토를 유도한다.
㉢ 증산억제제를 살포하고 해토를 촉진한다.

※ 저온 피해의 예방수종

내한수종	비내한수종
버드나무, 사시나무, 잣나무, 주목, 전나무, 자작나무, 침엽수(소나무) 등	삼나무, 편백나무, 곰솔, 히말라야시다, 배롱나무, 피라칸타, 자목련, 사철나무, 오동나무, 벽오동, 금송, 대나무, 가이즈까향나무, 능소화, 포플러 등
(방제) • 질소질 비료를 시비하지 않음	
• 컨테이너 수목은 저온에 민감하므로 내부로 이동	

문제 저온피해를 유형별로 구분하고 피해 및 예방에 대하여 서술하시오. (기술고시 : 2005년)

4) 풍해

① 바람은 뿌리 발달과 초살도를 증가시키고 수고생장을 감소시킨다.
② 강풍은 인장강도가 약한 침엽수와 천근성이 강한 가문비나무, 일본잎갈나무에 큰 피해를 입힌다.
③ 소경목, 중경목 이식할 때 밑가지를 그대로 두어 밑둥 직경생장을 촉진하여 초살도[10]를 높인다.

5) 침수

① 수목 침수 시 2~3일간은 침수 피해가 없다.
② 5일 경과 시 예민한 수종에 피해가 나타나고 10일 경과 시 대부분의 수종에 피해가 나타난다.

---

10) 수간 하부와 상부의 직경의 차이이다. 간벌을 하면 수간 하부의 직경 생장이 증가되어 초살도가 커진다. 반대로 가지치기를 해주면 초살도가 작아진다. 초살도가 낮아서 상부직경과 하부직경이 비슷한 수간을 완만재라고 한다.

③ 침수된 수목의 뿌리에서 에틸렌가스 생산 → 줄기로 가서 황화현상 → 줄기생장 억제 및 비대촉진 → 상편생장, 조기낙엽(상편생장 : 엽병 위쪽이 빨리 자라 잎이 안쪽으로 말려 들어 감)

6) 조풍

비를 동반하지 않는 강풍이 피해를 준다.

내염성	침엽수	활엽수
강	곰솔, 낙우송, 리기다소나무, 주목, 향나무 등	느티나무, 동백나무, 참나무류, 칠엽수, 회화나무, 자귀나무 등
약	가문비나무, 전나무, 은행나무, 삼나무, 소나무, 일본잎갈나무, 측백나무 등	개나리, 목련, 단풍나무, 벚나무, 피나무, 백합나무, 사철나무, 팽나무 등

7) 설해

① 상록수, 습설일 경우 피해가 크다.
② 산이 높고, 사면이 길고, 경사도가 심할수록 자주 발생하고 입목 밀도가 높을수록 적게 발생한다.
③ 상습지일 경우 지주대, 쇠조임 등으로 미리 예방한다.

8) 낙뢰

① 키가 큰 나무, 임연부 수목의 피해 발생이 크다.
② 피해는 전분 함량과 수피의 특징에 따라 다르다.
③ 수관 꼭대기부터 지제부까지 일직선으로 갈라지며 아래로 갈수록 폭이 넓어진다.
④ 피해 대상 : 참나무, 소나무, 느릅나무, 백합나무, 단풍나무, 물푸레나무, 포플러 등
⑤ 피해가 적은 수종 : 마로니에, 자작나무, 너도밤나무, 호랑가시나무 등
⑥ 보호 수종일 경우 피뢰침을 설치한다.
⑦ 상처도포제를 발라준다.

9) 일조량 부족

① 절간생장(마디 사이 길이) 촉진 → 키가 크다.
② 직경생장 저조 → 바람에 잘 넘어진다.
③ 엽량이 적고 수관이 엉성하다.
④ 내병성이 약해진다. → 흰가루병이 발생한다.

[문제] 수목에 발생하는 스트레스를 유발하는 기후적 요인 5종류를 나열하고 저온에 의한 스트레스의 증상과 발생 기작, 피해, 예방에 관하여 설명하시오. (문화재수리기술자 : 2019년)

3. 건조와 과습 피해

구분	건조 피해	과습 피해
원인	• 가뭄, 이식, 이상건조가 원인으로, 만성적인 건조는 광합성이 저조해지며 다양한 증상이 나타남 • 천근성 수종, 모래땅 심함	• 낮은 지형, 지하 수위가 높은 토양, 점토성 토양이 많은 곳에 피해가 심함 • 과습 시 뿌리가 괴사되고, 기능을 상실하여 건조증상과 유사하게 나타남 • 병원균 침입이 용이함
약한 수종	단풍나무류, 층층나무, 물푸레나무, 칠엽수, 느릅나무 등	가문비나무, 서양측백나무, 소나무, 전나무, 주목, 자작나무, 곰솔, 향나무, 벚나무, 사시나무 등
강한 수종	사시나무, 사철나무, 매실나무, 보리수, 소나무, 물오리나무, 곰솔, 피라칸타, 가문비나무, 노간주나무, 일본잎갈나무, 향나무 등	낙우송, 물푸레나무, 버즘나무, 오리나무, 주엽나무, 포플러, 팽나무, 버드나무류 등

증상	• 잎맥 사이 조직이 마르고 서서히 가지 끝에서 죽어 내려옴
	• 잎처짐, 잎마름, 잎말림, 잎의 왜소화, 낙엽 등
	• 활엽수
	  − 어린 잎과 줄기의 시들음 현상
	  − 남서향에 노출된 부분이 먼저 영향을 받아 잎이 작아짐
	  − 엽면적이 감소하며 가지 끝부터 서서히 죽어 내려옴
	• 침엽수
	  − 건조 피해에 잘 나타나지 않음
	  − 잎이 쪼그라들고 퇴색하여 연녹색변
	  − 지속적으로 건조에 노출된 식물은 잎이 작아짐
		• 뿌리 괴사, 비가 온 후에도 잎이 처지고, 증산이 빠른 줄기의 끝부터 잎이 마름
		• 수관 상부에서 아래로 죽어 내려오며 수관이 축소되는 현상이 나타남
		• 잎이 처짐, 괴사, 고사, 이데마 형성(식물부종 : 주목)
		  − 초기 증상 : 엽병 황변, 마르고 아래로 처짐
		    → 에틸렌가스 잎으로 이동하기 때문
		  − 장기 진행 시 잎 왜소, 황변＋가지 생장 둔화＋어린 가지 고사하고 겨울철 동해에 약하며 병에 대한 저항성이 낮아져 뿌리썩음병 발생
		  − 아랫부분 잎의 갑작스러운 낙엽, 황변 등 식물체의 전체적인 활력이 떨어짐
		  − 부정근이 발생하고 뿌리가 썩음
		  − 보통 1년 이내로 고사
		  − 조기단풍, 낙엽, 눈 형성 불량, 줄기 종양, 돌기 발생 : 방향성 없는 일부 가지 고사

방제	• 낙엽, 초본류 등 지피물로 피복
	• 보잔목, 보호수대
	  − 기상환경 조절과 기상재해 방지 효과
	  − 조림지·임지 이상 건조를 조절
	  − 풍속을 조절(증발산량을 작게)
	• 관수작업
	• 내건성 수종 식재
		• 내습성인 수종으로 변경
		• 토양층을 개량(유기물 시비), 배수관 설치
		• 점질토양의 경우 모래나 사질토양을 섞어 객토를 해 줌

4. 토양적 요인에 의한 병(건조, 과습, 영양, 산도)

1) 개요

수목은 증산작용을 하기 때문에 수분 부족 현상을 경험한다. 과습하고 배수가 불량한 토양에서는 산소 부족으로 뿌리가 제 기능을 하지 못하며, 무기양분의 부족으로 영양결핍이 나타나기도 한다. 또한 토양 산도는 유기물 분해, 양분 흡수 등에 큰 영향을 끼칠 수 있다.

2) 건조

① 건조피해 : 직경생장이 급격히 감소하고 위연륜이 발생하며 서서히 가지 끝에서 나타난다.
② 병징
　㉠ 활엽수 : 어린 잎, 줄기가 시든다(가장자리 → 엽맥 사이 조직 갈색). 잎이 작아지고 새가지 생장이 위축되며 엽면적이 감소한다.
　㉡ 침엽수 : 피해 증상이 잘 나타나지 않는다. 가시적 피해로 잎이 쪼그라들고 연녹색으로 퇴색되면 회복이 불가능하다.

내건성	침엽수	활엽수
높음	소나무, 곰솔, 향나무, 눈향나무, 섬잣나무	사시나무, 사철나무, 아까시나무, 호랑가시나무, 가죽나무, 회화나무, 물오리나무
낮음	낙우송, 삼나무	은단풍, 물푸레나무, 칠엽수, 주엽나무, 층층나무, 네군도단풍, 동백나무

③ 방제
　㉠ 낙엽, 초본류 등 지피물로 피복한다.
　㉡ 보잔목, 보호수대 : 기상환경 조절로 기상재해 방지 효과가 있다. 조림지의 이상건조를 조절하고 풍속을 조절하여 증발산량을 적게 한다.

3) 과습

(1) 과습 피해
　① 초기 : 잎자루가 누렇게 변하면서 아래로 처진다. → 에틸렌가스 생산과 이동 때문이다.
　② 장기 : 잎이 작고 황화현상이 나타나며 가지 생장이 둔화되고 겨울철 동해에 약하다.

(2) 병징
　① 주목의 경우 사마귀 모양의 검은색 수종(水腫, edima)이 발생한다.
　② 파이토프토라에 의한 뿌리썩음병, 부정근이 발생한다.

③ 수관 축소(꼭대기서 밑으로 죽어 내려옴), 조기단풍, 살아 있는 눈 형성 불량, 방향성 없는 일부 가지의 고사 등이 발생한다.
④ 줄기종양, 융기, 돌기, 새 잎 생장이 정지되고 감소한다.

(3) 방제
① 내습성인 수종으로 갱신한다.
② 토양층을 개량(유기물 시비)하고, 배수관을 설치한다.
③ 점질토양의 경우에는 모래나 사질토양을 섞어 객토를 해 준다.

4) 영양결핍

(1) 병징
① Fe, N, P, K, S 부족 : 잎 전체가 황색이다.
② Mg 부족 : 가장자리가 변색한다.
③ Fe, K, Mn 부족 : 엽맥은 녹색 유지, 엽맥과 엽맥 사이 조직만 황색이다.
④ 괴사, 백화, 가지로젯트형, 열매 기형, 왜소, 변색 등이 나타난다.

(2) 방제
① 쇠약지, 고사지, 도장지 등 불필요한 가지를 제거하여 엽량을 줄여준다.
② 화학비료 : 신속 처리에 유효하나 과용 시 토양을 산성화한다.
③ 퇴비 : 토양의 물리적, 화학적, 생물학적 성질을 개량한다.

(3) 엽면시비
① 엽면시비는 요소 0.5%와 복합비료 500~1,000배액을 희석하여 살포한다.
② 질산칼슘(1g), 질산칼륨(0.5g), 황산마그네슘(0.5g), 제1인산칼륨(0.5g), 요소(1g) 0.01~0.1%를 희석하여 살포한다.
③ 영양 농도가 진할수록 시비 효과는 크지만 너무 크면 염분 피해가 나타난다.
④ 안전한 영양소 농도는 0.2~0.5%이며 전착제(계면활성제)를 0.1% 첨가한다.

5) 극단적인 토양 산도

(1) 피해 원인
① 산성 토양에서는 Mg, Ca, B, P가 식물이 흡수할 수 없는 불용성으로 존재한다.
② 산성 토양에서는 Mn, Zn, Cu의 과다 흡수로 독성을 나타내기 쉽다.
③ 알칼리 토양에서는 Fe, Mn, Zn이 불용성으로 존재하여 결핍 현상이 일어나기 쉽다.

(2) 병징
- ① 무기양분 흡수 저해와 중금속 독성 → Al는 세근 발달을 억제한다.
- ② 토양 미생물 활동이 둔화되는 반면에 곰팡이, 박테리아는 증가한다.
- ③ 산성토양은 B, P이 결핍되어 생장이 둔화한다.
- ④ 가지마름, 잎이 황화 고사한다.
- ⑤ 알칼리 토양에서는 Fe 결핍 현상이 발현되며 Zn, Mn은 미량 요구하기에 결핍은 드물다.
- ⑥ 유기물 분해를 방해한다.

(3) 방제
- ① 석회석($CaCO_3$), 백운석($CaCO_3 + MgCO_3$)을 사용한다. 대상지가 점토와 유기물이 많을수록 많은 양을 요구한다.
- ② 우리나라 석회 사용 기준은 ha당 2.5ton이다.
- ③ 알칼리 토양은 S, 석고($CaSO_4 \cdot 2H_2O$), 황산알루미늄[$Al_2(SO_4)_3$] 사용으로 pH를 낮춘다.
- ④ 무기양료의 엽면시비, 수간주사, 토양관주로 수세회복을 한다.

5. 복토와 심식

1) 복토의 피해

(1) 개요

나무가 자라고 있는 토양 위로 흙을 쌓아, 원래 식재면보다 높아진 경우를 말하며, 노거수, 천년기념물, 마을정자목 재정비 등에서 그 피해가 발생하고 있다.

(2) 복토 확인
- ① 수목 주간의 원줄기 둘레를 파본다(원줄기 지제부는 지표면이 가장 굵다).
- ② 원줄기와 지제부를 확인한다(복토 시 원줄기와 지제부가 비슷하거나 원줄기 아래 병목현상이 나타난다).
- ③ 지제부는 초살도가 낮다.

(3) 복토의 피해
- ① 표토에 복토를 하면 세근이 고사하고 이어서 굵은 뿌리들도 죽게 된다.

② 뿌리 생장이 좋지 못하면 어린 잎 황화, 왜소, 가지 생장 위축 등이 나타나고 수관이 엉성해 보이며, 조기낙엽되거나 마른 잎이 오래도록 붙어 있다.
③ 진흙으로 50cm 정도 복토 시 2~3개월 내에 잎에 황화현상이 나타난다.
④ 15cm 이상 복토는 기존의 수목에게 피해를 준다.
  ㉠ 양분과 수분을 흡수하는 세근의 80% 가량이 표토 30cm 이내에 모여 있으며 세근은 호흡작용을 하고 있기 때문에 많은 산소가 필요하지만 복토로 호흡이 곤란하다.
  ㉡ 수목은 산소가 10%이면 뿌리호흡이 곤란하고, 3% 이하에서는 질식하여 고사한다.

(4) 복토피해 대책
  ① 복토 제거 : 원 상태로 복구하고, 살아 있는 잔뿌리가 발견되면 흙을 제거하지 않는다.
  ② 복토 제거가 불가할 경우
    ㉠ 지제부 수피가 썩지 않도록 하고, 산소 공급, 수분 공급이 되도록 한다.
    ㉡ 배수를 위하여 물구배를 2~3%가량 둔다.
    ㉢ 수간 주변에 마른 우물을 만든다. 클수록 좋으며 돌담이 수간으로부터 최소 60cm은 떨어지도록 한다.
    ㉣ 수관폭 안쪽 바닥에 원형으로 직경 2cm 이상의 자갈을 20cm 깊이로 깔아 준다.
    ㉤ 유공관은 표토 위로 5cm 정도 나오도록 한다.
    ㉥ 복토는 0.5~1m 정도로 하되 사양토 등 거친 토양이 좋다.
    ㉦ 복토에 대한 저항성 수종 : 아까시나무, 버즘나무, 느릅나무, 포플러
    ㉧ 복토에 대한 감수성 수종 : 소나무, 단풍나무, 참나무, 백합나무

2) 심식(15cm 이상)의 피해

(1) 개요
  ① 대형목을 이식할 경우 도복 방지와 외관상 수형을 아름답게 하기 위해 당초 식재 깊이보다 깊게 심는 경우가 있다.
  ② 심식하면 토양의 산소 농도와 온도가 낮고, 수분 함량이 높아 뿌리 발근에 지장을 주어 수세 쇠약과 수형 파괴, 심하면 고사에 이르게 된다.
  ③ 수분과 양분을 흡수하는 세근은 80% 가량이 표토 30cm 이내에 모여 있고, 세근은 왕성한 호흡작용을 하므로 많은 양의 산소를 필요로 한다.

(2) 진단법

① 곁가지가 토양에 나와 있는 경우를 확인한다.

② 확인 시 근분과 다른 색깔의 흙이 있으면 심식을 의심한다.

③ 15~20cm보다 두꺼운 복토나 심식은 수목에 피해를 준다.

(3) 피해 증상 및 조치사항

① 뿌리호흡 방해로 복토, 과습, 배수 불량, 답압과 비슷한 증상이 나타난다.

② 뿌리의 호흡이 불량하여 고사되는 뿌리가 발생한다.

③ 잎의 왜소하고 지제부가 부패하며 세근 고사, 신초 고사, 수관 엉성, 조기낙엽 등이 발생한다.

④ 토양온도가 낮아지면 뿌리흡수력이 현저히 저하되고, 물에 대한 뿌리의 투과성이 감소한다.

㉠ 원형질막에 함유된 인지질의 성질이 변화하여 물이 통과하지 못한다.

㉡ 토양수분의 점성이 증가하여 토양 내 이동 속도가 느려진다.

㉢ 토양 온도가 25℃에서 5℃ 내려가면 이동의 저항이 두 배로 늘어난다.

(4) 방제 방법

① 심식된 부분의 토양은 수관 폭 이상으로 뿌리 근분의 상단까지 제거한다.

② 수목을 올려 심어 올바른 식재가 되도록 한다.

③ 올려심기로 뿌리의 절단 및 손상이 되므로 뿌리 활착을 위한 사후처리가 필요하다.

(5) 결론

기존 표토가 묻히지 않도록 식재하고 관수작업은 식재 당시 토양이 밀착되게 하며, 식재 후에는 관수를 자제하여 산소 결핍과 온도 저하를 막는 것이 중요하다.

6. 절토의 피해

1) 개요

① 기존의 수목 식재지의 뿌리가 있는 토양 표면을 낮추는 것을 의미하며, 복토 증상과 비슷하나 복토보다 더 치명적인 피해를 가져온다.

② 수관폭 내에 있는 모든 흙을 깊이 30cm 이상 제거한다면 세근이 제거되어 고사하며, 뿌리는 대부분 지표로부터 60cm 이내에 있고, 양분을 흡수하는 뿌리는 30cm 이내에 있기에 절토는 뿌리 손상에 큰 영향을 준다.

2) 절토의 범위

① 한쪽 방향으로 절토 : 필수 뿌리 구역보다 멀리에서 절토한다(반경=흉고직경×4~6배).
② 원형 절토 : 교목 보호구역 이상(흉고직경의 6~8배)에서 절토한다.
③ 나무 주변을 전부 절토할 경우 표토는 그대로 두고, 수관 반경 1/3까지 절토하면 나무를 구제할 수 있다.
④ 원추형 수관은 수관폭보다 많이 넓게 뿌리를 뻗으므로 넓게 흙을 남긴다.

3) 절토 치료법

(1) 피해받은 뿌리
  ① 유합조직의 형성이 가능한 반드시 살아 있는 뿌리 부분까지 절단하여 새로운 뿌리 발달을 유도한다(띠 모양 박피 : 길이 7~10cm, 환상 박피는 폭 3cm).
  ② 절단 박피 부위는 발근촉진제(IBA 10~50 ppm)와 도포제(락발삼, 티오파네이트메틸, 테부코나졸) 처리를 한다.

(2) 토양 소독, 개량
  ① 살균제 : Captan 분제, 티오파네이트메틸(톱신엠)을 사용한다.
  ② 부후균과 병원균 억제 : 황산칼슘, 탄산칼슘, 생석회를 처리하기도 한다.
  ③ 살충제 : 다이아톤, 보라톤, 오드란을 살포한다.
  ④ 토양 개량
    ㉠ 물리적 성질 개선 : 모래, 완숙퇴비(총 부피 10% 이상), 질석, 석회를 시용한다.
    ㉡ 화학적 성질 개선 : 산도 개량한다.
    ㉢ 인산질 비료를 주어 뿌리 생육을 촉진하고 질소질 비료를 최소 5년간은 사용하지 않는다.

7. 답압의 피해

1) 개요

압력으로 인해 토양이 다져진 "토양 경화 현상"을 의미하며 토양의 공극이 낮아져 용적비중이 높아지고 통기성, 배수성이 나빠져 뿌리 생장이 불리하여 수분, 산소, 무기양분 공급 부족으로 뿌리 발달이 저조하다.

2) 병징

① 잎 왜소화, 가지 생장 둔화, 황화현상 등이 발생한다.
② 수관 상부에서부터 가지가 고사하고 수관이 엉성해진다.
③ 과습 피해와 유사한 증상이 나타난다.
　㉠ 단단한 토양의 상부는 배수가 불량해지고, 토층의 하부는 건조한 상태가 된다.
　㉡ 장마철에는 과습 증상이 나타난다.
　㉢ 답압 피해 감수성 수종으로 마가목, 산딸나무, 산수유, 단풍나무, 수수꽃다리 등이 있다.
④ 뿌리가 지면으로 돌출한다(세굴이나 침식으로 오인하나 등산로 등에서 쉽게 볼 수 있다). 이 경우 간단한 멀칭으로 뿌리를 보호한다.
⑤ 뿌리가 줄기를 죈다(뿌리 지면의 돌출이 심화되어 뿌리가 자신의 줄기를 감싸는 증상).
　※ 토양에서 수분, 양분, 산소 공급 역할을 하는 세근의 80%가 표토 30cm 내에 분포하지만, 답압으로 활동이 저조해진다.
　※ 토양 산소 10% 이하에서 뿌리 피해가 시작되고, 3% 이하에서는 수목이 질식한다.
　※ 답압은 토심 30cm 이상까지 영향을 미치고 표층 0~4cm에서 용적밀도가 급격히 증가한다.

3) 답압의 측정방법

① 토양경도계를 이용하여 측정한다.
② 우리나라에서는 산중(山中)식 토양경도계를 주로 사용한다.
③ 토양경도지수 23~27mm에서는 식물 생육에 장해를 받으며, 18~23mm가 식물의 뿌리 생장에 가장 적합하다.
④ 토양경도 $1.5kg/cm^2$에서는 수목 생장에 지장이 없고, $3.6kg/cm^2$에서는 고사한다.

4) 방제

① 경화된 토양은 대개 지표면에서 20cm 이내의 토양이므로 시차를 두고 부분적으로 경운한다.
② 토양 개량을 한다(부숙퇴비+토탄, 이끼+펄라이트+모래+유공관 설치).
③ 바크, 우드칩, 볏짚 등 다공성 유기물을 5cm 이내로 멀칭을 실시한다.
④ 수관 범위 내에 울타리를 설치한다.
⑤ 조경공사 현장에서는 작업차량의 동선을 관리한다.
⑥ 천공작업(오거링 작업으로 지름 5cm, 길이 30cm 구멍)으로 다공질, 부숙퇴비 시비 또는 수간으로부터 방사상으로 도랑을 파고 다공질 유기물 또는 시비를 한다.

5) 결론

도심 녹지 내에 수목은 다양한 스트레스를 받지만 그중 기본이 되는 토양 스트레스를 받지 않아야 정상적인 생육이 가능하고 수목생장에 적합하도록 토양 관리에 유의하여야 한다.

문제 도로변 보호수의 토양 답압의 원인, 생리적 영향, 해결 방안을 서술하시오.
(문화재수리기술자 : 2020년)

문제 사람의 빈번한 왕래에 의해 토양 경화 현상이 발생한다. 토양 경화가 주는 수목 피해와 토양 경화를 막기 위한 방안을 서술하시오. (기술고시 : 2012년)

8. 황화현상이 일어나는 경우

① N, P, K, S 영양 결핍
② 산성 토양인 경우
③ 과습 토양일 경우
④ 대기오염 피해증상 HF, CL : 잎 가장자리 끝에 누런색~갈색
⑤ 염분피해, 제설염 : 침엽 끝이 누렇게 된다.
⑥ Armillaria 뿌리썩음병 : 꼭대기부터(6월~가을) 잎이 작아지고 황변, 갈변, 조기낙엽, 뿌리목 부근 송진이 굳는 등의 현상이 나타난다.

9. 배수 불량 토지의 원인과 대책

1) 개요

지형적인 위치나 토성 또는 사후관리 상태에 따라 배수 불량 토지는 수목 생육에 큰 장애를 주지만 인위적으로 개선될 수 있다.

2) 배수 불량 원인과 피해

① 배수 불량의 원인과 증상
  ㉠ 지형적으로 낮은 지대
  ㉡ 지하수위가 높은 지역
  ㉢ 진흙이 많은 점토성 토양

② 피해 증상 : 초기에는 엽병이 황변하고, 장기적으로 잎 왜소, 황변, 가지 생장 둔화
　㉠ 수관 상부의 잎이 마르고 처지며, 방향성 없이 일부 가지가 고사하며 갑자기 아랫부분의 잎이 황변낙엽이 지고 어린 가지가 고사한다.
　㉡ 조기단풍, 조기낙엽이 되고, 가지의 눈 형성이 불량하다.
　㉢ 줄기에 종양, 돌기 등이 발생하고 생장이 감소한다.
　㉣ 장기화되면 세근 발달이 저조하여 뿌리호흡에 지장을 주며, 세근 부후, 괴사 등의 피해가 발생한다.

③ 배수 불량 판단 요인
　㉠ 박스, 콘테이너 식재의 경우 제한된 토양 내에서 과밀한 세근이 발달한다.
　㉡ 점토질 토양에서 직경 1cm 이하의 뿌리가 세근 발달 없이 고사된다.

3) 방제

① 지표수가 자연적인 경사(2~3%)를 따라 흐르도록 유도한다.
② 명거배수, 암거배수를 설치하여 인위적으로 배수 흐름을 유도한다.
③ 과습한 토양에 대한 저항성 수종을 식재한다.
　→ 낙우송, 네군도단풍, 은단풍, 물푸레나무, 버드나무, 버즘나무, 오리나무, 주엽나무
④ 토양을 사양토나 양토로 환토한다.
⑤ 유기물, 퇴비 시비로 지력을 증진한다.

4) 결론

배수 불량 토지에서는 과습으로 인해 뿌리호흡이 곤란하고 생장이 불량해진다. 또한 잎자루가 황변하고, 잎과 가지가 고사한다. 그러므로 과습에 강한 저항성 수종인 낙우송, 버드나무, 버즘나무, 물푸레나무, 포플러, 주엽나무, 팽나무 등을 식재하고 배수 관리를 철저히 하여야 한다.

10. 대기오염 진단과 피해

1) 개요

대기오염은 대기 중에 있는 물질이 정상적인 농도 이상으로 존재할 때를 말하며, 최근 우리나라는 오존과 질소화합물의 문제가 제기되고 있다. 1차 오염물질은 오염원에서 직접적으로 발생하는 오염물질로 CO, NO_x, SO_2가 있으며, 2차 오염물질은 방출된 물질로부터 대기권에서 새롭게 형성된 물질인 O_3, PAN, 질산, 황산 등이 있다.

2) 대기오염의 진단

당시의 기상요인과 오염원 종류, 수목의 감수성, 피해 증상, 수목 내 오염물질의 이동에 대하여 숙지하여야 한다.

① 황화작용, 괴사, 위축 등을 관찰한다.
② 건전부, 피해부 경계면의 명확도와 잎 앞뒤의 증상 발현을 비교한다.
③ 조기낙엽 시 나머지 잎이 붙어 있는 순서와 입지 환경을 파악한다.
④ 피해 조직의 물리적 변화를 현미경으로 조사한다.
⑤ 각 세포의 조직 변화, 엽록체 변색과 변형을 조사한다.
⑥ 지표식물을 이용하여 진단한다.

※ 지표식물이란 대기오염에 대한 감수성이 크고 특정한 증상을 보이는 식물에 의한 진단이다. 아황산가스에 대해 지의류가 나타내는 반응을 예로 들 수 있다.

3) 피해양상

① 대기오염은 잎 조직에 피해를 주므로 잎의 황화현상이 가장 먼저 나타난다.
② 봄부터 여름 사이에 많이 나타나며 낮에 피해가 심하다.
③ 바람이 없고 상대습도가 높을 때 피해가 심하다.
④ 강우, 우박 등으로 상처가 있을 때 피해가 늘어난다.
⑤ 오염물질 발생원에서 바람이 불어오는 쪽의 피해가 가장 심하다.

4) 대기오염의 병징 : 황화현상, 조기낙엽, 엽량 감소, 세근량 감소는 일반적 피해

오염물질	병징	
	활엽수	침엽수
아황산가스	• 잎 가장자리 조직과 엽맥 사이 조직 황화, 반점 생김, 수침상 반점, 탈색 • 배나무 : 잎이 검게 변하고 고사 • 떡갈나무 : 엽육조직이 누렇게 고사하여 잎맥만 녹색으로 남고 물고기 뼈와 같은 모습임	• 잎끝이 적갈색으로 변색 • 만성적 피해-1년생 잎 고사, 당년생 잎만 남음(수침상 반점)
질소산화물	잎 가장자리, 엽맥 사이 조직 괴사, 회녹색 반점	• 잎끝이 적갈색 변색 • 고사 부위와 건전 부위의 경계가 뚜렷함
오존	• 잎 표면에 주근깨 반점, 책상조직 붕괴 • 반점이 합쳐져서 표면 백색화, 산화력강	• 잎끝 괴사 • 왜성, 황화현상 반점
PAN	• 잎표면 광택 후에 청동색(잎뒤) 변색 • 해면조직 위축, 탈수, 산화력 강화	

오염물질	병징	
	활엽수	침엽수
HF	• 잎끝 황화, 증륵에 따라 안으로 확대, 쌍떡잎 잎가 및 외떡잎 잎끝 탄 듯 고사 • 잎끝 괴저(감나무)	• 잎끝 고사, 경계 부위 뚜렷함 • 잎끝 괴저(은행나무)

문제) 수목의 대기오염 피해 진단 방법 6가지를 제시하시오. (문화재수리기술자 : 2015년)

문제) SO_2, NO_x, O_3, PAN에 의한 수목 피해 증상을 서술하시오. (기술고시 : 2008년)

11. 대기오염의 방제

① 저항성 있는 수종 식재

SO_2에 강한 수종	O_3에 강한 수종	HF에 강한 수종
은행나무, 가죽나무, 향나무, 산벚나무, 라일락, 광나무, 회잎나무, 팽나무, 박태기나무, 백당나무, 화백, 편백 등	아까시나무, 가문비나무, 전나무, 너도밤나무, 은행나무, 삼나무, 자작나무, 곰솔, 녹나무 등	소나무, 떡갈나무, 목화, 단풍나무 등

② 질소비료를 삼가고 인산, 칼리비료, 석회질 비료를 사용한다.
③ 봄, 가을에 질산칼륨, 질산칼슘 0.2%~0.5%를 2회 엽면시비한다.
④ 수분 스트레스가 적절하고 관계습도가 낮으면 대기오염 저항성이 증가한다.
⑤ 수목의 생장이 둔화되면 저항성이 증가하며, 이를 위해 생장억제제를 살포한다.
⑥ 실생묘가 삽목묘보다 저항성이 강하므로 실생묘를 식재한다.

12. 대기오염 장해 구분

장해 구분	종류
산화적 장해	오존, PAN, 이산화질소, 염소 등
환원적 장해	아황산가스, 황화수소, 일산화탄소
산성 장해	HF, Hcl, 황산화물(SO_3, SO_2)
알칼리성 장해	NH_3

문제) 대기오염물질 중 SO_2, NO_x, O_3, PAN에 의한 수목의 피해 증상을 서술하시오.

13. 세계보건기구(WHO)의 대기오염에 대한 정의 (기술고시 : 2019년)

옥외의 대기 중에 인공적으로 반입된 물질의 농도나 지속시간이 어떤 지역의 주민 중 상당히 많은 사람에게 불쾌감을 일으키거나, 넓은 지역에 걸쳐서 공중보건상 위해나 동식물의 생활을 방해하도록 되어 있는 상태라고 정의하고 있다.

14. 대기오염의 종류

1차 대기오염물질	2차 대기오염물질
오염원에서 직접적으로 발생하는 오염물질→CO, NOX, SO_2	방출된 물질로부터 대기권에서 새롭게 형성된 물질 → O_3, PAN, 질산, 황산

15. 비가시적(불가시적) 피해와 도시숲 쇠락의 관계

1) 비가시적 피해

뚜렷한 증상은 보이지 않지만 생리적, 생화학적 장해를 받아 생육 부진 등 눈에 잘 띄지 않는 증상을 말한다. 예를 들어 기후 온난화로 인한 상록수의 피톤치드 양 감소 등이다.

2) 복합피해(마름병과 쇠락)

① 복합병해는 주가 되는 스트레스들이 수목의 활력을 떨어뜨리고 있어 2차적 병원체나 해충 등을 결국 쇠락시키거나 죽음으로 몰고 가는 증상을 말한다.
② 1990년 제주도 구상나무, 2,000년 아까시나무가 쇠락의 예이다.

3) 쇠락의 생태와 방제

생태	방제
• 성숙림에서 광범위하게 나타난다. • 복합적(생물+무생물)으로 나타난다. • 1차적 요인인 무생물적 스트레스에 의하여 쇠락이 시작된다.	• 다양한 스트레스에 저항성을 갖는 나무를 심고 가꾸면 고사와 쇠락을 줄일 수 있다. • 다양한 수종을 심는 것도 마름병이나 쇠락을 줄이는 방법 중의 하나이다. • 가지치기, 인산질비료 시비로 뿌리 생장을 돕거나 정기적 관수, 멀칭 등으로 뿌리와 줄기 비율을 맞추면 예방 및 증상 완화가 가능하다.

문제 1차, 2차 대기오염의 정의와 종류, 비가시적 피해와 도시숲 쇠락 관계를 설명하시오.
(기술고시 : 2015년)

문제 산림에 피해를 주는 대기오염 4가지를 설명하시오. (기술고시 : 2019년)

16. 오존과 PAN(peroxyacetyl nitrate)

구분	오존	PAN
생성 과정	주로 질소 산화물이 대기권에서 자외선에 의해 산화될 때 발생	질소산화물과 탄화수소가 자외선에 의해 광화학 산화 반응으로 형성된 2차 오염물질로, 광화학 산화물 중 가장 독성이 강함
독성 기작	• 세포막과 소기관의 막의 기능 마비 • 엽록체 기능 장해로 광합성 마비 • 줄기에서 뿌리로 이동하는 탄수화물 양 감소 • NADH, RNA, DNA, IAA, 단백질, 지질 등을 산화시키는 능력이 강함 ※ 주의보 : 0.12ppm, 경보 : 0.3ppm ※ 저항성 : 은행나무, 삼나무, 곰솔, 녹나무, 버즘나무 등	• 오존과 마찬가지로 세포막과 소기관의 막 기능을 마비시킴 • SH기를 가진 효소와 반응하여 기능 정지 • 지방산 합성방해와 황화합물 산화 • 탄수화물과 호르몬 대사를 비정상으로 만들고 광합성을 교란
병징	• 활엽수 : 잎 표면에 주근깨 반점, 책상조직 붕괴, 반점이 합쳐져서 표면 백색화 • 침엽수 : 잎끝 괴사, 황화현상 반점, 왜성 황화된 잎	• 잎 표면 광택 후에 청동색으로 변색 • 고농도에서는 잎 표면에도 피해가 있음

문제 광화학산화물인 오존과 PAN의 생성 과정, 수목에 미치는 독성 기작, 병징에 대하여 설명하시오. (문화재수리기술자 : 2017년)

17. 산성비의 영향

1) 개요

① 화석연료를 연소시키는 과정에서 생기는 대기 중의 아황산가스(SO_2)와 자동차 배기가스에 의한 질소화합물(NOx)이 빛에 의해 산화되어 황산과 질산으로 변한 뒤 빗물에 녹아 pH 5.6 이하가 되는 강우를 산성비라 한다.
② 산성비 초기에는 수용성 황과 질소가 함유되어 수목 생장이 촉진되기도 한다.

2) 식물에 대한 산성비의 영향

① 잎 표피의 큐티클층 파괴와 책상조직 손상으로 세포질이 손상된다.
② 무기염류의 용탈 및 잎의 Ca, Mg, K 용탈로 양료가 부족해져 잎이 퇴색되고 엽록소 파괴로 동화작용의 지장으로 수세가 약화된다. 침엽수는 잎 선단부가 황록색에서 황갈, 적갈색으로 변하고, 활엽수는 엽맥 간 반점이 황록색에서 황갈, 적갈색으로 변한다.
③ 잎의 무기이온, 단백질, 아미노산, 탄수화물의 용탈이 증가한다.
④ 잎의 피해 증상으로 백색, 갈색 괴사 반점이 생기고 꽃은 표백반점 증상이 나타난다.

3) 토양에 미치는 영향

① 초기 N, S 공급면에서는 긍정적이나, pH가 낮아져 Na, Ca, Mg, K 등 무기염류 용탈로 산성화된다.
② Mg, Ca, B, P가 결핍하여 영양염류가 부족하고 완충 능력이 저하된다.
③ 산성토에서 P는 Fe, Al에 고정되어 불용성이 된다.
④ Cd, Hg, Zn, Cu 등 중금속이 용출된다.
⑤ 토양미생물의 활동 저하로 곰팡이와 박테리아가 증가하여 생물종이 감소한다.
⑥ Al 용탈로 뿌리생장점이 고사되며, 뿌리호흡을 저해하고 세포분열을 억제한다.
⑦ 유기물 분해와 콩과식물 질소고정 혹의 형성을 방해한다.
⑧ 토양 속 순환공급 체계를 교란한다.
⑨ 토양 물리성 악화로 뿌리흡수가 저해된다.

4) 결론

산성비는 대기오염으로 인하여 내리는 비로서 식물과 토양 등에 악영향을 끼친다. 따라서 산성비에 감수성인 은행나무, 단풍나무, 물푸레나무, 양버들, 자작나무 숲은 각별한 관리가 필요하다. 이를 위해 석회석 분말 시용으로 토양 산도를 교정하고, 퇴비, 기비, 녹비 등 유기물 시용과 토양 피복으로 빗물에 의한 염기 용탈을 방지한다. 무기양료의 엽면시비, 수간주사, 토양관수로 수세를 회복시키고, 미량원소 시용과 인산, 가리질비료를 증량 시비한다.

18. 산성토양의 영향

1) 개요

산성토양은 수소이온 농도가 높은 토양으로 무기양료가 결핍된 pH7 이하의 토양을 말한다. 이 경우 Mg, Ca, B, P가 결핍되고 Al, Mn 유리 용출로 뿌리 호흡이 저해되어 양분 흡수 능력이 저하된다. 또한 식물은 Fe, Mn, Zn, Cu 과다 흡수로 독성을 나타낸다.

2) 증상

① 필수 원소의 부족으로 줄기가 가늘고 짧고, 왜소, 황화, 퇴색, 갈색, 조직 괴사 등의 현상이 나타남
② Al이 용탈되어 뿌리생장점 고사
③ 산성 토양은 Mg, Ca, B, P 결핍되어 생장 둔화
④ 토양 미생물 활동 저해, 뿌리흡수 기능 저해
⑤ 토양 물리성 악화로 뿌리흡수 기능 저해
⑥ 질소 고정, 질산화작용 부진

3) 토양 산성화 피해

① 직접 피해 : 세포막 투과성 저해, 효소 활성 저해, 무기양분 흡수 저해
② 간접적 피해 : 낮은 pH는 Al, Mn의 식물 독성 증가로 생육 저해, 토양의 물리성, 화학성 변화에 따른 피해 발생

4) 방제

① 석회석분말 사용으로 산도 교정 : 석회석($CaCO_3$), 백운석($CaCO_3+MgCO_3$), 탄산마그네슘, 소석회, 탄산석회로 교정
② 퇴비, 기비, 녹비 등 유기물 사용, 토양 피복으로 빗물에 의한 염기용탈 방지
③ 무기양료 엽면시비, 수간주사, 토양 관수로 수세 회복
④ 미량원소 사용과 인산, 가리질 비료 증량 시비

※ 알칼리 토양의 경우 S, 석고($CaSO_4 \cdot 2H_2O$), 황산알루미늄[$Al_2(SO_4)_3$] 사용으로 pH를 낮춘다.

5) 결론

산성 토양은 유기물 분해 억제, 토양의 이화학적 성질 악화, 뿌리기능 저해로 수세 약화의 원인이 되므로, 석회 시용과 유기물 시용으로 미생물 활동이 왕성하고 양료 이용이 높은 pH 6.6~7.3 범위로 토양을 개량하여야 한다. 한편 침엽수와 참나무류의 생육이 적합한 산도는 pH 5.6~6.5 범위이다.

19. 산성비의 영향과 산성 토양 원인, 증상, 방제

생성요인		• 자연적 : 화산, 번개 등 생물적 요인 → 대기 중의 이산화탄소, 수소, 질소, 황화수소가 수증기와 결합하여 산성화 진행 • 인위적 : 화석연료 연소로 생긴 이산화황과 자동차 배기가스의 질소산화물은 대기 중에서 황산과 질산으로 변하여 비를 산성화함
산성비 영향	잎	• 큐티클층 파괴, 책상조직 손상으로 세포질 손상 • Mg, Ca, K 용탈로 양료 부족, 잎이 퇴색되고 엽록소 파괴로 인해 동화작용이 저해됨 • 무기이온, 아미노산, 단백질, 탄수화물 용탈 증가 • 증상 : 잎은 백색, 갈색 괴사 반점이 생기고 꽃은 표백 반점이 생김
	토양	• 초기에는 N, S 공급이 긍정적이나 pH가 낮아져 Na, Ca, Mg, K 등 무기염류 용탈로 산성화 • Mg, Ca, B, P 결핍으로 영양 염류, 완충능력 저하 • 토양 미생물 활동 저하(곰팡이, 박테리아는 증가) • 유기물 분해능력 저하 • 토양 물리성 저하로 뿌리흡수 기능 저하 • 인산의 불용성(Fe, Al에 고정)으로 결핍 • 질소고정, 질산화 부진 • Al 용출로 뿌리생장점 고사 • Cd, Hg, Zn, Cu 등 중금속 용출
산성 토양 원인		• 산성비에 의한 영향 • 토양의 Na, Ca, Mg, K 등 무기염류가 빗물에 용탈 소실 • 유기물과 Al이 가수분해될 때 • 유기물 분해에 의해 생성된 CO_2와 유기산이 토양 산성화 • 산성비료 과다 사용 • 농경지 작물 수확으로 Mg, Ca, K 제거와 토양염기 제거로 산성화

산성 피해 증상	• 필수 원소 부족으로 줄기 가늘고 짧아짐, 왜소, 황화, 퇴색, 조직 괴사 • Al 용탈 뿌리 생장점 고사 • 인산 결핍 초래 • 질소고정, 질산화 작용 부진 • 토양 미생물 활동 저하로 유기물 분해 저해 • 토양물리성 저하로 뿌리 흡수력 저하 • Mg, Ca, B, P 결핍으로 생장 둔화
방제	• 석회 사용으로 반응교정(석회질소, 소석회 탄산 마그네슘, 탄산석회) • 녹비, 퇴비 등 유기물 사용 • 미량원소 사용과 P, K 시비, 엽면 시비, 토양 관수 • 토양 피복으로 빗물에 의한 염기용탈 방지

문제 산성비 생성 유형 2가지를 비교하고 직·간접 영향, 산성비 피해 저감 방법을 서술하시오.
(기술고시 2005년)

20. 염해의 피해(원인, 증상, 방제)

1) 개요

토양에 염류가 농도가 높아서 식물이 피해를 입는 것을 염해라 한다. 염해의 원인으로는 해풍, 해일, 간척지, 제설염 등이 있다.

2) 염해의 피해 기작

① 고농도의 Na에 의한 토양 구조 변화와 토양공극의 감소로 공기 유통과 토양 수분 이동이 원활하지 못하다.
② 토양 수분포텐셜 감소로 뿌리의 수분, 영양분 흡수를 저해하여 지상부의 엽면 괴저 현상이 나타나며 잎은 갈색으로 변하고 조기낙엽이 진다.
③ 세포막이나 효소 활동 기능 저하로 대사 기능이 전반적으로 저하된다.
④ 염기성 토양에서는 Fe, Mn, Zn, Cu를 흡수하지 못하여 영양 결핍이 나타난다.

3) 염해 피해 원인

① 바닷물 피해는 간척지, 매립지에서 발생하며 해풍의 피해는 20~30km 범위이다.
② 제설염 피해
　㉠ 염화나트륨(NaCl)과 염화칼슘($CaCl_2$)의 염분 축적으로 발생한다.

ⓒ 제설염과 토양수가 결합하여 수분과 영양분 흡수를 방해하여 수분 부족, 즉 생리적 가뭄이 발생한다. 토양 산도가 pH 7.2 이상이면 수목의 수분포텐셜이 더 높기 때문에 수목이 양분과 수분을 흡수하기 어렵다.
　　　ⓒ 자동차 통행에 의한 제설염이 수목의 잎에 부착되어 피해가 나타난다.
　　　ⓔ 토양 습도 낮은 6~8월에 피해 나타나는 경우가 많다.
　　　ⓜ 수목 식재를 위한 염분 한계농도는 0.05% 정도이며 pH는 5.0~7.0이다.
　　③ 공사 시 바닷모래를 사용하면 주변 수목에 피해가 발생한다.

4) 피해증상

　　① 뿌리흡수로 인한 증상
　　　㉠ 잎 성장 저해와 황화현상이 나타난다.
　　　㉡ 활엽수 성숙 잎은 피해가 심하고 어린 잎은 상대적으로 피해가 적다.
　　　㉢ 침엽수는 잎끝이 누렇게 되면서 점차 갈색으로 변하고 광합성이 줄어든다.

　　② 잎에 묻었을 때 증상
　　　㉠ 해안가 도로가에 피해가 나타난다.
　　　㉡ 활엽수는 잎의 가장자리 괴저, 변색, 낙엽(침엽수는 잎끝부터 아래로 적갈색이 되며 낙엽)된다.
　　　㉢ 공통사항 : 눈과 잔가지가 고사하며 다음 해에 눈이나 잔가지의 발아가 부진하거나 고사하고 빗자루 증상이 나타난다.

　　③ 상록수 피해가 크며 낙엽수는 새싹이 자란 후에 나타난다.
　　④ 염화칼슘 피해 잣나무는 구엽과 신엽, 소나무는 구엽, 구상나무는 신엽 끝부터 갈변하는 변화가 보인다.
　　⑤ 0.5% 해빙염 실험에서 피해는 활엽수가 침엽수보다 예민하다.
　　⑥ 염분이 0.1g 증가할 때 낙엽률은 3% 증가한다.
　　　※ 침엽수는 염분을 동쪽에서 흡수하면 서쪽 수관 피해가 나타나고 활엽수는 같은 방향에서 피해가 나타난다. 수액 이동은 나선 방향으로 상승하지만 활엽수는 상승 각도가 작다. 소나무는 4m에서 한 바퀴 돈다.

5) 방제

　　① 토양 세척 : 배수구를 설치한 후 실시한다. 150mm 관수는 표토 30cm 이내 염분 50%의 제거가 가능하다.
　　② 토양에 활성탄(숯가루)을 투입하여 염분을 흡착시킨다.

③ 토양개량제를 시용한다. 유황, 석고사용, 동물성 퇴비, 하수구 침전물을 토양개량제로 사용할 때는 염분에 주의한다.
④ 제설제가 포함된 눈을 식재지에 쌓지 않도록 한다.
⑤ 겨울철 토양을 비닐이나 짚으로 멀칭하며 증산억제제를 뿌린다.
⑥ 배수체계 개선과 식재지 구배를 개선한다.
⑦ 토양 건조 시에 피해가 증가하므로 토양 수분을 유지한다.
⑧ 내염성이 강한 수종을 식재한다. 내염성 수종은 곰솔, 향나무, 사철나무, 자귀나무, 팽나무, 후박나무 등이 있다.
⑨ Ca 제공이 필요하므로 주로 석고($CaSO_4 \cdot 2H_2O$)를 사용한다.

※ 염분 농도 $0.5g/m^2$: 피해 없음
염분 농도 $3\sim5g/m^2$: 흔들면 전부 낙엽
염분 농도 $5g/m^2$: 모두 낙엽

21. 제초제 피해 진단, 종류, 작용기작

1) 개요

제초제는 오남용으로 피해가 발생하며 피해량은 제초제의 종류, 처리 정도, 처리 시기 등에 따라 다양하다. 피해 진단을 위해서는 최근 사용 여부를 확인하고 무처리구와의 비교 검토가 필요하다.

2) 제초제 피해 진단

제초제 피해는 수목의 감수성, 생육 상태, 주위 환경, 기상과 연관되어 있어 절대적인 판단은 불가능하지만 다음과 같이 진단한다.
① 관리기록 조사 : 최근 사용한 곳과 무처리구를 비교한다.
② 접촉성 제초제 피해가 아니면 한 개체 전체에 피해가 나타난다.
③ 동일 장소의 식물은 종에 관계없이 피해가 비교적 균일하게 나타난다.
④ 비기생성 피해와 같은 양상이다.
⑤ 전염성이 없다.

3) 제초제의 종류와 피해

(1) 발아 전 처리제(토양 처리제) : 시마진(Simazine)
① 잔디밭에 주로 사용하며 사용방법 준수 시 수목에는 별다른 피해가 없다.
② 시마진 등은 고농도 사용 시 잎 가장자리에 연한 녹색이나 황색의 좁은 띠가 나타난다.

(2) 경엽처리제

① 호르몬계 제초제
  ㉠ 흡수 이행성 강해서 빗물이나 관개수에 섞여 피해를 줄 수 있다. 잎이 꼬부라지고, 엽병은 아래로 꼬이거나 뒤틀리고, 신초는 기형이다.
  ㉡ 2,4-D : 잔류기간이 짧다. 잎이 타면서 말린다.
  ㉢ dicamba(밤벨) : 잔류기간이 길고 나무뿌리에 흡수될 수 있으며 전면적 살포와 사용량 과다 시 다른 식물에 피해를 초래하므로 주의한다. 활엽수는 기형, 비대하고, 침엽수는 새 가지가 비대하며 꼬부라진다. 은행나무는 잎끝이 말려들고, 주목 잎은 황화현상이 나타난다.

② 비호르몬 제초제
  ㉠ 체관을 통해 쉽게 이동하여 다년생 잡초에 효과적이며 식물의 대사과정 교란으로 잡초 생장을 억제한다. 신초가 다발형이고, 뭉치거나 뒤틀린다.
  ㉡ 글리포세이트(근사미) : 불규칙 반점과 괴사가 나타난다. 식물의 단백질 합성을 저해한다. 수목의 윗가지에 피해가 나타나는 경우가 많다.
  ㉢ 메코프로프 : 식물의 핵산대사와 세포벽을 교란하여 광합성과 양분 흡수를 저해한다.

(3) 접촉 제초제 : paraquat(그라목손)
  ① 비호르몬 계열과 비슷하지만 접촉에 의해 짧은 시간 내에 살초한다.
  ② 접촉에 의한 피해만 일어나며 피해증상은 괴저 반점이다.

4) 작용기작

작용기작	종류	흡수 부위	피해 현상
광합성 저해	파라콰트(그라목손)	경엽처리제	접촉성 : 괴저 반점
	시마진	토양처리제	잎 가장자리 연녹색, 누런색 띠
호르몬 작용 저해	2,4 D, MCPA	경엽처리제	잎이 타면서 말림
	디캄바(밤벨)	경엽처리제	잎 말림, 잎자루 비틀림, 비정상 생장 유도
아미노산 생합성 저해	아짐설퓨론	–	–
	글리포세이트	경엽처리제	수목 윗가지에서 불규칙 반점, 괴사

5) 방제법

① 토양에 잔류한 제초제를 제거한다. 활성탄, 부엽토, 석회 등으로 제초제를 흡착한다.
② 표토를 제거하고 치환한다.
③ 제초제 살포 시기에 유의한다. 약제 살포 후 비가 오면 약제 희석과 다른 피해를 유발한다.
④ 줄기 대 뿌리의 비율을 맞추고 인산질비료 사용으로 수세를 강화한다.

6) 결론

① 제초제 피해는 회복이 어렵고 원래의 수형을 유지할 수 없으므로 조경수는 큰 피해를 입을 수 있다.
② 제초제 살포 시 미리 기주와 약해 관계를 숙지하여야 하며, 풀깎기 등으로 제초제에 의한 토양 황폐화를 막고 친자연적 관리가 우선되어야 한다.

22. 무기양분의 피해 분석과 증상, 치료

1) 개요

토양 내 양분이 부족하거나, 식물이 흡수할 수 없는 형태로 존재하는 경우 결핍 증상을 초래한다. 식물은 무기물 형태로 존재하는 양분만 흡수한다.

2) 분석방법

① 가시적 결핍증 관찰 : 신속히 진단하나 오판 가능성이 있다.
② 시비실험
  ㉠ 의심스러운 원소를 소규모로 엽면시비한 후 결핍 증상이 없어지는지를 확인하는 방법이다.
  ㉡ 철의 경우 $FeCl_2$(염화제2철) 0.1% 용액을 잎에 뿌려서 진단한다.
③ 토양분석 : 지표면 20cm 토양을 채취하여 유효양분 함량을 측정한다.
④ 엽분석
  ㉠ 4가지 방법 중 가장 신빙성이 있다.
  ㉡ 봄 잎은 6월 중순, 여름 잎은 8월 중순에 가지의 중간 부위에서 성숙한 잎을 채취하여 함량을 분석한다.

3) 영양 결핍 증상

① 잎
  ㉠ 황화 현상 : N, P, K, S 부족
  ㉡ 잎 가장자리 변색 : Mg 부족
  ㉢ 엽맥 사이 조직 황화 : K, Fe, Mn 부족
  ㉣ 기타 : 괴사, 백화, 반점, 비틀림, 타죽음, 낙엽 등

② 가지 : 로젯트형, 왜성형, 고사, 변색
③ 열매 : 기형, 변색, 왜소화

4) 영양 결핍 치료

토양 내 양분이 절대적으로 부족하거나 충분하더라도 식물이 흡수할 수 없는 형태로 존재하는 경우 "결핍 증상"이 나타난다. 식물은 무기질 형태로 존재하는 양분만 흡수가 가능하다.

① 화학비료 : 신속 처리에 유효하나 과용 시 토양을 산성화한다.
② 퇴비 : 토양의 물리적, 화학적, 생물학적 성질을 개량한다.
③ 엽면시비
  ㉠ 엽면시비는 요소 0.5%, 복합비료 500~1,000배액으로 희석하여 살포한다.
  ㉡ 시비액 1리터당 질산칼슘(1g), 질산칼륨(0.5g), 황산마그네슘(0.5g), 제1인산칼륨(0.5g), 요소(1g)를 혼합하여 살포한다.
  ㉢ 영양농도가 진할수록 시비효과는 크지만 너무 크면 염분 피해가 나타난다.
  ㉣ 안전한 영양소 농도는 0.2~0.5%이며 전착제(계면활성제)는 0.1% 첨가한다.
  ㉤ 흡수효율 : Na > Mg > Ca 순이다.

> **Tips** 미량원소의 결핍 증상

원소	치료법	결핍 증상	
		활엽수	침엽수
N	요소 황산암모늄 질산암모늄	성숙 잎 황녹색, 왜소, 조기낙엽	잎 왜소·황변, 수관 하부 황변
P	과린산석회	• 성숙 잎 녹색 • 엽맥, 엽병, 잎뒷면의 보라색 • 가는 가지 조기낙엽	잎, 청색~회녹색
K	황산칼륨 염화칼륨	성숙 잎 가장자리와 엽맥조직 황화, 검은 반점, 측지 꼬불거리고 짧음	• 잎이 청녹 → 황색, 적갈색 • 서리 피해 약함
Ca	석고	• 어린 잎 황화, 괴사 • 잎 왜소, 기형화	• 잎끝 꼬불거리고 눈 왜성화 • 수관 상부 어린 잎 심함
S	석고	• 어린 잎, 성숙 잎 담녹색 • 잎 왜소화	• 성숙 잎 끝 황화~적색화 • 조기낙엽

문제 수목 생장에 필수적인 N, P, K의 기능과 결핍 현상을 설명하고 무기진단법 3가지에 대해 설명하시오.

문제 수목에 있어서 무기영양소의 역할과 필수 원소의 일반적인 결핍 증상, 이동성에 관하여 서술하시오.

23. 식물호르몬의 역할, 종류, 기능

1) 정의 : 식물 생장 물질

유기물로 구성된 화합물로 한곳에서 생산되어 다른 곳으로 이동하여 이동된 것에서 생리적 반응을 나타내며, 아주 낮은 농도에서 작용하는 화합물을 말한다.

※ 에틸렌은 생산된 곳에서도 생리작용을 나타낸다.

2) 식물호르몬의 역할

① 식물의 각 부위 간의 내적 연락체계를 확립하여 유기적으로 연결하는 전령의 기능을 한다.
② 외부 자극을 감지할 수 있는 체계이다.

3) 종류

① 생장 촉진제 : 옥신, 지베렐린, 사이토키닌
② 생장 억제제 : absciscic acid(휴면과 잎의 낙엽현상), ethylene(과일성숙)

4) 호르몬의 종류와 기능

옥신	주광성, 굴지성, 개화 생리, 성 결정(옥신량이 많아지면 암꽃이 발생), 삽목 시 발근 촉진, 정아 우세
지베렐린	• 줄기의 신장을 촉진, 형성층의 세포분열 촉진 • 개화 촉진(소나무과 측백나무과) : 나지배 촉진, 피지배 억제
사이토키닌	세포분열 촉진, 기관 형성 촉진
에브식스산	줄기 신장 억제, 휴면 유도, 스트레스 감지, 모체 내 발아 억제
에틸렌	• 과실 성숙 촉진 • 침수 시 : 잎 황화현상, 줄기 신장 억제, 비대 생장 촉진, 잎상편생장 • 줄기와 뿌리의 생장 억제, 쌍자엽 식물 종자 발아 시 도움 • 개화 촉진 : 망고, 바나나, 파인애플

문제 각 호르몬의 기능, 정의 및 특징 및 기능을 설명하시오. (문화재수리기술자 : 2016년)

24. 조기낙엽의 원인과 대책

1) 개념

① 잎이 정상적인 수명보다 일찍 탈락하는 현상으로 나무의 건강이 나쁠 때 나타난다.
② 정상잎의 수명은 사철나무 5개월, 스트로브잣나무 2년, 소나무 3년, 잣나무, 동백나무 4년, 전나무, 가문비, 주목 5~6년이다.
③ 소나무, 잣나무의 경우 잎이 가을에 일시에 갈색으로 변하고, 조기에 낙엽진다.

2) 원인

① 영양부족, 여름철 가뭄, 이식 스트레스, 여름철 고온(구상나무), 대기오염
② 전염성 병해(잎떨림병, 녹병)
③ 해충 피해(응애, 벚나무)
④ 구상나무, 전나무 등은 서늘한 기후를 좋아하며, 도심지 내 식재 시 고온 피해로 잎 수명이 단축된다(2~3년 차에 조기 낙엽).

3) 방지법

① 관수 : 이식목에 관수하여 이식 스트레스를 감소시킨다.
② 대기오염 경감 : 소나무 잎 세척으로 미세먼지 제거한다.
③ 시비 : 퇴비나 칼륨 비료를 시비하여 영양 상태 개선한다.
④ 고온과 가뭄이 있는 경우 건조 대책 수립, 노출을 방지한다.
⑤ 햇빛 : 넓게 심거나 간벌로 햇빛을 충분히 받도록 한다.

25. 수분 부족으로 인한 수목의 스트레스

1) 수분 부족 및 수분 스트레스

① 토양에서 흡수하는 양보다 더 많은 수분을 증산하여 체내 수분 함량이 줄고, 생장량이 감소하는 현상이다.
② 수분포텐셜이 $-0.5MPa$가량 될 때부터 식물은 abscis acid를 생산하기 시작하여 기공의 크기와 광합성에 영향을 주며, 토양 수분포텐셜이 $-0.7MPa$보다 낮으면 뿌리가 생장하지 않는다.

2) 수고생장 영향(스트레스)

① 고정생장 수종(잣나무) : 전년도 여름에 수분 스트레스가 심하면 동아 형성에 영향을 주어 당년 봄의 수고생장이 감소한다. 직경생장과 반대로 예민하게 키가 줄지 않고, 여름과 가을 가뭄의 영향을 적게 받는다.
② 자유생장 수종 : 전년도 늦여름, 당년 봄 수분 스트레스는 고정생장과 같이 봄철 수고 생장에 영향을 주고, 당년 여름 수분 스트레스는 새로운 줄기 생장에 영향을 준다. 여름 생장과 가을 생장이 추가로 진행되므로 연중 수분 부족 반응을 보인다.

3) 직경생장(수분 부족 시)

① 수분 부족에 예민하게 반응한다.
② 세포 팽압 감소 → 목부 시원세포의 확장 방해, 목부세포의 분화 감소
③ 직경생장의 지속기간과 목부와 사부의 비율이 감소한다.
④ 춘재에서 추재로 이행이 촉진된다.
⑤ 세포가 작아지고 춘재 비율이 낮아진다.

4) 뿌리생장(수분 부족 시)

① 스트레스를 가장 늦게 받고 가장 먼저 회복하는 곳이다.
② 토양의 수분 포텐셜이 −0.7MPa보다 낮으면 뿌리 생장이 거의 이루어지지 않는다.
③ 뿌리 생장이 정지하면 수분, 영양 흡수 둔화로 Cytokinin(세포분열, 노쇠 방지) 합성량이 감소하고 abscisic acid가 증가하여 기공이 폐쇄되며, 줄기 생장이 정지된다.

PART 05
토양학

1. 공극률과 용적률

① 토양공극률 = $\left(1 - \dfrac{용적밀도}{입자밀도}\right) \times 100$

② 용적밀도 커짐 → 토양이 다져짐 → 배수, 투수성, 뿌리 자람 불량 → 공극률 감소

예 용적밀도는 $1.33g/cm^3$, 입자밀도는 $2.66g/cm^3$인 토양의 공극률 : $\left(1 - \dfrac{1.33}{2.66}\right) \times 100 = 50\%$, 공극비 = $\dfrac{공극부피}{고상부피} = \dfrac{50}{50} = 1$

2. 토양 용적밀도 구하는 방법

$$용적밀도(가비중) = \dfrac{고형입자\ 무게}{전체\ 용적},\quad 입자밀도(진비중) = \dfrac{고형입자\ 무게}{고형입자\ 용적}$$

용적밀도가 큰 토양은 토양이 다져졌으며, 뿌리 자람, 배수성, 통기가 나쁘고, 공극량이 작다. 경운의 주목적은 용적밀도를 낮추는 것이다.

3. 부피기준, 질량기준 수분 함량

1) 부피기준 수분 함량

① 부피기준 수분 함량(용적수분 함량) = 용적밀도 × 질량기준 수분 함량
② 부피기준 수분 함량은 토양수분 함량을 용적기준으로 나타낸 것이다. 용적밀도 값이 증가하면 용적 수분 함량도 증가한다.

2) 질량기준 수분 함량

① 질량기준 수분 함량 = $\dfrac{수분\ 무게}{건조토\ 무게} \times 100$

② 공극률 50%인 토양의 중량수분이 20%인 토양의 표토(밀도 $1g/cm^3$, 용적밀도 $1.3 g/cm^3$)가 수분으로 포화되기 위한 관개량은 $20 \times 1.3 = 26$, $100 - 50 - 26 = 24$이다.
③ 판상구조는 용적밀도가 크고 공극률이 급격히 낮아져 대공극이 없어진다.
  ㉠ 토양입단이 발달할수록 용적밀도는 작아진다.
  ㉡ 유기물이 많을수록 용적밀도는 작아진다.

문제 용적밀도는 1.0g/cm³이고 입자밀도는 2.5g/cm³인 토양의 공극률, 공극비, 포화 시 수분 함량을 구하라.

① 공극률＝60%＝액상＋기상

※ 고상(%)＝100%－공극률(액상＋기상)＝40%

② 공극비＝$\dfrac{액상＋기상}{고상}$＝60÷40＝1.5

③ 포화 시 중량 수분 함수량은 액상과 기상이므로 60%

④ 고상비(40%)＋공극비(60%)＝100%

문제 부피가 1,000cm³인 토양의 고상이 50%, 액상, 기상이 각각 25%였다. 공극비와 포화수분 함량, 공극률은? (단, 물의 밀도 1g/cm³, 용적밀도 1.1g/cm³, 입자밀도 2.6g/cm³)

※ 공극률＝$\left(1-\dfrac{용적밀도}{입자밀도}\right)\times 100$

※ 용적밀도＝$\dfrac{질량}{부피}$

① 부피값이 변하면 용적밀도 값도 변한다.
② 공극률＝[1－(1.1/2.63)]×100＝58%, 실제 50%
③ 공극비＝(25＋25)/50＝1
④ 포화에 소용되는 수분 함량＝1,000×0.25＝250g

※ 부피기준 수분 함량＝용적밀도×질량기준 수분 함량

※ 질량기준 수분 함량＝$\dfrac{수분\ 무게}{건조토양\ 무게}\times 100$

문제 용적밀도는 1.5g/cm³, 입자밀도는 2.65g/cm³, 질량기준 수분 함량은 20%인 토양의 3상 분포는?

① 공극률＝$\left(1-\dfrac{1.5}{2.65}\right)\times 100$＝43.4%

∴ 고상＝100－43.4＝56.6%

② 액상＝용적밀도 1.5×20%＝30%
③ 기상＝100－56.4－30＝13.6%

4. Munsell 토색 분류

① 밝은 그늘에서 실시하며 명도는 y축(↓), 채도는 x축(→)으로 읽는다.
② hue 색상(색깔의 속성) : 10개 색상으로 구분하고, 각색상은 다시 2.5배수로 2.5, 5, 7.5, 10의 4단계로 구분한다.
③ Value 명도(밝기) : 10(흰색)~0(검은색)으로 11개 단계로 구분하는데 토양의 명도는 2 (또는 2.5)에서 8까지 7단계로 구분한다.
④ Chroma 채도(선명도) : 회색에 가까울수록 낮은 값 1로부터 (2, 3, 4, 6, 8) 6단계로 구분
  예 10YR5/3 → 색상은 10YR, 명도 5, 채도 3

※ Fe, Mn → 산화 상태 → 붉은색
  환원 상태 → 회색
  우리나라 산림토양은 5YR~10YR 사이에 있다.
※ 먼셀토양색상표는 관련도서를 보고 개념정리와 읽기 등을 공부하기 바란다.

5. 산림토양과 경작토양 비교

1) 산림토양과 경작토양 단면

항목		산림토양	경작토양
단면	유기물층	• Oi : 약간 분해된 유기물층 • Oe : 중간 정도로 분해된 유기물층 • Ou : 많이 분해된 유기물층	없음
물리	토성	모래와 자갈이 많음	미사+점토 많음
	보수력(보비)	낮음(모래, 경사지)	우수
	통기성	좋음(대공극 발달)	보통(밭 : 양호, 논 : 불량)
	토양공극	높다(점토 유실, 대공극 발달)	낮음(기계 사용 : 소공극 발달)
	용적밀도	낮다(공극량 많음)	높다/딱딱, 기계 사용
화학	유기물	많음	작음
	C/N율	높음(15 : 1~30 : 1)	낮음(시비효과) 8 : 1~15 : 1
	pH	낮음(pH 5.0~6.0)	중성(pH 6.0~6.5)
	양이온 치환능	낮음	높음(점토 함량 높음)
	비옥도	낮음	높음(시비효과)
	무기태 질소 형태	NH_4^+	NO_3^- : 용탈
	질산화작용	억제(낮은 pH)	완성함
생물	토양미생물	곰팡이	박테리아, 곰팡이

2) 물리적 성질

① 토성 : 토양 내 점토, 미사, 모래의 상대적 혼합 비율
   ※ 자갈(지름 2mm 이상) : 산림토양에 많음
② 토양 공극과 용적비중 : 산림토양은 공극률이 경작토양보다 높고 용적비중이 낮음
③ 토양수분(산림토양) : 강우 시 점토 유실 + 모래 함량 많음, 보수, 보비력 약함, 한발에 나무 생육 저하됨

3) 화학적 성질

① 산림토양은 경작토양보다 유기물이 많음
② 토양 내 유기물의 부정적인 면
   ㉠ 토양 산성화 → 낙엽 분해(CN율 10 : 1) → 부식산 발생 → 산성화시킴
   ㉡ 분해되지 않는 Phenol, tannin류 → 미생물 생장 억제, 극상림일수록 타감효과 큼
③ 산도
   ㉠ 토양 미생물 활동에 영향 → 질산화 박테리아 → 산성 토양에서는 생육 어려움
   ㉡ 영양소 유용성 결정(Mg, Ca, B, P) : P는 pH 5.0 이하에서 Fe, Al 결합하여 불용성됨
      ※ 경작토 pH 6.0~6.5, 산림토양 pH 5.0~6.0(낙엽 분해 시 생기는 humic acid 때문)
   ㉢ 인산을 얻기 위해 균근 형성 → 인산을 대신 흡수

4) 양이온 치환 능력

① 점토와 유기물에 의해 흡착, 저장될 수 있음
② 산림토양 양이온치환능력이 경작토보다 낮은 이유
   ㉠ 산성화 진전으로 영양소가 저장될 곳에 수소이온이 자리 잡음
   ㉡ 점토 함량이 경작토보다 적기 때문
   ㉢ 유기물이 점토보다 양이온 치환 능력이 높으나 산림토양 내 유기물 함량은 전체 토양 중에서 적은 부분이라 기여도가 점토보다 낮음
   ㉣ 산림토양은 산성이 강함

5) 산림토양의 생물적 특성

① 유기물은 토양 생물에 의해 분해됨
② 산림토양은 박테리아 숫자가 적고, 곰팡이 종류와 숫자가 많음
③ 산성화 진행으로 박테리아가 번식하기에 부적합

④ 곰팡이는 산성토에 내성이 강하고 사물 기생균이 번식하여 낙엽을 주로 번식·분해시킴
⑤ 균근은 수목 뿌리와 공생하기에 종류가 다양함
⑥ 질산화 박테리아
  ㉠ 산성 토양에서는 박테리아 활동이 억제되기 때문에 질산화 작용은 거의 일어나지 않음
  ㉡ 경작토양에서는 질소비료 시비 시 질산화 박테리아에 의해 곧 NO_3^-로 바뀌는데 토양은 음이온 저장 능력이 없어(음전기 토양 입자와 음이온 간 배척) 작물에 흡수되거나 빗물에 씻겨 토양에서 유실됨
  ㉢ 산림토양에서는 질산태질소 형태로 거의 존재하지 않음 → 산림 파괴가 없는 한 질소 유실은 거의 없음 → 산림토양에서 질소를 보존하는 데 큰 도움이 됨
    ※ NH_4^+는 식물체내에 축적되지 않고 ATP 생산에 유독물질이다. 따라서 아미노산으로 동화되어야 한다.
    NH_4^+(암모늄화 작용) → 양이온 치환으로 저장 → 수목 이용

[문제] 산림토양의 특성을 농경지 토양과 비교하여 토양 단면의 특성, 물리적 성질, 화학적 성질, 생물학적 성질을 설명하시오. (문화재수리기술자 : 2015년)

6. 염류토양의 특성과 개량

1) 염류토양 특성

① 토양 pH는 최소 8.5 이하이다.
② 점토광물 흡착 부위에 나트륨이 주로 존재한다.
③ 토양 구조는 양호하나 염류 농도 때문에 식물이 생육이 좋지 않다.
④ 백색 알칼리 토양이라 부른다.
  → 표면에 Ca과 Mg의 SO_4 또는 Cl의 염들이 축적되어 염류층을 형성하고 건조기 때에 백색으로 나타난다.
  ※ 전기전도도(EC)가 높다는 것은 토양 내 무기염류가 많이 집적되어 있어 전류가 잘 흐른다는 의미이다.

2) 토양별 특색

구분	전기 전도도 (EC)	교환성 나트륨비(ESP)	나트륨 흡착률 (SAR)	pH
normal soils	< 4ds/m	< 15	< 13	< 8.5
염류토양	>	<	<	<
나트륨토양	<	>	>	>
염화나트륨토양	>	>	>	<

※ 교환성나트륨비(ESP) : 토양에 흡착된 양이온 중 Na^+이온이 차지하는 비율

① 염류토양
　㉠ 표면에 Ca과 Mg의 SO_4 또는 Cl의 염들이 축적되어 염류층이 형성되기도 한다. 교질물이 고도로 응집되어 있어 토양 구조가 양호하다.
　㉡ 백색 알카리 토양, 토양 교질이 Ca^{2+}, Mg^{2+}과 같은 양이온에 대한 친화력이 Na^+보다 크기 때문에 염류토양 나트륨 흡착비는 13 이하이다.
　㉢ 작물에 악영향

② 나트륨토양
　㉠ Na 함량이 높을 경우 토양 투수성 저하로 뿌리호흡이 저해된다.
　㉡ 흑색 알카리 토양, 석고($CaSO_4 \cdot 2H_2O$)로 개량한다.
　㉢ 식물의 생육이 불가하다.

③ 염화나트륨토양
　㉠ 높은 염과 Na 농도로 식물 피해, 나트륨 흡착률(SAR)이 높아진다.
　㉡ 입단 파괴, 배수 불량 시 Ca 첨가, 배수용탈로 개량한다.

3) 염류토양 개량

① 관수, 배수작업으로 과잉염류를 용탈하고 심근성 식물재배로 토양에 공기를 주입한다.
② 염류나트륨 토양은 과잉의 교환성 Na, 가용성 염류를 제거하기 위하여 Ca염을 첨가하고 배수용탈을 한다.
③ 석고($CaSO_4 \cdot 2H_2O$), 석회석 분말 첨가 → 교환성 Na을 중성의 황산염, 탄산염으로 전환시킬 수 있다.
④ 황분말을 사용하여 토양의 pH와 물리성을 개선한다.

7. 산성토양의 특성과 개량

1) 토양 산성화 원인 : 토양 중 H^+ 이온 증가

① 뿌리호흡이나 토양유기물의 분해에 따라 발생하는 CO_2가 물과 반응하여 탄산(H_2CO_3)이 생성되고 HCO_3와 H^+가 생성된다.
② 토양 유기물 결합이 생성되는 유기산에서 H^+ 이온이 유래된다.
③ 토양 유기물이 집적된다.
④ 강우에 의해 교환성 염기(Ca, Mg, K, Na)가 용탈되어 토양 산성화를 유도한다.
⑤ 산성 강하물(NOx, SOx, CO_2 등)에 의해 산성화가 된다.

2) 산성 토양의 특성

① 세포의 투과성을 약화시켜 양분의 균형을 깨고 토양에서 이로운 소동물과 미생물의 활성을 억제한다.
② 질소고정과 질산화 작용이 저해를 받으나, 사상균(곰팡이 등)의 수는 상대적으로 증가한다.
③ 미생물의 활성이 저하되고 Ca 함량도 많지 않아 입단구조가 불량해진다.
④ 비료 중 인산이 가장 크게 영향을 받으며 pH 7.0에서 pH 6.0으로 떨어지면 유효도가 감소한다.
⑤ 철과 알루미늄의 농도가 증가하여 인산과 결합하여 불용성 화합물이 된다.
⑥ 작물 생육에 적절한 토양의 pH는 무기질 토양에서 6.5정도이며, 유기질 토양에서는 5.5 정도이다.
⑦ Al, Mn, Cu, Zn, Pb 등은 pH 4~5 이하에서 식물에게 독성을 나타내며 B, Zn, Fe, Cu는 pH가 높아짐에 따라 유효도가 낮아지나, Mo은 다른 미량원소와 달리 산성에서 유효도가 낮아진다.

3) 산성 토양 개량

① 석회석 분말 사용으로 반응 교정 : 석회석($CaCO_3$), 백운석($CaCO_3 + MgCO_3$) 탄산마그네슘, 소석회, 탄산석회로 교정
② 유기물(퇴비, 기비, 녹비) 사용, 토양 피복으로 빗물에 의한 염기용탈 방지
③ 무기양료 엽면시비, 수간주사, 토양관수로 수세 회복 실시
④ 미량원소 사용과 인산, 가리질비료 증량 시비

※ 알칼리 토양은 S, 석고($CaSO_4 \cdot 2H_2O$), 황산알루미늄[$Al_2(SO_4)_3$] 사용으로 pH를 낮추며, 산성 토양은 유기물 분해 억제, 토양의 이화학적 성질 악화, 뿌리기능 저해, 수세약화의 원인이 된다. 석회 사용과 유기물 퇴비 사용으로 미생물 활동이 왕성하고 양료 이용이 높은 pH 6.6~7.3 범위로 토양을 개량할 수 있도록 한다. 대부분의 침엽수 및 참나무의 생육이 적합한 산도는 pH 5.6~6.5 범위이기도 하다.

8. 균근의 유익한 점

① 균사는 5~15cm 뿌리로부터 연장된다. (근권연장) 10배 정도 양분흡수율을 가진다.
② P와 같이 유효도가 낮은 양분을 흡수하기 용이하고 과도한 염류와 독성 금속이온의 흡수를 억제한다.
③ 수분 흡수를 증가시켜 한발에 대한 저항성을 높여준다.
④ 병원균과 선충으로부터 식물을 보호한다.

⑤ 토양을 입단화하여 통기성과 투수성을 증가시켜 식물의 뿌리 호흡을 돕는다.
  ㉠ 무기염의 흡수를 촉진한다(N, P, S, Cu).
  ㉡ 산성토양에서 암모늄태질소(NH_4)의 흡수를 촉진한다.
  ㉢ 균근은 글로말린을 생성하여 입단 형성에 관여한다.
  ㉣ 토양온도의 급격한 변화와 강산성과 토양 특성 물질에 대한 피해를 경감한다.
  ㉤ 토양비옥도가 낮을수록 촉진되며, 토양 산성을 중화시키는 것은 아니다.

9. 질산화작용과 탈질작용

1) 질산화작용

질산화작용이란 NH_4^+가 미생물작용에 의하여 아질산태(NO_2^-)와 질산태질소(NO_3^-)로 산화되는 과정으로 pH가 낮아진다.

$$NH_4^+ \quad \rightarrow \quad NO_2^- \quad \rightarrow \quad NO_3^-$$
니트로소모나스 니트로박터
(Nitrosomonas) (Nitrobacter)

① pH 4.5~7.5 범위에서 잘 일어난다.
② 강산성토에서는 Mg, Ca 등 영양 부족이나 Al 독성으로 인해 질산화작용이 저해된다.
③ 알칼리 토양에서는 NH_3가 축적될 수 있고, 질산화균을 저해할 수 있다.
④ 수분은 적당한 수분 함량인 포장용수량 정도에서 활발하다. 토양수분이 많아지면 호기적 반응인 질산화작용이 느려지고, 포화 상태에서는 산소 부족으로 거의 일어나지 않는다. 산소의 공급이 좋고 배수가 잘되는 곳에서 활발하다.
⑤ 온도는 25~30℃가 적합하며 5℃ 이하 또는 40℃ 이상에서는 질산화작용이 크게 저해된다. 탈질작용의 적정 온도는 25~35℃이다.

2) 탈질작용

① 호기성세균이 산소가 없는 조건에서 질산태질소 또는 아질산태를 호흡계의 전자수용체로 이용하여 기체 상태인 N_2 또는 N_2O를 생산하는 과정이다.
② 산화환원 전위(Eh)가 낮으면 일어나기 쉽다.
③ 호기조건일때는 O_2, 혐기조건일때는 NO_3^-를 전자수용체로 한다.

3) 질산화작용, 탈질작용, 휘산작용의 비교

구분	질산화작용	탈질작용	휘산작용
산도	• pH 4.5~7.5 • 중성일 때	• pH 중성 • 산화환원 전위가 낮은 곳에서 발생	• pH 7 이상 • 요소비료 사용 시 pH 증가로 휘산 촉진(NH_3-N)
온도	25~30℃	25~35℃	고온건조
수분	• $NH_4 \to NO_2 \to NO_3$ • 포장용수량 상태(포화 상태는 아님) • 배수가 불량하고 산소가 부족한 토양일 때(산소 10% 미만) • 유기물과 질산(NO_3^-)이 풍부한 토양일 때 → 혐기성균은 산소 대신 질산을 전자수용체로 이용하기 때문	• 산소 10% 미만 • 주로 담수 상태 • 유기물과 NO_3 풍부[유기물 함량 많은 토양($+NO_3^-$이 풍부한 토양)은 O_2가 고갈될 수 있음]	• 무기질 사용 후 장기간 침수 질산층 • 질소가 환원층에 존재하는 경우, 쉽게 분해되는 유기질 많을 경우 • 탄산칼슘이 많은 석회질 토양
비고	(억제작용) • 5℃ 이하, 40℃ 이상 • 강산성 시 Ca, Mg 부족 • Al독성으로 질산화 저해 • 알칼리 토양일 경우 NH_3 축적으로 질산화균 저해	(억제작용) • pH 5 이하 산성일 때 • 10℃ 이하일 때 • 2℃ 이하에서는 발생하지 않음 • 토양병원균 활성 억제= pseudomonas, Bacillus Actonomycetes	질산태질소+산성비료 (과인산석회) → 질산 휘발

10. 질소고정 방법

1) 개념

대기의 78%가 질소로 구성되어 있으나 불활성 가스로 식물이 이용할 수 없다. 질소고정이란 식물이 이용 가능한 형태로 바뀌는 것을 말한다.

2) 질소고정

① 생물학적 고정 : 미생물에 의해 암모늄 형태로 환원($N_2 + 6H^+ \to 2NH_3$)하는 과정이다. 즉 N_2를 암모니아(NH_3)로 만드는 환원 과정이다.
② 광화학적 질소고정 : 번개에 의해 산화되어 NO, NO_2가 된 다음 NO_3 형태로 빗물에 녹아 떨어진다($N_2 + O_2 \to NO_2, NO_3$). 1년에 1ha당 4kg 정도이다.

③ 산업적 질소고정 : 비료공장의 암모니아 합성($N_2 + 3H_2 \rightarrow 2NH_3$)
④ 연간 질소고정량 : 생물적 고정 > 산업적 고정 > 광화학적 고정 순이다.

3) 질소고정 미생물

구분	미생물 종류	생활형태	기주	고정량 (kg/ha/년)
자유생활	Azotobacter Clostridium	호기성 협기성		0.2~1.0 15~44
공생	Cyanobacteria	외생균근	지의류, 소철	3~4
	Rhizobium	내생공생	콩과식물, 느릅나무과	100~200
	Frankia	내생공생	오리나무류, 보리수, 담자리꽃, 소귀나무속	12~300

※ • Frankia는 actinomycetes의 일종으로 곰팡이와 박테리아의 특징을 가진다.
  • Rhizobium, Frankia는 고유 모양이 변형되어 박테로이드 형태로 존재한다.
  • 공생적 질소고정에 필수적인 영양소는 Co, Mo이다.
    - Co : 레그모글로빈 생합성에 필요
    - Mo : 니트로제나제 보조인자로 작용

문제 질소고정 작용 3가지와 생물학적 질소고정 작용기작을 설명하고 공생형 공중질소고정균의 종류를 서술하시오.

11. 알칼리 토양에서 인산 유효도 증진

① 유기물을 뿌리 가까이 시비하면 유효도가 증가한다.
② 알칼리 토양에서는 유안과 함께 시비한다.
  ※ 유안 = 황산암모늄, $(NH_4)SO_4$
③ 토양의 인산 고정력을 감소시킨다. 미생물의 번식을 조장한다.
④ 시용 인산과 토양과 접촉을 적게 한다. 방법은 유기물 비료와 혼합하여 사용한다.
⑤ 밑거름이 효과적이다.
⑥ 수용성, 구용성 인산과 분말보다 입상으로 시비한다.
⑦ 지온 저하 등에서는 시비량을 늘인다.
⑧ 토양을 담수처리하면 혐기조건이 되면서 인산이 해리되어 가용도가 높아진다. 즉, 환원상태에서 인산 용해도가 증가한다.
⑨ 황화철을 시용한다. 토양 pH를 중성부근으로 조절한다.

⑩ 암모늄비료와 인비료를 혼합하여 시비한다.
　　㉠ 소석회를 시비하면 Ca과 P가 고정화되어 인의 용해도를 낮춘다.
　　㉡ pH 5~6에서 Al−P결합, pH 4에서 Fe−P결합은 담수 후 환원 상태가 되면 유효화된다.

12. 무기영양 결핍 증상(미량원소 결핍증)

① Zn : 잎이 작아진다.
② Fe : 주로 알칼리성 토양에서 발생, 어린 잎 엽록소 생성에 관여한다.
③ Cu : 소나무 어린 줄기와 잎이 꼬이는 현상이 나타난다.
④ Mo : 잎 끝부분부터 괴사 현상이 나타난다.
⑤ K : 잎에 검은 반점이 생기거나 주변에 황화현상(엽맥은 녹색 엽맥 사이는 황)이 나타난다.
⑥ B : 생장점과 어린 잎의 생장이 저해된다.
⑦ 잎 황화현상 : K, S, Mg, Fe, N, Ca 부족 시 나타나는 증상

구분	특성	증상	세부증상	무기원소
결핍	성숙 잎 → 아래쪽 잎 N, P, K, Mg (이동 잘 됨)	황화현상	균일함	N(S)
			엽맥 사이 또는 반점	Mg(Mn)
		고사현상	잎끝 누름, 타는 증상	K
			엽맥 사이 반점	Mg(Mn)
	새순 → 위쪽 잎 Ca, Fe, B (이동 어려움)	황화현상	균일함	Fe(S)
			엽맥 사이 반점	Zn(Mn)
		고사	황화현상	Ca, B, Cu
		기형		Mo, B
독성	오래되고 성숙한 잎	고사현상	점	Mn(B)
			잎끝, 가장자리 누름	B
		황화, 고사		불특정 독성

※ 엽맥 사이 반점 Mg, Zn/ 황화현상 균일 N, Fe/ 기형 → Mo, B 부족

13. 산불에 의한 토양 피해

① 토양공극률 감소
② 유효광물질 유실
③ 호우 시 일시적인 지표 유화수 증가
④ 투수성 감소로 인한 침식 증가
⑤ 재의 유입으로 토양 pH가 높아질 수 있지만 표층에 한정
⑥ N, S 같은 무기양분은 가스 형태로 소실
⑦ 생물종 다양성 현저히 감소
⑧ 유기물층 감소로 보수력이 낮아짐
⑨ 부식질 소실되어 액상과 기상 비율 감소

14. 수식의 종류

① 토양 침식 : 물, 바람, 중력에 의해 토양 입자가 분산, 탈리, 이동, 퇴적되어 이루어진다.
② 종류
  ㉠ 면상침식 : 토양 표면을 따라 얇고 일정하게 침식된다.
  ㉡ 세류침식 : 유출수가 침식이 약한 부분에 모여 작은 수로가 형성된다.
  ㉢ 협곡침식 : 수로 바닥과 양옆이 심하게 침식된다.
  ※ 빗물에 의한 침식 발생 순서 : 우격침식 → 면상침식 → 누구침식 → 구곡침식

15. 풍식에 의한 토양 입자의 이동 경로

① 약동(도약운동) : 바람에 의해 지름 0.1~0.5mm인 토양 입자가 지표면에서 30cm 이하 높이로 비교적 짧은 거리를 구르거나 튀는 모양으로 이동하는 것이다. 풍식 전체 이동의 50~90%를 차지한다.
② 포행(전동, 표면운동) : 약동하는 입자가 포행의 움직임을 빠르게 한다. 지름 1.0mm 이상으로 전체 이동의 5~25%이다.
③ 부유(부유운동) : 작은 입자가 공중에 떠서 표면과 평행하게 멀리 이동하는 것으로 수백 km를 날아가기도 한다. 전체 이동의 40%를 넘지 않으며 대개 15% 정도이다.

16. 토성별 선호 수종 : 산림토양 pH 4~6, A, B층 대부분 양토

구분	선호수종
사토	소나무, 리기다소나무, 버드나무, 아까시나무, 황철나무 등
사양토	대부분 수종
양토	잣나무, 참나무 등
미사질양토	잣나무 등
식질양토	소나무, 전나무 등
식토	가문비나무, 서어나무, 벚나무, 일본잎갈나무 등
석력토	대나무, 밤나무

※ 출처 : 산림청, 토양관리 특화품목 기술보급서

17. 산림토양의 층위별 특징

구분	주요특징
O층	광물질 표토층 위에 위치, 낙엽, 낙지의 유기물층
A층	표토층 암갈색, 암회색으로 유기물 함량이 높음, 세근이 풍부하고 용탈이 잘 일어남
B층	• 심토층으로 갈색이나 적색, 표토층보다 점토 함량이 높고 뿌리는 적음 • 밝은 갈색, 황색
C층	풍화모재층

memo

PART 06
농약학

1. 농약의 명명법

화학명	유효성분의 화학명을 명명규칙에 따라 붙인 이름(국제순수응용화학 IUPAC)
일반명	• 구성화합물 이름을 암시하며 단순화, 국제적으로 채용된 명칭 • BSI, ANSI 승인 : 국제 표준화기구 ISO가 정함
품목명	• 제제화와 관련하여 붙여진 이름 • 등록 시 이용농약이 등록될 때의 분류명 유효성분 일반명＋제형명(예 베노밀수화제)
상품명	농약회사에서 붙인 이름
시험명 (코드명)	• 농약 개발 시험 단계에서의 이름 • 일반명을 붙이기 전에 제조사에서 개발자의 이름을 약칭하여 붙임

2. 농약 보조제의 종류

1) 개요

보조제란 농약의 특성을 개선시킬 목적으로 사용하는 물질을 총칭하며, 유효성분의 생물학적 약효를 상승시키기 위한 협력제도 포함한다.

2) 용제

① 유제나 액제와 같이 액상의 농약을 제조할 때 원제를 녹이기 위해 사용하는 용매이다.
② 최근 용제선택의 경향은 유기용매 사용을 최소화하는 고형 제제화 또는 저휘발성 용제로 대체된다.
③ 부득이 유기용제 사용 시는 분자량이 크고 인화점이 높은 용제를 사용한다.
④ 종류 : 물, 메탄올, 톨루엔, 벤젠, 알콜

3) 계면활성제

① 서로 섞이지 않는 유기물층과 물층으로 이루어진 두 층계에 첨가하였을 경우 계면활성을 나타내는 물질을 총칭하며 농약의 물리적 특성을 좌우하는 중요한 역할을 한다.
② 계면활성제의 작용 : 수화제 같은 고체 제형의 경우는 현탁액으로, 유제와 같은 액체 제형의 경우는 유화액 상태로 살포액에 균일하게 분산한다.
③ 친수성과 친유성
  ㉠ 친수성 : $-OH$, $-COOH$, $-CN$, $-CONH_2$
  ㉡ 친유성 : 알킬기($R-$, $-C_nH_{2n+1}$)
  ㉢ 비누 : 친수성＋친유성

4) 전착제

살포 약액의 습전성과 부착성을 향상시킬 목적으로 사용하는 보조제이다. 종류는 비누, 카제인 석회, sticker가 있다.

5) 증량제

분제, 입제, 수화제 및 수용제 등과 같이 고체상 제형에서 주성분 농도를 저하시키고, 부피를 증대시켜 농약을 균일하게 살포하여 부착질을 향상시키기 위한 재료이며 종류에는 활석(분제 제제용), 카오린, 벤토나이트(수화제 제제용, 입제 제제용), 규조토(수화제 제제용)가 있다.

6) 협력제

자체적으로는 살충력이 없으나 혼용되는 살충제의 생물활성을 증대시킨다. 종류에는 피페로닐뷰톡사이드, sulfoxide, 황산아연이 있다.

3. 약제 혼용 시 혼합법

2개 이상의 약제를 혼용할 때는 그 희석액 전체의 70% 이상의 물을 넣고 혼용 순서는 ① 액제=수용제 → ② 수화제=액상수화제 → ③ 유제 순으로 혼합한다(출처 : 산림청 누리집). 전착제는 그대로 또는 소량의 물과 혼합 후 살포액에 첨가한다.

※ 수화제와 다른 약제와의 혼용 시에는 액제=수용제 → 수화제=액상수화제 → 유제 순으로 물에 섞도록 한다. (출처 : 산림청)

4. 농약 소요량 계산

문제 이미다클로프리드유제와 테부코나졸수화제를 4,000배로 희석하여 1리터를 살포 시, 필요한 약량, 희석방법, 산출식을 쓰시오.

① 소요약량 = $\dfrac{\text{단위면적당 농약 살포량}}{\text{소요 희석배수}}$

= 1,000cc/4,000 = 0.25mℓ(각각의 농약량)

② 희석 방법 : 수화제를 먼저 섞고, 그다음 유제농약은 희석하기 전에 잘 흔들어서 사용하여야 하며, 혼합 15분 정도 후에 부유, 침전물이 발생하거나 혼합액의 온도가 높아지는 등의 현상이 발생하면 사용해서는 안 된다. 유제나 수화제의 살포액을 조제할 때 혼화가 충분하지 못하면 약해의 원인이 되기도 한다.

문제 45% EPN 유제(비중 1.0) 200cc를 0.3%로 희석하는 데 소요되는 물량은?

희석할 물의 양을 구하는 식 : 원액 용량 $\times \left(\dfrac{원액\ 농도}{희석할\ 농도} - 1 \right) \times$ 원액 비중

$$200 \times \left(\dfrac{45}{0.3} - 1 \right) \times 1.0 = 29,800 cc$$

문제 90% 농약원제 1kg를 2% 분제로 제조하는 데 필요한 증량제 양(kg)은?

증량제량를 구하는 식 : 원제량 $\times \left(\dfrac{원제\ 함량}{원하는\ 함량} - 1 \right)$

$$1 \times \left(\dfrac{90\%}{2\%} - 1 \right) = 44 kg$$

5. 증량제 구비조건과 종류

1) 구비조건

① 수분의 함량과 입자의 흡즙성이 낮아야 한다.
② 주제와 작용하여 분해되지 않아야 한다.
③ pH는 가급적 중성이어야 한다(pH는 농약 주성분 분해에 영향을 줌).
④ 가비중은 0.4~0.6 정도이다.

2) 증량제의 종류

규조토, 고령토, 탈크(활석), 벤토나이트, 납석

3) 증량제 용도

분제에 있어서 주성분 농도를 낮추는 보조제

6. 농약에 대한 저항성

1) 교차저항성

① 어떤 농약에 대하여 이미 저항성이 발달된 병원균
② 이전에 한 번도 사용하지 않은 같은 작용기작의 농약에 대하여 해충 또는 잡초가 저항성을 나타내는 현상

2) 단순저항성

같은 농약을 동일한 개체군 방제에 계속 사용하면, 내성이 강한 개체만 생존, 번식하게 되어 이전에 효과적이었던 농약의 약량으로는 방제가 불가능하게 된다.

3) 복합저항성

작용기작이 서로 다른 2종의 약제에 대해 저항성을 나타내는 것으로, 한 개체 안에 2가지 이상의 저항성 기작이 존재하기 때문에 발생하는 현상이다.

4) 역상관교차저항성

어떤 약제에는 저항성을 나타내나 다른 약제에 대해서는 감수성이 증가하는 현상이다.

7. 살충제와 살균제의 저항성 대책

살충제	살균제
• 농약의 교호 사용 • 대체 살충제 선발 • 살충 혼합제 개발 • 협력제의 혼합 처리 • 새로운 살충제 개발	• 농약의 교호 사용 • 침투성, 비침투성 살균제 혼합 사용 • 살균 효과를 유지 가능한 최소한의 약량을 사용하여 선발압 낮춤 • 새로운 살충제 개발 • 병원체 내 약제의 대사, 분해계의 저항성 기구를 소거시키는 방법

1) 살충제의 구비조건

① 적은 양으로 확실한 방제 효과 ② 대상 수목과 인축에 안전
③ 물리성 양호하고 품질 균일 ④ 다른 약제 혼용 가능
⑤ 저렴하고 사용이 간단 ⑥ 장기간 보관 가능
⑦ 대량 생산 가능

2) 살충제의 저항성 발달 기작

① 행동적 요인 : 해충의 식별력 증가로 인한 기피 현상 발생
② 생리적 요인 : 해충의 표피를 투과하여 약제가 체내로 침투하는 비율 저하, 약제를 대사시키는 능력이 증가, 작용점 도달 약량 감소, 살충제를 신속히 배설하는 능력이 증가

③ 생화학적 요인 : 체내에 침투한 살충제를 무독화하는 능력 증가, 약제에 대한 작용점의 감수성 저하 능력 발달

문제 해충이 살충제 저항성을 획득하게 되는 기작을 쓰고 저항성을 방제할 수 있는 방법을 서술하시오. (기술고시 : 2006년)

8. 살충제의 작용기작

1) 신경기능 및 근육의 자극 전달 저해

① 아세틸콜린에스테라제 효소 활성 저해
  ㉠ IA카바메이트계 : 메티오카브, 벤프라카브, 카바릴, 카바설판, 카보퓨란 등
  ㉡ IA유기인계 : 다이아지논, 디메토에이트, 말라티온(~치온+~포스)
  ㉢

유기인계 중독해독	아트로핀(과량의 아세틸콜린 자극 차단)
팜	효소 재활성화

② Na^+이온 통로 변조 : 합성피레스로이드계(델타메트린, 람다사이할로트린)
③ GABA 의존성 Cl이온 통로 차단
④ 염소이온 통로 활성화 : 에마멕틴벤조에이트, 아바멕틴, 레피멕틴 등

2) 성장 및 발생 과정 저해

① 유약 호르몬 유사작용
  ㉠ 메토프렌, 히드로피렌, 키노프렌, 페녹시카브
  ㉡ 변태억제가 되고 정상적 생리교란

② 탈피호르몬 수용체 활성화
  ㉠ "엑다이손" 수용체에 대신 결합 → 비정상적인 탈피 유도
  ㉡ 테부페노자이드, 메톡시페노자이드, 할로페노자이드

③ 충체 내 생합성 저해
  ㉠ 키틴 생합성 저해(탈피할 때 외피형성 불가)
  ㉡ 디플로벤주론, 노발루론, 루페누론, 트리플로부론, 뷰프로페진

3) 다점 저해

① 다양한 효소의 SH기가 결합하여 효소를 불활성화
② 콜로로피크린, 메칠브로마이트, 메탐소듐 → 토양훈증제

4) 기타

① 호흡 과정 저해
② 세포 파괴

9. 살균제의 작용기작

1) 다점 접촉 작용 : SH기 저해 작용, 비선택적 효소활성 저해

① 무기살균제 : 보르도액, 코퍼옥시클로라이드, 코퍼하이드옥사이드, DVDC, 옥시코퍼, 황, 결정석회황
② 유기살균제 : 만코제브, 메티람, 티람, 프로피네브, 메탐, 다조멧, 켑탄, 풀펫

2) 호흡(에너지 생성 대사) 저해

아족시스트로빈, 크레조심-메틸, 파목사돈, 페나미돈, 피리벤카브, 후론사이드

3) 생합성 저해

① 단백질 합성 개시기 저해 : 가스가마이신, 스트렙토마이신
② 단백질 합성 신장기 저해 : 옥시테트라사이클린
③ 단백질 합성 종료 시기 저해 : 블라시티시틴-S

4) 세포막 형성 저해(에르고스테롤 합성 저해)

데부코나졸, 헥사코나졸, 마이클로뷰타닐, 디디코나졸, 헥사코나졸) → 세포막 투과성 변화 → 살균작용(EBI계통)

5) 세포분열 저해

베노밀, 티오파네이트메틸, 톱시엠

10. 제초제 작용기작

작용기작	저해 작용	종류	기타
광합성 저해	제1광계 복합체 저해	파라콰트(그라목손)	피해 : 괴저반점
	제2광계 복합체 저해	시마진	피해 : 잎 가장자리 연녹색~누런색 띠
생합성 저해	엽록소 생합성 저해	피라졸계	
	카로티노이드계 저해	노르플루라존	백화증상 유발
지질 생합성 저해	지방산합성 초기 단계억제	클레토입	
아미노산 생합성 저해	설포닐 우레아계	아짐설퓨론, 이마자퀸	
	방향족 아미노산 생합성 저해	글리포세이트	비선택적. 체관 따라 신속히 지하부로 이동
	유기인계 (글루타민 생합성 저해)	글루포시네이트 (근사미)	비선택적
호르몬 작용 저해	옥신유사작용 : 페녹시계	2,4-D, MCPA	피해 : 잎이 타면서 말림
	벤조산계	디캄바(반벨)	피해 : 잎 말림, 잎자루 비틀림, 비정상 생장 유도
세포분열 저해	디니트로아닐린계	트리플루랄린	
	카바메이트계	클로프로팜	

※ 제초제 이동 경로
- Apoplast 경로 : 제초제가 카스피리안대를 거쳐 물관부로 이동
- Symplast 경로 : 세포벽 투과 후 원형질 연락사에 의해 체관부로 이동하여 작용점에 도달

11. 살충제, 살균제, 제초제의 작용기작

구분	작용기작	분류 및 종류
살 충 제	신경기능 저해	• 신경축색 전달 저해 : 피레스로이드계 • 시냅스 전막 저해 : 사이클로디엔제 • 아세틸콜린에스테라제 활성저해 : 유기인계, 카바메이트계
	성장 및 발생 과정 저해	• 유약 호르몬 유사작용(변태 억제) : 메토프렌, 키노프렌 • 탈피호르몬 수용체 활성화 : 테무페노자이드 ※ 충체 내 생합성 저해(키틴 생합성 저해) : 뷰프로페진, 디플로벤주론
	호흡 과정 저해	• 미토콘드리아에서 일어나는 호흡장해 • 테드라디폰, 설푸라미드, 하이드리메틸논
	다점 저해	• 다양한 효소의 SH기가 결합하여 효소를 불활성화 • 콜로로피크린, 메칠브로마이트, 메탐소듐 → 토양훈증제

구분	작용기작	분류 및 종류
살균제	호흡(에너지 대사 과정) 저해	• SH 저해제 : 구리제, 유기수은제, 유기유황제, 클로로타로닐, 캡탄 • 전자전달 저해 : 메프로딜, 카복신, 에트리디아졸 • ATP생산 저해제(산화적 인산화 저해) : 유기주석제
	단백질 생합성 저해	• 합성 개시기 저해 : 가스가마이신, 스트렙토마이신 등 • 펩타이드 신장기 저해 : 불라시티시딘-에스 • 합성 종료기 저해 : 테누아조닉산 • 합성 전 과정 저해 : 사이클로헥시마이드
	세포막 형성 저해 에르고스테롤 생합성 저해	디페노코나졸, 디니코나졸, 헥사코나졸, 마이클로뷰티닐
	세포벽 형성 저해	폴리옥신, 에디펜포스, 이프로포스(IBP)
	세포분열 저해	베노밀, 티오파네이트메틸
	숙주식물의 병해 저항성 유발	병원균 감염을 방지하는 작용을 함
제초제	광합성 저해	벤조티아디아졸계, 트리아진계, 요소계, 아마이드계, 비피리딜리움계(과산화물 생성)
	호흡작용 및 산화적 인산화 저해	카바메이트계, 유기염소계
	호르몬 작용 교란	페녹시계(2,4-D, MCP), 벤조산계
	단백질 합성 저해	아마이드계, 유기인계
	세포분열 저해	디니트로아닐린계, 카바메이트계
	아미노산 생합성 저해	설포닐우레아계, 아미다졸리논계, 유기인계(Glyphosate)

문제 유기인계 농약의 작용점과 농약의 작용기작을 서술하시오.
① 작용점 : 아세틸콜린에스테라제 활성 저해(유기인계, 카바메이트계)
② 작용기작 : 신경기능 저해

12. 칡 제거에 효과적인 농약

① 디캄바 : 광엽제초제
② 트리클로피르 TEA
   ㉠ 선택성 흡수 이행
   ㉡ 옥신형 반응을 보임. 광엽잡초 대상
③ MCPP제
④ 피클로람(K-Pin)
⑤ 글리포세이트와 같은 이행성 비선택성 제초제 삽입

13. 농약중독별 해독제

농약	치료제	농약	치료제
유기인계	팜, 황산아트로핀	비소, 수은 등 중금속	BAL
카바메이트계	황산아트로핀	파라콰트(그라목손)	활성탄
피레스로이드계			

14. 농용항생제

다른 미생물의 발육과 대사 작용을 억제시키는 생리작용을 지닌 물질을 말한다.
① 가수가마이신 : 단백질 합성 저해
② 스트렙토마이신 : 염산염, 황산염

15. 침투성 살충제 특징(침투성 살충제 : 카보퓨란, 이미다클로프리드)

① 급속히 식물체 전체에 흡수 이행
② 2~6주 지속
③ 천적이 살해되지 않음
④ 잔류성 위험이 큼
⑤ 개체가 작은 흡즙해충에 유효하고 식엽해충은 유효성 없음

16. 농약의 구비조건

① 인축, 어류에 대한 독성이 낮을 것
② 다른 약제와 혼용 범위가 넓을 것
③ 천적, 유해 곤충에 독성이 낮거나 선택적일 것
④ 값싸고 사용이 편리할 것
⑤ 대량 생산이 가능할 것
⑥ 물리적 성질이 양호할 것
⑦ 농촌진흥청에 등록된 농약일 것

17. 살균제 종류

① 보르도액 : 치료제로 미약하나 예방제로 사용(잎마름병, 흰말병)
② 베노밀 : 식물경엽에 발생하는 병해, 저장병해, 종자 전염병 병해 등
③ 만코제브 : 보호살균제로 많이 사용
④ 클로르탈로닐 : 유기살균제
　㉠ 예방효과가 우수하고 약효 지속기간이 김
　㉡ 내성균 유발 우려가 없음(그을음병, 오갈병방제)
⑤ 프로피코나졸(침투이행약제) : 보호, 치료 효과 살균제, 시들음병, 흰가루병 방제
⑥ 아족시스트로빈 : 사상균 대사 물질에서 유래되었다. 점무늬병, 흰가루병 방제

18. 제초제 피해 : 제초제 흡수 부위, 이동 특성, 작용기작 관련 (기출고시 : 2008년)

1) 개요

제초제 오남용의 피해가 발생하며, 피해량은 제초제 종류, 처리 정도, 처리 시기 등에 따라 다양하다. 피해 진단을 위해서는 최근 사용 확인, 무처리구 비교 검토가 필요하다.

2) 제초제의 종류와 피해

(1) 발아 전 처리제(토양처리제) : 시마진

잔디밭에 주로 사용하며 사용방법 준수 시 수목에는 별다른 피해가 없으나 시마진 등은 고농도 사용 시 잎 가장자리에 연한 녹색이나 황색 좁은 띠가 나타난다.

(2) 경엽처리제

① 호르몬계 제초제 : 흡수이행성이 강해서 빗물이나 관개수에 섞여 피해를 줄 수 있다.
　㉠ 2,4-D : 잔류기간이 짧다. 잎이 타면서 말린다.
　㉡ dicamba(밤벨) : 잔류기간이 길며, 나무뿌리에 흡수될 수 있고, 전면적 살포 혹은 사용량 과다 시 다른 식물에 피해 초래하므로 주의한다.
　　※ 피해증상은 활엽수는 기형, 비대, 침엽수는 새 가지 비대, 구부러지고 은행나무는 잎 끝이 말려들고, 주목 잎은 황화현상이 나타난다.

② 비호르몬 제초제 : 체관을 통해 쉽게 이동하여 다년생 잡초에 효과적이며, 식물의 대사과정 교란으로 잡초 생장을 억제한다.
　㉠ 글리포세이트(근사미) : 식물의 단백질 합성 저해, 수목의 가지 윗가지에 피해 나타나는 경우가 많다.

ⓛ 메코프로프 : 식물의 핵산대사와 세포벽을 교란하여 광합성과 양분흡수 저해한다.

(3) 접촉 제초제 : paraquat(그라목손)

① 비호르몬 계열과 비슷하지만 접촉에 의해 짧은 시간 내에 살초한다.
② 접촉에 의한 피해만 일어나며 피해증상은 괴저 반점이다.

3) 작용기작

작용기작	종류	흡수 부위	피해 현상
광합성 저해	파라콰트(그라목손)	경엽처리제	접촉성 : 괴저반점
	시마진	토양처리제	잎 가장자리 연녹색~누런색 띠
호르몬 작용 저해	2,4-D, MCPA	경엽처리제	
	디캄바(밤벨)	경엽처리제	잎말림, 잎자루 비틀림, 비정상 생장 유도
아미노산 생합성 저해	아짐설퓨론		
	글루포세이트	경엽처리제	불규칙 반점 괴사

4) 제초제 피해 진단

제초제 피해는 수목의 감수성, 생육 상태, 주위 환경, 기상과 연관되어 있어 절대적인 판단은 불가능하지만 다음과 같이 진단한다.

① 관리기록 조사 : 최근 사용한 곳과 무처리구를 비교한다.
② 접촉성 제초제 피해가 아니면 한 개체 전체에 피해가 나타난다.
③ 동일 장소 식물은 종에 관계없이 피해가 비교적 균일하게 나타난다.
④ 비기생성 피해와 같은 양상이다.
⑤ 전염성이 없다.

5) 방제법

① 토양에 잔류한 제초제 제거 : 활성탄, 부엽토, 석회 등으로 제초제 흡착
② 표토를 제거 및 치환한다.
③ 제초제 살포 시기 유의 : 약제살포 후 비가 오면 약제 희석과 다른 피해 유발
④ 줄기 대 뿌리의 비율을 맞추고 인산질비료 사용으로 수세를 강화한다.

6) 결론

① 제초제 피해는 회복이 어렵고 원래의 수형을 유지할 수 없다. 특히 조경수는 큰 피해를 입을 수 있다.
② 제초제 살포 시 미리 기주와 약해 관계를 숙지하여야 하며, 풀깎기 등으로 제초제에 의한 토양 황폐화를 막고 친자연적 관리가 우선되어야 할 것이다.

19. LD_{50}의 의미와 구하는 방법

LD_{50} : Median Lethal Dose, 반수치사약량	공시동물의 체중 kg당 몇 mg의 농약을 투여하면 반수가 죽는 약량
LC_{50} : Lethal Concentration 50, 반수치사농도	반수치사농도

20. 농약이 곤충에 침투하는 경로

소화중독제	• 저작구형 가진 나비류유충, 딱정벌레류, 메뚜기류에 적당 • 비산납 등 대부분 유기인계 살충제에 해당
접촉제	• 해충제에 직접 약제를 부착시켜 죽이는 약제 • 깍지벌레, 진딧물, 멸구류에 적당 • 제충국, 니코틴제, 데리스제, 솔지합제, 기계유 유제
침투성 살충제	• 흡즙성 해충살해 약제 • 천적에 피해가 없음 • 솔잎혹파리, 솔껍질벌레 수간주사, 진딧물 엽면살포, 솔잎혹파리, 응애류 근부처리 • 종류 : 카보퓨란, 이미다클로프리드

문제 LD_{50}의 의미, 구하는 방법과 농약이 곤충에 침투하는 경로를 설명하시오. (문화재수리기술자 : 2013년)

21. 농약 독성 구분 : 독성의 강도(포유동물에 대한 독성)

구분	시험동물의 반수를 죽일 수 있는 약의 양(mg/kg)			
	경구		경피	
	고체	액체	고체	액체
I급(맹독성)	5 미만	20 미만	10 미만	40 미만
II급(고독성) 유통농약 1%	5 이상 50 미만	20 이상 200 미만	10 이상 100 미만	40 이상 400 미만
III급(보통독성) 유통농약 15%	50 이상 500 미만	200 이상 2,000 미만	100 이상 1,000 미만	400 이상 4,000 미만
IV급(저독성) 유통농약 84%	500 이상	2,000 이상	1,000 이상	4,000 이상

※ 농약의 위해성 = 독성의 강도 × 노출 약량 × 노출 시간
※ 급성독성의 표시 : 반수치사약량(LD_{50} : Median Lethal Dose)
　급성독성은 쥐, 생쥐 등의 소동물에 농약을 경구나 경피로 투여하여 실험함

22. PLS(Positive list system) 제도

우리나라는 2019년에 시행되었으며 농산물 중 잔류 농약의 안전관리를 위한 농약의 허용 물질 목록 관리 제도이다. 농산물의 안전성을 확보할 수 있다.
① 국내에 등록이 된 경우 잔류허용 농약에 대해 적정한 잔류 허용 기준을 설정하여 관리한다.
② 비등록 또는 허가되지 않은 농약은 일률적으로 0.01mg/kg의 잔류 허용 기준을 적용한다.

memo

PART 07

출제 범위 및 기출문제 복원

CHAPTER 01 나무의사 2차 자격시험 출제 범위
CHAPTER 02 나무의사 2차시험(서술형) 답안지
CHAPTER 03 나무의사 2차시험 답안지 작성 요령
CHAPTER 04 나무의사 2차시험 기출문제 복원 및 풀이
(2019~2024년)
CHAPTER 05 생활권 수목진료 민간컨설팅 처방전 분석결과 보고서

CHAPTER 01 나무의사 2차 자격시험 출제 범위

실기과목	검정방법	세부항목	세세항목
서술형 필기시험	논술형 및 단답형	수목 피해 진단 및 처방	1. 수목의 생리, 토양, 병, 해충, 기상, 인위적 원인 등 수목 피해와 관련된 제반 요인들의 특성 및 상호관계를 이해할 수 있다. 2. 수목의 피해를 종합적으로 진단하고 피해를 줄이거나 원천적으로 차단할 수 있는 방법을 제시하고 적용할 수 있다. 3. 진단 결과에 따라 진단 및 처방서를 작성할 수 있다. 4. 기타
실기시험		수목 및 병해충의 분류	1. 수목의 기관(잎, 줄기, 꽃, 열매 등) 사진을 보고 수목명과 특성(생리적, 이용적, 분류적)을 제시할 수 있다. 2. 수목 피해 사진 또는 유해생물의 사진을 보고 병원체, 해충, 비생물적 피해의 종류를 파악하고 원인 및 피해 특성을 설명할 수 있다. 3. 수목진단장비의 종류와 사용방법을 이해하고, 활용하여 병원체 및 해충의 특성을 파악하고 동정할 수 있다. 4. 기타
		약제처리와 외과수술	1. 농약을 방제 대상, 화학조성, 작용기작, 제형에 따라 분류할 수 있다. 2. 대상 수목 및 병해충에 맞는 농약 처리 방법을 알고 있다. 3. 수목의 외과수술의 대상과 시술의 장단점을 파악할 수 있다. 4. 외과수술 대상에 적합한 시술방법을 알고 있다. 5. 외과수술 사후 관리 방법에 대해 설명할 수 있다. 6. 기타

CHAPTER 02 나무의사 2차시험(서술형) 답안지

(총 권중 번째)

제( )회 나무의사 자격시험 2차(서술형) 시험 답안지

답안지 작성시 유의사항

가. 답안지는 **표지, 연습지, 답안내지(15쪽)**로 구성되어 있으며, 교부받는 즉시 쪽 번호 등 정상 여부를 확인하고 연습지를 포함하여 1매라도 분리하거나 훼손해서는 안 됩니다.
나. 답안지 표지 앞면 빈칸에 **시행 회차**를 정확하게 기재하여야 합니다.
다. 연습지 첫 장 좌측의 **수험번호 및 성명란**에 인적사항을 정확하게 기재하여야 합니다.

라. 채점사항	1. 답안지 작성은 반드시 **지워지지 않는 검정색 펜만 사용**해야 하고, 그 외 연필류, 유색 필기구 등을 사용한 **문항은 채점하지 않으며 0점 처리**합니다. 2. 인적사항 기재란 외의 부분에 특정인을 암시하거나 답안과 관련 없는 특수한 표시를 하는 경우 **답안지 전체를 채점하지 않으며 0점 처리**합니다. 3. 계산문제는 반드시 **계산과정, 답, 단위**를 정확히 기재하여야 합니다. 4. 답안 정정 시에는 **두 줄(=)을 긋고 다시 기재**하여야 하며, **수정테이프·수정액** 등을 사용할 경우 채점상의 불이익을 받을 수 있으므로 **사용하지 마시기 바랍니다.** 5. 기 작성한 문항 전체를 삭제하고자 할 경우 반드시 해당 문항의 답안 전체에 명확하게 ×표시하시기 바랍니다. (×표시 한 문항은 채점대상에서 제외)
마. 일반사항	1. 답안 작성 시 문제번호 순서에 관계없이 답안을 작성하여도 되나, 반드시 문제번호 및 문제를 기재(긴 경우 요약기재 가능)하고 해당 답안을 기재하여야 합니다. 2. 각 문제의 답안작성이 끝나면 바로 옆에 "**끝**"이라고 쓰고, 최종 답안작성이 끝나면 줄을 바꾸어 중앙에 "**이하여백**"이라고 써야 합니다. 3. 수험자는 시험시간이 종료되면 즉시 답안작성을 멈춰야 하며, 종료시간 이후 계속 답안을 작성하거나 감독관의 답안지 **제출지시에 불응할 경우 부정행위 규정에 따라 당회 시험은 정지 또는 무효처리**됩니다. 4. 답안지가 부족할 경우 추가 지급하며, 이 경우 먼저 작성한 답안지의 15쪽 우측하단 [ ]란에 "**계속**"이라고 쓰고 답안지 표지의 우측 상단(총 권 중 번째)에는 답안지 **총 권수, 현재 권수**를 기재하여야 합니다. (예시 : 총 2권 중 1번째)

부정행위 처리규정

다음과 같은 부정행위를 한 수험자는 산림보호법 제21조의8(부정행위자에 대한 조치)에 따라 **당회 시험을 정지 또는 무효**로 하며, 그 시험 시행일로부터 **3년간 응시자격을 정지**합니다.

1. 시험 중 다른 수험자와 시험과 관련된 대화를 하는 사람
2. 문제지 및 답안지 등을 교환하는 사람
3. 시험 중에 다른 수험자의 답안을 엿보거나 답안을 가르쳐 주는 사람
4. 시험장 내·외의 자로부터 도움을 받고 답안지 등을 작성하는 사람
5. 다른 수험자와 성명 또는 수험번호를 바꾸어 제출하는 사람
6. 대리시험을 치르는 사람, 치르게 하는 사람
7. 사전에 시험문제를 알고 시험을 치른 사람
8. 시험 중 시험문제 내용과 관련된 물건을 휴대하여 사용하거나 이를 주고받는 사람
9. 수험자가 시험시간 중에 통신기기 및 전자기기[휴대용 전화기, 휴대용 개인정보 단말기(PDA), 휴대용 멀티미디어 재생장치(PMP), 휴대용 컴퓨터, 휴대용 카세트, 디지털 카메라, 음성파일 변환기(MP3), 휴대용 게임기, 전자사전, 카메라 펜, 시각표시 이외의 기능이 부착된 시계] 등을 휴대·사용하는 사람
10. 응시자격을 증명하는 제출서류 등에 허위사실을 기재한 사람
11. 시험장을 소란하게 하거나 시험장 내 기물 또는 시설물을 파괴하는 사람
12. 시험종료 후 계속 답안지를 작성하거나 문답지 제출에 불응하는 사람
13. 시험감독위원의 지시에 불응하는 사람
14. 그 밖에 부정 또는 불공정한 방법으로 시험을 치르는 사람

[연 습 지]

(답안지, A4용지, 22줄)

번호	

CHAPTER 03 나무의사 2차시험 답안지 작성 요령

I. 개요

나무의사 2차시험 출제범위에 대하여는 전자의 표에서 설명한 바와 같이 서술형 필기시험과 실기시험으로 구성되어 있다. 점수 배점은 필기시험 100점, 실기시험 100점으로 총 200점 만점이다.

첫 번째로 서술형 필기시험의 점수 유형은 문제당 40~50점, 20~25점, 10~15점, 5점 등으로 배분하며 출제문제 수는 5문제 내외이다. 40~50점 문제의 출제 유형을 살펴보면 수목피해 진단 및 처방으로 주어진 장소에서 특정 수종에서 발생하는 병해와 충해, 비생물적인 피해 등에 대하여 종합적으로 진단하고 추가적 진단과 방제방법에 대하여 논리적으로 서술하면 된다. 5~20점대 문제의 경우에는 질문사항에 대하여만 충실하게 서술하면 된다.

두 번째로 실기시험으로 총 100점이다. 수목 및 병충해 분류 사진판단 시험이 60점, 단답형 시험이 40점이다. 수목 및 병충해의 사진판단이 60점이므로 2차시험의 합격 여부을 판가름할 수 있으니 표준적인 수목과 병충해 도감을 수시로 공부하는 것이 매우 중요하다.

세 번째로 답안지 작성 전에 미리 연습지에 답안지 작성 순서를 정리한 후 그 순서에 맞추어 답안지를 작성해 나가야 논리적으로 서술할 수 있다.

네 번째로 문제 유형, 점수분포에 따라 시간을 정해서 문제를 풀어나가도록 하고 문제에서 질문하는 사항만 답하는 것이 시간적으로 유리하다. 시험 때마다 시간 배분이 달라질 수 있으니 수험생 스스로 대응하여 주어진 시간 10분 전에 마무리하고 수정시간을 가져야 한다. 다음 장에는 예상문제를 토대로 풀어가는 방법에 대하여 필자의 경험을 토대로 작성하였으니 참고하기 바란다.

II. 서술형 필기시험 50점 문제 풀어가기 ☞ 1문제 출제

> **보기**
> 수관 잎이 작아지고 노란색 잎이 다수 있다. 드문드문 가지가 고사한 부위가 있으며, 5월 단오 행사를 위하여 밤에도 조명을 밝혔다. 많은 관광객이 방문하였으며 수간 상부에 작은 구멍이 산재하며 우유빛 액체가 흘러나오고 주위에 인도가 있다.

1. 서론

문제의 지역은 느티나무가 식재된 공원이나 광장, 가로수길 같은 곳으로 느티나무의 피해 증상으로 보아 생물적인 피해로 앞털뭉뚝나무좀이 발생한 것으로 보인다. 비생물적 피해로는 답압이나 영양부족, 과도한 복토에 의한 피해가 보이며 생리적으로 일조량이나 열해 피해가 우려되어 추가적인 현장 진단을 통하여 방제법을 제시하고자 한다.

참고 | 이 문제에서 착안하여야 할 사항

구분	현황 및 병징	착안사항
생물적 피해	수간상부 작은 구멍, 우유 및 액체 유출	앞털뭉뚝나무좀
비생물적 피해	잎 왜소, 노란색 잎, 가지고사, 관광객 다수, 주위 인도	영양 부족, 답압, 복토
	조명	일조량, 열해

2. 본론

1) 생물적 피해 – 앞털뭉뚝나무좀

수간상부에 작은 구멍이 산재하며 우유빛 액체가 흘러 나오는 것은 느티나무에 발생하는 앞털뭉뚝나무좀의 피해로 진단된다. 앞털뭉뚝나무좀의 기주와 특성, 방제법 등에 대하여 다음과 같이 서술한다.

(1) 기주와 피해
  ① 기주 : 느티나무. 1983년 국내에 수입된 해충으로 2010년 국내에 서식 확인
  ② 피해
    ㉠ 주로 느티나무를 가해하며 이 식목에 피해가 많다.

ⓒ 수고 12m 이상의 수간상부와 직경 8mm 내외의 작은 가지도 침입하여 대부분 고사시킨다.
　　ⓒ 5~8월에 우윳빛 또는 연갈색 액체가 침입공에서 흐르며 수세가 약한 나무는 수액 배출을 하지 않는다.

(2) 생활사

성충은 연 1회 발생하며 번데기로 피해목에서 월동한다.

(3) 방제법

작은 가지도 가해하여 방제가 어려우므로 성충이 탈출하기 전에 피해목을 소각하고 우화 추정 시기인 6~7월 전후에 적용약제를 살포한다.

2) 비생물적 피해

잎이 작아지고 황화현상의 잎이 발생하며 일부 가지가 고사하고 야간 조명과 많은 관광객이 방문하고 주위에 인도가 설치되어 있는 점으로 보아 답압과 열해의 피해가 있는 것으로 진단되었다.

(1) 답압

① 개요

　　㉠ 답압은 표토가 압력으로 인해 토양이 다져진 것으로 토양의 경화현상을 의미한다.
　　㉡ 토양의 공극이 낮아져 용적비중이 높아지고 통기성, 배수성이 나빠서 뿌리생장에 불리하여 수분, 산소공급, 무기양분 공급 부족으로 뿌리발달이 저조하다.

② 병징

　　㉠ 잎이 왜소해지고 가지 생장이 둔화되며 황화현상이 나타난다.
　　㉡ 수관 상부에서부터 내려오면서 가지가 고사하고 수관이 엉성해진다.
　　㉢ 과습 피해와 유사한 증상이 나타난다.
　　㉣ 뿌리가 지면으로 돌출한다.
　　㉤ 뿌리가 줄기를 죈다. 뿌리가 자신의 줄기를 감싸는 현상이 나타난다.
　　㉥ 토양에서 수분, 양분, 산소 공급의 역할을 하는 세근의 80%가 표토 30cm 내에 분포하지만 답압으로 인하여 활동이 저조하다. 토양에서 산소가 10% 이하가 되면 뿌리의 피해가 시작되고 3% 이하에서는 수목이 질식한다.
　　㉦ 답압은 토심 30cm 이상까지 영향을 미치고 표층 0~4cm에서 용적밀도가 급격히 증가한다.

③ 답압 측정 방법
  ㉠ 토양경도계를 이용하여 측정한다.
  ㉡ 우리나라에서는 산중(山中)식 토양경도계를 주로 사용한다.
  ㉢ 토양경도지수가 18~23mm일 때 식물의 뿌리 생장에 가장 적합하나 23~27mm 이상이면 식물의 생육에 장애를 일으킨다.

④ 방제
  ㉠ 경화된 토양은 대개 지표면에서 20cm 이내의 토양이므로 시차를 두고 부분적으로 경운한다.
  ㉡ 부숙퇴비와 토탄으로 개량하고, 이끼 · 펄라이트 · 모래를 혼합한 후 유공관을 설치한다.
  ㉢ 다공성 유기물인 바크, 우드칩, 볏짚 등으로 5cm 이내로 토양멀칭을 시행한다.
  ㉣ 수목의 수관 범위 내에 울타리를 설치하고 조경공사 현장에서는 작업 차량의 동선을 관리한다.

(2) 야간 조명에 따른 열해 및 일조량
  ① 야간 온도의 피해
    ㉠ 야간 온도가 주간 온도보다 낮아야 수목은 정상적인 생육을 하나, 야간 온도가 높을 경우 온도 주기 변화로 수목 생장에 장애를 일으킬 수 있다.
    ㉡ 주간 온도보다 5~10℃ 낮은 것이 수목 생장에 적합하다.
    ㉢ 야간에 호흡이 억제되어야 생장에 탄수화물을 최대한 이용할 수 있는데 야간 온도가 고온일 경우 생장 저해를 일으킨다.

  ② 일조량(광주기 반응)
    ㉠ 온대지방에서 장일조건은 수고생장과 직경생장을 촉진한다.
    ㉡ 낙엽과 휴면을 지연하고 억제한다.
    ㉢ 단일조건 : 수고생장이 정지되고 동아의 형성 유도로 월동 준비를 한다.
    ㉣ 목본식물의 개화는 광주기 반응을 나타내지 않는 특성이 있다. 예외적으로 무궁화와 측백나무과는 장일조건에서 개화를 촉진하며, 진달래는 단일조건에서 꽃눈이 분화된다.

  ③ 방제 방법 : 야간 조명으로 인한 일장 피해로 낙엽과 휴면의 지연 또는 억제하는 현상이 나타날 수 있으므로 야간 조명을 일정 시간에만 시행하여 느티나무가 건전하게 생육되도록 유도하여야 한다.

3) 추가적 진단

잎의 황화와 관련해서 추가적인 진단으로 무기영양 상태의 진단을 위하여 토양분석과 엽분석을 실시하고 최근 보호수와 천연기념물의 미관 개선 사업 시 자주 발생하는 복토 등의 피해를 확인한다.

(1) 무기영양 상태진단

　① 토양분석 : 지표면 20cm 토양을 채취하여 유효양분의 함량을 측정한다.

　② 엽분석

　　㉠ 가장 신빙성이 있는 무기영양 진단법

　　㉡ 가지의 중간부위에서 성숙한 잎(봄잎은 6월 중순, 여름잎은 8월 중순)을 채취하여 무기염류 함량을 분석

　　㉢ 토양분석과 엽분석 결과 무기영양분이 부족한 것으로 나타난 경우

　③ 방제방법 : 토양이 산성화일 경우는 이에 따른 중화제 시비와 영양제를 엽면시비한다.

(2) 복토 확인 진단

　① 복토의 피해증상

　　㉠ 수간상부 끝가지부터 고사되는 쇠락 증상을 보인다.

　　㉡ 잎 크기가 작아지고 잎의 수가 적어지며 조기낙엽되지만 오랜 시일이 걸려 나타나는 현상이라 판단하기 어렵다.

　　㉢ 마른 잎이 오래 붙어 있다.

　　㉣ 15cm 이상 복토 시 세근이 고사한다.

　② 복토 확인

　　㉠ 수목 주간의 원줄기 둘레를 파본다.

　　㉡ 원줄기와 지제부 확인 결과 복토로 인하여 지제부 아래줄기의 병목현상이 나타난다.

　③ 방제방법

　　㉠ 지제부 아래 원지반이 나올 때까지 복토 부분을 제거하고 잔뿌리가 나타나면 더이상 제거하지 않는다.

　　㉡ 복토 제거가 불가능할 여건이면 다음과 같이 조치한다.

　　　• 지제부가 썩지 않도록 하고 산소와 수분을 공급한다.

　　　• 마른 우물을 조성한다. 수간과 벽 사이의 이격거리는 60cm 이상으로 한다.

- 수관폭 안쪽은 지름 2cm, 자갈 20cm 정도를 포설한다.
- 유공관은 표토 위로 5cm 나오게 설치한다.
- 복토는 0.5~1m, 거친 사양토로 한다.

3. 결론

① 자세한 생활사뿐만 아니라 천적도 파악되지 않았다. 도입 해충의 경우 천적 부재로 인하여 밀도가 크게 늘어날 수 있으므로 지속적인 관찰과 연구가 필요하다.
② 유기물과 퇴비 시비로 수세 회복이 시급한 현장이다. 장기적인 계획으로 주변의 도로 이설로 답압의 피해를 받지 않도록 자원 보호를 위한 행정적인 지원이 필요하다.

III. 약술형 필기시험 문제 풀어가기 ☞ 4~5문제 출제

약술형 필기시험은 대체적으로 25점, 15점, 10점, 5점 등 총 50~60점 내외의 배점으로 간략한 답을 요구하므로 질문내용에만 성실하게 기술한다. 농약문제도 1문제씩 꾸준히 출제되고 있다.

> 농약의 저항성을 줄이기 위한 농약의 사용 방법을 서술하시오. (5점)

1. 농약의 저항성

농약의 저항성은 교차저항성, 단순저항성, 복합저항성, 역상관교차저항성이 있으며 기작에 따라 발생한다.

2. 살충제와 살균제의 저항성 대책

살충제	살균제
① 농약을 교호 사용한다. ② 대체 살충제를 선발한다. ③ 살충 혼합제 개발한다. ④ 협력제를 혼합처리한다. ⑤ 새로운 살충제를 개발한다.	① 농약을 교호 사용한다. ② 침투성, 비침투성 살균제를 혼합 사용한다. ③ 살균효과가 유지 가능한 최소한의 약량을 사용하여 선발압을 낮춘다. ④ 새로운 살균제를 개발한다. ⑤ 병원체 내 약제의 대사, 분해계의 저항성 기구를 소거시키는 방법으로 사용한다.

IV. 실기시험 문제 풀어가기

1. 서술형 실기문제 풀어가기 ☞ 1문제(10점대)

줄기 및 뿌리의 외과수술에 대한 문제가 출제되었고, 가지치기 등에 대한 문제의 출제도 예상된다. 답안작성은 서술형 필기시험 50점 문제에 준하여 작성하면 무난할 것으로 생각된다.

2. 사진판단(수목, 병충해)

DVD로 판독하는 시험으로서 수목 10문항, 병해 10문항, 해충 10문항 총 30문항이 출제되며 배점은 60점을 차지한다. 사진판단 문제는 표준적인 수목 도감과 병해충 도감을 정하고 때와 장소를 가리지 않고 수시로 눈에 익히는 것이 고득점할 수 있는 지름길이다.

3. 기타

현미경 혹은 루페를 이용한 병충해 관찰, 병원체, 해충의 사진 판독, pH 측정, 토성 감별, 토색첩 사용 등에 대한 문제가 나오고 있으며 상세한 내용은 기출문제를 참고하기 바란다.

CHAPTER 04 나무의사 2차시험 기출문제 복원 및 풀이(2019~2024년)

※ 답안 작성 방법은 개인의 성향에 따라 다를 수 있으므로 참고하시기 바랍니다.

제1회 나무의사 2차시험(2019년)

서술형 필기시험

[문제 1]

> 아파트에 제초제 피해가 발생하였다. 토양관리방법, 수목관리방법을 서술하시오. (15점)

1. 개요

근래 들어 공동주택인 아파트의 수목식재 수준이 많이 향상되었으나 관리 수준이 낮아 제초제의 오남용으로 인한 피해가 다수 발생하고 있는 게 현실이다. 수목의 제초제 발생 피해와 관리 방안에 대하여 다음과 같이 서술한다.

2. 수목의 제초제 피해 증상

① 일반적으로 수목의 제초제 피해 증상을 살펴보면 새 가지와 잎이 구부러지고 잎끝이 말려들며 황화현상, 반점과 괴사현상이 나타난다. 엽병은 아래로 꼬이거나 뒤틀리고, 신초는 기형인 경우가 많다.
② 제초제 피해 진단은 수목의 감수성, 생육 상태, 주위 환경, 기상과 연관되어 있어 절대적인 판단은 불가능하지만 다음과 같이 진단한다.
　㉠ 관리기록 조사 : 최근 사용한 곳과 무처리구를 비교한다.
　㉡ 접촉성 제초제 피해가 아니면 한 개체 전체에 피해가 나타난다.
　㉢ 동일 장소 식물은 종에 관계없이 피해가 비교적 균일하게 나타난다.
　㉣ 비기생성 피해와 같은 양상이다.
　㉤ 전염성이 없다.

3. 토양 및 수목관리 방법

① 토양에 잔류한 제초제를 제거한다. 활성탄, 부엽토, 석회 등으로 제초제를 흡착한다.
② 표토를 제거하고 치환한다.
③ 제초제 살포 시기에 유의한다. 약제 살포 후 비가 오면 약제 희석과 다른 피해를 유발한다.
④ 줄기 대 뿌리의 비율을 맞추고 인산질비료 시용으로 수세를 강화한다.

4. 결론

제초제 피해는 회복이 어렵고 원래의 수형을 유지할 수 없으므로 조경수목은 큰 피해를 입을 수 있다. 제초제 살포 시 미리 기주와 약해 관계를 숙지하여야 하며, 풀깎기 등으로 제초제에 의한 토양 황폐화를 막고 친자연적 관리가 우선 되어야 할 것이다.

[문제 2]

> 외래해충으로 1화기 성충에만 날개에 점이 있는 해충의 종명(국명), 월동태, 생활사(가해 및 섭식 형태), 방제법(물리적·생물적·화학적)에 대하여 서술하시오. (15점)

1. 국명

미국흰불나방

2. 학명

Hyphantria Cunea

3. 생활사

① 연 2회 발생하며, 번데기로 월동한다.
② 가해 및 섭식 형태 : 부화유충은 실을 토하여 나뭇잎을 싸고 군서생활을 하며 5령충부터 분산하여 잎맥만 남기고 식해한다.

4. 방제법

① 물리적 방제

㉠ 잠복소, 지피물 등에 월동하는 번데기를 채취하여 소각한다.

㉡ 5~8월에 알덩어리를 채취하여 소각하거나 군서유충을 포살한다.

㉢ 5~9월 성충 시기에 유아등, 흡입 포충기로 유인하여 포살한다.

② 생물적 방제

㉠ 포식 : 꽃노린재, 검정명주딱정벌레, 흑선두리먼지벌레, 사성풀잠자리 등 천적 보호

㉡ 기생 : 무늬수중다리좀벌, 긴등기생파리, 나방살이납작맵시벌 보호

㉢ 곤충병원성 핵다각체 바이러스를 1화기는 6월, 2화기는 8월 중순에 ha당 450g씩 수관에 살포

③ 화학적 방제

㉠ 유충발생기 람다사이할로트린 수화제 1,000배

㉡ 유충부화기 비타쿠르스타키 수화제 1,000배

㉢ 유충다발생기 클로르플루아주론 유제 6,000배

[문제 3]

> 흰가루병과 그을음병의 생물학적 차이와 방제법을 서술하시오. (16점)

1. 흰가루병과 그을음병의 생물학적 차이

1) 병원균

흰가루병은 자낭균류 절대기생체이나, 그을음병은 대부분 불완전균, 부생성 외부착생균이다.

2) 기주

흰가루병은 배롱나무, 밤나무, 장미, 사과나무 등 기주선택성이 있으나, 그을음병은 사철나무, 쥐똥나무, 무궁화, 피나무, 배롱나무, 산수유 등 기주선택성이 없다.

3) 표징 및 병환

① 흰가루병
  ㉠ 병원균의 균사체가 기주 표면에 존재하여 광합성을 저해한다.
  ㉡ 균사 일부는 기주 조직에 흡기를 형성하여 양분을 탈취한다.
  ㉢ 감염된 세포는 죽지 않으며 계속해서 양분을 탈취한다.
  ㉣ 8월 이후 잎에 작은 흰반점 모양 균총이 나타난다.
  ㉤ 늦가을에 자낭구로 월동한다.

② 그을음병
  ㉠ 기주식물 광합성을 저해한다.
  ㉡ 그을음 모양의 균총을 형성하고 종종 합쳐져서 불규칙한 커다란 병반이 되기도 한다.
  ㉢ 병반 위에 균사 또는 자낭각으로 월동한다.

2. 방제 방법

1) 흰가루병

① 병든 낙엽을 소각하여 전염원을 차단한다.
② 병원균의 자낭과가 어린가지에 붙어서 월동하고 이듬해 1차 전원염이 되므로 자낭과 붙은 어린가지 제거가 중요하다.
③ 묘포에서는 예방 약제가 반드시 필요하다.
④ 통기 불량, 일조 불량, 질소 과다 등 발병 유인을 해소한다.
⑤ 발병 초기는 마이클로뷰타닐 수화제, 트리아디메폰 수화제, 헥사코나졸 수화제를 살포한다.

2) 그을음병

① 깍지벌레, 진딧물을 구제한다.
② 통풍과 채광이 잘 되도록 한다.
③ 이미다클로프리드 수화제 2,000배액, 뷰프로페진·테부페노자이드 수화제 1,000배액을 살포하여 깍지벌레를 구제한다.
④ 진딧물, 깍지벌레가 없는데도 그을음병이 발생할 때는 피라클로스트로빈 입상수화제 3,000배액 등의 살균제를 살포한다.
⑤ 질소질 비료 과용을 하지 않는다.

[문제 4]

> 8월에 단풍나무에 피해가 나타났으며, 수피가 꺼지고, 점액질 물질이 나오고 하부에 굵은 목설(톱밥)이 보인다. 열식으로 심어진 단풍나무가 한쪽으로만 벗겨지고 지저분한 상처가 발생하였다. 병해충, 생리적 피해 관점에서 진단 및 방제법을 서술하시오. (54점)

Ⅰ. 서론

생물적 피해 원인으로 단풍나무 지제부에 수지와 목설이 보이는 것은 알락하늘소 피해로 진단되고, 지제부가 부풀어 오르는 것은 Nectria 궤양병으로 진단된다. 열식으로 심어진 단풍나무가 한쪽으로만 벗겨지고 지저분한 상처가 있는 것으로 보아 제설제에 대한 피해로 진단되었다.

Ⅱ. 피해요인별 분석 및 방제 방법

1. 생물적 요인

   1) 알락하늘소(Anoplophora chinensis)

   (1) 기주 및 피해
       ① 기주 : 은단풍, 가래나무, 느릅나무, 단풍나무, 때죽나무, 벚나무, 삼나무, 버드나무, 자작나무, 오리나무 등 침활엽수를 가해한다.
       ② 피해 : 유충이 줄기 아래쪽 목질부 속을 가해하며 목설을 배출하고, 성충은 가지 수피를 환상으로 가해하여 가지가 고사하기도 한다.

   (2) 생활사
       ① 1년에 1회 발생하며, 노숙유충으로 줄기에서 월동한다.
       ② 5월 상순에 월동한 유충은 지제부로 이동하여 형성층을 먹고 번데기가 된다.
       ③ 6월 중순에서 7월 중순에 가해 부위에서 우화하여 탈출한다.
       ④ 땅에 맞닿는 지제부의 수피와 목질부 사이에 알을 30~120개 낳는다.

   (3) 방제법
       ① 피해목이나 가지를 제거하여 반출 소각한다.
       ② 철사를 침입공에 넣어 유충을 죽인다.
       ③ 천적 보호 : 알락하늘소살이 고치벌 등의 고치벌류, 좀벌류, 맵시벌류, 기생파리 등
       ④ 성충우화기, 성충후식기인 6월 중순에 수관에 살포하고 5월에 접촉독성제 혹은 식독제를 살포한다.

2) Nectria 궤양병

(1) 기주 및 피해

① 기주 : 호두나무, 백양나무, 단풍나무, 자작나무 활엽수의 일반적인 병해이다.
② 병원균 : *Nectria galligena Bres*
③ 전형적인 다년생 윤문을 형성한다. 수목생장과 병원균 생장이 번갈아 지속된다.
④ 과밀 산림, 건조 시 소나무좀, 바구미 피해로 심해지며 가지 상처로 침입하여 감염된다.

(2) 병징과 병환

① 감염 후 병원균은 매년 형성층을 조금씩 파괴시킨다.
② 병원균 생장과 수목생장이 번갈아 발생하여 윤문형 형태의 궤양을 만든다.
③ 궤양의 수목 생장과 피해는 미미하나 목재 상업적 가치가 없어진다.

(3) 방제법

뚜렷한 방제법은 없고 감염목은 간벌 시 벌채한다.

2. 비생물적 요인

1) 제설제에 대한 피해

(1) 발생상황

① 겨울철 제설용으로 살포한 염화칼슘이 토양에 집적되면 식물의 양분·수분 흡수가 어렵고, 6~8월 중 토양 습도가 낮을 때 염분 농도 증가로 황화현상, 조기낙엽 등의 증상이 발생하여 고사의 원인이 된다.
② 수목의 생육을 위한 토양 염분 허용 농도는 0.05%이다.

(2) 제설제 피해와 작용기작

① 피해 증상
   ㉠ 뿌리 흡수로 인한 증상
   - 잎 성장 저해와 황화현상이 나타난다.
   - 활엽수 성숙 잎은 피해가 심하고 어린 잎은 상대적으로 피해가 적다. 침엽수는 잎끝이 누렇게 되면서 점차 갈색으로 변하고 광합성이 줄어든다.
   ㉡ 잎에 묻었을 때 증상
   - 해안가 도로가에 있는 수목에서 피해가 나타난다.
   - 활엽수 : 잎의 가장자리 괴저, 변색, 낙엽이 진다.
   - 침엽수 : 잎끝부터 아래로 적갈색이 되며 낙엽이 진다.

- 공통 : 눈과 잔가지가 고사하며 다음 해에 눈이나 잔가지의 발아가 부진 또는 고사하고 빗자루 증상이 나타난다.
ⓒ 상록수의 피해가 크며 낙엽수는 새싹이 자란 후 나타난다.
ⓔ 염화칼슘 피해
- 잣나무는 구엽과 신엽, 소나무는 구엽, 구상나무는 신엽 끝부터 갈변한다.
- 0.5% 해빙염 실험에서 피해는 활엽수가 침엽수보다 예민하다.
- 염분 0.1g 증가 시 낙엽률이 3% 증가한다.
  ※ 침엽수는 염분을 동쪽에서 흡수하면 서쪽 수관의 피해가, 활엽수는 같은 방향에서 피해가 나타난다. 수액은 나선 방향으로 상승 이동하지만 활엽수는 상승 각도가 작다. 소나무는 4m에서 한 바퀴 돈다.
ⓜ 작용기작 : 토양 속에 들어간 염이온과 토양수가 결합하여 영양 및 수분 흡수가 저해되고 생리적 가뭄이 발생한다.

(3) 방제법
① 150mm 관수는 표토 30cm 이내 염분 50% 제거가 가능하다. 배수구를 설치한 후 토양세척을 한다.
② 토양에 활성탄(숯가루)을 투입하여 염분을 흡착시킨다.
③ 유황, 석고를 사용한다. 동물성 퇴비를 시용하여 토양 개량을 한다. 하수구 침전물을 토양개량제로 사용 시 염분을 주의한다.
④ 제설작업 시 제설제가 포함된 눈을 식재지에 쌓지 않도록 한다.
⑤ 겨울철 토양을 비닐이나 짚으로 멀칭하며 증산억제제를 뿌린다.
⑥ 배수체계 개선과 식재지 구배를 개선한다.
⑦ 토양이 건조할 때는 피해가 증가하므로 토양수분을 유지한다.
⑧ 내염성 강한 수종(곰솔, 향나무, 사철나무, 자귀나무, 팽나무, 후박나무)을 식재한다.
⑨ Ca 제공이 필요하므로 주로 석고($CaSO_4 \cdot 2H_2O$)를 사용한다.
  ※ 염분 농도가 0.5g/m^2이면 피해가 없으며, 3~5g/m^2이면 흔들었을 때 전부 낙엽이 지고, 5g/m^2이면 모두 낙엽이 진다.

Ⅲ. 결론

단풍나무는 가로수 공원, 녹지대, 공동주택 등 생활권 주변에 많이 심는 수종이다. 병해충에 해당하는 알락하늘소 방제를 적극 추진하여 피해가 없도록 한다. Nectria 궤양병이 심한 나무는 뚜렷한 방제법이 없기 때문에 간벌 시에 벌채를 하고, 제설제 피해가 발생하지 않도록 동절기 관리에 주의를 하도록 한다.

서술형 필기시험 + 실기시험

[문제 1]

> 줄기가 부러질 우려가 있는 오래된 보호수에 대하여 외과수술을 결정하였다. 외과수술 과정에 대하여 서술하시오. (15점)

Ⅰ. 서론

수목외과수술의 목적은 상처 부위나 공동이 더 이상 부패하지 않도록 하고 수간의 물리적 지지력을 높이며 자연스런운 외형을 가지게 하는 것이다. 외과수술 시기는 형성층의 유합조직이 활발한 이른 봄이 적기이다.

Ⅱ. 수목외과수술 순서

1. 고사지 및 쇠약지 제거

고사지 제거는 공동 발생의 위험을 제거하고, 쇠약지 제거는 새로운 가지 발생을 유도한다.

2. 공동 내 부후조직 제거

푸석한 썩은 조직을 제거하고, 썩은 조직을 둘러싸고 있는 단단한 조직은 다치지 않도록 하고, 변색되었더라도 방어벽 보전을 위하여 보전한다.

3. 공동 내부 살충, 살균, 방부 처리

① 살충처리 : 잔존하는 하늘소류, 나무좀류, 바구미류 등 해충의 구제를 위하여 침투성이 강한 스미치온과 훈증 효과가 있는 다이아톤을 각 200~300배액을 혼합하여 $1m^2$당 $0.6~1.2\ell$ 살포한다.

② 살균제 처리 : 알콜순도 70~90% 이상 알콜을 분무기로 $1m^2$당 $0.6~1.2\ell$ 사용한다.

③ 방부 처리 : 무기화합물인 황산동, 중크롬산칼륨, 염화크롬, 아비산을 혼합하여 사용한다. 이들은 물에 용해되거나 건조해도 방부 효과가 오래 지속된다.

※ 살균, 표면소독이나 방부처리는 의미 없다는 이론도 있다. CODIT 이론에 기초한 외과수술에서는 각종 목재 서식균이 침입해 있는 목재 변색부를 제거하지 않고 남겨 두기 때문이다. 방부제는 살아있는 조직 목질부, 형성층 세포를 죽여 상처 유합에 저해한다는 이론때문이다.

4. 건조 및 보호막 처리

① 건조가 충분하지 않으면 충전 후 수액이나 외부로부터 물이 스며들어 실패의 중요 원인이 된다.
② 완전히 건조되면 상처도포제인 락발삼, 티오파네이트메틸(톱신페스트), 데부코나졸(살바코) 등을 발라 공동 충전 시 우레탄폼이 목질부와 맞닿는 것을 차단한다.
③ 도포 후 1일 정도면 건조되고, 송풍기를 사용하면 1~2시간이면 된다.

5. 형성층 노출

① 수목외과수술에서 중요한 필수 과정이다.
② 형성층 노출은 수피와 충전물 사이에 틈이 없게 하기 위함이다.
③ 공동 본래의 목질부층에 맞추어 메우고자 할 때 공동 가장자리에 살아있는 형성층을 적절하게 노출하여 공동을 메웠을 때 공동표면 처리층 가장자리를 감쌀 수 있게 한다.
④ 표면처리층 상단부 위쪽으로 약 5mm가 되는 위치에서 안으로 말려 들어간 수피조직을 매끈하게 도려내어 형성층을 노출(5~10mm)시킨다.
   ※ 형성층 노출이 없거나 형성층 위치보다 높게 공동을 메우면 충전물 밑에서 상처유합제가 자라 충전물을 떠밀고 올라온다.
⑤ 형성층 노출 부위는 곧바로 상처도포제를 처리하여 마르지 않도록 하고, 죽거나 쇠약한 형성층은 제거하고 활력이 있는 형성층을 새로 노출한다.

6. 공동메우기

① 작은 공동의 경우
   ㉠ 상처유합제 처리를 하고 성장을 촉진시켜 스스로 아물도록 하는 것이 바람직하다.
   ㉡ 기술한 형성층 노출 작업을 마친 후 공동충전은 실리콘+코르크로 충전하며 노출형성층보다 5mm 낮게 충전한다.
   ㉢ 배합은 실리콘 500mℓ에 지름 3mm 코르크 100g을 섞는다.
② 큰 공동의 경우 : 우레탄폼을 주로 충전제로 사용한다.

③ 충전제의 종류

합성수지 종류		내용
발포성	폴리우레탄	수간 지지력과 강도가 약하지만 구석까지 채울 수 있고 경제적이다.
비발포성	우레탄고무	빗물, 습기 침투 방지, 피해 확산 예방에 이상적이지만 직사광선에 약하고 고가이다.
	실리콘수지	접착력과 탄력이 우수하며 산화가 되지 않는다.

④ 작업방법
  ㉠ 보호테이프 등으로 형성층 부위를 포함한 공동 가장자리를 폭 넓게 감싼다.
  ㉡ 두꺼운 비닐포 등으로 공동부위를 덮어 씌우고 고무밧줄 같은 끈으로 단단히 묶는다.
  ㉢ 우레탄폼 접촉 비닐면에 실리콘 이형제를 뿌린다.
  ㉣ 비닐포 위쪽에 작은 구멍을 뚫고 우레탄폼으로 분사하여 충전한다.
  ㉤ 1~2일 후 굳으면 비닐 등을 제거하고 다시 1~2일을 경과시켜 휘발성 물질을 발산시킨다.
  ㉥ 삐져나온 우레탄을 제거하고 충전층에 인공수피처리(실리콘+코르크)를 할 수 있도록 형성층 부위에서 밑으로 2~3cm 정도 깎아낸다.

7. 매트처리

① 충전물 보호와 빗물, 병해충 침입 방지를 위해 설치한다.
② 목질부 및 공동 외부 노출 모양 따라 매트를 재단한 후 작은 못으로 고정한다.
③ 매트 처리 부위가 형성층이거나 수피를 덮으면 유합조직 형성 시 들뜨거나 갈라질 위험이 있으므로 주의한다.
④ 매트에 에폭시 수지를 발라주어 접착제 역할을 하도록 한다.

8. 인공 수피처리

① 우레탄폼은 충격과 직사광선에 약하므로 직사광선을 차단하고, 충격과 방수력이 좋은 실리콘수지+코르크 혼합물을 사용한다.
② 실리콘과 지름 3mm 코르크 가루를 혼합한 후 우레탄폼 위에 두께 2~3cm로 골고루 바른다(혼합비율 : 실리콘 500mℓ+코르크 가루 100g).
③ 노출시킨 형성층 위치보다 5mm 낮게 처리한다.

9. 외과수술 후의 관리

① 정기적인 조사와 지속적 관리를 통해 수세 증진과 자기 방어시스템을 강화한다.
② 발근촉진제 토양관주, 영양제수간주사, 토양개량, 멀칭, 복토제거, 엽면시비 등으로 생육환경을 개선한다.

Ⅲ. 결론

외과수술은 공동부위가 더이상 진전하지 못하도록 하여 수목의 생육을 도와주는 것이다. 외과수술을 받기 전에도 정상적인 수목에 비해 수세가 떨어진 상태이므로 수술 후에도 정기적으로 수세를 진단하고 관리를 철저히 하여야 한다.

[문제 2]

> 수목, 병충해 DVD 동정 (30점, 30문항, 각 10문항)

[문제 3]

> 녹병에 걸린 콩배나무 잎에서 포자 분리 및 관찰 (15점)

실체현미경으로 포자 분리, 광학현미경으로 100배 관찰한다.

[문제 4]

> 준스메타 (10점)

① 배터리 체크 수치는 얼마 이하에서 충전하는가? → 11.5V 이하면 충전 필요
② 제로에서 표시 값은 몇으로 맞추어야 하는가? → 표시 값을 1로 맞추기
③ CAL에서 표시 값은 몇으로 맞추어야 하는가? → 표시 값을 200으로 맞추기
④ 나무 활력도를 네 방향에서 측정 및 기록 작업을 하는가?

[문제 5]

> 토양 산도 측정 (15점)

① 산습도계를 이용하여 A, B, C 토양의 산도 측정 : 사토, 사양토, 양토, 식양토, 식토에 대한 답을 구하는 것이 일반적이다.
② 어느 토양에서 식물이 잘 자라는가?
③ A, B, C 토양에서 알카리토양을 고르고 이를 개량하기 위한 자재를 선택 : 황, 석회, 염화마그네슘 중에서 택일 → 황

[문제 6]

> 농약사용량 계산과 희석 방법 (15점)
> 1. 데부코나졸 1,000배액 처방을 위해 0.5ℓ 조제할 때 필요한 수화제의 양과 계산식을 쓰시오.
> 2. 데부코나졸 농약의 종류는?

1. 수화제의 양 및 계산식

① 소요약량 = 단위면적당 농약 살포량/소요희석배수 = 500cc/1,000 = 0.5g
② 희석 방법 : 수화제를 먼저 섞고, 다음에 액제나 수용제를 섞는다. 혼합 15분 정도 후에 부유, 침전물이 발생하거나 혼합액의 온도가 높아지는 등의 현상이 발생하면 사용해서는 안 된다.

2. 농약의 종류

살균제, 살충제, 살비제, 제초제 중에서 택일 → 살균제

제2회 나무의사 2차시험(2020년)

서술형 필기시험

[문제 1]

> 가로수로 소나무가 식재되어 있으며, 도심지 중심에 위치하고 사람 및 차량의 통행량이 많고, 야간에도 밝은 조명과 고온이 유지되는 곳이다. 6월 15일 진단 의뢰가 들어왔다. 아래의 조건을 보고 방제 방안을 서술하시오. (50점)
>
> 1. 갑자기 수간이 고사되고 있다.
> 2. 수관 상부 일부 잔가지가 말라 죽은 것이 보인다.
> 3. 수간에 구멍이 1.5~2mm가 있다.
> 4. 식재한 지 15년이 되었다.
> 5. 지난해에 강수량이 적었다.
> 6. 최근 6년간 생장이 줄었다.

I. 서론

상기에서 제시된 내용으로 보아 생물적 피해와 비생물적 피해로 구분하여 진단할 수 있다. 수간에 작은 구멍이 발견된 점으로 보아 소나무좀 피해, 수관 상부의 일부 잔가지가 말라 죽는 것으로 보아 피목가지마름병으로 진단된다. 통행이 많은 도심 지역이여서 답압 피해와 적은 강수량, 수관 고사, 생장 저해 등으로 볼 때 건조피해로 진단되어 진단 결과를 토대로 방제 방안을 제시하고자 한다.

II. 본론

1. 생물적 피해

1) 소나무좀(*Tomicus Piniperda*)

    (1) 기주와 피해

        ① 적송, 곰솔, 잣나무를 가해하고 쇠약목, 벌채목, 고사목에 기생하며, 지면과 수직으로 갱도를 만들어 가해한다.

② 1차 가해는 봄인 3~4월에 월동한 성충이 가해하고, 2차 가해는 여름, 6월에 신성충이 갱도를 나와 1년생 가지를 가해한다.
③ 유충은 형성층과 목질부를 성충은 신초를 가해하며, 특히 35~40년 된 숲의 피해가 크다.
④ 고사된 신초는 구부러지거나 부러진 채 붙어 있다. 이는 후식의 피해이다.

(2) 생활사
① 연 1회 발생하며 성충으로 지제부 부근서 월동하며 15℃ 이상에서 활동을 시작한다.
② 3~4월 초 평균기온이 15℃ 정도가 2~3일 지속되면 성충이 월동처에서 나와 쇠약목으로 침입한다.
③ 상단부로 10cm 수직갱을 만들고 양쪽에 60개 정도의 알을 산란한다.
④ 부화유충은 모갱(母坑)과 직각으로 유충갱도를 만든다.
⑤ 성충은 6월 중하순경부터 신초 속 위쪽으로 가해하다가 늦가을에 기주의 지제부 수피 틈에서 월동한다.

(3) 방제법
① 피압목, 불량목, 병충목 등은 조기 간벌을 하고 박피한다.
② 고사 직전목은 용화전 박피하고 소각한다.
③ 피해림 부근 벌채목은 조기 반출하고 심한 경우는 벌채 그루터기도 박피한다.
④ 유치목을 설치하여 구제 : 1~2월 벌채목을 2~3월에 임내에 세운다. 월동 성충의 산란을 유인한 후 5월에 박피하여 소각한다.
⑤ 수중저장을 한다.
⑥ 천적을 보호한다.
⑦ 포스핀 훈증제 $200g/m^3$로 훈증처리한다.

2) 소나무 피목가지마름병

(1) 병원균(*Cenangium ferruginosum*) : 자낭균류

(2) 기주와 피해
① 주로 소나무에 피해를 준다.
② 1차적 원인은 기후변화, 환경변화, 이상건조, 따뜻한 가을, 찬 겨울이다.
③ 건조가 쉬운 토양이나 뿌리 발육이 불량하고 과밀한 밀도에서 발병한다.
④ 산발적으로 가지가 고사한다.
⑤ 당년 또는 이듬해에 잎이 탈락한다.

(3) 생활사
① 4~5월, 2~3년생 가지에 발생하며 병든 부위와 건전부의 경계가 뚜렷하다.
② 건조 피해 시 증가 속도가 빠르다.
③ 병원성이 약한 2차 병원균으로 전염성은 거의 없다.
④ 장마철 이후 병원균이 이동한다. 6~8월에 자낭균이 비산한다.
⑤ 죽은 피목에 황갈색 자낭반이 돌출한다.

(4) 방제법
① 관수와 시비로 예방한다.
② 병든 가지를 소각하고 남향으로 뿌리가 노출된 곳은 관목 무육으로 토양 건조를 방지한다.

2. 비생물적 피해

1) 답압

(1) 개요
① 표토가 다져져서 견밀화된 토양 경화 현상을 의미한다.
② 토양의 공극이 낮아져 용적 비중이 높아지고 통기성, 배수성이 나빠서 뿌리 생장에 불리하여 수분, 산소, 무기양분의 공급 부족으로 뿌리 발달이 저조하다.

(2) 병징
① 잎 왜소화, 가지 생장 둔화, 황화 현상이 발생한다.
② 수관 상부에서부터 내려오면서 가지가 고사하고 수관이 엉성해진다.
③ 과습 피해와 유사한 증상이 나타난다.
④ 뿌리가 지면으로 돌출한다. 등산로 등에서 볼 수 있다.
⑤ 뿌리가 줄기를 죈다. 뿌리가 자신의 줄기를 감싸는 증상을 말한다.
※ 토양에서 수분, 양분, 산소 공급의 역할은 세근의 80%가 표토 30cm 내에 분포한다. 하지만 답압으로 활동이 저조해진다.
※ 토양 산소가 10% 이하이면 뿌리 피해가 시작되고, 3% 이하에서는 수목이 질식한다.
※ 답압은 토심 30cm 이상까지 영향을 미치고 표층 0~4cm에서 용적 밀도가 급격히 증가한다.

(3) 답압 측정 방법
① 토양경도계를 이용하여 측정한다.
② 우리나라에서는 산중(山中)식 토양경도계가 주로 사용된다.

③ 토양경도지수 23~27mm에서는 식물생육에 장해를 받으며, 27~30mm 이상이면 식물 뿌리의 토양 내 침투가 불가능해진다.
④ 18~23mm가 식물의 뿌리 생장에 가장 적합하다.

(4) 방제법
① 경화된 토양은 대개 지표면 20cm 이내의 토양이므로 시차를 두고 부분적으로 경운을 한다.
② 토양을 개량한다. 부숙퇴비를 시비하고 유공관을 설치한다.
③ 바크, 우드칩, 볏짚 등 다공성 유기물을 5cm 이내로 토양 멀칭을 한다.
④ 수관 범위 내 울타리를 설치한다.

2) 건조피해

① 건조피해 유형 : 가뭄, 이식, 기상이변으로 인한 건조피해이다.
② 건조피해 증상 : 직경 생장이 급격히 감소하고 위연륜이 발생하며 서서히 가지 끝에서 나타난다. 건조피해는 끝부분부터 발생하기 때문에 병징이 어디서부터 관찰되는지 확인하는 것이 중요하다.
③ 병징 : 도심지 소나무의 경우 피해 증상이 잘 나타나지 않는다. 가시적 피해로 잎이 쪼그라들고 연녹색으로 퇴색되면 회복이 불가능하다.
④ 방제법
  ㉠ 한 번에 충분한 관수를 한다.
  ㉡ 녹지대 면적을 증대시켜 불투수층의 면적을 늘리고 나무 아래 잔디나 관목류가 과다하지 않도록 한다.
  ㉢ 수분 증발 방지를 위하여 토양 멀칭을 한다.

3) 야간고온

① 주간 온도보다 5~10℃ 낮은 것이 수목 생장에 적합하다.
② 일정 시간이 되면 가로등을 소등하도록 한다.
③ 야간에 호흡이 억제되어야 탄수화물 생장 시 최대한 이용할 수 있다.

Ⅲ. 결론

도심지에 식재된 소나무 가로수의 경우 많은 교통량과 통행으로 답압에 의한 피해, 불투수층 증가에 따른 극심한 건조 현상으로 인한 피해 이외에도 염화칼슘, 대기오염 등 복합적 요인에 의한 피해가 많다. 가로수 생육 환경 개선을 위한 식수대 공간 확대, 염화칼슘 방지 대책, 급수시설 확충 등 행정적인 노력과 더불어 주민들의 나무 보호에 대한 협력이 필요하다.

[문제 2]

> 참나무시들음병의 매개충의 이름과 학명, 등록 약제 이름(훈증제, 직접살포제), 가해 상태, 방제방법(훈증 처리 방법, 유인적(기계적) 방제법)을 서술하시오. (25점)

1. 참나무 시들음병 매개충의 이름과 학명

① 매개충 : 광릉긴나무좀
② 학명 : *Platypus koryonensis*(Murayma)

2. 기주와 피해

① 기주 : 신갈나무, 졸참나무, 갈참나무, 상수리나무, 서어나무
② 피해 : 참나무시들음병 병원균인 *Raffaelea quercus mongolicae*가 매개한다. 흉고직경 30cm 이상 대형 신갈나무의 피해가 많고, 7월 말부터는 빠르게 시들고 빨갛게 고사한다.

3. 등록 약제 이름

페니트로티온 유제(50%), 티아메톡삼 입상수화제(24.49%), 메탐소듐 액제(25%) 등

4. 방제방법

(1) 훈증처리
  ① 7월에서 이듬해 4월까지 고사목을 대상으로 한다.
  ② 메탐소듐 액제 25% 약량 $1\ell/m^3$를 훈증 처리한다. 집재는 1m 길이에 $1m^3$으로 하며 그 루터기도 훈증 처리한다.

(2) 유인적 방법
  ① 4~5월에 피해지에 유인목을 설치한다. 지름 20cm 내외의 원목을 이용하여 井자 모양으로 ha당 10개소 내외를 설치하며 10월경에 소각, 훈증, 파쇄한다.
  ② 끈끈이트랩을 우화 최성기인 6월 중순 이전에 지제부에서 침입 흔적이 있는 높이까지(최대 2m) 설치한다.

[문제 3]

> 아밀라리아뿌리썩음병의 병원균의 이명, 표징 3개, 기주식물, 방제법 3개를 서술하시오. (15점)

1. 병원균

Armillaria solidipes(담자균)

2. 기주식물

① 소나무, 자작나무, 잣나무, 전나무, 밤나무, 참나무, 포플러 등 침·활엽수에 발생한다.
② 침엽수인 경우 20년생 이하에서 많이 발생한다.

3. 표징

① 뿌리꼴균사다발 : 뿌리같이 보이는 갈색에서 검은 갈색의 보호막 안에 실처럼 가는 균사가 뭉쳐진 다발로 뿌리처럼 잔가지가 있다.
② 부채꼴균사판 : 수피와 목질부 사이에서 자라는 흰색의 부채모양 균사조직이다.
③ 뽕나무버섯 : 매년 발생하지 않지만 발생하면 몇 주 안에 고사한다(8~10월).

4. 방제법

① 저항성 수종 식재 : 기주 범위가 넓어서 어렵지만 임분 구성의 변환이 가능하다.
② 그루터기 제거 : 병의 확산 속도를 늦춘다. 토양 훈증을 실시한다.
③ 기타 방제법 : 지오판 수화제 토양 소독, 자실체를 걷어내고 도랑 파기를 한다.
④ 경쟁 관계에 있는 곰팡이를 이용하여 병원균 생장에 필요한 양분을 제한함으로써 병의 확산을 늦추는 방법이 있다.

⑤ 석회를 시용하여 산성화를 방지한다.
※ 곤충, 한발, 번개에 손상되었을 경우 아밀라리아뿌리썩음병에 걸리기 쉽다.

5. 결론

산림에서 이미 발생한 Armillaria 뿌리썩음병 방제는 상당히 어렵기 때문에 임분을 건강하게 관리해야 한다. 사전 예찰을 강화하고 자실체인 뽕나무버섯은 발견 즉시 제거하며 토양 수분, 간벌, 비배 관리, 해충 방제 통해서 임분을 건강하게 관리해야 한다.

[문제 4]

이미다클로프리드 수화제, 테부코나졸 유제를 1L에 4,000배로 사용하려고 한다. 약량의 계산과정과 조제 방법(희석법, 순서 등)에 대하여 서술하시오. (10점)

① 소요약량 = 단위면적당 농약 살포량/소요희석배수 = 1,000cc/4,000 = 0.25mℓ
② 희석 방법 : 수화제를 먼저 섞고, 다음에 액제나 수용제를 섞는다. 혼합 15분 정도 후에 부유, 침전물이 발생하거나 혼합액의 온도가 높아지는 등의 현상이 발생하면 사용해서는 안 된다.

서술형 필기시험 + 실기시험 - 서술형 필기, DVD 시험, 병원균 동정(현미경), 토양측정 등 100점

[문제 1]

노거수 외과수술의 순서와 내용을 서술하라. (50분, 10점)

[문제 2]

수목, 병충해 DVD 동정 (60점, 30문항/수목, 병, 충 각 10문항)

[문제 3]

> 다음 현미경으로 병원균을 동정하라. 색깔과 모양 그림을 그리시오. (10점, 10분)

(현장 설명) 실체현미경, 광학현미경, 시료, 칼, 핀셋, 프레파라트, 커버글라스, 증류수, 패트리디시 등이 책상 위에 놓여 있었음

[문제 4]

> 토양의 pH를 측정하고 결과를 쓰시오. (10점, 10분)

(현장 설명) 토양을 담은 화분 3개가 책상 위에 놓여 있었음. 산습도계로 측정함
(답) pH 3, pH 6, pH 8과 같이 측정한 값을 기록. 문제에는 강산성, 강알카리성의 경우 측정 바늘이 최저, 최고치여서 움직이지 않으니 주의를 요함

[문제 5]

> 토성을 접촉법으로 진단하고 답을 쓰시오. (10점, 10분)

(현장 설명) 토양을 담은 접시가 3개가 책상 위에 놓여 있었음
(답) 손으로 비벼본 후 사토, 사양토, 양토, 식양토, 식토 중에서 적는 것

※ 공통적으로 수술용 고무장갑, 종이타월, 휴지 등이 책상 위에 놓여 있었음
※ 주변에 놓인 재료를 잘 살피고 활용하여야 함

제3회 나무의사 2차시험(2020년)

서술형 필기시험

[문제 1]

> 다음은 진해 군항제 후 벚나무에 발생한 피해에 대한 조사 결과이다. 피해 원인 및 방제 방법에 대해 서술하시오. (50점)
> 1. 벚나무의 수령은 약 60년 정도이다.
> 2. 군항제 기간(7일) 동안 야간에도 밝게 조명을 밝혔다.
> 3. 축제 기간 중 내방한 방문객은 약 100만 명이며 토양의 견밀도가 조사한 결과 매우 높은 수치를 보였다.
> 4. 일부 수목의 지제부에는 이끼가 자라며, 잔가지가 고사하는 현상이 발생하고 있다.
> 5. 일부 가지들은 뭉쳐있고 가지에는 잎이 무성하게 달려있다.
> 6. 벚나무의 수간부에 목설이 발견되었으며 지저분한 배설물과 함께 다량의 수액이 누출되고 있다.

I. 서언

진해 군항제는 매년 100만 인파가 모이는 대단위 벚꽃 축제이다. 이로 인하여 벚나무에 생리적, 비생리적 피해로 인하여 몸살을 앓고 있다. 상기 여건에서 생리적인 피해로는 충해로, 지제부에 배설물과 목설, 수액누출로 보아 복숭아유리나방 피해로 보이며, 병해로는 일부 가지가 뭉쳐있고 잎이 무성한 것으로 보아 벚나무 빗자루병으로 진단된다. 비생리적 피해로는 100만 인파로 인한 답압의 피해가 보이고, 야간조명으로 인한 고온 피해와 지제부 이끼가 끼는 것으로 보아 습해 피해도 진단된다.

II. 피해 원인별 진단

1. 생리적 피해진단

1) 복숭아유리나방

① 학명 : *Synanthedon hector*
② 기주와 피해
㉠ 복사나무, 자두나무, 벚나무, 사과나무, 매화나무, 배나무 등 장미과

ⓛ 유충은 형성층 부위를 가해한다. 가해부에 가지마름병균이나 부후균이 들어가 심하면 고사하고 벚나무 피해가 심하다.

③ 생활사
㉠ 연 1회 발생하고 유충으로 월동한다.
㉡ 노숙 유충은 6월, 어린 유충은 8월 하순에 우화하여 연 2회 발생하는 것처럼 보인다.
㉢ 유충은 4~7월 이후 번데기가 되며, 몸의 반 정도를 수피 밖으로 내놓고 우화한다.

④ 목설
㉠ 소량 굵은 목설이 수액과 함께 배출되고 지제부에 쌓이지 않는다.
㉡ 수액과 섞여 진한 갈색이며 물에 젖어 벚나무 수피색과 유사하다.
㉢ 섬유질 형태이나 수지와 배설물이 뭉쳐있어 원형에 가깝다.

⑤ 방제법
㉠ 철사를 넣어 유충을 포살한다.
㉡ 피해목과 고사목을 제거하여 소각한다.
㉢ 6~8월 성충 발생 시기에 사이안트라닐리프롤 액제, 플루벤디아마이드 액상수화제 4,000배를 살포한다.
㉣ 페로몬트랩을 이용하여 성충을 유인하고 유살한다.
㉤ 끈끈이롤트랩을 5~10월에 설치한다.

2) 벚나무 빗자루병

① 병원균 : *Taphrina wiesneri*
② 기주 : 여러 종류 벚나무 중 왕벚나무의 피해가 크다.
③ 피해
㉠ 자낭포자와 분생포자(출아포자)를 형성한다.
㉡ 4~5월 잎 뒤에 회백색 가루(나출자낭)가 뒤덮이고 가장자리는 흑갈색으로 변한다. 감염 후 4~5년이면 고사한다.
㉢ 자낭 내 출아를 반복하여 자낭이 출아포자로 가득 차게 된다.

④ 병징과 병환
㉠ 감염된 가지는 혹처럼 부풀고 잔가지가 많아 빗자루 모양이 된다.
㉡ 나출자낭을 형성하는 자낭균으로, 4월 중순 잎 뒷면에 회백색 자낭포자 형성, 비산 후 검은색으로 변하고 낙엽이 진다.

ⓒ 30년생 이상 수목의 피해가 크다. 복숭아 나뭇잎에서는 오갈병을 일으킨다.
② 병원균이 Auxin, Cytokinnin을 생산하여 기공 개폐를 초래하며 나무는 쇠약해진다.
⑩ 균사는 가지, 눈 조직에서 월동한다.

⑤ 방제법
㉠ 이른 봄에 병든 부위를 잘라 태운다.
㉡ 자른 부분은 지오판 도포제 처리로 줄기마름병균, 목재썩음병균이 2차적으로 침입하는 것을 방지한다.
㉢ 유합조직을 촉진하기 위하여 테부코나졸 액제를 살포한다.

2. 비생리적 피해

1) 답압

압력으로 인해 토양이 다져진 "토양경화 현상"을 의미하며 토양의 공극이 낮아져 용적비중이 높아지고 통기성, 배수성이 나빠서 뿌리 생장이 불리하여 수분, 산소공급, 무기양분 공급의 부족으로 뿌리발달이 저조하다.

(1) 병징
① 잎왜소화, 가지 생장 둔화, 황화현상이 발생한다.
② 수관 상부에서부터 내려오면서 가지가 고사하고 수관이 엉성해진다.
③ 과습 피해와 유사한 증상이 나타난다.
  ㉠ 단단한 토양의 상부는 배수 불량, 토층의 하부는 건조 상태가 된다.
  ㉡ 장마철에는 과습 증상이 나타난다.
④ 뿌리가 지면으로 돌출한다.
⑤ 뿌리가 줄기를 죈다.
  ※ 토양에서 수분, 양분, 산소 공급의 역할은 세근의 80%가 표토 30cm 내에 분포한다. 하지만 답압으로 활동이 저조해진다.
  ※ 토양 산소가 10% 이하이면 뿌리 피해가 시작되고, 3% 이하에서는 수목이 질식한다.
  ※ 답압은 토심 30cm 이상까지 영향을 미치고 표층 0~4cm에서 용적 밀도가 급격히 증가한다.

(2) 답압의 측정 방법
① 토양경도계를 이용하여 측정한다.
② 우리나라에서는 산중(山中)식 토양경도계를 주로 사용한다.
③ 토양경도지수 23~27mm에서는 식물생육에 장해를 받으며, 18~23mm가 식물의 뿌리 생장에 가장 적합하다.

④ 토양경도 1.5kg/cm²에서는 수목 생장에 지장이 없고, 3.6kg/cm²에서는 고사한다.

(3) 방제

① 경화된 토양은 대개 지표면에서 20cm 이내의 토양이므로 시차를 두고 부분적으로 경운한다.
② 토양 개량 : 부숙퇴비+토탄, 이끼+펄라이트+모래+유공관을 설치한다.
③ 바크, 우드칩, 볏짚 등 다공성 유기물을 5cm 이내로 멀칭을 실시한다.
④ 수관 범위 내에 울타리를 설치한다.
⑤ 조경공사 현장에서는 작업차량의 동선을 관리한다.
⑥ 천공작업(오가작업으로 지름 5cm, 길이 30cm 구멍)으로 다공질, 부숙퇴비 시비 또는 수간으로부터 방사상으로 도랑을 파고 다공질 유기물 또는 시비를 한다.

2) 과습

(1) 피해증상

① 초기 : 잎자루가 누렇게 변하면서 아래로 쳐지는데 이는 에틸렌가스 생산과 이동때문이다.
② 장기 : 잎이 작고 황화현상이 나타나며 가지 생장이 둔화되어 겨울철 동해에 약하다.

(2) 병징

① 주목의 경우 검은색 사마귀 모양 수종(水腫, edema)이 발생한다.
② 파이토프토라에 의한 뿌리썩음병, 부정근이 발생한다.
③ 수관축소(꼭대기에서 밑으로 죽어 내려옴), 조기단풍, 살아 있는 눈 형성 불량, 방향성 없는 일부 가지가 고사한다.
④ 줄기 종양, 융기, 돌기, 새잎 생장이 정지되고 감소한다.

(3) 방제

① 내습성인 수종으로 변경한다.
② 토양층을 개량(유기물 시비)하고, 배수관을 설치한다.
③ 점질토양의 경우에는 모래나 사질토양을 섞어 객토를 해준다.

3) 야간고온

① 주간 온도보다 5~10℃ 낮은 것이 수목 생장에 적합하다.
② 일정 시간이 되면 가로등을 소등하도록 한다.
③ 야간에 호흡이 억제되어야 탄수화물을 생장에 최대한 이용할 수 있다.

Ⅲ. 결론

진해 군항제는 우리나라 최고의 벚꽃축제이다. 100만 인파가 몰리는 축제가 끝나고 나면 벚나무는 답압이나 건조, 습해로 인한 피해를 받게 된다. 행사가 끝나면 수세 회복을 위해 충분한 급수와 비배 관리가 요구된다. 복숭아유리나방, 빗자루병, 미국흰불나방 등의 병충해 방제에도 세심한 관리가 필요하다.

[문제 2]

아래 설명하고 있는 해충에 대하여 물음에 답하시오. (20점)

> 1963년 전남 고흥군 도양읍 비봉산에서 최초 발생하여 우리나라 남부 해안에 피해가 크게 발생하여 소나무 및 곰솔에 피해를 주고 있어 문제가 되고 있다.

1. 위 해충의 해충명과 학명을 쓰시오. (5점)
2. 피해 상태와 생활사에 대하여 서술하시오. (5점)
3. 피해 발생 선단지 예찰 요령에 대하여 서술하시오. (5점)
4. 소나무재선충병과 함께 사용할 수 있는 나무주사용 약제를 기재하시오. (5점)

1. 해충명과 학명

① 해충명 : 솔껍질깍지벌레
② 학명 : *Matsucoccus thunbergianae* Miller and Park

2. 피해 상태와 생활사

1) 기주와 피해

① 기주는 곰솔과 소나무이다.
② 가지만을 가해하고 곰솔에 피해가 크다.
③ 약충이 가해할 때 세포막이 파괴되고 세포 내 물질 분해와 같은 피해가 나타난다.
④ 11월~이듬해 3월까지의 후약충 시기에 발육이 왕성하여 가장 피해를 많이 준다.
⑤ 피해 증상은 3~5월에 수관 하부 가지잎부터 갈색으로 변색되며, 심하면 전체 수관이 갈색으로 변하고 5~7년의 누적 피해로 고사한다.
⑥ 겨울에 가해하고 외견상 피해는 익년 3~5월에 심하며, 여름, 가을에는 증상이 없다.

⑦ 최초 침입 후 4~5년이 경과한 후에 피해가 심해진다. 피해율은 7년 이상이며 22년 수령에서 가장 높다.
⑧ 오래된 피해 지역은 가지가 밑으로 처지는 현상이 나타나지만 선단지는 수관 형태가 그대로 유지된 채 고사하는 경향이 있다.

2) 생활사

① 연 1회 발생하며 후약충으로 겨울을 보내지만 겨울에도 수액을 흡즙하여 피해를 준다.
② 암컷은 불완전변태, 수컷은 완전변태를 한다.
  ㉠ 암컷 : 알 → 부화약충 → 정착약충 → 후약충 → 성충
  ㉡ 수컷 : 알 → 부화약충 → 정착약충 → 후약충 → 전성충 → 번데기 → 성충
③ 우화 시기는 3월 하순~5월 중순이며 우화 최성기는 4월 중순이다.
④ 가지에 작고 흰 솜 덩어리 모양의 알주머니를 만들고 150~450개를 산란한다.
⑤ 부화약충은 5월 상순~6월 중순에 나타나며 정착약충은 6월부터 하기휴면을 한다.
⑥ 10월부터 휴면이 끝나고 11월이면 탈피하여 후약충이 되며 이듬해 3월까지 흡즙과 발육을 왕성하게 한다.
⑦ 고사 직전까지 초두부는 생존하며 잎은 처지지 않고 원상태로 고사한다.

3. 예찰 요령

페로몬트랩을 이용한 예찰 방법에 대하여 기술한다. 페로몬트랩의 구성은 트랩, sticky판, 루어, 페로몬트랩세트로 구성되어 있다.
① 처리 시기 : 3월 초순~4월 초순
② 대상지 : 선단지 연접지역, 전년도 피해발생지의 임연부 또는 산록부
③ 설치 방법 : 높이 50cm, ha당 5세트 설치
④ 루어는 30일 간격으로 교체
⑤ sticty 트랩은 2~3주 간격으로 교체

4. 공동 사용 약제

이미다클로프리드 분산성액제, 에마멕틴벤조에이트 유제, 티아메톡삼 분산성액제 원액을 나무에 주사한다.

※ 선단지란 해충발생지역과 그 외곽의 확산우려지역을 말한다. 감염목의 분포에 따라 점형·선형·광역선단지로 구분한다.

[문제 3]

Septoria균에 의한 수목의 피해 특징에 대하여 아래 물음에 답하시오. (15점)
1. 병징, 표징의 특징 (8점)
2. 방제 방법 (7점)

1. 개요

① Septoria는 불완전아균문, 유각균강, 분생포자목에 속한다.
② 자작나무 갈색무늬병, 오리나무 갈색무늬병, 느티나무 흰별무늬병, 밤나무 갈색점무늬병 등이 있다.

2. 병원균

① 자작나무 갈색무늬병 : *Septoria betulae Pass.*
② 오리나무 갈색무늬병 : *Septoria alni Sacc.*
③ 느티나무 흰별무늬병 : *Septoria abeliceae Hiray.*
④ 밤나무 갈색점무늬병 : *Septoria quercus Thum.*

3. 병징 및 표징의 특성

① 주로 잎에 작은 점무늬를 형성하며, 잎자루나 줄기를 거의 침해하지 않는다.
② 분생포자각은 병반의 조직에 묻혀있고 윗부분은 표피를 뚫고 열려 있는 머리구멍이 있다.
③ 머리구멍(孔口)은 대개 작은 원형이지만 성숙하거나 습한 경우 불규칙하게 확대한다.
④ 분생포자는 방추형 또는 긴 막대기 모양으로 곧거나 약간 굽으며 보통 2~10개 격벽이 있고 무색이다.
⑤ 병든 잎에서 균사 상태 또는 분생포자각으로 월동하고 이듬해 형성된 분생포자가 빗물이나 바람에 의해 1차 전염원이 된다.

4. 방제법

① 묘포에서 병든 낙엽을 모아 태우거나 땅에 묻는다.
② 묘포에서 6월 초순부터 2~3회 살균제를 살포한다.
③ 파종할 때 종자소독을 한다.
④ 밀식을 피하고 비배 관리를 철저히 하여 수세를 튼튼히 한다.

[문제 4]

> 공통 원인에 의해 발생한 피해 수목의 사진이다. 다음 물음에 대하여 서술하시오.
>
> (사진설명) 활엽수, 침엽수 피해 사진 2개 제시/소나무류 신초가 꼬불꼬불하게 많이 나옴, 잎이 심하게 오갈증상을 보임. (제초제 피해로 판단)
>
> 1. 공통적인 피해 원인 (5점)
> 2. 진단방법 (5점)
> 3. 방제방법 (5점)

1. 공통적인 피해 원인

진상 판독한 결과 소나무의 경우 신초가 꼬불꼬불한 증상을 많이 보이고 잎자루가 비틀리는 현상과 활엽수의 경우 오갈증상을 보이는 것으로 보아 제초제의 피해로 진단되었다.

2. 진단방법

제초제 피해는 수목의 감수성, 생육 상태, 주위 환경, 기상과 연관되어 있어 절대적인 판단은 불가능하지만 다음과 같이 진단한다.
① 관리기록 조사 : 최근 사용한 곳과 무처리구를 비교한다.
② 접촉성 제초제 피해가 아니면 한개체 전체에 피해가 나타난다.
③ 동일 장소 식물은 종에 관계없이 피해가 비교적 균일하게 나타난다.
④ 비기생성 피해와 같은 양상이다.
⑤ 전염성이 없다.

3. 방제방법

① 토양에 잔류한 제초제를 제거한다. 활성탄, 부엽토, 석회 등으로 제초제를 흡착시킨다.
② 표토 제거 및 치환을 한다.
③ 제초제 살포 시기 유의 : 약제 살포 후 비가 오면 약제 희석과 다른 피해를 유발한다.
④ 줄기 대 뿌리의 비율을 맞추고 인산질비료 사용으로 수세를 강화한다.

서술형 필기시험+실기시험 – 서술형 필기, DVD 시험, 병원균동정(현미경), 토양측정 등

[문제 1]

> 다음은 수목외과수술의 진행순서이다. 다음 물음에 답하시오. (작업형 10점)
>
> 부패부 제거 → 살균/살충/방부처리 → 공동 충전 → 매트처리 → 인공수피처리
>
> 1. 매트처리 방법에 대하여 서술하시오. (5점)
> 2. 인공수피처리 방법에 대하여 서술하시오. (5점)

1. 매트처리

① 충전물 보호와 빗물, 병해충 침입 방지를 위해 설치한다.
② 목질부 및 공동 외부 노출 모양을 따라 매트를 재단한 후 작은 못으로 고정한다.
③ 매트처리 부위가 형성층이나 수피를 덮으면 유합조직 형성 시 들뜨거나 갈라질 위험이 있으므로 주의한다.
④ 매트에 에폭시 수지를 발라주어 접착제 역할을 하도록 한다.

2. 인공 수피처리

① 우레탄폼은 충격과 직사광선에 약하므로 직사광선을 차단하고, 충격과 방수력 좋은 실리콘수지+코르크 혼합물을 사용한다.
② 실리콘과 지름 3mm의 코르크 가루를 혼합한 후 우레탄폼 위에 두께 2~3cm로 골고루 바른다(혼합비율 : 실리콘 500mℓ+코르크 가루 100g).
③ 노출시킨 형성층 위치보다 5mm 낮게 처리한다.

[문제 2]

수목, 병해, 충해 DVD 동정 (60점, 30문항)

[문제 3]

10배 및 40배 LED루페 제공, 솔수염하늘소 암수 표본 제공 (10분, 15점)

1. 솔수염하늘소의 더듬이에서 암수를 구별하는 차이점 2가지를 쓰시오. (7점)
2. 암수 성충 더듬이의 자루마디, 팔굽마디, 채찍마디의 수를 각각 기입하시오. (8점)

[문제 4]

토양학 : 건조토양, 전자저울, 측정접시, 계산기 제공 (10분, 15점)

1. 토색첩의 일부에 체크된 사진의 토색을 올바르게 읽고 기재하시오. (2개, 8점)
2. 제공된 건조토양의 무게를 재고/전자저울, 제시된 자료로 부피를 구해, 용적밀도를 구하시오. (계산기 이용, 7점)

(현장 설명) 자료는 토양 채취에 사용된 원통의 지름과 높이

제4회 나무의사 2차시험(2021년)

서술형 필기시험

[문제 1]

최근 과수 등에 피해를 주고 있는 불마름병(Fire Blight)에 대하여 다음을 서술하시오. (15점)

1. 병징과 표징

① 늦은 봄에 어린 잎, 꽃, 작은 가지가 갑자기 시든다. 처음엔 물이 스며든 듯하다가 곧 갈색, 검은색으로 변하여 마치 불에 탄 듯 보인다.

② 기관별 병징

꽃	• 암술머리에서 처음 발생하여 전체가 시들고 꽃으로 파급된다. • 꽃이 가장 감염되기 쉬운 조직이다.
과실	수침상 반점이 점차 검은색으로 변한다.
가지	선단부 작은 가지에서 시작하여 피층의 유조직을 침해하여 아랫부분의 큰 가지 또는 줄기에 움푹 파인 궤양을 만든다.

2. 감염과 전염 방법

① 병원균은 병든 가지 주변에서 월동하다가 봄비 내릴 때 활동을 시작한다.
② 고온에서 전파 속도가 빠르며 18℃ 이상에서 활성화된다.
③ 따뜻하고 습도가 높은 날 병든나무 수피에서 유윷빛의 세균 점액이 스며 나와 파리, 개미, 진딧물 등 곤충을 모으고, 이들이 병원체를 옮긴다. 또한 빗물에 의해 옮겨지기도 한다.
④ 감염은 봄 생장이 끝날 때까지 또는 개화기부터 한 달 뒤까지 계속되며 2차 전염은 피목, 기공, 흡즙곤충, 바람, 우박의 상처를 통해 전염된다.

3. 방제법

① 병든 가지는 감염 부위로부터 30cm 정도 위아래를 잘라내고 궤양은 늦여름에서 겨울에 도려낸다.
② 수술 도구는 반드시 70% 알콜 또는 살균 소독제로 표면소독한다.
③ 질소 시비를 피하고 P.K 시용하여 수세를 강화한다.
④ 매개곤충과 화분매개곤충을 방제한다(화분매개곤충 이동 제한 : 발생지 반경 2km 내).
⑤ 예방책으로 개화기부터 여름까지 Streptomycin과 구리계 살균제를 조합하여 여러 번 살포한다.
⑥ 꽃눈 발아 전에 석회보르도액으로 예방한다.
　㉠ 개화기, 생육기는 농용신수화제나 아그로마이신수화제를 살포한다.
　㉡ 환부는 보르도액 또는 석회황합제로 원액 처리한다.
⑦ 감염목은 발견 즉시 불태우거나 땅속에 묻고 발생지의 잔재물 이동을 금지한다.
⑧ 건전한 접수와 묘목을 사용한다.

[문제 2]

소나무 잎 기부에 혹을 만들고 가해하는 해충에 대하여 서술하시오. (20점)

1. 국명과 학명

솔잎혹파리(*hecodiplosis Japonensis*)

2. 생활사

연 1회 발생, 유충으로 흙 속 또는 벌레혹에서 월동한다.

구분	기간	특성		
성충	5월 중순~ 7월 중순	• 우화(최성기 : 6월 상·중순)는 하루 중 15시~17시에 가장 많다. • 산란수는 90개 내외이며, 수명은 1~2일이다.		
알	5~7월	알 기간은 5~6일, 새로운 잎 사이에 6개씩 90개 산란한다.		
유충	6월~익년 4월	• 벌레혹당 평균 6마리 서식, 피해 잎은 6월 하순부터 생장이 중지된다. • 충영은 6월부터 부풀기 시작하여 9월 이후 혹이 보인다. 피해 잎을 쪼개면 분리되지 않고 황색 유충이 보인다. • (월동) 유충은 9월 하순~다음 해 1월(최성기는 11월 중순) 사이에 주로 비가 올 때 떨어져 지표 밑 2cm 내에서 월동한다.		
번데기	5월 상순~ 6월 말	• 최성기는 5월 중순이다. • 지피물에서 용화하며 기간은 20~30일이다.		
충영 형성률		경	중	심
		1~19%	20~49%	50%

3. 충태별 방제 방법

1) 유충

① 생물적 방제

㉠ 대상지는 후방 회복 임지와 천적 기생률 10% 미만의 임지이다.

㉡ 솔잎혹파리먹좀벌, 혹파리살이먹좀벌, 혹파리등뽈먹좀벌, 혹파리반뽈먹좀벌을 5월 하순~6월 하순에 ha당 2만마리를 방사한다. 쇠박새, 박새, 쑥새(20~100마리/일 포식)을 보호한다.

② 임업적 방제
　㉠ 8~9월 : 피해지, 선단지 중심으로 간벌실시한다.
　㉡ 6~11월 : 경쟁 완화를 위하여 솎아베기를 실시한다.
　㉢ 피해목 벌채는 9월까지 완료하고, 충영 내 유충이 어릴 때 실시한다.

③ 화학적 방제
　㉠ 수간주사 : 충영 형성률이 20% 이상인 임지에서 6월에 실시한다. 피해 선단지에서는 충영 형성률과 관계 없이 선정이 가능하다. 적용약제는 성충발생기에 이미다클로프리드 분산성액제 0.3mℓ/cm(흉고직경), 성충우화전에는 티아메톡삼 분산성액제 0.2mℓ/cm(흉고직경)가 있다.
　㉡ 지면 및 수관살포 : 피해도 중 이상임지, 선단지 천적 기생율 10% 이하인 임지 중 상수원, 양어장 등에 약제 유실 우려가 없는 임지에 이미다클로프리드·카보퓨란입제를 4월에 살포한다.
　㉢ 11월 하순경 다이아지논 입제를 토양에 살포한다.

④ 기타 : 봄에 3cm 이내로 지피물을 제거하고 토양을 건조시켜 토양 속 유충의 폐사를 유도한다.

2) 성충

솔잎혹파리 항공방제를 5~7월에 실시한다.

4. 천적 기생봉 4종류의 국명

솔잎혹파리먹좀벌, 혹파리살이먹좀벌, 혹파리등뿔먹좀벌, 혹파리반뿔먹좀벌

[문제 3]

다음 농약들에 대한 물음에 답하시오. (10점)

1. 메트코나졸의 유효성분과 작용기작

메트코나졸의 표시기호는 사1이며, 살균제로서 유효성분은 메트코나졸이다. 작용기작은 '막에서 스테롤 생합성 저해'이며 세부작용기작은 '탈메틸 효소 기능 저해'이다.

2. 델타메트린의 유효성분과 작용기작

델타메트린의 표시기호는 3a이며, 살충제로서 유효성분은 델타메트린이다. 작용기작은 'Na 통로조절'이며 합성 피레스로이드계이다.

[문제 4]

농약의 저항성을 줄이기 위한 농약의 사용 방법은? (5점)

살충제 사용 방법	살균제 사용 방법
• 농약의 교호 사용 • 대체 살충제 선발 • 살충 혼합제 개발 • 협력제의 혼합 처리 • 새로운 살충제 개발	• 농약의 교호 사용 • 침투성, 비침투성 살균제 혼합 사용 • 살균 효과를 유지 가능한 최소한의 약량을 사용하여 선발압을 낮춤 • 새로운 살균제 개발 • 병원체 내 약제의 대사, 분해계의 저항성 기구를 소거시키는 방법

[문제 5]

2015년 9월 10일 고사되어 의뢰가 들어온 곰솔림에 대한 조사내용은 다음과 같다. 각각의 조사 자료에 대하여 추가적인 진단과 종합처방을 서술하시오. (50점)

1. 40여 본의 곰솔 수관 하부의 잎이 적갈색으로 변하고 고사하며 그 중 5본의 잎이 처져서 고사하였다.
2. 취사행위의 흔적이 발견되었고 사진(파상땅해파리버섯)과 같은 자실체가 다수 발견되었다.
3. 최근 해수욕장 방문객이 급증하여 입지 밀도가 상승하였다.
4. 해일과 태풍으로 해수가 토양에 유입되었으며 토양조사 결과 pH 8이고 교환성 나트륨 퍼센트(ESP)가 17%이었다.

Ⅰ. 피해 요인별 진단

구분	현황 및 병징	피해 진단
생물적 요인	① 곰솔 수관 하부의 잎이 적갈색으로 변하고 고사 ② 5본의 잎이 처져서 고사 ③ 취사행위의 흔적이 발견, 파상땅해파리버섯 발견	① 솔껍질깍지벌레 피해 현상 ② 소나무재선충 피해 ③ 리지나뿌리썩음병 피해 현상
비생물적 요인	④ 방문객이 급증하여 입지 밀도가 상승 ⑤ 해수가 토양에 유입, pH 8 ⑥ 교환성 나트륨 퍼센트(ESP)가 17%	④ 답압 피해 현상 ⑤ 염해 피해 우려 있음 ⑥ 염화나트륨 토양 pH 8.5 이하
추가적 진단	⑦ 전기전도도(EC)가 4ds/m 이상인지 확인 ⑧ 배수관계 확인	⑦ 염화나트륨 토양 확인 ⑧ 배수 불량 시 Ca 첨가, 배수용탈로 개량

Ⅱ. 피해진단 및 방제법

1. 생물적 요인

1) 소나무재선충

구분	소나무 재선충
기주수종	소나무, 해송, 잣나무
고사목의 외형상 특징	나무 전체가 동시에 붉게 변함, 주로 수관 상부가지부터 고사
잎의 모양	우산살처럼 아래로 처짐
피해 발생 소요 기간	1년 내 고사
피해 발생 시기	주로 9~11월
수간 천공 시 송지 유출	미유출

① 항공방제

실행시기	매개충 성충 발생기(5~7월)
사용약제	아세타미프리드 미탁제 50% 유제 또는 티아클로프리드 10% 액상수화제
살포방법	ha당 50ℓ 살포, 3회 실시

② 지상방제

실행시기	5~7월
사용약제	아세타미프리드 미탁제 2,000배, 티아클로프리드 10% 액상수화제(1,000배 희석액)
살포방법	매개충 발생 시기인 5~7월 잎과 줄기에 약액이 충분히 묻도록 골고루 살포

③ 수간주사

실행시기	12~2월, 3월 15일~4월 15일
사용약제	• 아바멕틴 유제 1㎖/cm(흉고직경), 에마멕틴벤조에이트 유제 1㎖/cm(흉고직경) • 솔껍질깍지와 혼생지는 11~12월에 약제 주입, 재선충과 깍지벌레 동시에 구제

2) 솔껍질깍지벌레

구분	솔껍질깍지벌레
기주수종	해송
고사목의 외형상 특징	• 수관 하부 가지부터 고사, 초두부는 고사 직전까지 생존 • 오래된 피해지는 가지가 밑으로 쳐지나 선단지는 수관 형태 그대로 고사
잎의 모양	처지지 않고 원 상태로 고사
피해 발생 소요 기간	5~7년간 누적 피해로 고사
피해 발생 시기	3~5월에 나타남(11월~익년 3월에 가해)
수간 천공 시 송지 유출	가지고사율 80% 정도까지 송지 유출

① 항공방제

실행 시기	2월 중순~3월 초순(후약충 말기)
사용 약제	뷰프로페진 40% 액상수화제
살포 방법	50배액으로 희석하여 ha당 100ℓ 살포

② 지상방제

실행 시기	3월
사용 약제	뷰프로페진 40% 액상수화제(100배 희석액 2~3회 살포)
살포 방법	10일 간격으로 2~3회 수간 및 가지의 수피가 충분히 젖도록 살포

③ 수간주사

실행 시기	12~2월, 11~2월 후약충 시기
사용 약제	• 에마멕틴벤조이트 유제 1mℓ/cm(흉고직경), 이미다클로프리드 분산성액제 0.6mℓ/cm(흉고직경) • 재선충과 혼생지는 11~12월에 약제 주입, 재선충과 깍지벌레 동시에 구제

④ 생물적 방제 : 무당벌레, 침노린재류, 말벌류, 거미류 등
⑤ 임업적 방제
  ㉠ 모두베기 : 피해도 "심" 이상 지역 생립본수 30% 내외 수종갱신
  ㉡ 단목베기 : 피해도 "중" 이상 지역 나무주사 우선 시행
  ㉢ 소나무재선충 : 재선충병 방제 방법에 따라 처리

3) 리지나뿌리썩음병(*Rhizina undulata* : 자낭균)

(1) 개요

1982년 경주에서 처음 발견된 병원균우점병의 뿌리썩음병으로 국내에서는 파상땅해파리 버섯에 의해 발병하며 장령목이 집단적으로 고사하고 태안, 서산 등 해안지역 곰솔림의 피해가 크다.

(2) 기주

소나무류, 곰솔, 전나무류, 가문비나무류, 솔송나무 등 침엽수

(3) 병징과 병환

① 잔뿌리가 검은 갈색으로 썩고 나무전체가 수분을 잃어 적갈색으로 고사한다.
② 감염된 뿌리 표면에 흰색 또는 노란색의 균사가 덮여있다.
③ 줄기 밑동과 주변 토양에 원반형의 파상땅해파리버섯을 형성한다.
④ 감염된 뿌리서 분비되는 수지가 토양입자와 섞여 모래 덩어리를 형성한다.
⑤ 병원체의 포자가 발아하기 위해서는 35~45℃의 높은 지중온도가 필요하다. 3시간 이상 노출 시 발아한다.
⑥ 1년에 약 6~7m의 불규칙한 원형을 이루면서 외곽으로 확산되며 원형 발생지 내는 대부분 고사한다.
⑦ 병원체는 토양 내 다른 미생물과의 경쟁에 약하기 때문에 불이 발생하여 토양미생물이 단순화된 상태에서 우점균으로 발생하며 특히 산성토양에서 잘 발생한다.
⑧ 상대적으로 토양미생물이 적은 해안가 모래의 소나무 숲에서 문제가 되고 있다.

(4) 방제법
① 석회 시용으로 토양 산도를 중성으로 개선한다. 석회를 1ha당 2.5ton 시용한다.
② 병원체 이동 방지용 도랑을 설치한다. 최초의 병 발병 지점으로부터 약 10m 떨어져서 깊이 80cm, 폭 약 1m 정도 되는 도랑을 파고 토양에 소석회를 투입하여 병원체의 확산을 막는다.
③ 산불 예방 및 산림 내 출입을 통제한다.
  ㉠ 산불의 발생을 억제하고 산불이 난 지역에서는 기주 수종을 심지 않는다.
  ㉡ 산림 내 출입 통제와 지정된 장소 이외에서는 모닥불 및 쓰레기 소각 등과 같은 토양 온도를 높일 수 있는 행위를 금지한다.
  ㉢ 농약 살포 : 피해목의 굴취 장소에는 베노밀수화제를 m^2당 2ℓ 관주한다.

2. 비생물적 요인

1) 답압 피해 현상

(1) 개요
압력으로 인해 토양이 다져진 '토양경화 현상'을 의미하며 토양의 용적 비중이 높아지고 통기성, 배수성이 나빠져 수분, 산소, 무기양분 공급 부족으로 뿌리의 발달이 저조하다.

(2) 병징
① 잎왜소화, 가지생장 둔화, 황화현상이 발생한다.
② 수관 상부에서부터 내려오면서 가지가 고사하고 수관이 엉성해진다.
③ 과습 피해와 유사한 증상 나타난다.
  ㉠ 단단한 토양의 상부는 배수 불량, 토층의 하부는 건조상태가 된다.
  ㉡ 장마철에는 과습 증상이 나타난다.
  ㉢ 답압 피해 감수성 수종 : 마가목, 산딸나무, 산수유, 단풍나무, 수수꽃다리
④ 뿌리가 지면으로 돌출한다. : 세굴이나 침식으로 오인하나 등산로 등에서 쉽게 볼 수 있다. 간단한 멀칭으로 뿌리를 보호한다.
⑤ 뿌리가 줄기를 죈다. : 뿌리의 지면 돌출이 심화되면서 뿌리가 자신의 줄기를 감싸는 증상이다.

(3) 답압의 측정 방법

① 토양경도계를 이용하여 측정한다.

② 우리나라에서는 산중(山中)식 토양경도계를 주로 사용한다.

③ 토양경도지수 23~27mm에서는 식물생육에 장해를 받으며, 18~23mm가 식물의 뿌리 생장에 가장 적합하다.

④ 토양경도 1.5kg/cm²에서는 수목 생장에 지장이 없고, 3.6kg/cm²에서는 고사한다.

(4) 방제

① 경화된 토양은 대개 지표면에서 20cm 이내의 토양이므로 시차를 두고 부분적으로 경운한다.

② 토양 개량을 한다. : 부숙퇴비+토탄, 이끼+펄라이트+모래+유공관 설치

③ 바크, 우드칩, 볏짚 등 다공성 유기물을 5cm 이내로 멀칭을 실시한다.

④ 수관 범위 내 울타리를 설치한다.

⑤ 조경공사 현장에서는 작업차량의 동선을 관리한다.

⑥ 천공작업(오가작업으로 지름 5cm, 길이 30cm 구멍)으로 다공질, 부숙퇴비 시비 또는 수간으로부터 방사상으로 도랑을 파고 다공질 유기물 또는 시비를 한다.

2) 염해피해

(1) 개요

토양에 염류가 농도가 높아서 식물이 피해를 입는 것을 염해라 한다. 염해의 원인으로는 해풍, 해일, 간척지, 제설염 등이 있다.

(2) 염해의 피해기작

① 고농도의 Na에 의한 토양구조 변화와 토양공극의 감소로 공기 유통과 토양 수분 이동이 원활하지 못하다.

② 토양 수분포텐셜 감소로 뿌리의 수분, 영양분 흡수를 저해하여 지상부에 엽면괴저현상이 일어나며 갈색으로 변하고 조기낙엽이 진다.

③ 세포막이나 효소활동 기능 저하로 대사기능이 전반적으로 저하된다.

④ 염기성 토양에서는 Fe, Mn, Zn, Cu를 흡수하지 못하여 영양결핍이 나타난다.

(3) 피해 증상

　① 뿌리흡수로 인한 증상

　　㉠ 잎 성장 저해와 황화현상이 발생한다.

　　㉡ 활엽수 성숙 잎은 피해가 심하고 어린 잎은 상대적으로 피해가 적다. → 침엽수는 잎끝이 누렇게 되면서 점차 갈색으로 변하고 광합성이 줄어든다.

　② 잎에 묻었을 때 증상

　　㉠ 해안가 도로가에 피해가 나타난다.

　　㉡ 활엽수는 잎의 가장자리에 괴저, 변색, 낙엽되고 침엽수는 잎끝부터 아래로 적갈색이 되며 낙엽이 된다.

　　㉢ (공통사항) 눈과 잔가지가 고사하며 다음 해에 눈이나 잔가지의 발아부진 또는 고사하고 빗자루 증상이 나타난다.

　③ 상록수 피해가 크며 낙엽수는 새싹이 자란 후에 나타난다.

　④ 염화칼슘 피해를 입은 잣나무는 구엽과 신엽, 소나무는 구엽, 구상나무는 신엽끝부터 갈변하는 변화가 보인다.

　⑤ 0.5% 해빙염 실험에서 피해는 활엽수가 침엽수보다 예민하다.

　⑥ 염분이 0.1g 증가할 때 낙엽률은 3% 증가한다.

　※ 침엽수는 염분을 동쪽에서 흡수하면 서쪽 수관 피해가 나타나고 활엽수는 같은 방향에서 피해가 나타난다. 수액은 나선 방향으로 상승 이동하지만 활엽수는 상승 각도가 작다. 소나무는 4m에서 한 바퀴 돈다.

(4) 방제

　① 토양세척 : 배수구를 설치한 후 실시한다. 150mm 관수는 표토 30cm 이내 염분 50%의 제거가 가능하다.

　② 토양에 활성탄(숯가루)을 투입하여 염분을 흡착시킨다.

　③ 토양개량제를 사용한다. 유황, 석고를 사용한다. 동물성 퇴비, 하수구 침전물을 토양개량제로 사용할 때는 염분에 주의한다.

　④ 제설제가 포함된 눈이 식재지에 쌓지 않도록 한다.

　⑤ 겨울철 토양을 비닐이나 짚으로 멀칭하며 증산억제제를 뿌린다.

　⑥ 배수체계 개선과 식재지 구배를 개선한다.

　⑦ 토양 건조 시에 피해가 증가하므로 토양수분을 유지한다.

　⑧ 내염성이 강한 수종을 식재한다. 내염성 수종은 곰솔, 향나무, 사철나무, 자귀나무, 팽나무, 후박나무 등이 있다.

　⑨ Ca 제공이 필요하므로 주로 석고($CaSO_4 \cdot 2H_2O$)를 사용한다.

3) 염화나트륨 토양 : pH 8.5 이하

구분	전기 전도도(EC)	교환성 나트륨비(ESP)	나트륨 흡착률(SAR)	pH
normal soils	<4ds/m	<15	<13	<8.5
염화나트륨토	>	>	>	<

① 염화나트륨 토양은 높은 염과 Na 농도로 식물피해, 나트륨흡착률(SAR)이 높아진다. 입단 파괴, 배수가 불량할 경우 Ca 첨가, 배수용탈로 개량한다.
② 염류토양 개량
　㉠ 관수, 배수작업으로 과잉염류를 용탈시킨다. 심근성 식물재배로 토양에 공기 주입을 한다.
　㉡ 염류나트륨 토양은 과잉의 교환성 Na, 가용성 염류를 제거하기 위하여 Ca염을 첨가하고 배수 용탈을 한다.
　㉢ 석고($CaSO_4 \cdot 2H_2O$), 석회석 분말 첨가 → 교환성 Na을 중성의 황산염, 탄산염으로 전환시킬 수 있다.
　㉣ 황분말을 사용하여 토양의 pH와 물리성을 개선한다.

Ⅲ. 추가진단

1. 전기 전도도 확인

전기 전도도(EC)가 4ds/m 이상인지 확인하여 염화나트륨 토양 확인

2. 배수관계 확인

① 개요 : 지형적인 위치나 토성 또는 사후관리 상태에 따라 배수 불량 토지는 수목 생육에 큰 장애를 주지만 인위적으로 개선될 수 있다.
② 배수불량 원인과 피해
　㉠ 배수불량의 원인과 증상, 판단 : 지형적으로 낮은 지대, 지하 수위가 높은 지역, 진흙이 많은 점토성 토양
　㉡ 피해 증상
　　• 초기에는 엽병이 황변하고, 장기적으로 잎이 왜소해지며, 황변이 발생, 가지 생장이 둔화된다.

- 수관 상부의 잎이 마르고 처지며, 방향성 없이 일부 가지가 고사하며 갑자기 아랫부분 잎이 황변낙엽이 지고 어린 가지가 고사한다.
- 조기단풍, 조기낙엽이 되고, 가지의 눈 형성이 불량하다.
- 줄기에 종양, 돌기가 발생하고 생장이 감소한다.
- 장기화되면 세근 발달이 저조하여 뿌리호흡에 지장을 주며, 세근부후, 괴사 등의 피해가 발생한다.

ⓒ 배수불량 판단 요인
- 박스, 콘테이너 식재의 경우 제한된 토양 내에서 과밀한 세근이 발달한다.
- 점토질 토양에서 직경 1cm 이하의 뿌리가 세근의 발달 없이 고사된다.
- 점토질 토양

③ 방제
㉠ 지표수가 자연적인 경사(2~3%)를 따라 흐르도록 유도한다.
㉡ 명거배수, 암거배수를 설치하여 인위적으로 배수흐름을 유도한다.
㉢ 과습한 토양에 대한 저항성 수종을 식재(낙우송, 네군도단풍, 은단풍, 물푸레나무 등)한다.
㉣ 토양을 사양토나 양토로 환토한다.
㉤ 유기물, 퇴비 시비로 지력을 증진한다.

Ⅳ. 결론

① 솔껍질깍지벌레는 대면적으로 발생하고, 활력이 왕성한 나무에 급속히 퍼지므로 질소질 비료의 시비를 삼가고 겨울눈이 부풀기 전에, 기계유제 살포 등 적기방제를 할 수 있도록 예찰이 중요하다.
② 소각과 화학적 방제법이 많이 사용되었으나 이는 제한적이며 매개충과 선충에 기생하는 곰팡이 등 생물학적 방제법이 더욱 연구 발전되어야 할 것이다.
③ 리지나뿌리썩음병은 산불과 쓰레기 소각 등 토양의 온도를 상승시키는 행위가 주요 원인이므로 대국민 홍보가 효과적이다.
④ 비생물적 피해로 수목은 다양한 스트레스를 받지만 그중 기본이 되는 토양 스트레스를 받지 않고 정상적인 생육이 가능하도록 토양관리에 유의하여야 할 것이다.
⑤ 추가진단에서는 전기 전도도(EC)가 4ds/m 이상인지 확인하여 염화나트륨 토양인지 확인하고, 배수 불량 시는 Ca 첨가, 배수용탈로 개량한다. 과습토양에서는 잎자루가 황변하고, 잎과 가지가 고사하며 겨울철 동해에도 약하게 된다. 그러므로 과습에 강한 수종인 낙우송, 버드나무,

버즘나무, 물푸레나무, 포플러, 주엽나무, 팽나무 등을 식재하고, 배수 관리를 철저히 하여야 한다.

서술형 필기시험+실기시험 – 서술형 필기, DVD 시험, 해충동정(루페), 토양측정 등

[문제 1]

> 뿌리 외과수술에서 다음 과정을 서술하시오. (10점)
> 1. 뿌리 절단과 박피
> 2. 토양소독과 토양개량 방법

1. 뿌리 절단과 박피

① 고사한 뿌리 제거 시 유합조직의 형성이 가능한 반드시 살아있는 뿌리 부분까지 절단하여 새로운 뿌리 발달을 유도한다.

※ 띠 모양 박피 : 길이 7~10cm, 환상 박피는 폭 3cm

② 절단 박피 부위는 발근촉진제(IBA 10~50ppm)와 도포제를 처리한다.

※ 락발삼, 티오파네이트, 테부코나졸 등

2. 토양소독과 토양개량 방법

1) 토양소독

① 살균제 : Captan분제, 티오파네이트메틸(톱신엠)을 사용하며, 부후균과 병원균 억제를 위해 황산칼슘, 탄산칼슘, 생석회처리를 하기도 한다.
② 살충제 : 다이아톤, 보라톤, 오드란을 살포한다.

2) 토양개량

① 물리적 성질 : 모래, 완숙퇴비(총부피 10% 이상), 질석, 석회를 사용한다.
② 화학적 성질 : 산도를 개량한다.

[문제 2]

수목, 병해, 충해 DVD 동정 (60점, 30문항, 60분)

[문제 3]

해충동정 (15점)

1. 앞날개의 둔맥과 주맥의 수
2. 더듬이(촉각) 그림 그리기

(현장 설명) 해충동정 : 10배 루페, 40배 루페, 벚나무모시나방 표본 비치

[문제 4]

토양진단 (15점)

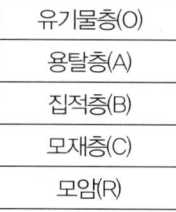 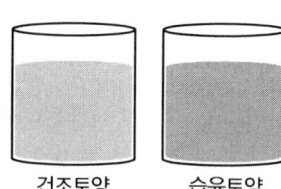

1. Fe나 Al 등이 용탈되어 집적되는 층을 고르고 층 이름을 쓰시오. (5점)
2. 건조토양과 습윤토양의 무게를 측정해서 수분 무게와 중량수분함량을 구하시오. (10점)

(현장 설명) 토양 단면 사진, 토양 시료, 전자저울 비치

1. Fe나 Al 등이 용탈되어 집적되는 층을 고르고 층 이름을 쓰시오. (5점)
    B층, 집적층

2. 건조토양과 습윤토양의 무게를 측정해서 수분 무게와 중량수분함량을 구하시오. (10점)
    ① 제시된 빈 통 무게는 27g
    ② 건조토양은 100g이고, 습윤토양은 120g
        ㉠ 수분의 무게 = 120 − 100 = 20g
        ㉡ 수분량 공식 = (수분의 무게/건조토양 무게) × 100 = (20/100) × 100 = 20%

제5회 나무의사 2차시험(2021년)

서술형 필기시험

[문제 1]

소나무 혹병과 밤나무 뿌리혹병을 비교하여 설명하시오. (16점)
1. 각각의 병원균 (4점)
2. 각각의 기주 (4점)
3. 혹의 발병 부위 (4점)
4. 침입방법 (4점)

구분	소나무 혹병(녹병)	밤나무 뿌리혹병(세균에 의한 병)
병원균	*Cronartium Orientale*	*Agrobacterium tumefaciems*
기주	• 기주 : 소나무, 곰솔 • 중간기주 : 졸참나무, 신갈나무, 상수리나무, 떡갈나무 등	• 밤나무, 감나무, 배나무, 사과나무, 호두나무 등 • 그램음성균 비항산성, 비호기성으로 기주식물 없이도 오랜 시간 동안 생존 가능
혹 발병 부위	가지 및 줄기	뿌리나 줄기의 지제부에 혹이 생기나 땅 위 줄기나 가지에도 혹 발생 가능
침입 방법	• 4~5월에 중간기주 잎 뒤에서 여름포자퇴가 형성되고, 7월 이후 겨울포자퇴가 형성됨 • 겨울포자는 9~10월에 발아하여 담자포자를 형성 • 담자포자는 당년에 자란 어린가지에 침입, 10개월의 잠복기간을 거친 후 이듬해 여름부터 가을까지 발병하여 혹을 형성함	고온다습한 염기성 토양에서 잘 발생하며 상처를 통해 기주에 침입한다.
방제법 (참고)	• 병든 부분을 소각한다. • 소나무 묘포 근처에 참나무류를 식재하지 않는다. • 9월 상순부터 2주 간격으로 약제를 2~3회 살포한다. • 병든 나무에서 종자를 채취하지 않는다.	• 상처 발생을 막고, 건전묘를 식재한다. • 석회 사용량을 줄이고 유기물 사용으로 수세를 강화한다. • 접목도구는 70% 알콜로 소독하고, 병든 나무를 제거하여 소각 후 토양소독을 한다. • 혹을 제거한 자리에 석회황합제 또는 도포제 처리를 한다. • 재식할 때 묘목을 스트렙토마이신 용액에 침지하면 효과적이다. • 이병주를 즉시 제거하고 발생 지역은 4~5년간 묘목 생산을 금지한다.

[문제 2]

제시된 사진을 보고 다음 물음에 답하시오. (18점)

(현장 설명) 매미나방 유충과 수컷의 사진이 제시됨

1. 국명 (3점)
2. 성충의 암수 (4점)
3. 유충의 가해 형태 (3점)
4. 생활사 (8점)

1. 국명 및 기주

국명(학명)	매미나방(*Lymantria dispar*)
기주	벚나무, 참나무, 포플러, 자작나무, 소나무, 일본잎갈나무 등 침·활엽수 가해

2. 성충의 암수와 유충의 가해 형태, 생활사

형태	암컷	수컷
몸과 더듬이	성충은 갈색을 띤 회백색, 검은 실 모양	흑갈색이며, 더듬이는 깃털 모양
날개편 길이	78~93mm	41~54mm
날개	4개의 담홍색의 가로 띠	암갈색을 띠고 물결 모양의 검은 무늬
행동	무거워서 날지 못함	활발함
성충	7~8월에 출현, 이상기온 현상에서 대발생하며 성충의 크기와 색깔에 있어 암수가 전혀 다르다.	
유충 가해 형태	유충 한 마리당 700~1,800cm^2 식해, 주로 참나무 가해, 지역에 따라 대발생	
생활사	• 연 1회 발생하며, 나무줄기에서 월동 • 유충은 3~4월경 부화하고, 6~7월 상순에 나뭇잎을 말고 번데기가 됨 • 성충은 7~8월에 나타나 평균 500개의 알을 낳고 암컷의 노란 털로 덮음 • 난기간은 9개월 ※ 유충 머리는 어릴 때 검은색에서 황갈색으로 변하며, 양쪽에 八자형 무늬가 있음	

[문제 3]

> 솔잎혹파리 방제약 페니트로티온(성분 50%)에 대하여 다음 질문에 답하시오.
> ① 유효성분
> ② 페니트로티온 유제(유효성분 50%)를 희석하여 사용하려 할 때, 1,000배액으로 만든 희석액 (20ℓ 물에 약액 20mℓ를 넣은 것)의 ppm농도를 구하는 식과 답(단, 비중은 1)
> ③ 작용기작
> ④ 해독제
> ⑤ 주의사항

① 유효성분 : 유기인제(인을 함유한 유기화합물로 된 농약)

② 페니트로티온 유제(유효성분 50%)를 1,000배액으로 만든 희석액(20ℓ 물에 약액 20mℓ를 넣은 것)의 ppm농도를 구하는 식과 답(단, 비중은 1)

   ㉠ 비중이 1이므로 부피=질량
   ㉡ 원액이 50%=500g/1,000g×100%
   ㉢ ppm은 1mg/kg이므로 500g/1,000g=500,000mg/kg=500,000ppm
   ㉣ 500,000ppm 용액을 1,000배 희석하였으므로 500,000/1,000=500ppm

   또는 $\dfrac{0.5 \times 1,000\text{m}\ell}{1,000 \times 1,000\text{m}\ell} = \dfrac{500}{1,000,000} = 500\text{ppm}$

   ㉤ 다른 방식 1% = 10,000ppm, 50% = 500,000ppm, 1,000배액이므로 500,000÷1,000 = 500ppm

③ 1b 작용기작 : 작용기작 구분은 아세틸콜린에스터라제 기능 저해, 계통 및 성분은 유기인계의 표시기호

④ 해독제 : 황산 아르로핀, 팜

⑤ 주의사항 : 페니트로티온은 꿀벌에 잔류독성이 강하므로 꽃이 피기 4일 전부터 꽃이 피어 있는 동안은 살포를 금한다.

[문제 4]

아래 설명하는 상황에 대하여 물음에 답하시오. (48점)

500m 도로변 가로수로 식재된 양버즘나무가 90년대 초에 이식되었고 흉고 직경은 40cm이며 7월 초 2~7일간 호우가 있었다. 가로수 지역은 낮은 지대이며, 겨울철 여러 번 제설 후 나무 밑에 쌓아 놓았다. (48점)
- 토양 pH는 7.0
- 일부 잎 황백색, 뒷면은 검은색 잔재물
- 일부 잎 엽맥과 주변 괴사
- 줄기에 상처, 동공, 지제부 버섯 발생

- 추가 조사사항과 관리대책을 병, 충, 비생물적 피해로 구분하여 작성하시오.
- 진단 결과 : 병해 (8점), 충해 (8점), 비생물적 피해 (8점)

I. 피해 원인별 진단

구분	현황과 병징	피해 양상 및 요인
생물적 피해	① 일부 잎 황백색, 뒷면은 검은색 잔재물 ② 줄기에 상처, 동공, 지제부 버섯 발생	① 충해 : 버즘나무방패벌레 피해 ② 병해 : 목재부후 피해
비생물적 피해	③ 7월 초 2~7일간 호우 ④ 가로수 지역은 낮은 지대 ⑤ 겨울철 여러 번 제설 후 나무 밑에 쌓아 놓음	③, ④ 배수 불량 및 습해 ⑤ 제설제 피해 예상
추가 조사 사항	⑥ 일부 잎 엽맥과 주변 괴사 ⑦ 줄기에 상처, 동공, 지제부 버섯 발생	⑥ 무기양료조사 ⑦ 수간부후 탐지 : 음파 측정기 전기저항기, 생장추 등

II. 진단 결과별 관리대책

1. 충해 : 버즘나무 방패벌레

피해	응애 피해와 비슷하며 작은 주근깨 같은 반점이 많고 잎은 황백색이며 뒷면은 배설물과 탈피각이 붙어 있다.

방제	• 생물적 방제 : 무당벌레, 풀잠자리, 거미류 보호
	• 물리적 방제 : 가해 초기 피해 잎을 채취하여 소각
	• 화학적 방제
	   -발생 초기 : 에토펜프록스, 클로티아니딘 수화 살포, 약충 발생 전 5월에 다수진입제 토양 처리
	   -나무주사 : 이미다클로프리드, 클로티아니딘 등, 나무주사는 7월 이전에 1회 방제

2. 병해 : 목재부후 피해 및 관리대책

분류	부후 명칭	부후 내용	버섯명
기생 부위	심재	살아있는 수목 줄기	꽃구름버섯, 장수버섯, 진흙버섯속, 말굽버섯속, 덕다리버섯속, 해면버섯속
	근계	살아있는 수목 뿌리	뽕나무버섯속, 시루뻔버섯속, 해면버섯속, 복령속버섯속, 땅해파리버섯속, 송편버섯속
방제	임업적	• 병원균 유입 방제를 위한 산림시업을 한다. • 가지가 부러지거나 상처 발생 시 가지치기 또는 간벌을 한다.	
	생물적	상처, 그루터기에 길항균 처리를 한다.	
	화학적	• 제재목 변색, 부후 방제를 위한 목재 건조, 유기수은제 처리를 한다. • 인체 저독성 목재보존재인 ACG를 사용한다. • 상처 부위에 도포제 처리를 한다.	

3. 비생물적 피해 관리대책

1) 배수불량 및 습해

① 점질토양의 경우에는 모래나 사질토양을 섞어 객토를 해준다.
② 지표수가 자연적인 경사(2~3%)를 따라 흐르도록 유도한다.
③ 명거배수, 암거배수를 설치하여 인위적으로 배수 흐름을 유도한다.
④ 과습한 토양에 대한 저항성 수종을 식재한다(낙우송, 네군도단풍, 은단풍, 물푸레나무, 버드나무, 버즘나무, 오리나무, 주엽나무 등).
⑤ 토양을 사양토나 양토로 환토한다.
⑥ 유기물, 퇴비 시비로 지력을 증진한다.

2) 제설제 피해 관리대책

① 토양 세척 : 배수구를 설치한 후 실시한다. 150mm 관수는 표토 30cm 이내 염분 50%의 제거가 가능하다.
② 토양에 활성탄(숯가루)을 투입하여 염분을 흡착시킨다.
③ 토양개량제를 시용한다. 유황, 석고를 사용하고 동물성 퇴비, 하수구 침전물을 토양개량제로 사용할 때는 염분에 주의한다.
④ 제설제가 포함된 눈을 식재지에 쌓지 않도록 한다.
⑤ 겨울철 토양을 비닐이나 짚으로 멀칭하며 증산억제제를 뿌린다.

⑥ 배수체계와 식재지 구배를 개선한다.
⑦ 토양 건조 시에 피해가 증가하므로 토양 수분을 유지한다.
⑧ 내염성이 강한 수종을 식재한다. 내염성 수종은 곰솔, 향나무, 사철나무, 자귀나무, 팽나무, 후박나무 등이 있다.
⑨ Ca 제공이 필요하므로 주로 석고($CaSO_4 \cdot 2H_2O$)를 사용한다.

Ⅲ. 추가 조사 사항

1. 무기양분의 피해 분석

분석 방법	분석 내용
결핍증 관찰	신속히 진단 가능하나 오판 가능성이 있다.
시비실험	• 의심스러운 원소를 소규모로 엽면시비한 후 결핍증상이 없어지는지를 확인하는 방법이다. • 철의 경우 $FeCl_2$(염화제2철) 0.1% 용액을 잎에 뿌려서 진단한다.
토양분석	지표면 20cm 토양을 채취하여 유효양분 함량을 측정한다.
엽분석	• 4가지 방법 중 가장 신빙성이 있다. • 봄 잎은 6월 중순, 여름 잎은 8월 중순에 가지의 중간 부위에서 성숙한 잎을 채취하여 함량을 분석한다.

2. 수간부후 탐지

음파 측정기, 전기저항기, 생장추 등으로 수간부후를 측정하여 그 정도에 따라 안전관리 및 수목 관리에 철저를 기한다.

서술형 필기시험 + 실기시험 — 서술형 필기, DVD 시험, 해충동정(루페, 토양측정 등)

[문제 1]

> 공동입구가 큰 수목외과수술에서 부후 부분 제거, 살균, 살충, 방부, 방수 과정 및 주의사항은?

Ⅰ. 서론

수목외과수술의 목적은 상처 부위나 공동이 더이상 부패하지 않도록 하고 수간의 물리적 지지력을 높이며 자연스러운 외형을 가지게 하는 것이다. 외과수술 시기는 형성층의 유합조직이 활발한 이른 봄이 적기이며, 외과수술에서 부후 부분 제거, 살균, 살충, 방부, 방수 과정 및 주의사항은 다음과 같다.

Ⅱ. 본론

① 살충처리 : 잔존하는 하늘소류, 나무좀류, 바구미류 등 해충의 구제를 위하여 침투성이 강한 스미치온과 훈증 효과가 있는 다이아톤을 각 200~300배액으로 혼합하여 $1m^2$당 0.6~1.2ℓ씩 살포한다.
② 살균제 처리 : 70% 알콜을 분무기에 넣어 $1m^2$당 0.6~1.2ℓ 사용한다.
③ 방부처리 : 무기화합물인 황산동, 중크롬산칼륨, 염화크롬, 아비산을 혼합하여 사용한다. 이들은 물에 용해되거나 건조해도 방부효과가 오래 지속된다.

Ⅲ. 주의사항 - 건조 및 보호막 처리

① 건조가 충분하지 않으면 충전 후 수액이나 외부로부터 물이 스며들어 실패의 주요 원인이 된다.
② 완전히 건조되면 상처도포제인 락발삼, 티오파네이트메틸(톱신페스트), 데부코나졸(살바코) 등을 발라 공동 충전 시 우레탄폼이 목질부와 맞닿는 것을 차단한다.
③ 도포 후 1일 정도면 건조되고, 송풍기를 사용하면 1~2시간이면 된다.

Ⅳ. 결론

외과수술은 공동 부위가 더 이상 진전하지 못하도록 하여 수목의 생육을 도와주는 것이다. 외과수술을 받기 전에도 정상적인 수목에 비해 수세가 떨어진 상태이므로 수술 후에도 정기적으로 수세를 진단하고 수세 관리를 철저히 하여야 한다.

[문제 2]

수목, 병해, 충해 DVD 동정 (60점, 30문항, 60분)

[문제 3]

1. 나방유충을 관찰하기 위한 작업도구를 고르시오. (영상 10분 정도 보여줌)
   예 광학현미경, 핀셋, pH측정기구, 물, 해부현미경, 루페
2. 자낭 길이를 측정하시오. (자 나누어 줌)
3. 현미경 측정 자세 4가지 (○, × 문제)

[문제 4]

원통형 용기 지름 7.2cm, 길이 10cm, 건조 전후 토양 수분 무게, 용적밀도, 수분 함량 측정의 계산식과 정답을 쓰시오.

[문제 5]

토색첩을 보고 먼셀의 기호를 쓰시오. (색도, 명도, 채도 순으로 적음)

[문제 6]

양토, 식양토, 식토 중에 적합한 것을 고르시오. (띠 4.7cm. 띠 2.5~5cm는 식양토)

제6회 나무의사 2차시험(2022년)

서술형 필기시험

[문제 1]

> 향나무 녹병은 기주교대를 한다. 다음 질문에 답하시오. (18점)
> 1. 기주교대명 각각의 병징과 표징에 대해 설명하시오.
> 2. 병환에 대해 기술하시오(기주와 기주교대, 포자세대를 포함하여 기술할 것).
> 3. 방제법에 대해 기술하시오.

1. 기주교대명 각각의 병징과 표징

겨울포자세대 기주인 향나무와 노간주에서는 돌기, 혹, 빗자루 증상, 가지 고사 등이 나타나지만 녹포자세대 기주인 장미과는 병징이 비슷하다.

2. 병환

1) *G.asiaticum*(향나무 – 배나무 기주교대)의 생활사

① 4~5월 : 비가 오면 향나무잎과 줄기에 겨울포자가 담갈색 한천처럼 부풀고 겨울포자가 5~6월에 발아해서 담자포자를 형성한 후 장미과에 침입(배나무 개화 직후)한다.

② 6~7월 : 배나무 잎과 열매등에 노란색 작은 반점이 나타나고 반점 가운데 검은색의 녹병정자기가 형성된다. 뒷면은 회색~담갈색 긴 털 모양 녹포자퇴 안에 녹포자를 형성하여 향나무로 비산한다. 그리고 향나무에서 균사 상태로 월동한다.

2) 병원균에 따른 겨울포자와 녹포자 세대(*G.yamadae*는 경제적으로 중요한 녹병균이다)

구분	겨울포자	녹포자 세대
Gymnosporangium asiaticum	향나무	배나무, 모과나무, 명자나무
Gymnosporangium yamadae	향나무	사과나무, 아그배나무

3. 방제법

① 향나무 부근에는 배나무, 사과나무, 명자나무 등 장미과 나무는 심지 않는다.
② 배나무와의 이격 거리는 서로 2km 이상으로 한다.
③ 약제 살포 : 10일 간격으로 2~3회 살포(기주 이동 때 약제 살포)
　㉠ 향나무 : 3~4월과 7월에 테부코나졸수화제, 티디폰수화제, 만코제브를 살포한다.
　㉡ 장미과 식물 : 담자포자가 날아오는 4월 중순에서 6월까지 10일 간격으로 살포한다.

[문제 2]

사진의 해충에 관련하여 서술하시오. (19점)

솔나방(회색무늬), 유충(호피무늬)이 소나무에 있는 사진

1. 해충의 국명과 학명

솔나방(*Dendrolimus spectabilis*)

2. 암컷 성충과 수컷 성충의 형태적 차이

구분	암컷	수컷
몸길이	40mm	30mm
앞날개 무늬	회백색, 암갈색, 검은색	연한 적갈색 또는 흑갈색
앞날개 가장자리 백색 물결	수컷보다 더 선명하다	암컷보다 선명하지 않다

3. 생활경과표

충태	1월	2월	3월	4월	5월	6월	7월	8월	9월	10월	11월	12월
유충	○○○	○○○	○○○	○○○	○○○	○○○	○○					
번데기							○○○	○○				
성충							○	○○				
알							○	○○○				
유충								○○○	○○○	○○○	○○○	○○○

① 연 1회 발생하고 5령충으로 월동한다.
② 4월경 월동처에서 나와 솔잎을 먹고 자라 8령충이 된다.
③ 노숙유충은 7월 초중순 고치를 만들고 번데기가 되며 20여일을 거친 후 7월 하순~8월 중순에 성충으로 우화한다.
④ 성충 수명은 9일 정도이며, 솔잎에 100~300개 알을 낳는다.
⑤ 알 기간은 5~7일이고 오전 중 부화한다. 유충은 처음에 솔잎에 모여 솔잎 한쪽만 식해하고 바람이나 충격에 의해 실은 토하며 낙하분산한다.
⑥ 총 유충기간은 320일 정도이다.

4. 방제법

1) 생물적 방제

① 혼효림에서 알 기생봉에 의한 치사율 높다.
② 고치벌, 맵시벌, 경화병균은 습기가 높을 때 많이 발생한다.
③ 좀벌류, 맵시벌류, 일좀벌류, 기생파리류, 무당벌레, 풀잠자리류, 거미류, 박새 등을 보호한다.
④ 병원성 세균인 B.t균을 4~9월 살포한다.

2) 물리적 방제

① 잠복소 설치로 월동 시의 유충을 구제한다.
② 성충은 주광성이 강하므로 유아등이나 유살등으로 유인하여 포살한다.

3) 화학적 방제

① 유충월동기 : 아바멕틴 · 설폭사플로르 분산성액제 1ml/cm(흉고직경) 나무주사
② 유충다발생기 : 아세타미프리드 미탁제 2,000배액
③ 유충가해기(4~6월 및 8월 하순~9월 중순) : 트리플루뮤론 수화제 6,000배
④ 유충활동기(4~5월), 부화유충 발생기(8월 하순~9월 중순) : 페니트로티온 수화제 800배 또는 펜토에이 유제 1,000배 살포

[문제 3]

> 소나무재선충에 대하여 다음 물음에 답하시오. (5점)
> 1. 재선충병의 피해 증상
> 2. 등록된 방제약제의 품목명과 작용기작, 분류 번호

1. 재선충병의 피해증상

① 피해수종 : 소나무, 해송, 잣나무
② 피해잎의 모양 : 우산살처럼 아래로 처짐
③ 고사목의 외형상 특징 : 나무 전체가 동시에 붉게 변하며 주로 수관 상부 가지부터 고사하여 1년 내에 고사함
④ 피해 발생 시기 : 주로 9~11월이며, 수간 천공 시 송지 유출이 없음

2. 등록된 방제약제의 품목명과 작용기작, 분류번호

① 아바멕틴(1.8%) : 작용기작은 Cl 통로 활성화, 아바멕틴계 분류번호는 6
② 티아클로프리드 : 작용기작은 신경전달물질 수용체 차단, 네오니코티노이드계, 분류번호는 4a

[문제 4]

> 제시된 살충제 및 살균제에서 다음에 해당하는 것을 한 가지씩 기재하시오. (8점)
> (살충제 및 살균제 목록 10여 개가 제시됨)

1. 살균제

① 살포용 살균제
  ㉠ 보호용 살균제(병균 침투 예방) : 보르도액, 동제
  ㉡ 직접살균제 : 석회유황합제, Blasticidin, 디폴라탄
② 종자소독제 : 비타박스, 침적용 유기수은제, 벤레이트티
③ 토양 살균제 : 클로로피크린, 토양 소독용 유기수은제, 밧사미드

2. 살충제

① 독제(식독제) : 대부분의 유기인계 살충제
② 직접접촉제
  ㉠ 직접 접촉 독제 : 제충국, derris제, 니코틴제, 기계유유제
  ㉡ 잔효성 접촉 독제 : 직접 살포 시, 약제의 접촉 시 살충(대부분의 살충제)
③ 침투성 살충제 : 슈라단, Pestox-3, Mestasystox
④ 훈증제 : 유효성분을 가스로 해서 해충을 방제
⑤ 기피제 : 해충이 모이는 것을 막기 위해 사용하는 약제

3. 살비제

곤충에 대해서는 살충 효과가 없고 응애류에 대해 효력이 있는 약제는 응애 살충(Ovotran, kelthune, Phencapton)이다.

4. 제초제(기호 및 농약명)

1) 선택성 및 비선택성 제초제

① 선택성 : 2,4-D, MCP, MCPB, DCPA
② 비선택성 : CAT, CMV, PCP, DNBP, Paraquat, Glyphosate

2) 이행형 및 접촉형 제초제

① 이행형(식물 체내에 이행되어 식물의 생리 작용 저해)
  ㉠ 호르몬 제초제 : 2,4-D, MCP
  ㉡ 비호르몬 제초제 : CAT, CMV, ATA
② 접촉형 : PCP, DNBP, 염소산소다, 청산소다

3) 제초제 작용기작과 표시기호

작용기작 구분	표시기호	세부 작용기작 및 계통(성분)
지질(지방산) 생합성 저해	A	아세틸 CoA 카르복실화 효소 저해
	N	그 밖의 지질 생합성 저해
아미노산 생합성 저해	B	분지 아미노산 생합성 저해
	G	방향족 아미노산 생합성 저해
	H	글루타민 합성 효소 저해
광합성 저해	C1	광화학계Ⅱ 저해(트리아진, 트리아지논, 트리아졸리논, 우라실, 피리다지논, 페닐-카바메이트계)
	C2	광화학계Ⅱ 저해(요소, 아미드계)
	C3	광화학계Ⅱ 저해(니트릴, 벤조티아디아지논, 페닐-피리다진계)
	D	광화학계Ⅰ 저해(비피리딜리움계)

참고 | 호흡 저해 기작을 하는 농약

다. 호흡 저해 (에너지 생성 저해)	다1	복합체Ⅰ의 NADH 기능 저해
	다2	복합체Ⅱ의 숙신산(호박산염) 탈수소효소 저해, 메프로닐, 카복신
	다3	복합체Ⅲ : 퀴논 외측에서 시토크롬 bc1 기능 저해(아족시스트로빈, 피콕시스트로빈, 피라클로스트로빈, 크레속심메틸, 오리사스트로빈, 파목사돈, 페나미돈, 피리벤카브 등)-페나미돈
	다4	복합체Ⅲ : 퀴논 내측에서 시토크롬 bc1 기능 저해(사이아조파미드, 아미설브롬)
	다5	산화적인산화 반응에서 인산화반응 저해
	다6	ATP 생성 효소 저해
	다7	ATP 생성 저해
	다8	복합체 Ⅲ : 시토크롬 bc1 기능 저해(아메톡트라딘)

[문제 5]

종합문제 풀이 (50점)

200년 된 느티나무가 있다. 남서 방향으로 15m 거리에 4차선 도로, 동남쪽으로 고층 건물로 인한 그늘이 있다. 9년 전 도로 공사로 지면이 높아졌으며, 5년 전부터 수관 아랫부분에서 직경 3cm 정도 되는 가지가 떨어진다.
1. 수관 상부에서는 병해충이 발견되지 않았다. 다만 직경이 10cm 정도 되는 가지가 부러져 나간 것이 여러 군데 있다.
2. 수관 하부의 잎에서 회백색이 중앙에 있는 갈색 무늬 병징이 있는 잎이 있다.
3. 표주박 모양이 혹이 있는 잎이 있다.
4. 나무의 잎은 건강한 나무의 1/3 수준이다.
5. 토양조사결과표 제시 : 도표 구분란 아래로는 O층, B층, A층, B층 순서이고, 옆으로는 토심, 토색, pH 5.5, 탄소율, 질소율, B층 수분함량 60%, C층 40%

1. 병해의 대해서 진단 과정과 진단 결과, 관리 방법을 서술하시오.
2. 충해에 대해서 진단 과정과 진단 결과, 관리 방법을 서술하시오.
3. 비생물적 피해에 대해서 진단 과정과 진단 결과 추가적인 조사 방법, 관리 방법을 서술하시오.

1. 병해의 진단 과정과 진단 결과, 관리 방법

1) 개요

수관하부의 잎에서 회백색이 중앙에 있는 갈색 무늬 병징이 있는 잎이 있다. 병해가 발생하며 아래와 같은 요인으로 분석할 수 있다.

병징	피해 양상
수관하부의 잎에서 회백색이 중앙에 있는 갈색 무늬 병징이 있는 잎이 있다.	• 잎에 작은 갈색의 점무늬가 나타나고 차츰 확대 융합한다. • 병반 가운데는 회백색이고 바깥은 갈색이다(병반 위에 흑갈색 분생포자각이 형성된다). • 그늘이 지고 주변의 지면이 높은 습해 지역은 병해에 약하다. → 느티나무 흰별무늬병 피해 양상

2) 진단 과정과 진단 결과

① 진단 과정(원인)
  ㉠ 느티나무의 동남쪽으로 고층 건물로 인한 그늘이 있다.
  ㉡ 성목에서는 맹아지가 많이 발생하지만 건물에 근접하거나 그늘에 심은 나무에서는 수관 전체에서 나타난다.

② 피해 증상
  ㉠ 잎에 작은 갈색의 점무늬가 나타나고 차츰 확대 융합한다.
  ㉡ 병반 가운데는 회백색이고 바깥은 갈색이다(병반 위에 흑갈색 분생포자각이 형성된다).

③ 진단 결과 : 유각균중 *Septoria*류에 의한 느티나무 흰별무늬병으로 진단된다.

3) 관리 방법

① 임업적 방법 : 밀식을 피하고 비배관리를 철저히 하여 수세를 튼튼히 한다.
② 물리적 방법 : 병든 낙엽을 소각하거나 땅속에 묻는다.
③ 화학적 방법 : 묘포에서는 5월 초순 비가 오면 적용약제 살포로 초기 발병을 억제하는 것이 중요하다. 잎이 피기 시작할 때부터 9월 상·중순까지 동수화제(보르도액 등)를 3~4회 살포한다.

2. 충해에 진단 과정과 진단 결과 관리 방법

1) 개요

표주박 모양의 혹이 있는 잎이 있다.

2) 진단 과정과 진단 결과

① 진단 과정
  ㉠ 간모가 느티나무잎 뒷면에서 흡즙하면 표주박 모양의 담녹색 벌레혹이 만들어진다.
  ㉡ 유시충이 탈출하면 갈색으로 변색하며 굳은 채로 잎에 남는다.
  ㉢ 대발생하면 전체 잎에 벌레혹을 형성하여 미관을 해친다.
  ㉣ 기주 : 느티나무, 대나무, 느릅나무

② 진단 결과 : 외줄면충[*Colopha moriokaensis*(Monzen)]으로 판단된다.

3) 관리 방법

① 유시충 탈출 전인 5월 하순에 피해 잎을 채취하여 제거한다.
② 4월 중순 약충 시기에 적용약제를 살포한다.
③ 충영형성 전에 이미다클로프리드 미탁제 0.4mℓ/cm(흉고직경) 나무주사를 실시한다.
④ 여름기주인 대나무류를 제거한다.

3. 비생물적 피해에 대한 진단 과정과 진단 결과, 추가적인 조사 방법, 관리 방법

1) 개요

① 수관상부에서는 병해충이 발견되지 않았다. 다만 직경 10cm되는 가지가 부러져 나간 것이 여러 군데 있다.
② 나무의 잎은 건강한 나무의 1/3 수준이다.
③ 토양조사결과표 : O층, B층, A층, B층 순서이고, 옆으로는 토심, 토색, pH 5.5, 탄소율, 질소율, B층 수분 함량 60%, C층 40%
④ 비생물적 요인에 의한 병징 및 피해

현황 및 병징	피해 요인
㉠ 직경 10cm 되는 가지가 부러져 나간 것이 여러 군데 있다. ㉡ 동남쪽으로 고층 건물로 인한 그늘이 있다. 9년 전 도로공사로 지면이 높아졌다. ㉢ 5년 전부터 수관 아랫부분에서 직경 3cm 정도 되는 가지가 떨어진다. ㉣ 나무의 잎은 건강한 나무의 1/3 수준이다. ㉤ B층 수분함량은 60%이다.	㉠ 건조 또는 습해 피해 ㉡ 그늘이 지고 주변 지면이 높아 습해 우려 ㉢, ㉣, ㉤ 습해 피해 양상

2) 진단 과정과 진단 결과

(1) 진단 과정

① 가지가 부러져 나간 곳이 여러 군데 있고, 고층 건물에 의한 그늘, 주변 지대가 높으며 잎의 외소(건전잎의 1/3), 집적층의 수분 함량이 높다.
② 배수 불량의 원인과 증상, 판단
  ㉠ 지형적으로 낮은 지대
  ㉡ 지하수위가 높은 지역
  ㉢ 진흙이 많은 점토성 토양

③ 피해 증상
  ㉠ 초기에는 엽병이 황변하고, 장기적으로 잎 왜소, 황변, 가지 생장 둔화 등이 나타난다.
  ㉡ 수관 상부의 잎이 마르고 쳐지며, 방향성 없이 일부 가지가 고사한다. 또한 갑자기 아랫부분 잎이 황변낙엽이 지고 어린 가지가 고사한다.
  ㉢ 조기단풍, 조기낙엽이 되고, 가지의 눈 형성이 불량하다.
  ㉣ 줄기에 종양, 돌기 발생하고 생장이 감소한다.
  ㉤ 장기화되면 세근 발달이 저조하여 뿌리호흡에 지장을 주며, 세근 부후, 괴사 등의 피해가 발생한다.

(2) 진단 결과
  피해 증상 현황을 참고했을 때 습해 피해로 진단된다.

3) 관리 방법

① 지표수가 자연적인 경사(2~3%)를 따라 흐르도록 유도한다.
② 명거배수, 암거배수를 설치하여 인위적으로 배수 흐름을 유도한다.
③ 과습한 토양에 대한 저항성 수종을 식재한다.
  예 낙우송, 네군도단풍, 은단풍, 물푸레나무, 버드나무, 버즘나무, 오리나무, 주엽나무
④ 토양을 사양토나 양토로 환토한다.
⑤ 유기물, 퇴비 시비로 지력을 증진한다.

서술형 필기시험+실기시험

[문제 1]

> 외과수술 시 공동충전할 때 형성층 노출을 하는 이유는? (10점)

1. 이유

형성층 노출은 수목외과수술에서 중요한 필수 과정이며, 형성층 노출 이유는 수피와 충전물 사이에 틈이 없게 하기 위함이다.

2. 방법

① 공동 본래의 목질부층에 맞추어 메우고자 할 때 공동 가장자리에 살아있는 형성층을 적절하게 노출하여 공동을 메웠을 때 공동 표면 처리층 가장자리를 감쌀 수 있게 한다.

② 표면 처리층 상단부 위쪽으로 약 5mm되는 위치에서 안으로 말려 들어간 수피조직을 매끈하게 도려내어 형성층을 노출(5~10mm)시킨다.

※ 형성층 노출이 없거나 형성층 위치보다 높게 공동을 메우면 충전물 밑에서 상처유합제가 자라 충전물을 떠밀고 올라온다.

③ 형성층 노출 부위는 곧바로 상처 도포제를 처리하여 마르지 않도록 하며, 죽거나 쇠약한 형성층은 제거하고 활력이 있는 형성층을 새로 노출한다.

[문제 2]

수목, 병해, 충해 DVD 동정 (60점, 30문항, 60분)

[문제 3]

솔껍질깍지벌레 나무주사에 대한 빈칸 채우기 (10점)

① 높이 : 대상목의 가슴높이(1.2m) 직경 측정, 크기 : 직경 1cm, 깊이 7~10cm
② 약제 주입구 : 지면으로부터 50cm 아래 수피의 가장 얇은 부분에 밑을 향해 45°가 되도록 중심부를 비켜서 천공
③ 약제량 : 천공당 4mℓ
④ 하층식생, 피압목 등 가치적은 나무는 나무주사 전에 제거해 방제효과를 냄
⑤ 소나무재선충과 혼재지역 : 재선충병 나무주사 사용기준에 따라 처리
⑥ 실행시기 : 1~2월, 11~12월(후약충기)

[문제 4]

다음 제시된 병원균에 맞는 병 이름을 찾아서 쓰시오. (10점)

(상황 설명) 다음과 같은 사진이 제시됨
- 난균류, 푸사리움 세리디움, 파이토플라즈마 등
- 모잘록병, 밤나무 잉크병, 뽕나무 오갈병, 벚나무 빗자루병 등

1. 병원균 사진 1에 해당하는 병 이름 2개를 골라 번호를 쓰시오.
2. 병원균 사진 2에 해당하는 병 이름 2개를 골라 번호를 쓰시오.
3. 병원균 사진 3에 해당하는 병 이름 3개를 골라 번호를 쓰시오.
4. 병원균 사진 4에 해당하는 병 이름 3개를 골라 번호를 쓰시오.

1. 병원성 곰팡이와 곰팡이 유사체 분류

분류균	속명	대표 수병
난균	*Pythium*, *Phytopthora*(격벽 ×)	모잘록병, 뿌리썩음병
접합균	*Mucor*, *Rhizopus*(격벽 ×)	열매썩음병
자낭균	*Mycosphaerella*, *Diplocarpon*, *Lophodermium*, *Microsphaera*, *Rhizina*	잎점무늬병, 잎떨림병, 그을음병, 탄저병, 흰가루병, 가지마름병, 줄기마름병, 뿌리썩음병
담자균	*Gymnosporangium*, *Exobasidium*, *Armillariella*, *Polyporus*	녹병, 떡병, 뿌리썩음병, 고약병, 깜부기병, 목재부후
불완전균	*Rhizoctonia*, *Cercospora*, *Marssonina*, *Colletrichum*, *Fusarium*, *Septoria*	모잘록병, 잎점무늬병, 가지마름병

2. 파이토플라즈마에 의한 병해

구분	대추나무 빗자루병	뽕나무 오갈병	오동나무 빗자루병	쥐똥나무 빗자루병
기주	대추나무, 뽕나무, 쥐똥나무, 일일초	뽕나무, 대추나무, 일일초, 크로버	오동나무, 일일초, 나팔꽃, 금잔화	쥐똥나무, 왕쥐똥나무, 좀쥐똥나무, 광나무
매개충	마름무늬매미충	마름무늬매미충	담배장님노린재, 썩덩나무노린재, 오동나무매미충	마름무늬매미충

※ 상기 문제는 사진 및 예시가 부족하여 저자가 예상하여 작성한 것임

[문제 5]

토양학 계산 문제 (10점)

> 토양시료 전체용적 300mℓ, 건조 전 522g, 건조 후 450g, 진밀도 2.6

① 용적밀도(가비중) : $\dfrac{고형입자}{전체용적} = \dfrac{질량}{부피} = \dfrac{450g}{300mℓ} = 1.5$

② 용적수분함량 : $\dfrac{수분용적}{전체토양용적} \times 100$, 질량수분함량 × 용적밀도 × 100 = 16% × 1.5 × 100
 = 24%

③ 질량수분함량 : $\dfrac{수분무게}{건조토무게} \times 100\% = \dfrac{72g}{450g} \times 100 = 16\%$

④ 공극률 : $\left(1 - \dfrac{용적밀도}{입자밀도}\right) \times 100\% = \left(1 - \dfrac{1.5}{2.6}\right) \times 100 = 42.4\%$

제7회 나무의사 2차시험(2022년)

서술형 필기시험

[문제 1]

아래 물음에 답하시오. (20점)

| ㉠ 오동나무 빗자루병 | ㉡ 대추나무 빗자루병 |
| ㉢ 벚나무 빗자루병 | ㉣ 참나무겨우살이 |

1. 각 병해의 병징을 설명하시오.
2. 각 병해의 표징을 설명하시오.
3. 각 병해의 방제 방법을 적으시오.

구분	오동나무 빗자루병	대추나무 빗자루병
병징	• 감염된 나무는 새로 자라나온 가지나 줄기에서 곁눈이 터져 새눈을 형성하여 초가을까지 계속 연약한 가지를 총생한다. • 담갈색이나 황갈색의 작은 잎이 밀생하여 빗자루나 새집 둥우리 모양이 된다. • 병든 가지는 일찍 시들고 조기낙엽된다. • 작은 가지는 1~2년 사이 죽고 큰나무는 수년간 병징이 지속하면 결국 죽게 된다.	• 초기에는 일부 가지만 빗자루 증상이 나타나지만 심할 경우 나무 전체에 빗자루 증상이 나타난다. • 잔가지와 황록색의 작은 잎이 밀생하여 빗자루 모양이 된다. • 꽃봉우리가 잎으로 변하는 엽화현상으로 개화·결실이 되지 않는다. • 작은 가지는 1~2년 사이 죽고 큰 나무는 수년간 병징이 지속하면 결국 죽게 된다.
표징	병징과 동일(파이토플라즈마에 의한 빗자루병은 그 자체가 병징이고 표징임)	병징과 동일(파이토플라즈마에 의한 빗자루병은 그 자체가 병징이고 표징임)
방제	• 병든 나뭇가지는 제거하여 소각하고 병이 발생하지 않은 지역은 분근묘 사용이 가능하나 되도록 실생묘를 사용한다. • 매개충 구제로 페니트로티온 유제 1,000배액을 2주 간격으로 살포하고 옥시테트라사이클린을 수간주사한다.	• 병든 나뭇가지 등은 즉시 벌채하여 소각한다. • 심하지 않은 나무는 옥시테트라사이클린을 수간주입한다. • 매개충을 구제하기 위해 페니트로티온 유제 1,000배액을 2주간격으로 살포한다.

구분	벚나무 빗자루병	참나무겨우살이
병징	• 병원체는 *Taphrina wiesneri*이다. • 발병 첫해는 잔가지가 많지 않으나 1~2년 후 잔가지가 많아져 빗자루 모양이 된다. • 발병한 가지는 작은 잎들이 총생하여 쉽게 눈에 띈다. • 4월 하순경~5월경 잎 뒷면에 회백색 가루(나출자낭)로 뒤덮이고, 가장자리가 흑갈색으로 변하면서 말라죽는다. • 병든 가지는 해가 거듭될수록 크기가 커지고 숫자도 증가해 수세가 쇠약해져 결국 말라죽는다.	• 나뭇가지에 기생하여 조직 내부에 흡기를 만들어 넣는다. • 기생당한 나뭇가지는 국부적으로 이상비대해진다. • 새의 배설물이나 주둥이에 달라붙어 있다가 다른 나무로 옮겨지며 나뭇가지의 피층을 뚫고 침입한다. • 병든 부위 바깥쪽 가지 끝이 위축되고 결국 말라죽는다.
표징	• 감염된 가지가 혹처럼 부풀어 오른다. • 잔가지가 뭉쳐져 나와 빗자루 모양이 된다. • 꽃이 피지 않고 작은 잎들이 빽빽이 나온다. • 균사는 감염된 가지와 눈에서 월동하고, 포자는 표면에 붙어 월동한다.	• 이상 비대한 부분이 강풍 등으로 부러지기도 한다. • 심할 경우 수세가 쇠약해지고 종자가 형성되지 않으며 목재의 질도 저하된다. • 상록식물로 전형적인 푸른 잎과 줄기가 잘 발달되어 있고 뿌리는 없으며 흡기를 통해 양분과 수분을 탈취한다.

구분	벚나무 빗자루병	참나무겨우살이
방제	• 어린 나무는 병든 가지를 잘라내고 지오판 도포제를 발라준다. • 큰 나무에는 병든 가지를 잘라내 소각하고, 잘라낸 부분에 티오파네이트메틸 도포제를 발라준다. • 과습한 환경일 경우 배수시설을 설치하고 통기성이 양호하도록 한다. • 적기에 비배관리를 하여 건강한 수세를 유지한다. • 잎이 나기 시작하면 적용약제를 살포한다.	• 겨우살이가 자라고 있는 부위로부터 아래쪽 50cm 이상을 잘라낸다. • 잘라낸 부위에는 도포성 살균제를 바른다.

[문제 2]

2010년대 대발생한 기록이 있는 외래해충에 대하여 물음에 답하시오. (20점)

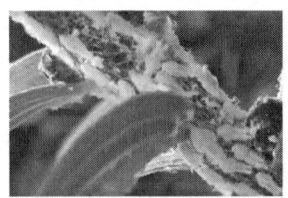  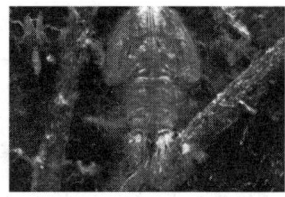

1. 국명과 목명, 과명을 적으시오.
2. 약충과 성충의 형태적 특징을 적으시오.
3. 생활경과표를 그리시오.
4. 방제법을 적으시오.

1. 국명과 목명, 과명

① 국명 : 미국선녀벌레(*Metcalfa pruinosa*)
② 목명 : 노린재목
③ 과명 : 선녀벌레과

2. 약충과 성충의 형태적 특징

① 약충 : 하얀색에 밝은 녹색(하얀색)을 띠고 배면 끝쪽에 하얀색 밀랍물질이 붙어 있다.
② 성충 : 회갈색 날개에 앞쪽에는 검은 점이 3~6개 있고, 뒤쪽으로 하얀 점이 산재해 있다.

3. 생활경과표

구분	1	2	3	4	5	6	7	8	9	10	11	12
알	○○○	○○○	○○○	○○○						○○○	○○○	○○○
약충				○	○○○	○○○	○○○	○○				
성충							○○○	○○○	○○○	○○○		

4. 방제법

① 생물적 방제 : 거미류, 기생성 천적인 선녀벌레집게벌을 보호한다.

② 화학적 방제
  ㉠ 발생 초기 : 티아클로프리드 액상수화제를 2,000배 경엽 처리한다.
  ㉡ 다발생기 : 설포사플로르 입상수화제 2,000배 또는 아바멕틴 · 설폭사폴로르 분산성액제 2,000배를 살포한다.

③ 물리적 방제 : 피해 가지를 제거해 소각한다.

④ 공동방제 : 기주식물 범위가 넓어 산림뿐 아니라 농경지, 생활권 수목 등 공동방제를 하면 효과가 높다.

[문제 3]

미국흰불나방의 화학적 방제로 벤조일우레아계인 디플루벤주론을 사용한다. 아래 물음에 답하시오. (10점)

1. 연용의 문제점과 해결방안에 대해 설명하시오.
2. 미국흰불나방 유충에 효과적인 이유를 적으시오.

1. 연용의 문제점과 해결방안

① 문제점
  ㉠ 같은 약제를 계속 사용 시 미국흰불나방의 유충은 해당 약제에 저항성이 생길 수 있다.
  ㉡ 다른 살충제에 대해서도 동시에 저항성이 생길 수 있다(교차저항성).

② 해결방안 : 작용기작이 다른 살충제를 교차 살포하도록 한다.

2. 미국흰불나방 유충에 효과적인 이유

① 디플루벤주론은 O형 키틴합성 저해제로 곤충체의 표피조직인 키틴질의 형성을 저해하며, 유충은 탈피를 하기 위한 외표피를 만들지 못한다.
② 곤충 알의 부화를 억제하고 곤충을 가해하는 살충작용을 가진다.
③ 약효가 서서히 나타나며 약효 지속기간도 길어 미국흰불나방 유충방제에 효과적이다.

[문제 4]

회사 근처 소나무에 대한 진단시기는 9월경으로 잎이 갈색으로 변하고, 잎 기부가 볼록하게 나오고 잎의 길이가 절반으로 짧아졌고 짧아진 부위에서 애벌레(유충)이 발견되었다. 해충의 진단과 방제방법을 쓰시오. (처방전 형식으로 작성하고 진단할 때 알 수 없는 경우 모름으로 쓰시오.)

산림보호법 시행규칙[별지 제10호의17서식] 〈신설 2020. 6. 4.〉

처 방 전

※ [ ]에는 해당되는 곳에 ✓표를 합니다.

진료 일자	2022년 09월 일	[ ] 소유자 [ ] 관리자	성명	모름
유효기간	2022년 12월 일		전화번호	모름

수목의 표시	소 재 지	모름	수목의 종류	소나무
	본수 또는 식재면적	모름	식재연도 또는 수목의 나이	모름
	수목의 높이	모름	흉고직경	모름

생육환경	햇빛 조건	모름		지표상황	모름	
	토양 견밀도	모름	토양 산도	모름	토양 습도	모름
	관리사항 및 기타	모름				

수목의 상태	잎	갈색으로 변하고, 잎 기부가 볼록하게 나오고 잎길이가 절반으로 짧아졌고 짧아진 부위에서 애벌레 발견됨
	줄기 및 수간	모름
	뿌리	모름

진단	침엽의 상태가 절반으로 짧아지고, 기부가 볼록하게 나오고 그 속에 유충이 있음으로 "솔잎혹파리"로 진단되었다.

	솔잎혹파리는 9월이 되면 피해 잎의 충영이 현저하게 비대해지고 대부분 유충이 탈피하여 2령 유충이 되며 10월 하순~11월이 되면 충영 내부는 완전히 비고, 11~12월 상순에는 지상으로 낙하하여 지하 2~5cm에서 월동한다.
처방	① 9월에 발견했으므로 곧 월동을 시작할 수 있기에 지면에 비닐을 피복하여 월동처를 막는다. ② 다음해 4월 하순~5월 하순에 이미다클로프리드 입제를 흉고직경 1cm당 20g, 또는 카보퓨란 입제를 흉고직경 1cm당 50g를 토양과 혼합하여 근부에 처리한다. ③ 솔잎혹파리 산란 및 부화 최성기인 6월 중에 디노테퓨란 액제(10%) 티아메톡삼 분산성액제(15%) 이미다클로프리드 분산성액제(20%) 등을 피해목 흉고직경 1cm당 0.3~1㎖ 나무주사 하거나, 6월 상순에 페니트로티온 유제 또는 티아클로프리드 액상수화제 1,000배액을 2~3회 수관에 살포한다. ④ 11월 하순경 다이아지논 입제를 토양에 살포한다. ⑤ 천적인 솔잎혹파리먹좀벌, 혹파리살이먹좀벌, 혹파리등뿔먹좀벌, 혹파리반뿔먹좀벌을 5월 하순~6월 하순에 ha당 20,000마리를 이식한다.

발급 일자 : 2022년   9월   일

나무병원 명칭 :   (나무병원 등록번호 : 제   호)
나무병원 주소 :   (전화번호 :   )
나무의사 성명 :   (서명 또는 인)   (나무의사 자격번호 : 제   호)

[문제 5]

전원주택 정원에 5년 전 이식한 25년생 왕벚나무가 작년부터 수관상부가 마르고 잎이 작아졌으며 올해 더 심각해졌다. 피해 내용을 보고 진단 및 근거, 추가 진단사항, 종합대책을 서술하시오. (40점)

※ 예비 진단내용을 서술하고 추가진단을 위해 조사할 내용과 종합적인 관리방안을 서술하시오.

※ 진단시기는 8월
- 줄기 수피가 세로로 갈라짐
- 잎에 갈색 반점이 생기고 반점 주위에 중앙부가 탈락되어 5mm 정도의 구멍이 생김
- 잎맥을 따라 1개~여러 개의 주머니 모양의 벌레혹(충영)이 발견됨
- 약 1달 전 선택성 제초제 살포 이력이 확인됨
- 나무 주변 토양을 파보니 뿌리가 썩어 있고 악취가 남
- 무강우일수가 15일

- 토양분석표

구분	깊이	토양분류	pH	건조전토양무게	건조후토양무게	용적밀도
상부토양	10~20cm	양토	6.5	115g	100g	1.0g/cm^2
하부토양	30~50cm	식토	6.2	180g	120g	1.2g/cm^2

※ 상층토의 모래, 미사, 점토의 비율 각각 35%, 40%, 25%
　 하층토의 모래, 미사, 점토의 비율 각각 20%, 25%, 55%

Ⅰ. 서론

생물적 피해 원인과 비생물적 피해 원인, 그리고 추가적으로 진단하여야 할 사항을 아래 표와 같이 정리하고 피해요인별 분석 및 방제 방법을 서술하고자 한다.

구분	현황 및 병징	예상 진단
생물적 요인	• 잎에 갈색반점이 생기고 반점 주위에 중앙부가 탈락되어 5mm 정도의 구멍이 생김 • 잎맥을 따라 1개~여러 개의 주머니 모양의 벌레혹(충영) • 뿌리가 썩어있고 악취가 남	• 벚나무 갈색무늬구멍병 • 사사키잎혹진딧물 • 파이토프토라뿌리썩음병
비생물적 요인	• 작년부터 수관 상부가 마르고 잎이 작아졌고 올해 더 심각 • 줄기 수피가 세로로 갈라짐 • 무강우 일수가 15일 • 뿌리가 썩어있고 악취가 남	• 파이토프토라뿌리썩음병, 과습 • 피소 • 건조 피해 • 과습, 토양분석으로 확인
추가 진단	• 작년부터 수관상부가 마르고 잎이 작아졌고 올해 더 심각 • 무강우 일수가 15일 • 줄기 수피가 세로로 갈라짐 • 약 1달 전 선택성 제초제 살포	• 아밀라리아뿌리썩음병(토양 pH 등) • 건조 피해 • 상렬과 낙뢰 • 제초제 피해

Ⅱ. 피해요인별 분석

1. 생물적 요인

1) 벚나무 갈색무늬구멍병(*Mycosphaerella cerasella*)

벚나무 갈색무늬구멍병은 5~6월부터 시작하고 장마 후 8~9월에 수관 하부의 잎에 흔하게 발생한다. 그러나 벚나무 갈색무늬구멍병과 유사한 벚나무 세균성구멍병은 핵과류인 복숭아, 살구나무, 매실나무의 수관 상부에 주로 발생하며 병반의 진전 없이도 낙엽이 진다.

① 기주와 피해
  ㉠ 기주 : 벚나무
  ㉡ 피해 : 잎에 구멍이 생기면서 조기낙엽으로 미관과 생육이 나빠진다.

② 병징 및 병환
  ㉠ 5, 6월에 발생을 시작하여 8, 9월에 피해가 급격히 심해진다.
  ㉡ 자낭균이 빗물을 타고 올라와 아래부터 감염되며, 조기 낙엽이 진다.
  ㉢ 작은 반점이 확대되면서 둥근 반점을 형성한다. 다소 부정형 + 옅은 동심윤문, 강한 바람과 장마 후 급속히 발생한다.
  ㉣ 건전부 경계에 담갈색 이층이 생겨 그 부분이 탈락하여 구멍이 생긴다.
  ㉤ 곰팡이(자낭균)에 의한 병해이며, 병든낙엽서 자낭각으로 월동하고 이듬해 자낭포자로 전염된다.

③ 방제법
  ㉠ 병든 잎을 소각한다.
  ㉡ 발병 초기에 디페노코나졸 수화제 2,000배로 경엽처리한다.
  ㉢ 3월에 테부코나졸 유제 0.5mℓ/흉고직경 cm 수간주사를 실시한다.
  ㉣ 비배관리를 철저히 한다.

2) 사사키잎혹진딧물(*Tuberocephalus sasakii*)

① 기주와 피해
  ㉠ 기주 : 벚나무
  ㉡ 피해
    • 성충과 약충이 벚나무의 새눈에 기생하며, 잎 뒷면에서 흡즙하면 오목하게 되고 잎 앞면에는 잎맥을 따라 벌레혹을 만든다.
    • 벌레혹은 황백색혹이나 자라면서 황녹색 또는 홍색으로 변하며 갈색으로 고사한다.

② 생활사
　㉠ 1년 수 회 발생하며 벚나무 가지에서 알로 월동한다.
　㉡ 4월 상순에 부화한 약충은 새 눈의 뒷면에 기생한다.
　㉢ 성충과 약충이 벚나무 새 눈에 기생하며 잎 앞면에 잎맥을 따라 주머니혹을 수 개 만든다.
　㉣ 5월 하순~6월 중순에 출현한 유시형 암컷이 중간기주인 쑥으로 이동하여 여름을 나고 10월 하순에 유시형 암수가 출현하여 벚나무로 이동하여 동아에 산란한다.

③ 방제법
　㉠ 4월 상순에 적용약제를 사용한다.
　㉡ 6~10월 중간기주인 쑥에 약제를 살포한다.

3) 파이토프토라뿌리썩음병(*Phytophthora cactorum, Phytophthora cinnamomi*)

① 개요 : 병원균 우점병 연화성 병해로 뿌리, 줄기 과실 등 모든 부위 침입하여 뿌리 썩음병을 일으키는 원인이며 기주범위가 넓고 병원체가 강하다.

② 기주와 피해
　㉠ 기주 : 개비자나무, 곰솔, 일본잎갈나무, 편백 등(1999년 진주서 최초 발견)
　㉡ 피해
　　• 딱딱한 지반이 있는 토양에서 심하게 발생한다(배수가 불량한 토양에서 심하게 발생한다. 운동성 있는 유주포자가 형성되어 뿌리로 이동하기 때문이다).
　　• 잎에는 반점, 마름증상, 신초에는 괴사, 가지 줄기에는 마름증상과 궤양이 나타난다.
　　• 우리나라 사과밭에 평균 0.2% 감염률로 사과나무 줄기 밑동썩음병을 일으킨다.

② 병징과 병환 : 병원균은 균사 내에 격막이 없는 것이 특징이다.
　㉠ 침엽수 : 전년에 비해 잎 왜소, 녹색이 옅어지고 가지생장 감소, 이듬해에는 잎 전체가 누렇게 변하고 꼬부라져 타래처럼 보인다.
　㉡ 활엽수 : 잎 왜소, 퇴색되며 조기낙엽, 갈수록 잎은 황변하고, 뒤틀어진다. 여름에는 잎이 마르고, 꼭대기에서 가지 마름 증상이 나타난다.
　㉢ 무성생식하거나 유성생식으로 증식한다.
　㉣ 균근 형성이 뿌리썩음병을 차단하는 효과는 있으나 유묘는 균근 형성률이 낮고, 균근이 먼저 형성되면 병원균의 침입이 차단된다.

③ 방제법
- ㉠ 적절한 배수와 시비 관리를 한다.
- ㉡ 병든 수목 잔뿌리를 제거하고 토양 훈증을 실시한다.
- ㉢ 침투성 살균제로 토양소독이나 종자소독을 실시한다.
- ㉣ 토양 개량을 한다.
- ㉤ 토양 훈증 처리 후 윤작을 한다.

2. 비생물적 요인

1) 과습피해

① 원인과 증상
- ㉠ 낮은 지형, 지하수위가 높은 토양, 점토성 토양이 많은 곳에 피해가 심하다.
- ㉡ 과습 시 뿌리가 괴사되고, 기능을 상실하여 건조증상과 유사하게 나타난다.
- ㉢ 병원균 침입이 용이하다.
  ※ 약한 수종 : 가문비나무, 서양측백, 소나무, 전나무, 주목, 자작나무, 해송, 향나무, 벚나무, 사시나무 등

② 피해증상
- ㉠ 초기 : 잎자루가 누렇게 변하면서 아래로 처지는데 에틸렌가스 생산과 이동 때문이다.
- ㉡ 장기 : 잎이 작고 황화현상이 나타나고 가지 생장이 둔화되며 겨울철 동해에 약하다.

③ 병징
- ㉠ 주목의 경우 검은색 사마귀 모양 수종(edima)이 발생한다.
- ㉡ 파이토프토라에 의한 뿌리썩음병, 부정근이 발생한다.
- ㉢ 수관 축소(꼭대기에서 밑으로 죽어 내려옴), 조기단풍, 살아 있는 눈 형성 불량, 방향성 없는 일부 가지가 고사한다.
- ㉣ 줄기종양, 융기, 돌기, 새 잎 생장이 정지되고 감소한다.

④ 방제
- ㉠ 내습성인 수종으로 변경한다.
- ㉡ 토양층을 개량(유기물 시비), 배수관을 설치한다.
- ㉢ 점질토양 경우에는 모래나 사질토양을 섞어 객토를 해 준다.

> ※ 토양분석으로 확인(나무 주변 토양을 파 보니 뿌리가 썩어있고 악취가 남)
> 　15일 동안 비가 오지 않았는데 뿌리 썩음 증상이 있는 것은 배수가 원활하지 않아 뿌리가 썩음 것으로 보이며, 토양분석표를 근거로 증명해 보고자 한다.
>
> $$*중량수분함량 = \frac{토양수분의\ 무게}{건조한\ 토양\ 입자의\ 무게}$$
>
> $*용적수분함량 = 중량수분함량 \times 용적밀도$
>
> - 상층토 : 중량수분함량은 15%, 용적수분함량은 15%×1.0이므로 15%
> - 하층토 : 중량수분함량(60/120)×100=50%, 용적수분함량=0.5×1.2
>   　　　　=0.6 → 60%
>
> > 물로 포화된 모래가 많은 토양의 용적수분함량은 40~50%이며, 점토가 많은 토양의 경우에는 60% 이상이 될 수도 있다.
>
> ∴ 상층토양은 배수가 원활하고 하층토양은 배수가 잘 되지 않음을 알 수 있다. 이로 인해 뿌리 썩음 증상은 과습으로 인한 뿌리썩음 증상으로 진단한다.

2) 피소현상

① 개요 : 급격한 온도 변화는 물론 평균온도 1~2℃ 변화로 나무가 피해받고, 상처 입는 경우가 빈번하며 새로운 환경에 적응하지 못한 수목에 영향이 크다.

② 원인과 증상
　㉠ 강한 복사열에 의한 줄기의 피소 현상은 광선에 의하여 수피 일부에서 수분이 급격히 증발하여 조직이 건조해지면서 떨어져 나가는 것으로, 부후균 침입으로 2차적인 피해를 유발한다.
　㉡ 밀식재배하던 수목을 단독으로 식재한 경우와 이식한 나무에 많이 발생한다.
　㉢ 피해수종 : 벚나무, 오동나무, 호두나무, 단풍나무, 목련, 매화나무, 버즘나무, 칠엽수, 물푸레나무, 층층나무, 잣나무, 주목, 전나무, 자작나무 등

③ 병징 : 남서향의 노출된 지표면과 가까운 수피가 햇빛과 열에 의해 형성층과 목부조직이 노출되어 수피가 수직으로 갈라진다.

④ 방지법
- ㉠ 수피를 녹화마대, 새끼줄, 백색 수성페인트로 높이 2m 정도 싸준다.
- ㉡ 관수로 증산 촉진하여 냉각효과로 수피의 온도를 낮춘다.
- ㉢ 울폐된 숲이 심하게 개방되지 않게 함으로써 강한 직사광선이 투입되는 것을 피한다.

Ⅲ. 추가적인 진단

1. 아밀라리아뿌리썩음병

1) 개요

우리나라는 *Armillaria solidipes* 균에 의해 주로 잣나무에 피해를 주며 소나무, 자작나무, 잣나무, 전나무, 밤나무, 참나무, 포플러 등 침·활엽수에 발생한다. 침엽수인 경우 20년생 이하에서 많이 발생한다.

2) 병징, 표징 병환

① 병징
- ㉠ 감염목은 6월~가을 걸쳐 잎 전체 서서히 황변, 갈변 고사한다.
- ㉡ 8~9월 병든 나무 주위에 뽕나무버섯이 발생한다.
- ㉢ 잎이 작아지고 나무 꼭대기부터 조기낙엽되고 뿌리목 부근 송진이 굳어 있다.

② 표징
- ㉠ 뿌리꼴균사다발 : 뿌리같이 보이는 갈색~검은 갈색 보호막 안에 실처럼 가는 균사가 뭉쳐진 다발로 뿌리처럼 잔가지가 있다.
- ㉡ 부채꼴균사판 : 수피와 목질부 사이에서 자라는 부채 모양 균사조직으로 버섯 냄새가 난다.
- ㉢ 뽕나무 버섯 : 매년 발생하지 않고 발생해도 몇 주 안에 고사한다(8~10월).
- ㉣ 아밀라리아 : 백색부후 곰팡이이며, 부후된 부분에서 Zone lines를 볼 수 있다.

2. 건조피해

1) 건조피해 원인과 피해증상

① 원인
- ㉠ 가뭄, 이식, 이상건조가 원인이며 만성적인 건조는 광합성이 저조해지며 다양한 증상이 나타난다.

ⓒ 천근성 수종, 모래땅에서 피해가 심하다.
　　　ⓒ 약한수종 : 단풍나무류, 층층나무, 물푸레나무, 마로니에, 느릅나무 등
　② 피해증상 : 잎맥 사이 조직이 마르고 가지 끝에서 서서히 죽어 내려온다(잎처짐, 잎마름, 잎말림, 잎의 왜소화, 낙엽 등).
　　　㉠ 활엽수
　　　　・남서향에 노출된 부분이 먼저 영향을 받아 잎이 작아진다.
　　　　・엽면적이 감소하며 가지 끝부터 서서히 죽어 내려온다.
　　　ⓒ 침엽수
　　　　・건조 피해에 잘 나타나지 않는다.
　　　　・잎이 쪼그라들고 퇴색하여 연녹색으로 변한다.
　　　　・지속적으로 건조에 노출된 식물은 잎이 작아진다.

3. 제초제 피해

제초제는 오남용으로 피해가 발생하며 피해량은 제초제 종류, 처리 정도, 처리 시기 등에 따라 다양하다. 최근 사용 여부를 확인하였으므로 피해 진단을 위해서는 무처리구와의 비교 검토가 필요하다.

1) 제초제의 종류와 피해

　① 발아 전 처리제(토양처리제) : 시마진
　　잔디밭에 주로 사용하며 사용 방법을 준수할 경우 수목에는 별다른 피해가 없다.

　② 경엽처리제
　　㉠ 호르몬계 제초제
　　　・세포분열을 통해 불균형을 초래하여 고사시키는 방법으로 흡수 이행성이 강해서 빗물이나 관개수에 섞여 다른 식물에 피해를 줄 수 있다. 잎이 구불하게 말리고, 엽병은 아래로 꼬이거나 뒤틀리며 가지와 신초는 기형이 된다.
　　　・2.4 D : 잔류기간이 짧다. 잎이 타면서 말린다.
　　　・dicamba(반벨) : 잔류기간이 길고 나무뿌리에 흡수될 수 있으며 전면적 살포와 사용량 과다 시 다른 식물에 피해를 초래하므로 주의한다. 활엽수는 기형, 비대하고, 침엽수는 새 가지가 비대하며 구부러진다. 은행나무는 잎끝이 말려들고, 주목 잎은 황화현상이 나타난다.

ⓛ 비호르몬 제초제
- 체관을 통해 쉽게 이동하여 다년생 잡초에 효과적이며 식물의 물질대사의 과정 교란으로 잡초 생장을 억제한다. 신초가 다발형 또는 뭉치거나 뒤틀린다.
- 글리포세이트(근사미) : 불규칙 반점과 괴사한다. 식물의 단백질 합성을 저해한다. 수목의 가지 윗가지에 피해 나타나는 경우가 많다.
- 메코프로프 : 식물의 핵산 대사와 세포벽을 교란하여 광합성과 양분흡수를 저해한다.

③ 접촉 제초제 : paraquat(그라목손)
ⓐ 비호르몬 계열과 비슷하지만 접촉에 의해 짧은 시간 내에 살초한다.
ⓛ 접촉에 의한 피해만 일어나며 피해 증상은 작은 갈색 반점이 형성된다.

2) 방제법

① 토양에 잔류한 제초제를 제거하고, 제초제 잔류성이 비지속성이면 완숙퇴비 시비로 수세를 회복시킨다. 지속성이면 활성탄을 뿌리권에 시용하고 새로운 흙을 덮어주어 잔류한 제초제 성분을 약화시킨다.
② 표토를 제거하고 치환한다.
③ 제초제 살포 시기에 유의한다. 약제 살포 후 비가 오면 약제 희석과 다른 피해를 유발한다.
④ 약전정을 통하여 T/R률을 조정하고 인산질비료를 시용하여 수세를 강화한다.

4. 상렬과 낙뢰

1) 상렬

① 원인과 피해증상
ⓐ 겨울철 동결 과정에서 변재와 심재의 수축 불균형으로 생기는 장력 때문에 수직 방향으로 갈라지는 현상이다.
ⓛ 남서향쪽의 직경 15~30cm 활엽수에서 자주 발생한다.
② 방제 : 수간을 싸거나 흰색 수성페인트로 도포한다.

2) 낙뢰

① 홀로 자라거나 나무 중에서 수고가 가장 높거나, 가장자리에 있거나, 물가에서 자란 나무에 낙뢰가 떨어질 가능성이 높다.

② 피해증상 : 나무꼭대기에서 밑둥으로 내려가면서 일직선으로 갈라진 수피폭이 넓어지는 것이 일반적인 증상이다.
③ 낙뢰 피해가 큰 수종 : 참나무, 느릅나무, 소나무, 백합나무, 포플러, 물푸레나무 등

Ⅳ. 결론

1. 진단

1) 생물적 피해로 뿌리에 이상이 있고, 해충의 피해로 인한 병징, 토양분석을 근거로 서술한 것을 종합하여 벚나무 갈색무늬구멍병, 사사키잎혹진딧물, 파이토프토라뿌리썩음병으로 진단한다.
2) 비생물적 피해로는 수관 상부의 마름 증상으로 수분스트레스를 추정하며, 수피가 8월에 세로로 갈라진 것 등을 근거로 과습의 피해, 피소현상으로 진단한다.
3) 추가적인 진단으로는 아밀라리아뿌리썩음병, 건조피해, 상렬과 낙뢰, 제초제 피해이며 특히 제초제 피해는 최근 사용 여부가 확인되었으므로 무처리구와의 비교검토가 필요하다.

2. 종합적 방제방법

1) 벚나무 갈색무늬구멍병

① 병든 잎을 소각하고 비배관리를 한다.
② 발병 초기에 디페노코나졸 수화제 2,000배로 경엽처리한다.

2) 사사키잎혹진딧물 방제

6~10월 중간기주인 주변의 쑥에 적용약제를 살포한다.

3) 파이토프토라뿌리썩음병

적절한 배수와 시비 관리를 하고 병든 수목 잔뿌리를 제거하고 침투성 살균제로 토양소독을 실시한다.

4) 과습피해

토양층을 개량(유기물 시비), 배수관을 설치하고, 점질토양 경우에는 모래나 사질토양을 섞어 객토를 해 준다.

5) 피소현상

수피를 녹화마대, 새끼줄, 크라프트지, 백색 수성페인트로 높이 2m 정도 싸준다.

서술형 실기시험

[문제 1]

> 산림청 훈령에 따른 참나무시들음병 방제지침 내용에 맞게 빈칸을 채우시오. (10점)
>
> 방제방법 중 지상살포 시기는 (가)월의 상순, 중순, 하순에 3회 실시하고, 약제(PET)줄기분사법은 친환경약제로 살포 시기는 (나)월 말부터 (다)월 말까지 시행한다. 이때 사용되는 약제의 주원료는 (라), Ethanol, (마)이다.

(가) 6 (나) 5
(다) 6 (라) Paraffii
(마) Turpentine

[문제 2]

> 노거수 수목외과수술 단계 중 공동 부패부 제거 작업 내용과 주의할 점을 서술하시오. (10점)

1. 부후가 진행 중인 공동의 경우

① 부패한 조직을 자귀, 끌 등을 이용해 푸석하게 썩은 조직을 제거한다. 주의할 점은 잘 벗겨지는 푸석한 조직만 제거하고, 단단한 조직은 제거하지 않도록 한다.
② 공동 내의 요철 부분이나 손이 잘 닿지 않는 깊은 구석에 있는 썩은 조직의 경우 공기압축기의 에어건을 통해 분사하여 벗겨낸다.

2. 부후의 진행이 멈춘 공동의 경우

① 부후의 진행이 멈추어 공동 내 푸석하게 썩은 조직이 없고, 목질부 조직이 단단한 경우에는 변색된 부분이 있더라도 이 부분을 깎아내서는 안 된다(나무의 자체 방어기작에 의해 건전부와 부후부의 경계에 형성된 방어벽이 파괴되면, 부후의 진행을 조장하여 공동의 상태를 더 악화시키는 결과를 초래한다).

② 공기압축기나 동력송풍기로 공동 내부에 있는 나무조직 부스러기와 먼지를 제거하는 것으로 충분하다.

[문제 3]

병원체 사진을 보고 아래 보기에 해당하는 기호를 알맞게 고르시오. (10점)		
㉠ 녹병의 여름포자 그림	㉡ 녹병의 겨울포자 그림	㉢ *Fusarium* 그림 분생포자는 대형과 소형으로 형성, 초승달 모양으로 대형은 3~5개의 격막이 있다.
㉣ *Pestalotiopsis* 그림 중앙의 세 세포는 착색되어 있고, 양쪽 세포는 무색이며 부속사를 가진다.	㉤ *Marssonina* 분생포자 그림 분생포자는 무색의 두 세포로 크기와 모양이 다른 경우가 많다.	㉥ 흰가루병 분생포자 그림

1. 녹병의 여름포자와 겨울포자를 차례대로 고르시오. : ㉠, ㉡
2. 리기다소나무 가지마름병, 병원균을 고르시오. : ㉢
3. 인공배양이 힘든 병원균을 모두 고르시오. : ㉠, ㉡, ㉥

[문제 4]

아래 해충에 따른 피해 증상을 알맞게 고르시오(각 해충별 2가지씩). (10점)

㉠ 성충과 유충이 수피 바로 밑에서 형성층과 목질부를 갉아먹는다.
㉡ 수피와 목질부 표면을 고리 모양으로 파먹은 후, 중심부인 목질부 속으로 파고 들어가 위아래로 갱도를 만들며 가해한다.
㉢ 목설은 많은 가루를 포함하고 있고 우드칩 모양은 길이가 짧고 넓은 특징이 있다.
㉣ 가해 부위는 배설된 목설을 거미줄과 같은 실로 묶어 놓아 혹같아 보이므로 쉽게 발견된다.

ⓜ 유충은 목질부를 갉아먹고 구멍을 통해 목설을 배출하며 수액이 배출되어 흐르기도 한다.
ⓗ 주로 수세가 쇠약한 이식목, 벌채목, 고사목 등에서 피해가 발생되지만 건전한 나무를 가해하여 고사시키는 경우도 있다.

1. 벚나무사향하늘소 : ⓒ, ⓜ
2. 소나무좀 : ㉠, ⓗ
3. 박쥐나방 : ⓛ, ㉣

제8회 나무의사 2차시험(2022년)

서술형 필기시험

[문제 1]

다음 물음에 답하시오. (15점)

1. 참나무시들음병의 병원균 학명과 우리나라에서 가장 피해가 큰 참나무 종류
2. 끈끈이롤트랩 설치 시기와 설치 방법
3. 참나무시들음병의 전반과정과 소나무 재선충의 전반과정 비교
4. 소나무재선충, 느릅나무 시들음병, 참나무 시들음병의 피해 비교

1. 병원균 학명과 가장 피해가 큰 수종

① 병원균 학명 : *Raffaelea quercus mongolicae*
② 피해가 큰 수종 : 신갈나무

2. 끈끈이롤트랩 설치 시기와 설치 방법

① 설치 시기 : 전년도 피해목은 4~5월, 신규 피해목은 5~6월 중에 설치한다.
② 설치 방법
 ㉠ 매개충 침입 흔적이 있는 수목의 지제부에서 2m 이상 설치한다.
 ㉡ 작업 방향 : 빗물이 들어가지 않도록 하부에서 상부로 감아 올라간다.
 ㉢ 고사목 중심으로 20m 이내의 수목에 집중설치한다.

3. 참나무시들음병과 소나무 재선충의 전반과정

구분	참나무시들음병	소나무재선충병
매개충	*Platypus koryonensis*	*Monochamus alternatus* *Monochamus saltuarius*
병징	• 7월 말부터 시들고 빨갛게 고사한다. • 피해목은 줄기나 가지에 1mm 정도의 침입공이 다수 있다. • 매개충 침입부위는 수간 하부 2m 내외 이고 뿌리목에 배설물이 쌓인다. • 피해목은 변재부가 갈색 얼룩이 진다.	• 여름 이후 솔잎이 급격히 아래로 처지며 마르고 송진이 거의 나오지 않는다. • 기온이 높으면 빠르게 병징이 나타나며, 3주 정도면 묵은 잎의 변색이 확인된다. • 1개월이면 잎 전체가 갈색으로 변하면서 고사되기 시작한다.
전반	• 수컷이 먼저 침입한 후 암컷을 유인하여 산란하고, 부화유충은 매개충의 등판에 균낭으로 갖고 들어온 병원균(*Raffaelea quercus mongolicae*)을 먹고 자란다. • 암컷 성충 등에는 병원균 포자를 저장 할 수 있는 균낭(5~11개)이 있고 갱도 내에서 균낭을 터트려 균사가 생장하고 포자가 형성된다. • 7월에 갱도 끝에 알을 낳는다.	• 성충은 5월 하순~8월 상순에 우화하며 우화 최성기는 6월 중하순이다. • 성충은 체내에 15,000마리의 재선충을 지니고 탈출한다. • 산란기는 6~9월이며 7~8월에 가장 많다. • 매개충의 후식피해로 생긴 상처를 통해 소나무재선충이 기주수목으로 침입한다.
피해상황	균사가 물관의 주요 기능인 물과 양분 이동을 방해하여 시들음 현상이 나타난다.	재선충에 의해 물과 양분이 차단되어 잎이 시든다.

4. 소나무재선충, 느릅나무 시들음병, 참나무 시들음병의 피해 비교

소나무재선충	느릅나무 시들음병	참나무 시들음병
• 기주 : 소나무, 곰솔, 잣나무 • 매개충 : 솔수염하늘소, 북방수염하늘소 • 수분과 양분의 이동이 차단되어 솔잎이 아래로 처진다. • 기온이 높으면 빠르게 병징이 나타난다. • 3주 정도면 묵은 잎의 변색이 확인되며 1개월이면 잎 전체가 갈색으로 변화하면서 고사하기 시작한다.	• 기주 : 느릅나무 • 매개충 : 유럽느릅나무좀 • 성충은 7월 말~8월 초 후식피해를 가한다. • 쇠약목 또는 고사한 느릅나무 수피 아래 약 100개의 알을 낳는다. • 목재의 변재 부위 변색과 잎 시들음병이 발생한다.	• 기주 : 참나무류, 서어나무류, 굴피나무등 • 매개충 : 광릉긴나무좀 • 7월부터 빨갛게 시들고 고사하며 겨울에도 잎이 떨어지지 않는다. • 병원균은 변재부에서는 목재 변색, 물관부에서는 물과 양분 이동을 방해하는 시들음병이다.

[문제 2]

> 다음 물음에 답하시오. (10점)
>
> 1. 미국흰불나방 방제에 사용되는 디플루벤주론의 효과는?
> 2. 미국선녀벌레 방제에 사용되는 디노테퓨란의 효과는?

1. 디플루벤주론의 효과

① 표시기호 : 15
② 작용기작 : O형 키틴 합성 저해제
③ 곤충의 키틴 생합성을 저해함으로써 살충효과를 나타낸다. 약효 지속기간이 길어 지효성이며, 알의 부화를 억제하는 효과도 있다.

2. 디노테퓨란의 효과

① 표시기호 : 4a(네오니코티노이드계)
② 작용기작 : 신경전달물질 수용체를 차단한다.
③ 접촉독작용, 식독작용, 흡입독작용을 하며, 침투이행성 살충효과가 있다.

[문제 3]

> 솔껍질깍지벌레에 대해 물음에 답하시오. (20점)
>
> 1. 생활경과표를 그리시오.
> 2. 솔껍질깍지벌레와 소나무재선충과의 피해상황을 비교 설명
> 3. 정착약충기, 후약충기, 성충기에 따른 시기별 방제 방법

1. 생활경과표

구분	1	2	3	4	5	6	7	8	9	10	11	12
알				○○○	○○							
부화 약충					○○○	○○						

구분	1	2	3	4	5	6	7	8	9	10	11	12
정착 약충					○○	○○○	○○○	○○○	○○○	○○○		
후약충	○○○	○○○	○○○	○○						○	○○○	○○○
번데기(♂)			○○○	○○○								
성충			○	○○○·	○○							

2. 솔껍질깍지벌레와 소나무재선충과의 피해상황

솔껍질깍지벌레	소나무재선충
• 약충이 가해 시 세포막이 파괴되고 세포 내 물질 분해와 같은 피해가 나타난다. • 3~5월에 수관하부의 잎부터 갈색으로 변색되며 심하면 전체 수관이 갈변한다. • 5~7년 누적 피해로 고사한다. • 오래된 피해지는 가지가 처지나 선단지에서는 형태 그대로 고사한다. • 겨울에 가해하기 때문에 외견상 피해는 3~5월에 심하고, 여름과 가을에는 증상이 없다. • 11월~익년 3월까지의 후약충시기에 발육이 왕성하여 가장 피해가 크다. • 최초 침입 후 4~5년 경과한 후에 피해가 심하며 피해율은 7년 이상 22년 이하의 수령에서 가장 높다.	• 피해목은 수분과 양분의 이동이 차단되어 솔잎이 아래로 처지며 시든다. • 기온이 높으면 빠르게 병징이 나타난다. • 3주 정도면 묵은 잎이 변색이 확인되며, 1개월이면 잎 전체가 갈색으로 변화하면서 고사하기 시작한다. • 기주 : 소나무, 곰솔, 잣나무, 방크스소나무 ※ 리기다소나무, 리기테다소나무는 저항성이다. • 여름 이후 솔잎이 급격히 아래로 처지며 마르고 송진이 거의 나오지 않는다.

3. 시기별 방제 방법

정착 약충기	• 5~10월, 6월부터 약 4개월간 하기 휴면
	• 임업적 방제 실시
	  - 피해도 "심"일 경우는 모두베기
	  - 피해도 "중"일 경우는 단목베기 → 나무주사 대상지 우선
	※ 재선충 피해 혼생지일 경우 재선충 피해목 100% 제거 후 밀도 조절 사업 시행

후약충기	• 11~2월, 피해도 "중" 이상 지역 나무주사 실시 • 나무주사 약제는 아바멕틴·설폭사플로르 분산성액제 등 적용약제를 사용한다.
성충기	• 3~5월 즉 3월 이후 나무주사가 불가능한 지역은 아세타미프리드·뷰프로페진 유제 등 적용약제를 2~3회 줄기와 가지까지 골고루 살포한다. • 페로몬트랩을 이용하여 수컷 성충을 예찰 방제

[문제 4]

처방 전 작성 시 알 수 없을 경우 모름으로 쓰시오(처방전 양식으로 작성할 것). (10점)

1. 수령 80년 되는 붉가시나무가 잔디밭에 식재된다.
2. 잔가지가 고사 되었으며 개엽이 지연된다.
3. 겨울철 평균기온이 0℃인데 갑자기 기온이 내려가 -15℃로 며칠간 지속된다.
   ① 수간의 활력도는 정상이다.
   ② 주변의 다른 나무들도 비슷한 증상이다.

처 방 전

※ [ ]에는 해당되는 곳에 ✓표를 합니다.

	진료 일자	모름	[ ] 소유자 [ ] 관리자	성명	모름
	유효기간	모름		전화번호	모름

수목의 표시	소 재 지	잔디밭		수목의 종류	붉가시나무
	본수 또는 식재면적	모름		식재연도 또는 수목의 나이	80년
	수목의 높이	모름		흉고직경	모름

생육환경	햇빛 조건	모름				
	토양 견밀도	모름	토양 산도	모름	토양 습도	모름
	관리사항 및 기타	겨울철 평균기온의 온도가 0℃인데 갑자기 기온이 내려가 -15℃가 며칠간 지속됨				

수목의 상태	잎	개엽이 지연됨
	줄기 및 수간	잔가지가 고사, 수간의 활력도 정상, 주변의 다른 나무들도 비슷한 증상
	뿌리	모름

진단	• 동해피해 　- 붉가시나무는 남부지방 수종으로 저온에 취약한 상태이다. 　- 저온순화가 되지 않은 상태에서 갑자기 빙점 이하의 저온에 노출된 상태의 피해로 판단된다. 　- 바람을 막아줄 다른 수목이 적은 상태의 잔디밭이라 저온에 노출이 심할 수 있는 상태이다. 　- 동해를 확인하기 위해 가지를 채취해 수피를 벗겨 유관 속의 갈변 여부를 확인할 필요가 있다.

처방	• 붉가시나무 주변에 바람을 막아줄 방풍막이나 방풍림을 식재한다. • 토양표면(뿌리권역)을 피복하여 멀칭한다. • 증산억제를 살포한다. • 수간을 짚으로 감싼다. • 늦여름 시비를 금지한다.

[문제 5]

7월에 조사된 다음 내용을 근거로 진단 및 추가진단, 종합적 관리방안을 작성하시오. (45점)

1. 소나무가 50여 그루 심어진 곳 인근에 화력발전소가 존재한다.
2. 5년 전 복토했다.
3. 수관 상층부 신초 끝이 고사되고 신초에 구멍이 발견된다.
4. 신초가 적갈색으로 변색된다.
5. 10여 일 전 pH 5.7의 비가 내렸다.
6. 땅을 파보면 뿌리가 썩어 있고 줄기, 수피가 힘없이 벗겨진다.
7. 토양분석표

토양깊이	토성	용적밀도 (g/m³)	pH	산소농도 (%)	전기전도도 (EC)	전질소 (%)	수분퍼텐셜 (kPa)
10~20cm	식양토	1.6	6.1	8	0.1	0.02	-100
30~40cm	식양토	1.5	6.2	5	0.1	0.03	-80

Ⅰ. 생물적 피해

1. 병해

1) 진단 및 근거

① 진단 : 소나무가지끝마름병

② 근거
  ㉠ 신초 끝이 고사 되고 적갈색으로 변해 있다.
  ㉡ 줄기, 수피가 힘없이 벗겨진다.

2) 추가 진단

① 답압, 가뭄 등 스트레스로 발병이 되므로 스트레스 요인을 확인한다.
② 20~30년 수목에 잘 발생되므로 수목의 수령을 확인한다.
③ 병징 확인
  ㉠ 6월부터 새 가지 침엽이 짧아지고 새순과 어린잎이 갈변하고 어린 가지는 말라 죽어 밑으로 처진다.
  ㉡ 늦게 감염된 잎은 우산살처럼 축 처진다.
  ㉢ 피해 입은 새 가지와 침엽은 수지에 젖어 있고 수지가 굳으면 병든 가지는 쉽게 부러진다.

ⓔ 수피를 벗기면 병든 부분이 뚜렷하므로 벗겨진 수피를 통해 살펴본다.
　　ⓜ 주로 수관 하부에 발생한다.

④ 표징 확인 : 여름에는 엽초에 검은색의 분생포자가 돌출하므로 확인한다.

3) 병해 관리방안(방제법)

① 죽은 가지는 채취해서 소각하며 풀베기 등으로 통풍을 좋게 한다.
② 새잎이 자라는 시기에 베노밀 수화제, 만코제브 수화제를 2~3회 살포한다.
③ 답압이 되지 않도록 한다.

2. 충해

1) 진단 및 근거

① 진단 : 소나무좀
② 근거 : 수관 상층부 신초 끝이 고사되고 신초에 구멍이 발견된다.

2) 추가 진단

① 병징
　ⓐ 쇠약목을 주로 가해하므로 수세 진단기를 통해 수세를 확인한다.
　ⓑ 유충은 4~5월에 줄기를 가해하고, 신성충은 6월에 신초를 뚫고 가해하여 신초가 구부러지거나 부러진 채로 붙어 있으므로 확인해 본다(후식피해).

② 표징 : 3~4월에 15℃ 이상이 3일 연속일 때 월동 성충이 나와서 줄기를 침입해 산란하므로 성충을 확인한다.

3) 충해 관리사항(방제법)

① 병충해목, 불량목 등은 조기 간벌하고 박피하여 해충의 산란을 저지한다.
② 고사 직전목은 용화 전인 5월에 박피 소각한다.
③ 피해림 부근의 벌채목을 조기 반출하고 심한 경우에는 그루터기까지 박피한다.
④ 유인목(유치목)을 설치하여 구제한다(2~3월에 임내에 세우고, 5월에 박피 소각한다).
⑤ 수중 저장, 천적 보호, 티아메톡삼 분산성액제를 나무주사 한다(0.5mℓ/흉고직경 cm당 : 노랑소나무좀 등록 약제임).

Ⅱ. 비생물적 피해

1. 복토피해

1) 진단 및 근거

① 진단 : 복토피해
② 근거 : 5년 전 복토 기록이 있으며, 땅을 파보면 뿌리가 썩어있고 줄기, 수피가 힘없이 벗겨진다.

2) 추가 진단

① 흙을 파보면 세근이 고사되고 굵은 뿌리도 갈변되어 있는지 확인한다.
② 뿌리 생장이 좋지 못하면 어린잎의 황화, 왜소, 가지 생장의 위축 등이 나타나고, 수관이 엉성해지며 조기 낙엽되거나 마른 잎이 오래도록 붙어 있다.
③ 복토 깊이 및 토성 확인 : 토양에 식토 성분이 많은 곳은 50cm 정도 복토 시 2~3개월 내에 잎에 황화현상이 나타나며, 기존의 표토에서 15cm 이상 복토는 기존의 수목에게 피해를 준다.

※ 세근의 80%가 표토 30cm 이내에 모여 있어 호흡에 곤란을 줄 수 있고 수목은 땅속의 산소가 10%이면 뿌리 호흡이 곤란하고, 3% 이하에서는 질식한다.

3) 복토 관리방안(방제법)

① 복토된 부분을 제거하되 살아있는 잔뿌리가 나타나면 흙을 제거하지 않는다.
② 배수를 위해 물구배를 2~3%가량 둔다.
③ 지제부가 썩지 않도록 산소공급, 수분공급이 되도록 한다.
④ 복토된 부분을 제거하지 못하면 수간 주변에 마른 우물을 만든다.
⑤ 유공관을 설치하며 유공관은 표토 위로 5cm 정도 나오도록 한다.
⑥ 복토된 식양토는 사양토 등 거친 토양으로 교환한다.

2. 대기오염(아황산가스)에 의한 피해

1) 진단 및 근거

① 진단 : 화력발전소, 제련소 주변은 아황산가스의 피해가 심하게 나타나지만 그러한 병징이 나타나지 않아 아황산가스 피해는 아닌 것으로 판단된다.

② 근거
   ㉠ 10여 일 전 pH 5.7의 비가 내렸으나, pH 5.6 이하의 강우를 산성비라 하므로 산성비 피해는 아닌 것으로 사료된다.
   ㉡ 침엽수에 나타나는 아황산가스의 피해 표징이 나타나지 않았다.

2) 추가 진단

아황산가스 피해는 화력발전소 부근에서 가장 피해가 크고, 산성비로도 피해가 나타나므로 다음 사항을 추가 진단한다.

① 잎에 황이 남게 되므로 잎을 채취, 분석하여 황 성분의 농도를 측정한다(식물이 피해를 받기 시작하는 아황산가스 농도는 대개 5.0ppm 정도).
② 병징 확인
   ㉠ 소나무의 잎에 끝마름이 나타나 있는지 또는 황화 띠나 괴저상 띠의 유무를 확인한다.
   ㉡ 만성피해로 올해 나온 침엽이 연두색으로 짧게 총생하여 수관이 울창하지 않고 성겨진 경우는 아황산가스 피해이다.
   ㉢ 주변의 활엽수의 상태도 조사하여 잎맥 사이에 황화나 괴저가 나타나는 경우는 아황산가스 피해로 판단할 수 있다.
③ 지표식물을 이용해 진단한다(아황산가스에 의한 지의류가 나타내는 반응 등).

3) 대기오염 관리방안(방제법)

① 대기오염이 심할 경우 수분스트레스를 주어 기공을 일시적으로 닫게 되므로 잎과 가지를 물로 세척한다.
② 질소질 비료를 지양하고 인산, 칼륨질 비료를 시비한다.
③ 토양에 유기물을 시비한다.

Ⅲ. 토양분석표에 의한 진단

1. 토양분석 진단

토양깊이	토성	용적밀도 (g/m³)	pH	산소농도 (%)	전기전도도 (EC)	전질소 (%)	수분퍼텐셜 (kPa)
10~20cm	식양토	1.6	6.1	8	0.1	0.02	−100
30~40cm	식양토	1.5	6.2	5	0.1	0.03	−80

① 소나무의 경우 pH 4.0~4.7, 식양토보다는 사양토가 적당하다.
② 용적밀도는 보통 1.2~1.35g/cm³인데 반하여 1.5~1.6g/cm³으로 용적밀도가 높다.
③ 산소농도 10% 이하는 뿌리호흡이 곤란하고 3% 이하일 경우 질식, 고사하므로 토양 속의 산소가 부족한 편이다.
④ 전기전도도(EC)는 0.4 미만이 정상이므로 양호한 편에 속한다.
⑤ 전질소 함량은 0.25% 이상이 되어야 하므로, 토양깊이에 관계없이 모두 질소 함량이 부족하다.
⑥ 수분퍼텐셜 1Mpa=1,000kPa : 식물이 수분을 이용할 수 있는 유효수분은 포장용수량(-33kPa)~ 위조점(-500kPa) 사이에 속하므로 수분 이용에는 지장이 없는 것으로 판단된다.

2. 토양관리 방안

① 식양토인 토양에 모래나 펄라이트 등을 섞어 용적밀도를 낮추고 통기성을 좋게 하여 산소공급을 높여 뿌리 호흡이 좋게 한다.
② 무기양분을 엽면시비와 유기물 시비하여 질소질 함량을 높일 수 있도록 한다.

Ⅳ. 결론

생물적 피해로 소나무좀, 비생물적 피해로는 복토의 피해로 진단하며 토양분석에 의한 진단을 아래와 같이 하여 방제 방법을 아래와 같이 제시한다.

1. 생물적 피해

1) 소나무좀 방제

① 병충해목 등은 조기 간벌하고, 박피하여 해충의 산란을 저지하고, 고사 직전목은 소나무좀의 용화전인 5월에 박피, 소각하며 피해림 부근의 벌채목을 조기 반출하고 심한 경우에는 그루터기까지 박피한다.
② 유인목(유치목)를 설치하여 구제한다(2~3월에 임내에 세우고, 5월에 박피소각 한다).
③ 목재는 수중 저장하고 천적을 보호하며, 화학적 약제로는 티아메톡삼 분산성액제를 나무주사 한다(0.5mℓ/흉고직경 cm당 : 노랑소나무좀 등록 약제임).

2. 비생물적 피해

1) 복토 방제

① 복토된 부분을 제거하되 살아있는 잔뿌리가 보일 경우 흙을 제거하지 않고 배수를 위해 물구배를 2~3%가량 둔다.
② 지제부가 썩지 않도록 산소공급, 수분공급이 되도록 한다.
③ 수간 주변에 마른 우물을 만들고 유공관을 설치하며 유공관은 표토 위로 5cm 정도 나오도록 하며, 복토된 식양토는 사양토 등 거친 토양으로 교환한다.

3. 토양분석에 의한 관리방안

① 식양토인 토양에 모래나 펄라이트 등을 섞어 용적밀도를 낮추고 통기성을 좋게 하여 산소공급을 높여 뿌리 호흡을 좋게 한다.
② 무기양분을 엽면시비와 유기물 시비하여 질소질 함량을 높인다.

서술형 실기시험

[문제 1]

> 디페놀 수화제(10%) 500mℓ를 2,000배액으로 살포하고자 한다. (10점)

1. 농약의 분류계통 : 트리아졸계(사1)
2. 작용기작 : 막에서 스테롤 생합성 저해 : 세부작용기작 : 탈메틸 효소기능 저해
3. 500ℓ로 희석하는 방법

$$\frac{\text{단위면적당 농약살포량}}{\text{희석배수}} = \frac{500 \times 1,000}{2,000\text{배액}} = 250\text{m}\ell = 250\text{g}$$

4. 처리방법

① 당일 조제한 농약은 모두 사용할 수 있도록 적정량을 조제한다(희석배수 준수).
② 농약이 남았을 경우 잘 밀봉하여 햇빛이 들지 않는 서늘한 곳에 보관한다.
③ 사용한 도구는 반드시 세척한다.

5. 농약 살포 시 지켜야 할 주의사항 3가지
   ① 약제 살포 시 바람을 등지고 뿌리며, 안전장비를 착용한다.
   ② 적용대상 병해충 이외에는 사용하지 않는다.
   ③ 안전사용기준 및 취급 제한 기준을 지킨다.

[문제 2]

외과수술 과정에서 공동내부의 건조 및 보호막 처리를 하는 이유와 방법을 서술하시오. (10점)

1. 공동내부의 건조처리

① 이유 : 건조가 충분하지 않으면 충전 후 수액이나 외부로부터 물이 스며들어 실패의 중요한 원인이 된다.
② 방법 : 동력송풍기를 이용해 완전히 건조시킨다.

2. 보호막처리

① 이유 : 살균, 살충, 방부처리 후 더 이상 다른 미생물이 들어갈 수 없게 차단하면서, 추가로 습기가 목질부로 침투하지 않게 하기 위함이다.
② 방법 : 완전히 건조 후 상처도포제인 락발삼, 티오파네이트메틸(톱신페스트), 테부코나졸(실바코) 등을 두껍게 충분히 발라준다.

[문제 3]

병원체가 유발하는 병 2가지는? (10점)			
Phytophthora 병원체 그림	*Coletotrichum* 병원체 그림	녹병겨울포자 병원체 그림	불완전균류 병원체 그림

1. *Phytophthora* : 파이토푸토라뿌리썩음병, 밤나무 잉크병
2. *Coletotrichum* : 사철나무 탄저병, 오동나무 탄저병
3. 녹병겨울포자 : 회화나무 녹병, 향나무 녹병

4. 불완전균류 : 은행나무 잎마름병, 모잘록병(리족토니아)
5. 소나무 피목가지마름병, 배나무 붉은별무늬병, 단풍나무 흰가루병 다른 속은?

① 소나무 피목가지마름병 : 자낭반

② 배나무 붉은별무늬병 : 담자균

③ 단풍나무 흰가루병 : 자낭구

[문제 4]

곤충의 기주, 연 발생 횟수 및 월동태는? (10점)

㉠ 극동등에잎벌   ㉡ 낙엽송잎벌   ㉢ 호두나무잎벌레

구분	㉠	㉡	㉢
기주	진달래, 철쭉 등	일본잎갈나무	호두나무
연 발생 횟수	3~4회	3회	1회
월동태	유충	번데기	성충

제9회 | 나무의사 2차시험(2023년)

서술형 필기시험

[문제 1]

> 푸사리움 가지마름병의 방제약제 1가지를 제시하고 방제 방법과 방제 시기를 설명하시오. (10점)

1. 방제 약제 : 테부코나졸 유탁제(사1, 막에서 스테롤생합성 저해)
2. 방제 시기 : 3월(소나무의 경우 봄~가을을 피하고 수지흐름이 적은 겨울에 실행)
3. 방제 방법 : 흉고직경 10cm당 원액 5mℓ로 수간주사 실시

[문제 2]

> 다음 사항을 설명하시오. (15점)
> 1. 소나무재선충이 북방솔수염하늘소로 침입하는 과정을 발육단계별로 설명하시오.
> 2. 북방수염하늘소의 방제약제(표시기호 4a) 1개와 재선충의 방제에 사용하는 약제(표시기호 6) 1개를 제시하고 각각의 사용 시기와 사용 방법에 대하여 서술하시오.

1. 북방솔수염하늘소로의 침입 과정

① 북방수염하늘소 유충이 번데기가 되는 시기에 번데기방 주위로 소나무재선충 분산형 제3기 유충이 번데기방 주위로 모여든다.

② 분산형 3기 유충은 번데기방 주위에서 분산형 제4기 유충으로 탈피한 후 매개충의 몸속에 침입한다.

③ 4월경 우화를 시작하여 5월 상순 우화최성기가 되는 북방수염하늘소는 어린 가지의 수피를 갉아먹는 후식 시기에 상처를 통해 소나무 조직 내에 들어감으로 전파·감염된다.

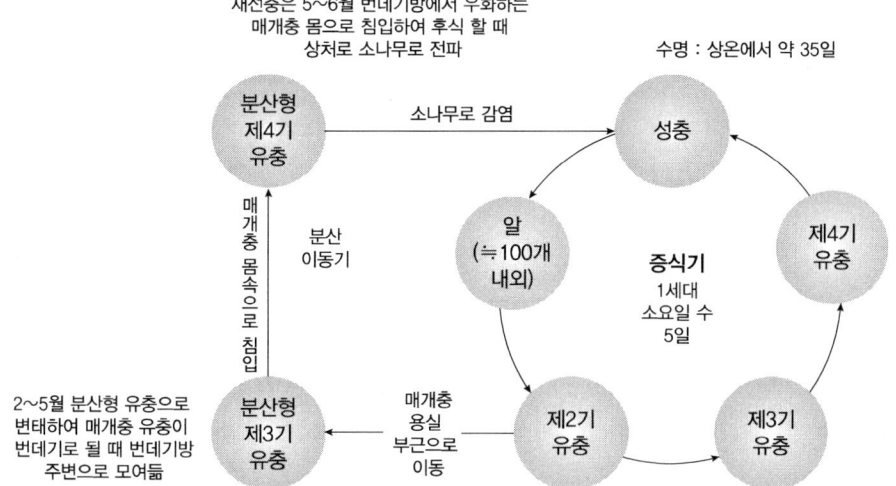

※ 소나무 재선충 생활사

2. 북방수염하늘소와 재선충 방제 약제의 사용 시기, 방법

① 북방수염하늘소 방제약제(표시기호 4a) : 티아클로프리드 액상수화제를 5~8월에 지상 살포한다.
② 소나무재선충 방제약제(표시기호 6) : 아바멕틴 유제, 에마멕틴벤조에이트 유제는 11~3월에 수간주사를 실시한다.

[문제 3]

> 노거수에서 세력이 동일한 가지 2개가 갈라져 있고 일부 부후가 진행되어 부러질 위험에 처해 있다. 위 수목에 쇠조임과 줄당김을 설치할 부위를 적고 설치 방법을 기술하시오. (10점)

1. 쇠조임 및 줄당김

① 설치 전 전정 작업을 실시한다.
② 동일한 힘을 가진 주지가 벌어지거나 옆으로 움직이는 위험을 줄이고자 함께 묶어주어 상처가 더 이상 확대되는 것을 방지하기 위해 활용한다.
③ 쇠조임만으로 지지력을 확보하기 어려운 경우 추가적인 지지를 확보하기 위해 줄당김 설치를 고려한다.

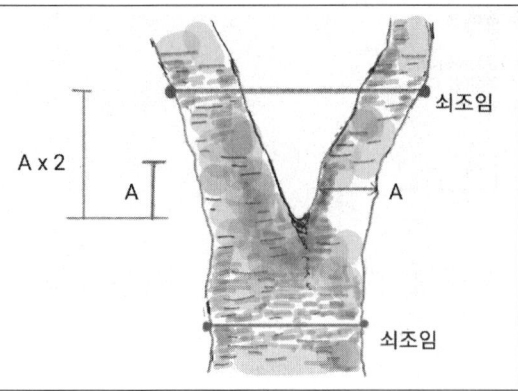
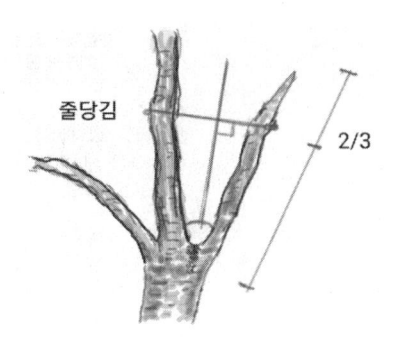

쇠조임 설치 부위	줄당김 설치 부위
• 위 : 굵은 줄기 직경의 1~2배 범위 내 • 아래 : 균열이 끝나는 지점 아래	• 지지된 가지나 줄기 길이의 2/3 지점에 고정설치 • 연결각도는 줄기와 가지가 이루는 각도를 이등분하는 선과 직각으로 교차

[문제 4]

산성토양이 되는 원인과 피해 및 처방을 기술하시오. (15점)

1. 원인

① 산성비에 의한 영향
② 토양의 Na, Ca, Mg, K 등 무기염류가 빗물에 용탈 소실
③ 유기물과 Al이 가수분해 될 때
④ 유기물 분해에 의해 생성된 CO_2와 유기산이 토양 산성화
⑤ 산성비료 과다 사용
⑥ 농경지 작물수확으로 Mg, Ca, K 제거와 토양염기 제거로 산성화

2. 피해

① 직접피해 : 세포막 투과성 저해, 효소 활성 저해, 무기양분 흡수를 저해한다.
② 간접피해 : 낮은 pH는 Al, Mn의 식물독성 증가로 생육 저해, 토양의 물리성, 화학성 변화에 따른 피해가 발생한다.

3. 처방

① 석회석분말 시용으로 산도를 교정한다(석회석, 백운석, 탄산마그네슘, 소석회, 탄산석회로 교정한다).
② 퇴비, 기비, 녹비 등 유기물사용, 토양피복으로 빗물에 의한 염기용탈을 방지한다.
③ 무기양분 엽면시비, 수간주사, 토양관수로 수세를 회복한다.
④ 미량원소 시용과 인산, 가리질비료(칼슘과 칼륨을 보충해주는 비료)를 증량 시비한다.

[문제 5]

논밭이었던 곳을 14년 전 근린공원으로 조성 시 단풍나무를 이식하였고 단풍나무의 수세 쇠약 및 일부는 부후, 고사가 진행되고 있어 진단을 의뢰한바 아래와 같은 진단을 측정하였다. (50점)

- 공원 주변 수목에서 구멍과 목설이 발견되었고, 산책로 주변 일부 수목의 잎에 밀가루를 뿌린 듯 보였다.
- 일부 수목의 수간이 지저분하게 갈라져 있었다.
- 토양은 식양토이고 pH는 6.0~6.6이며, 전기전도도는 0.8~1.2ds/m이었다.
- 수목 전기저항 형성층 활력도 측정 결과 8.9~11.1kΩ이었다.
- 최근 일부 수목이 식재된 곳에 30cm 정도 복토되었다.
- 일부 수목은 잎가장자리부터 마르는 증상을 보였다.
- 건조할 때 지표면이 갈라지는 현상이 보였다.
- 낮은 지대에 위치한 일부 수목은 장마 이후 조기에 낙엽되고 일부가 고사되었다.
- 토심 20~40cm의 경도가 23~27mm이며, 토심 60~70cm 아래 투수력은 10^{-5}m/sec이다.
- 가지 끝이 고사하였다.

1. 위 조사내용을 근거로 진단결과를 쓰시오.
2. 추가 진단사항을 쓰시오.
3. 종합적인 관리방안을 제시하시오.

Ⅰ. 생물적 피해

1. 단풍나무 흰가루병

1) 진단 및 근거

산책로 주변 일부 수목의 잎에 밀가루를 뿌린 듯 보였다.

2) 추가 진단

① 단풍나무에도 흰가루병이 발생되었는지 확인한다.
② 보통 그늘지고 통풍이 안 좋은 곳에 발생하지만 중국단풍은 햇빛도 잘 들고 통풍도 좋은 곳에서도 발생되므로 산책로 주변의 수목들은 주의 깊게 관찰한다.
③ 장마철 이후 급격히 심해지므로 날씨 상태를 확인한다.
④ 광합성을 방해하고 흡기를 내어 양분을 탈취하므로 심할 경우 수세를 진단한다.
⑤ 가을철에는 흑갈색의 자낭구가 형성되기도 하므로 추가 진단한다.

2. 알락하늘소

1) 진단 및 근거

공원 주변 수목에서 구멍과 목설이 발견되었다.

2) 추가 진단

① 알락하늘소는 활엽수와 침엽수인 삼나무를 가해하지만 활엽수 중 단풍나무 피해가 크다.
② 유충이 줄기 아래쪽에서 목질부 속을 갉아 먹으며 밖으로 목설을 배출한다.
③ 노숙유충 시기에는 지제부로 이동하여 형성층을 갉아먹어 수세가 쇠약해지거나 바람에 줄기에 부러지기도 한다.
④ 성충은 후식 피해로 인해 가지의 수피를 고리 모양(환상)으로 갉아 먹어 가지가 고사하기도 한다.

Ⅱ. 비생물적 피해

1. 복토 및 심식피해

1) 진단 및 근거

14년 전 근린공원 조성 시 단풍나무식재, 수관상부의 가지마름과 시들음 증상, 일부 수목이 처음 심어진 것보다 30cm 이상 흙이 덧쌓여 복토되었다.

2) 추가 진단

① 흙을 파보면 세근이 고사되고 굵은 뿌리도 갈변되어 있는지 확인한다.
② 뿌리 생장이 좋지 못하면 어린잎의 황화, 왜소, 가지 생장의 위축 등이 나타나고, 수관이 엉성해지며 조기 낙엽되거나 마른 잎이 오래도록 붙어 있다.
③ 복토가 오래되면 지제부에 병목현상이 일어난다.
④ 복토의 특징인 지제부와 토양과의 경계가 뚜렷하므로 확인한다.
⑤ 복토 깊이 및 토성 확인 : 토양에 식토 성분이 많은 곳은 50cm 정도 복토 시 2~3개월 내에 잎에 황화현상이 나타나며, 기존의 표토에서 15cm 이상의 복토는 기존 수목에게 피해를 준다.
  ※ 세근의 80%가 표토 30cm 이내에 모여 있어 호흡에 곤란을 줄 수 있고 수목은 땅속의 산소가 10%이면 뿌리 호흡이 곤란하고, 3% 이하에서는 질식한다.
⑥ 14년 전 이식 시 사진을 관찰해 심식 여부를 확인한다.

2. 피소 피해

1) 진단 및 근거

일부 수목의 수간이 지저분하게 갈라져 있었다.

2) 추가 진단

① 지저분하게 갈라진 부분이 남서쪽 방향 인지 확인하고, 같은 방향의 수목들을 살펴본다.
② 수피가 얇은 단풍나무, 벚나무, 배롱나무 등이 기온이 높은 여름에 햇볕에 노출 시 수피가 들고 일어나며 수직 방향으로 갈라진다.
③ 갈라진 부분이 심할 경우 그 부분을 통해 부후균이 침입하여 썩는 경우가 있어 심할 경우 궤양으로 발전해 표피 아래 조직이 말라죽어 양분 및 수분 이동에 지장을 줄 수 있다.

3. 제초제 피해

1) 진단 및 근거

① 일부 수목의 수간이 지저분하게 갈라져 있었다.
② 일부 수목은 잎가장자리부터 마르는 증상을 보였다.

2) 추가 진단

① 관리기록을 조사한다.
② 토양조사를 통해 제초제의 성분을 확인한다.
③ 주변의 잡초를 관찰해 종 구별없이 피해가 전체로 나타났는지 확인한다.
④ 수목의 감수성, 생육상태, 주위환경, 기온상태와 연관되어 있으므로 주의 깊게 판단한다.
⑤ 신초가 기형이 되거나(호르몬계) 다발형 또는 뭉치거나 뒤틀린 증상(비호르몬계)이 있는지 살핀다.
⑥ 성분에 따라 잎가장자리가 연해지거나 띠를 형성, 타면서 말리는 증상이 나타나므로 확인한다.

4. 건조 피해

1) 진단 및 근거

① 일부 수목은 잎가장자리부터 마르는 증상을 보였다.
② 가지끝이 고사하였다.

2) 추가진단

① 토양을 굴착해 세근 및 잔뿌리의 건전상태를 확인한다.
② 단풍나무의 경우 건조에 약하므로 토양조사로 물을 흡수하지 못하는 원인을 알아본다.
③ 남서향의 노출된 부분 먼저 영향을 받으므로 수관의 상태를 비교해본다.
④ 잎가장자리가 마르면서 말려있는지, 잎이 왜소해졌는지 확인한다.
⑤ 토양이 원인으로 물을 흡수하지 못해 건조증상이 나타나는 것으로 판단된다.
⑥ 잎가장자리의 마름 증상의 건전 부분과의 경계가 뚜렷한지 살펴본다.

5. 과습피해

1) 진단 및 근거

① 토양은 식양토이다.
② 일부 수목은 잎가장자리부터 마르는 증상을 보였다.
③ 가지끝이 고사하였다.

2) 추가진단

① 흙을 굴착해 뿌리의 건전성을 확인한다.
② 토양수분의 함수량을 체크한다.
③ 과습일 경우 병의 저항성이 낮아져 병원균 침입이 용이해진다.
④ 잎이 처지고 괴사 증상이 나타나며 조기단풍이 들면 추가진단이 필요하다.
⑤ 물빠짐이 나빠지고 뿌리의 기능이 상실하며 지상부 피해는 건조 증상과 비슷하지만 건전부와의 경계가 뚜렷하지는 않다.

III. 토양조사 분석

1. pH는 6.0~6.6, 전기전도도 0.8~1.2ds/m

① 단풍나무는 pH 5.6~6.5는 pH 8.5 이하로 일반토양, 염류토양, 염화나트륨토양에 속할 수 있고, 전기전도도가 0.8~1.2ds/m는 4ds/m 이하로 일반토와 나트륨 토양에 해당하므로 단풍나무 식재지는 전기전도도와 토양산도에 속하는 일반토양이며 단풍나무 식재지로 적합한 일반토양(정상토양)으로 판단된다.
  ㉠ 토양시험 평가기준

	항목	단위	상급	중급	하급	불량
필수	입도분석 (토성)	–	양토(L) 사질양토(SL)	사질식양토(ScL) 미사질양토(SiL)	양질사토(LS) 식양토(CL) 사질식토(Sc) 미사질식양토(SicL) 미시토(Silt)	사토(S) 식토(C) 미사식토(SiC)
	토양산도	–	5.5~6.5	4.5~5.4 6.6~7.0	3.5~4.4 7.1~8.0	3.5 미만
	투수계수	cm/sec	10^{-3} 이상	$10^{-3} \sim 10^{-4}$	$10^{-4} \sim 10^{-5}$	10^{-5} 미만

평가항목						
	항목	단위	상급	중급	하급	불량
필수	염분농도	%	0.05 미만	0.05~0.1	0.1~0.2	0.2 초과
	전기전도도 (EC)	dsm^{-1}	0.04 미만	0.4~0.8	0.8~1.5	1.5 초과
권장	유기물	%	3.0 이상	3.0~1.0	1.0 미만	
	전질소	%	0.12 이상	0.12~0.06	0.06 미만	

※ 출처 : LH공사 조경시방

ⓒ 토양시험 평가기준

pH	수종
3.9 이하	지의류, 선태류
4.0~4.7	일본잎갈나무, 소나무, 진달래, 노간주나무 등
4.8~5.5	잣나무, 가문비나무 등
5.6~6.5	느릅나무, 참나무류, 단풍나무, 피나무, 대부분의 침엽수 등
6.6~7.3	백합나무, 호두나무, 전나무, 양버즘나무 등
7.4~8.0	개오동, 물푸레나무, 오리나무, 네군도단풍 등
8.1~8.5	포플러 등

ⓒ 토양별 특색

구분	전기전도도 (EC)	교환성 나트륨비 (ESP)	나트륨 흡착률 (SAR)	pH
normal soils	<4ds/m	<15	<13	<8.5
염류토	>	<	<	<
나트륨토	<	>	>	>
염화나트륨토	>	>	>	<

※ 교환성나트륨비(ESP) : 토양에 흡착된 양이온중 Na$^+$이온이 차지하는 비율

② 단, 건조상태일 경우 토양 깊숙이에서 염류성분이 표면으로 올라올 수 있으므로 염류성분에 대한 추가 조사가 필요하다.

2. 수목 전기저항 형성층 활력도 측정 결과 8.9~11.1kΩ

① 건강한 나무는 4~13kΩ이므로 현재 수목의 건전성은 좋은 편에 속한다.
 ※ Cambial Electrical Resistance의 형성층의 전기저항

② 건강한 나무 : 4~13kΩ, 건강하지 못한 나무 : 15kΩ 이상

③ 고사 직전 : 20kΩ 이상, 고사된 나무 : 40~50kΩ 이상

3. 토심 20~40cm의 경도가 23~27mm인 토양을 "A"라 하고, 토심 60~70cm 아래 투수력 10^{-5}m/sec인 토양을 "B"라 하면

① A 토양의 토심은 경도가 23~27mm인 경우 "강견"에 속한다.

② B 토양은 투수력이 10^{-5}m/sec인 경우는 점토 함량이 많은 토양으로 투수계수가 낮다(사토같은 대공극을 가진 토양은 투수계수가 높다).
 ※ 투수계수 : 다공성 매체를 통과하는데 있어 그 용이도를 나타내는 척도를 투수계수라 한다.

㉠ 토양시험 평가기준

구분	측정값		기준	
	mm	kg/cm²	지압법	토양입자의 결합력
심송	4 이하	0.4 이하	지압법	토양입자의 결합력
송	5~8	0.5~1.0	저항이 없음	결합력이 거의 없음
연	9~12	1.1~2.0	약간의 저항이 느껴짐	약간의 외력에도 잘 부서짐
견	13~16	2.1~3.5	저항이 있고 지흔이 생김	손으로 눌러야 부서짐
강견	17 이상	3.6 이상	단단하며 지흔이 약하게 생김	힘을 가해야 부서짐

Ⅳ. 결론

1. 생물적 피해 관리방안(방제방법)

1) 흰가루병

① 병든낙엽을 소각하여 전염원을 차단하고, 병원균의 어린가지에 붙어 월동하고 이듬해 1차 전염원이 되므로 자낭과 붙은 어린가지를 제거한다.

② 통풍, 채광, 배수가 잘되게 하며 질소 시비를 과다하게 하지 않는다.

③ 발병 초기에 적용약제를 살포한다.

2) 알락하늘소

① 피해목이나 가지를 제거하여 반출 소각하며 철사를 침입공에 넣어 유충을 죽인다.
② 천적(알락하늘소살이 고치벌, 좀벌류, 맵시벌류, 기생파리)을 보호한다.
③ 5월에는 접촉성독제 혹은 식독제를 살포하며 성충 우화기, 성충 후식기인 6월에 아세타미프리드·뷰프로페진 유제 등 적용약제를 살포한다.

2. 비생물적 피해 관리방안

1) 복토피해

① 복토를 제거할 때 살아있는 잔뿌리가 나올 경우 더 이상 흙을 제거하지 않고 복토에 적응했을 경우 지나친 토양 작업을 지양한다.
② 흙 제거가 힘든 경우 토양에 유공관을 가로·세로로 연결 설치하고 유공관은 표토 위로 5cm 나오도록 설치한다.
③ 단풍나무는, 소나무 등은 복토에 취약하다.

2) 심식 피해

① 근분과 다른 색깔의 흙이 확인되고, 복토와 같이 경계가 뚜렷하고, 초살도가 높은 경우 유공관 설치 등으로 흙속에 산소가 들어가도록 한다.
② 토양의 온도가 낮아지면 뿌리 흡수력이 저하되고 물에 대한 투과성이 감소되므로 온도 저하가 되지 않도록 한다.

3) 피소 피해

① 수피가 얇은 수종은 햇빛 노출이 심한 지형일 경우 차광막을 설치하고, 지제부에서 두 번째 가지까지 크라프트종이 등으로 감싸준다.
② 수간에 진흙이나 새끼줄, 녹화마대를 감거나 햇볕에 노출된 가지나 줄기에 수성페인트를 발라 수피의 온도를 낮춰준다.
③ 지속적인 관수를 실시한다.

4) 재초제 피해

① 표토를 제거하고 치환 또는 활성탄, 부엽토, 석회로 토양에 잔류한 제초제를 제거한다.
② 피해목은 줄기대 뿌리의 비율을 맞추고 인산질 비료사용으로 수세를 강화한다.
③ 제초제 살포 후 비가 오면 다른 피해를 유발해 피해가 확대되므로 살포 전 기상 상태를 확인한다.

5) 건조 피해

① 기상상태를 확인하고 수분흡수를 방해하는 장애인자를 조절한다.
② 뿌리가 수분흡수를 할 수 있도록 토양을 양토 등으로 객토한다.
③ 관수를 할 수 있도록 토양의 수분 상태를 체크한다.

6) 과습피해

① 토양층을 개량하고 배수관을 설치한다.
② 점질토양의 경우 모래나 사질토양을 섞어 객토한다.

3. 토양조사 분석에 따른 관리방안

① 현재 토양의 pH와 수목의 형성층 활력도는 건전하며 토심 20~40cm는 강견한 건조토이며 토심 60~70cm 아래 투수력 10^{-5}m/sec인 토양은 점토 함량이 많은 토양으로 투수계수가 낮다. 과거 14년 전 논 토양은 형질이 변경되었으나 아직도 보수력이 좋은 식양토가 토양 깊숙이 남아있는 것으로 판단된다.
② 토양층 개량, 심경, 유기물 시비, 배수관 설치가 필요하다.
③ 식양토의 경우 모래나 사질토양을 혼합하여 객토를 하여야 할 것이다.

서술형 실기시험

[문제 1]

다음 보기를 보고 질문에 답하시오. (10점)

| (가) *Ophiostoma* | (나) *Colletotrichum* | (다) *Cercospora* |
| (라) *Pestalotiopsis* | (마) *Phytoplasma* | |

① 사철나무 탄저병 ② 단풍나무 탄저병 ③ 밤나무 줄기마름병
④ 오동나무 빗자루병 ⑤ 오동나무 줄기마름병 ⑥ 왕쥐똥나무 빗자루병
⑦ 소나무 갈색무늬잎마름병 ⑧ 측백나무 잎마름병 ⑨ 목재청변병
⑩ 버티실리움 시들음병 ⑪ 느릅나무 시들음병 ⑫ 뽕나무 오갈병

1. (가)~(라)에 해당하는 병을 고르시오.
2. (마)와 진단방법이 같은 병 2가지를 고르시오.

1. (가)~(라)에 해당하는 병

(가) *Ophiostoma* : 느릅나무 시들음병, 목재청변병

(나) *Colletotrichum* : (탄저병) 사철나무 탄저병, 단풍나무 탄저병

(다) *Cercospora* : 소나무 잎마름병, 삼나무 붉은마름병, 포플러, 느티나무 갈색무늬병 등

(라) *Pestalotiopsis* : 은행나무 잎마름병, 철쭉류 잎마름병 등

2. (마)와 진단방법이 같은 병 2가지

왕쥐똥나무빗자루병, 오동나무빗자루병, 뽕나무오갈병 중 2가지

[문제 2]

다음 사진을 보고 질문에 답하시오. (10점)

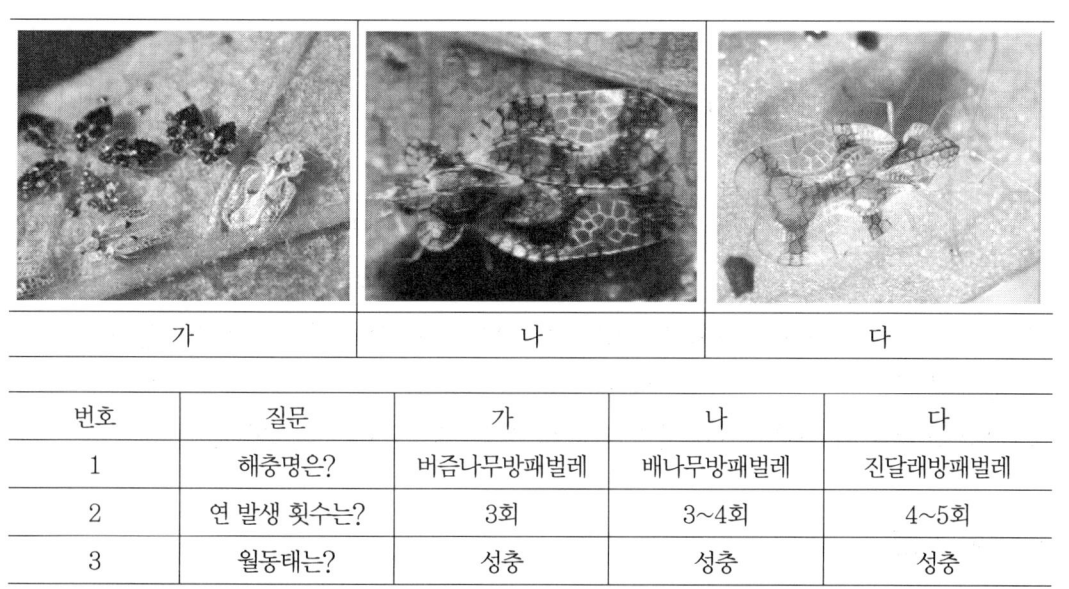

번호	질문	가	나	다
1	해충명은?	버즘나무방패벌레	배나무방패벌레	진달래방패벌레
2	연 발생 횟수는?	3회	3~4회	4~5회
3	월동태는?	성충	성충	성충

※ 버즘나무방패벌레는 가슴과 날개는 반투명한 유백색이며, 배나무방패벌레는 날개를 접었을 때 '土'자 형의 흑색 무늬가 있고 머리는 작고 위에서 보면 겹눈만 보인다. 진달래방패벌레는 중앙에 X자 모양의 검은무늬가 있다.

[문제 3]

2023년 산림병해충방제기준에 의거 솔잎혹파리의 방제를 위하여 이미다클로프리드를 이용한 나무주사 방법(사용시기와 천공방법)을 기술하시오. (10점)

1. 천공수 : 대상나무의 가슴높이 지름에 따라 결정
2. 천공당 1개의 지름 : 1cm
3. 천공의 평균깊이 : 7~10cm(평균 7.5cm)
4. 천공당 약제주입량 : 4mℓ
5. 약제주입구위치 : 지면에서 약 50cm아래에서 수피의 가장 얇은 부분 중심을 비켜서 약 45° 위치

[문제 4]

외과수술 중 부후부 제거방법 및 주의점을 CODIT 이론에 근거하여 서술하시오. (10점)

1. 부후부 제거 방법 및 주의점

① 푸석한 썩은 조직을 제거한다.
② 주의점 : 방어벽이 형성된 변색재나 건전재에 상처를 내면 안 된다.
③ 공동 가장자리의 살아 있는 형성층 조직을 적절하게 노출시켜 공동을 메웠을 때 형성층에서 자란 상처 유합제가 공동표면체의 가장자리를 완전히 감쌀 수 있도록 한다.
④ 절개된 부분이 마르지 않도록 한다.
⑤ CODIT 이론에 준하여 부후된 부분을 확인 후 외과수술을 시도한다.

2. CODIT 이론

① 상처미생물로 감염된 조직이 확대되는 것을 막아 목질부가 부패되는 것을 최소화하기 위한 이론으로 외과수술의 이론적토대가 되었다. 수목이 상처에 대한 자기방어 기작으로 4개의 방어벽을 만들어 부후를 구획화하여 감염된 조직이 확대되는 것을 막는 것이다.
② 제1방어벽 : 종축방향으로 확산되는 것을 막는다.
③ 제2방어벽 : 중심부로 진행되는 것을 막는다.
④ 제3방어벽 : 나이테방향으로 진행되는 것을 막는다.
⑤ 제4방어벽 : 형성층이 만든 새로운 보호벽으로 된 방어벽으로 가장 강하다.

제10회 나무의사 2차시험(2024년)

서술형 실기시험 – 작업형(40점), DVD 동정시험(수목, 병해, 충해)(60점)

수목식별	회수	병해	회수	충해	회수
왕대	10회	호두나무, 갈색썩음병, 병원체	10회	곱추무당벌레	10회
장구밤나무	10회	잎떨림병, 자낭반	10회	주둥무늬차색풍뎅이, 신성충우화시기	10회
굴참나무	10회	전나무, 잎녹병	10회	밤나무혹벌, 월동태, 발생횟수	10회
느티나무	10회	대추나무 빗자루병	10회	뽕나무이, 월동태, 발생횟수	10회
개비자나무	10회	죽순대 붉은떡병	10회	감나무주머니깍지벌레	10회
함박꽃나무	10회	두릅나무, 녹병, 세대수	10회	느티나무벼룩바구미, 잎에 구멍 뚫는 충태	10회
히어리	10회	배롱나무, 흰가루병, 자낭구	10회	줄솜깍지벌레, 월동태, 발생횟수	10회
찰피나무	10회	동백나무, 병원체, 겨우살이	10회	털두꺼비하늘소, 성충, 월동태	10회
초피나무	10회	철쭉, 민떡병, 담자포자	10회	큰팽나무이	10회
팥배나무	10회	녹병세대, 녹병정자기, 녹포자기	10회	미국흰불나방, 분산시기	10회

[문제 1]

뿌리 외과수술 과정 중에서 (가) 단근과 박피처리 (나) 토양 되메우기 과정에 대하여 서술하시오.
(10점)

1. 단근과 박피 처리 과정

① 흙을 제거한 후 외과수술 대상 뿌리가 나타나면 유합조직 형성이 가능하므로 반드시 살아 있는 뿌리 부분까지 절단해야 한다.

② 고사한 뿌리 주변에 살아 있는 뿌리가 있으면 상처가 나지 않도록 보호하며 환상박피(폭 3cm) 또는 띠 모양의 부분박피(길이 7~10cm)를 하여 기존의 뿌리에 수분과 영양분을 공급할 수 있도록 한다.

③ 토양의 각종 병원균 침입 방지를 위하여 단근 및 박피한 부분에 발근촉진제와 도포제를 발라준다. 약제로는 옥신(IBA)과 티오판도포제 락발삼 등을 이용한다.

2. 토양 되메우기 과정

① 되메우기는 중요한 과정 중의 하나로 뿌리 발육을 유도할 수 있도록 적당한 토양을 제거한 부분까지 채워 넣는다.
② 이때 지표면의 높이를 원래 높이와 같게 해 주어 복토가 되지 않도록 주의한다.
③ 관수 시 주기적으로 발근촉진제와 영양제를 혼합 관수한다.
④ 상습적으로 과습, 배수 불량, 답압 우려 지역은 유공관을 설치하여 준다.

[문제 2]

> 약해 발생 원인으로 수목의 종류 사용 방법, 물리성, 환경조건 중 (가) 약해를 일으키지 않는 농약 사용 방법에 관한 2가지 주의사항과 (나) 약제 살포 준비가 끝난 후 약제 살포 시 약해 경감방안 6가지를 적으시오. (10점)

1. 농약 제조 시 2가지 주의사항 – 2가지 답안만 작성

① (희석용수) 일반적으로 희석용수는 중용수가 적당하다. 알칼리 용수, 오염된 물, 간척지 관개수, 해수 등은 희석용수로 적당하지 않다.
② (희석배수) 희석배수는 병충해의 방제 효과 및 약해와 직접 관계가 있으므로 반드시 지켜야 한다.
③ (혼화) 액제와 수용제와 같이 물에 잘 녹는 약제의 경우는 문제가 되지 않으나, 물에 잘 녹지 않는 유제, 수화제, 액상수화제는 약제의 입자가 균일하게 섞이도록 충분히 혼화하여 준다.
④ 여러 약제 혼화 시 희석액 전체 70% 이상의 물을 넣고 수화제, 입상수화제, 액상수화제, 유제, 액제, 접착제 순으로 재제를 넣는다. 액제가 완전히 섞인 것을 확인하고 다음 약제를 넣는다.

2. 농약 제조 후 살포 시 주의사항 6가지

① 살포자의 체력 유지를 위해 살포 작업은 시원한 시간대에 살포한다.
② 농약은 바람을 등지고 살포한다.
③ 주변 환경(하천, 양어장, 뽕나무밭) 등을 고려하여 영향을 주지 않도록 한다.
④ 장시간 살포 작업을 하지 않는다. 통상 2시간 이내에 살포 작업을 마친다.

⑤ 살포 작업 중에 흡연 및 음식물 섭취를 삼가한다.
⑥ 살포 시에는 소지품이 오염되지 않도록 청결히 관리한다.
⑦ 뜨거운 날씨에는 농약 살포 작업을 피하고 충분한 휴식을 취한다.

[문제 3]

아래의 사진을 보고 문제에 알맞게 답하시오. (10점)

| A | B | C |

A, B, C의 (가) 산란 위치, (나) 산란 형태에 관하여 각각 쓰시오.

구분	해충명	(가) 산란 위치	(나) 산란 형태
A	미국선녀벌레	9~10월경 기주식물의 나뭇가지 밑이나 수피의 갈라진 틈에 산란	알
B	갈색날개매미충	8월 중순부터 1년생 가지에 2열로 산란	알
C	꽃매미	9월 하순부터 남쪽으로 향한 기주 수목의 줄기 또는 가지 틈새에 산란	알

[문제 4]

아래에서 주어진 병해와 병원체를 하나씩 연결하시오. (10점)

(가) 병해

| 가. 은행나무 잎마름병 | 나. 두릅나무 녹병 | 다. 배롱나무 흰가루병 | 라. 참나무 갈색둥근무늬병 | 마. 밤나무 잉크병 |

(나) 병원체

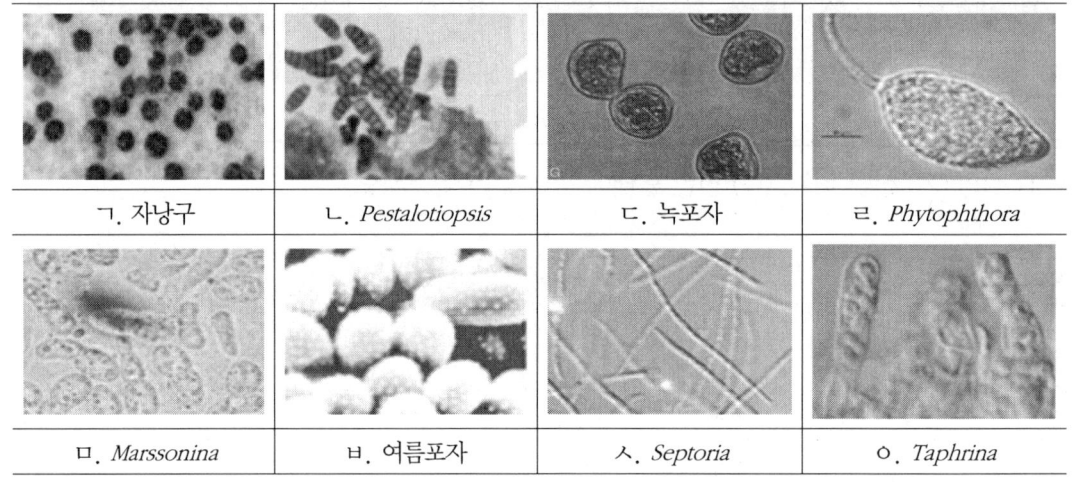

| ㄱ. 자낭구 | ㄴ. *Pestalotiopsis* | ㄷ. 녹포자 | ㄹ. *Phytophthora* |
| ㅁ. *Marssonina* | ㅂ. 여름포자 | ㅅ. *Septoria* | ㅇ. *Taphrina* |

(가)		(나)
가. 은행나무 잎마름병	–	ㄴ. 페스탈로티옵시스
나. 두릅나무 녹병	–	ㄷ. 녹포자
다. 배롱나무 흰가루병	–	ㄱ. 자낭구
라. 참나무 갈색둥근무늬병	–	ㅁ. *Marssonina*
마. 밤나무 잉크병	–	ㄹ. 파이토프토라

※ 위 문제의 사진은 기출문제와 동일하지 않으며, 병해과 병원체에 대한 설명도 없음

서술형 필기시험, 100점

[문제 1]

> 2024년 4월 중순 아파트에 식재된 지 10년 이상된 개나리 잎이 검게 변해 있다. 남서쪽 방향의 피해가 더 크다. 지난주 야간에 기온이 영하로 떨어지는 날이 있었다. (가) 수목의 생리작용을 근거로 진단하시오. (나) 관리방안에 대하여 서술하시오. (10점)

1. 생리작용을 근거로 진단

1) 저온 피해의 개념

① 나무는 오랜 기간 자연과 환경에 적응해 왔으나, 갑자기 저온으로 인하여 피해를 입는 경우가 있다. 저온 피해의 종류로는 냉해, 동해, 조상과 만상, 상렬, 동해 등이 있다.

② 지난주 야간 기온이 영하로 떨어지고, 개나리 잎이 검게 변하고 남서쪽 방향의 피해가 큰 것으로 보아 '만상(늦서리)' 피해로 진단된다.

2) 저온 피해의 생리적 기작

① 높은 온도는 세포 내 효소의 활성을 '교란'하여 나무의 피해를 주는 반면, 낮은 온도는 세포 내부 또는 세포간극을 '얼음'으로 만들어 피해를 준다.

② 세포간극이 얼음으로 바뀌면 수증기가 세포간극을 빠져나와 얼음이 증가한다. 이로 인하여 세포 내 수분함량이 낮아지고, 세포질의 농도가 높아져, 어는 점이 낮아진다.

③ 세포 자체가 방어 기작을 가지지만, 계속 온도가 떨어지면 세포 내의 물이 얼게 되고 원형질과 세포가 파괴되어 피해를 입게 된다.

3) 만상(늦서리) 피해 증상

① 만상 피해는 4월 말경 맑게 갠 날 야간의 온도가 영하로 내려갈 때 서리가 내려 꽃, 새순, 새잎이 며칠 안에 검게 변한다.

② 활엽수의 경우 잎이 검은색으로 변하며 목련, 꽃사과, 수수꽃다리 등이 피해를 입는 경우가 많으며 침엽수는 붉게 변한 후 고사한다.

2. 관리방안

① 늦여름에 질소함량이 높은 비료를 사용하는 것은 가을에 잎의 경화가 늦어져, 동기 저온 피해를 입으므로 늦여름에 질소함량이 높은 비료의 사용은 금지하고 균형시비를 한다.
② 서리 방지를 위하여 관수 또는 안개를 발생시킨다.
③ 송풍기로 바람을 일으킨다.
④ 내한성이 큰 나무를 식재한다.

[문제 2]

> 겨울이 지나고 산사나무 수세가 쇠약하고 고사하여 이력을 확인해 보니 작년에 붉은별무늬병에 걸려, 심한 조기 낙엽이 발생한 얼어 죽은 산사나무를 확인하였다. 작년에 붉은별무늬병에 걸리지 않은 건강한 산사나무의 경우 겨울을 이기고 살아 있었다. 죽은 산사나무의 (가) 수목의 생리적 기작을 근거로 진단하고, (나) 관리방안에 대하여 서술하시오. (10점)

1. 수목의 생리적 기작을 근거로 진단

1) 향나무와 배나무의 기주교대를 하는 녹병의 생리적 기작

① 4~5월에 비가 오면 향나무의 잎과 줄기에서 짙은 갈색의 '겨울포자퇴'가 담갈색의 돌기로 부풀고 발아하여 '담자포자'를 형성한다.
② 담자포자는 장미과 식물, 즉 산사나무 잎으로 날아가 침입한다.
③ 6~7월에 산사나무 잎과 열과 등에 노란색의 작은 반점이 많이 나타나고, 가운데 검은색의 '녹병정자'가 형성된다.
④ 곧이어 잎의 뒷면에 회색 혹은 담갈색으로 '녹포자퇴'가 만들어지고 그 안에 '녹포자'가 형성된다.
⑤ 녹포자는 다시 향나무로 비산되어 향나무 잎과 줄기 속에 침입하여 균사 상태로 잠복하여 월동한다.

2) 붉은별무늬병의 진행 과정 및 결과

① 향나무 녹병은 향나무와 배나무, 사과나무, 산사나무 등 장미과 식물과 기주교대를 하면서 붉은별무늬병을 일으키는 중요한 녹병균으로 이종 기생성 병이다.
② 붉은별무늬병에 걸리면 미관을 저해할 뿐만 아니라, 조기낙엽과 생장이 크게 저하되어 고사하기도 하며, 조경수의 가치 저하와 유실수의 경제적 손실이 매우 크다.

2. 관리방안

① 향나무 식재지 부근에는 산사나무 등 장미과 식물을 식재하지 않도록 하고, 향나무와 서로 2km 이상 떨어져 심도록 한다.
② 향나무는 3~4월과 7월에, 산사나무 등 장미과 식물은 4월 중순부터 6월까지 적용약제를 10일 간격으로 살포한다.

[문제 3]

> 벚나무에는 벚나무사향하늘소, 복숭아유리나방, 벚나무응애, 복숭아혹진딧물, 벚나무깍지벌레 등의 다양한 해충이 많다. 이들에 대하여 아래 질문에 대하여 답하라. (15점)
> (가) 벚나무사향하늘소와 복숭아유리나방 목설 형태의 차이를 설명하시오.
> (나) 벚나무혹진딧물과 벚나무응애의 피해를 비교하여 설명하시오.
> (다) 복숭아혹진딧물 방제 작용기작 4a에 해당하는 약제의 품목명을 적고, 사용시기 및 사용 방법에 대하여 서술하시오.

1. 벚나무사향하늘소와 복숭아유리나방 목설 형태의 차이

구분	벚나무사향하늘소	복숭아유리나방
목설	목질부에서 다량의 목설이 배출되고 지제부에 쌓임	소량의 굵은 목설이 수액과 함께 배출되어 지제부에 쌓이지 않음
색	목질부 색깔과 유사한 밝은 갈색	수액과 섞여 진한 갈색이며 벚나무 수피 색과 유사함
형태	길이가 짧고, 넓은 가루가 많이 발생	섬유질 형태이지만 배설물이 뭉쳐 있어 원형에 가까움

2. 벚나무혹진딧물과 벚나무응애의 피해 비교

구분	벚나무혹진딧물	벚나무응애
기주	복숭아, 매실나무, 벚나무 등	• 벚나무류, 복숭아, 매실나무, 배나무, 사과나무, 자두나무, 앵두나무, 감나무 등에 발생 • 조경수, 가로수에 피해가 많고 과수원에는 피해가 적음
피해 형태	• 성충과 약충이 잎 뒷면에 집단으로 모여 살면서 즙액을 빨아 먹음 • 피해 잎은 시들하면서 세로로 말리며 갈변됨 • 밀도가 높으면 새로 나온 가지의 성장이 저해됨 • 부생성 그을음병을 유발하고 각종 바이러스를 매개함 • 배추, 양배추 등 농작물의 주요 해충이기도 함	• 성충과 약충이 잎 뒷면에서 집단으로 수액으로 빨아먹어 엽록소가 파괴되면서 황화현상이 나타남 • 나무를 고사시킬 정도로 심한 피해는 주지는 않지만, 피해가 심하면 잎이 갈색으로 변하면서, 조기 낙엽이 지고, 수세가 쇠약해짐 • 피해가 심할 경우 거미줄 같은 가는 실이 보임
생활사	• 1년에 수회 발생, 가해 수목 겨울눈 부근에 알로 월동 • 월동란은 3월 하순~4월 상순 간모가 됨 • 단위생식으로 2~3세대 경과 후 유시충이 나타나 여름기주인 배추, 무 등으로 이동 • 여름기주에서 단위생식으로 세대 반복하다가 10월 중순 유시충이 나타나 복숭아 등 겨울기주로 이동 • 겨울기주에서 유시형 수컷과 무시형 암컷이 교미하여 산란	• 1년에 5~6회 발생 • 수정한 암컷 성충으로 기주수목의 수피 틈에서 월동 • 월동성충은 벚나무에서는 4월 상순부터 활동하고, 고온건조한 6~7월 말도가 가장 높음 • 고온일수록 수명은 짧으나, 산란 수는 증가함 • 월동처로의 이동은 10월 중순임
방제 방법	• 밀도가 낮을 경우 잎이나 가지를 채취하여 소각 • 무당벌레류, 풀잠자리류, 꽃등애류 등의 천적 보호 • 발생 초기에 적용 약제 살포 • 저항성을 줄이도록 동일 약제 연용은 피함	• 포식성 응애류 등의 천적 보호 • 활동 시기에 기계유 유제를 줄기에 살포 • 발생 초기에 적용약제의 나무주사 또는 잎 뒷면에 충분히 살포 • 저항성을 줄이도록 동일 약제 연용은 피함

3. 복숭아혹진딧물 방제 작용기작 4a에 해당하는 약제의 품목명, 사용 시기 및 사용 방법

① 농약은 작용기작에 따라 분류하는데 살균제는 가, 나, 다, 제초제는 A, B, C, 살충제는 1, 2, 3, 4를 표시 기호로 사용한다.

② 4a에 해당하는 약제의 품목과 사용 시기는 다음과 같다.

작용기작	품목명	사용 시기	사용 방법
4a	아세타미프리드	발생 초기	• 경엽처리 3회 • 2,000배액, 상품명 : 모스피란 등
	디노테퓨란	다발생기	• 경엽처리 3회 • 1,000배액, 상품명 : 오신 등
	이미다클로프리드	다발생기	• 경엽처리 3회 • 2,000배액, 상품명 : 코니도, 아리이미다 등
	티아클로프리다	다발생기	• 경엽처리 2회 • 2,000배액, 상품명 : 다끄마 등

※ 살충제의 작용기작은 곤충과 응애의 특이적인 생리작용을 교란하도록 설계된 성분으로, 약제의 주요 작용점은 신경계, 해충의 생리 및 발달 과정 저해, 소화기, 호흡(에너지) 저해 등이 있다. 신경 작용점 중 '신경전달물질 차단(4)'은 신경전달물질 수용체의 아세틸렌 결합 부위에 강하게 결합하여 이동통로를 활성화하며 아세틸콜린의 결합을 차단한다. (15점)

[문제 4]

아래 주어진 도시림의 토양 분석표를 이용하여 (가) A지역 토양의 산성화가 가속되고 있다. A지역 토양의 완충능력에 영향을 주는(개선하기 위해 필요한) 요인 3가지를 고르시오. (나) A지역 토양이 B지역 토양에 비해 완충능력이 불량한데, 이를 개선하기 위한 방법을 서술하시오.

구분	모래(%)	미사(%)	점토(%)	토성	견밀도(mm)	전질소(%)	유기물(%)	CEC	NaCl
A지역 토양	81	10	9	사질 양토	19	0.11	2.10	5	0.04
B지역 토양	40	24	19	양토	15	0.28	3.xx	15	0.03

1. A지역 토양의 완충능력에 영향을 주는 요인 3가지

① 점토
② 유기물
③ CEC

2. 불량한 완충능력을 개선하기 위한 방법

① 모래의 함량을 45~65% 정도로 유지한다.
② 미사의 함량을 20~35% 정도로 유지한다.
③ 점토의 함량을 10~20% 정도로 유지한다.
④ 견밀도는 강견(17 이상)이므로 연 (9~12) 상태로 낮추어야 한다.
⑤ 전질소는 0.25% 이상 유지되도록 한다.
⑥ 유기물은 3% 이상 유지되도록 한다.
⑦ CEC는 12~20(coml+/kg) 정도 유지한다.
⑧ NaCl은 0.5 이하로 유지한다.

※ 토양분석 항목별 적정함량

모래(%)	미사(%)	점토(%)	토성	전질소(%)	유기물(%)	CEC (coml+/kg)	Nacl(%)
45~65	20~35	10~20	사질양토 ~양토	0.25 ~0.1 이상	3.0 이상	2~20 이상	0.05 미만

※ 견밀도 : 국립산림과학원, 산림입지토양조사 필드 가이드

구분	mm	kg/cm^2	토양입자의 결합력
심	4 이하	0.4 이하	결합력이 거의 없음
송	5~8	0.5~1.0	매우 연하여 약간의 외력에도 잘 부서짐
연	9~12	1.1~2.0	비교적 단단하여 손으로 눌러야 부서짐
견	13~16	2.1~3.5	단단하여 힘을 가해야 부서짐
강견	17 이상	3.6 이상	매우 단단하여 상당한 힘을 가해야 부서짐

[문제 5] 서술형 필기시험 종합문제(50점)

> 아래 내용을 바탕으로 (가) 공원의 전반적인 현장 상태를 진단하시오. (나) 진단을 위하여 추가 조사할 내용에 대하여 서술하시오. (다) 추가진단을 근거로 종합 진단하고, 앞으로 ○○공원의 지속적인 종합관리 방법에 관하여 쓰시오.
>
> 눈이 많이 오는 ○○시의 30년 이상 인위적인 간섭 없이 유지되고 있는 ○○공원은 매년 많은 이용객이 찾는 공원이며, 60~100년의 수령을 가진 500여 개의 수목이 있다. 단, 10년 전 일괄적으로 가지치기(전정)를 실시한 이력이 있다.
> 남서쪽 경사면에 3~4년 전 군락을 조성한 이팝나무 20여 그루의 잎이 갈변하였으며, 수관 상부의 가지가 마르고 낙엽이 졌고, 잎이 나지 않아 수관이 엉성하였다.
> 숲의 상층부로 갈수록 울창해지는 숲의 하층에는 이끼와 토양에는 주름버섯목 자실체가 관찰되었다. 낙엽의 부식이 느리고, 쌓인 낙엽들로 인해 치수(어린수목)의 생장이 불량하였다. 또한, 점무늬병과 붉은별무늬병이 있는 낙엽이 관찰되었다. 일부 잎에서는 황화현상이 관찰되었다.
> 10여 그루의 활엽수의 흉고직경에는 크기 10~15cm정도의 목질화된 반원형 버섯이 관찰되었다. 두 그루의 활엽수에는 버섯 옆에 공동이 있었다.
> 잣나무에서 가지 끝이 마르고 뿌리 근처에는 송진이 흐른 자국이 있고 주변에 버섯 다발 군락이 관찰되었다.
> 느티나무 잎에는 표주박 모양의 혹이 관찰되었으며, 갈색으로 갈변되어 있었다.
> 주차장과 2m 정도 떨어진 스트로브잣나무 잎 가장자리는 마르고 5월에는 잎이 졌으며, 활엽수의 경우 6월에 잎 가장자리가 마르고, 7월에는 조기 낙엽이 나타났다.

Ⅰ. 서론 - 전반적인 현장 상태진단

이용 인원이 많은 ○○공원은 수목은 생물적 피해와 비생물적 피해로 구분하여 진단할 수 있으며, 기후변화에 따른 환경적인 요인도 배제할 수 없다.

첫째, 생물적 피해로 벚나무와 같은 활엽수에서 발생하는 점무늬병, 장미과 식물인 산사나무, 배나무, 모과나무 등에서 발생하는 붉은별무늬병의 낙엽 있는 것으로 보아 장미과 나무와 향나무는 녹병을 기주교대 하므로 주변(2km)에 향나무의 존재 여부와 향나무녹병의 발생 여부를 확인하고, 잣나무의 경우 아밀라리아 뿌리썩음병, 느티나무의 경우 외줄면충이 있는 것으로 진단되었다.

둘째, 비생물적 피해로는 많은 이용객에 따른 답압, 60~100년된 수목의 수관 상부 밀폐에 따른 하층식생의 피압, 그늘, 과습으로 이끼와 버섯자실체가 관찰되고, 낙엽층의 유기물 분해 지연으로 치수 생육 부진하였다. 10여 년 전 전정으로 내부 소개 효과는 있었으나, 잘못된 가지치기로 인한 줄기의 부후와 공동이 발생하였으며, 주차장 주변 수목은 염화칼슘과 대기오염 피해가 있는 것으로 진단되었다. 이를 토대로 추가적인 진단과 종합적인 관리방안을 제시하고자 한다.

Ⅱ. 본론

1. 생물적 피해

1) 점무늬병

① 진단 및 근거 : 점무늬병과 붉은별무늬병이 있는 낙엽이 관찰되었다.

② 추가진단

㉠ 기주식물의 확인
- 점무늬병은 다양한 활엽수 잎에서 발생하는 병으로 주변의 식재수종을 조사한다.
- 기주식물로는 벚나무, 느티나무, 소나무, 자작나무, 장미, 쥐똥나무, 포플러, 참나무, 단풍나무, 때죽나무, 마가목, 말채나무, 명자나무, 산수유, 산딸나무 등이 있으므로 현존식생을 조사한다.

㉡ 병징 및 표징 확인
- 5~6월경부터 나타나기 시작하여 장마철 이후에는 급격히 심해진다.
- 처음에는 작은 점무늬가 생기고 점차 동심원상으로 확대되면서 건전부와 경계에 이층이 생겨 병환부가 탈락하고 구멍이 뚫린다. 세균성 구멍병과 구별하여 관찰한다.
- 병원균은 자낭각의 형태로 활동하며, 이듬해 봄에 자낭포자를 형성하여 1차 전염원이 되므로 현미경으로 병원균을 동정한다.

2) 붉은별무늬병

① 진단 및 근거 : 붉은별무늬병이 있는 낙엽이 관찰되었다.

② 추가진단

㉠ 기주식물의 확인
- 주변에 벚나무류, 배나무, 사과나무, 산사나무 등이 있는지 확인한다.
- 주변에 향나무가 있는지 확인한다.
- 향나무 녹병은 장미과 식물이 기주교대를 하면서 붉은별무늬병을 일으키는 중요한 녹병균으로 이종 기생성 병이다.

㉡ 향나무 녹병의 병징 및 표징 확인
- 2~3월경 잎, 가지 및 줄기에 암갈색 돌기(겨울포자퇴)가 형성된다.
- 4월에 비가 오면 겨울포자퇴가 부풀어서 오렌지색 젤리 모양이 되어 담자포자를 형성한다.
- 담자포자는 장미과 수목으로 옮겨간 후 녹병정자에 의한 중복감염이 이루어진다.

- 6~7월에 장미과 식물에서 만들어진 녹포자가 다시 향나무의 잎과 줄기 속으로 침입해 균사로 월동한다.
- 위와 같은 생활사를 중심으로 현미경 동정도 병행한다.

3) 아밀라리아뿌리썩음병(담자균)

① 진단 및 근거
  ㉠ 잣나무에서 가지 끝이 마르고 뿌리 근처에는 송진이 흐른 자국이 있고 주변에 버섯 다발 군락이 관찰되었다.
  ㉡ 우리나라에서는 위와 같은 병징은 주로 잣나무에서 발생한다.

② 추가진단
  ㉠ 잣나무 수령이 얼마인지 확인한다(주로 20년 이하에서 발생한다).
  ㉡ 병징 및 표징의 확인
   - 감염목은 6월~가을에 걸쳐 잎 전체 서서히 황변, 갈변하여 고사한다.
   - 8~9월에 병든 나무 주위에 뽕나무버섯이 발생한다.
   - 잎이 작아지고 나무 꼭대기부터 조기 낙엽이 되며 뿌리목 부근의 송진이 굳어있다.
   - 뿌리꼴균사다발 : 뿌리같이 보이는 갈색~흑갈색 보호막 안의 실처럼 가는 균사가 뭉쳐진 다발로 뿌리처럼 잔가지가 있다.
   - 뽕나무 버섯 : 매년 발생하지 않고 발생 몇 주 안에 고사한다(8~10월).
   - 아밀라리아는 백색부후 곰팡이이며, 부후된 부분에서 Zone lines를 볼 수 있다.

4) 외줄면충(느티나무외줄진딧물)

① 진단 및 근거
  ㉠ 느티나무 잎에는 표주박 모양의 혹이 관찰되었으며, 갈색으로 갈변되어 있었다.
  ㉡ 표주박 모양은 외줄면충의 표징이다.

② 추가진단
  ㉠ 피해 확인
   - 간모가 느티나무잎 뒷면에서 흡즙하면 표주박 모양의 담녹색 벌레혹이 있는지 확인한다.
   - 유시충이 탈출하면 갈색으로 변색하며 굳은 채로 잎에 남는다.
   - 대발생하면 전체 잎에 벌레혹을 형성하여 미관을 해친다.

ⓒ 생활사 확인
- 1년에 수회 발생하고, 수피 틈에서 알로 월동한다.
- 월동한 알은 4월 초순에 부화하고 5월 중순까지 3회 탈피하여 간모가 된다.
- 1세대는 3회 탈피 시 간모, 2세대는 4회 탈피 시 벌레 혹당 15~24마리 유시충이 된다.
- 5월 하순~6월 상순의 유시충 성충은 중간기주인 대나무로 이동한다.
- 무시충 성충이 낳은 약충은 대나무 뿌리 근처에서 여름을 보내고 10월 중순~하순에 유시충 성충이 출현하여 느티나무로 이동한다.

※ 간모 : 진딧물의 월동란이 봄에 부화하여 발육한 것으로 날개가 없이 새끼를 낳는 단위 생식형의 암컷

2. 비생물적 피해

1) 답압

① 진단 및 근거
  ㉠ ○○공원은 매년 많은 이용객이 찾는 공원의 특성상 답압의 피해는 필수적으로 보인다.
  ㉡ 답압은 '토양 경화 현상'을 의미하며 토양의 공극이 낮아져 용적비중이 높아지고 통기성, 배수성이 나빠져 뿌리 생장이 불리하고 수분, 산소, 무기양분 공급 부족으로 뿌리 발달이 저조하다.

② 추가진단
  ㉠ 답압의 측정 : 토양경도계 측정결과 토양경도지수 23~27mm에서는 식물 생육에 장해를 받으며, 18~23mm가 식물의 뿌리 생장에 가장 적합하다.
  ㉡ 피해 확인
    - 잎 왜소화, 가지 생장 둔화, 황화현상 등이 발생하였는지 확인한다.
    - 수관 상부에서부터 가지가 고사하고 수관이 엉성한지 확인한다.
    - 단단한 토양의 상부는 배수가 불량해지고 토층의 하부는 건조한 상태가 된다.
    - 장마철에는 과습증상이 나타난다.
    - 뿌리가 지면으로 돌출 또는 뿌리가 줄기를 감는지 확인한다.

2) 건조 및 엽소

① 진단 및 근거
  ㉠ 남서쪽 경사면에 3~4년 전 군락을 조성한 이팝나무 20여 그루의 잎이 갈변하였다.
  ㉡ 수관 상부의 가지가 마르고 낙엽이 졌으며, 잎이 나지 않아 수관이 엉성하였다.

② 추가진단
    ㉠ 토양을 굴착하여 세근 및 잔뿌리의 건전 상태를 확인한다.
    ㉡ 이팝나무의 잎의 갈변 등이 건조 피해인지 토양조사로 실시하여 원인을 알아본다.
    ㉢ 남서향의 노출된 부분 먼저 영향을 받으므로 수관의 상태를 비교해본다.
    ㉣ 잎 가장자리가 마르면서 말려있는지, 잎이 왜소해졌는지 확인한다.
    ㉤ 잎 가장자리의 마름 증상의 건전 부분과의 경계가 뚜렷한지 살펴본다.

3) 그늘 및 과습

① 진단 및 근거
    ㉠ 숲의 상층부로 갈수록 울창해지며, 숲의 하층에는 이끼가 발생했다.
    ㉡ (과습) 토양에는 주름버섯목 자실체가 관찰되었다.
    ㉢ 낙엽 부식이 느리고, 쌓인 낙엽들로 인해 치수(어린수목)의 생장이 불량하였다.

② 추가진단
    ㉠ 상부 수관이 울폐되어 햇빛이 차단 되는지 확인하고 직경성장이 저조한지 확인한다.
    ㉡ 지형, 지하수위, 토성이 점토질인지 여부 등 토양환경을 조사한다.
    ㉢ 주변의 배수로 상태를 확인한다.
    ㉣ 습해 증상인 잎이 처지는지 확인한다.
    ㉤ 주름버섯목 자실체의 종류를 확인한다.
    ㉥ 낙엽층의 두께를 확인하고 치수의 종류를 확인한다.
    ㉦ 숲 내부의 공중습도를 확인하여 과습 여부를 진단한다.

4) 잘못된 가지치기 및 공동의 발생

① 진단 및 근거
    ㉠ 10여 그루의 활엽수의 흉고직경에는 크기 10~15cm 정도의 목질화된 반원형 버섯이 관찰되었다.
    ㉡ 두 그루의 활엽수에는 버섯 옆에 공동이 있었다(백색부후균).
    ㉢ 잘못된 가지치기로 인하여 부후와 공동이 발생한 것으로 진단되었다.

② 추가진단
    ㉠ 10여 년 전에 가지치기를 실시한 이력이 있는데, 잘못된 가지치기를 한 흔적이 있는지 진단한다.

㉡ 바투자르기(평절)와 남겨두고 자르기는 부후와 공동의 원인이 된다.
㉢ 부후한 줄기에는 버섯 발생과 공동이 있는지 진단한다.

5) 염해 및 대기오염

① 진단 및 근거
㉠ 주차장과 2m 정도 떨어진 스트로브잣나무 잎 가장자리는 마르고 5월에는 잎이 졌다.
㉡ 활엽수의 경우 6월에 잎 가장자리가 마르고, 7월에는 조기낙엽이 나타났다.
㉢ 위 증상으로 보아 염화칼슘과 대기오염 피해로 진단되었다.

② 추가진단
㉠ (염해) 동절기 눈이 왔을 때 염화칼슘을 주차장에 뿌렸는지 주차장 관리기관을 방문하여 조사한다.
㉡ 잎 성장 저해와 황화현상이 있는지 진단한다.
㉢ 활엽수 성숙 잎은 피해가 심하고 어린잎은 상대적으로 피해가 적으며, 침엽수는 잎끝이 누렇게 되면서 점차 갈색으로 변하니 주의 깊게 관찰한다.
㉣ 활엽수는 잎의 가장자리 괴저, 변색, 낙엽이 된다.
㉤ 눈과 잔가지가 고사하며 다음 해에 눈이나 잔가지의 발아가 부진하거나 고사하고 빗자루 증상이 있는지 확인한다.
㉥ 상록수 피해가 크며 낙엽수는 새싹이 자란 후에 나타난다.
㉦ (대기오염) 질소산화물 피해 증상이 잎 가장자리 마름 현상이 있으니 염해와 구분하여 진단한다.

Ⅲ. 관리방안

1. 생물적 피해의 관리방안

1) 점무늬병

① 병든 잎을 모아 태우거나 땅속에 묻어 1차 전염원을 줄인다.
② 잎이 필 때부터 보르도액을 3~4회 살포한다.

2) 붉은별무늬병

① 향나무 식재지 부근에는 산사나무 등 장미과 식물을 않도록 하고, 향나무와 서로 2km 이상 떨어져 심도록 한다.
② 향나무는 4~5월과 7월, 중간기주 수목은 4~6월에 적용약제를 살포한다.

3) 아밀라리아뿌리썩음병

① 저항성 수종 식재 : 기주 범위가 넓어서 어렵지만 임분 구성의 변환이 가능하다.
② 그루터기 제거 : 병의 확산 속도를 늦춘다. 토양 훈증을 실시한다.
③ 티오판수화제로 토양소독을 하거나 자실체를 걷어내고 도랑 파기를 한다.
④ 석회를 사용하여 산성화를 방지한다.
⑤ 산림에서 이미 발생한 Armillaria 뿌리썩음병 방제는 상당히 어렵기 때문에 사전 예찰을 강화한다.
⑥ 자실체인 뽕나무버섯은 발견 즉시 제거하며 토양수분, 간벌, 비배관리, 해충방제 등을 통해서 임분을 건강하게 관리해야 한다.

4) 외줄면충

① 유시충의 탈출 전인 5월 하순에 피해 잎을 채취하여 제거한다.
② 4월 중순 약충 시기에 적용약제를 살포한다.
③ 충영 형성 전에 이미다클로프리드 미탁제 $0.41mℓ/cm$(흉고직경) 나무주사를 실시한다.
④ 여름기주인 대나무류를 제거한다.

2. 비생물적 피해의 관리방안

1) 답압

① 경화된 토양은 대개 지표면에서 20cm 이내의 토양이므로 시차를 두고 부분 경운을 한다.
② 토양 개량을 한다(부숙퇴비+토탄, 이끼+펄라이트+모래+유공관 설치).
③ 바크, 우드칩, 볏짚 등 다공성 유기물을 5cm 이내로 멀칭을 실시한다.
④ 공원 내 주요 수목은 수관 범위 내에 울타리를 설치한다.
⑤ 관리 현장에서는 작업 차량의 동선을 관리한다.
⑥ 천공작업으로 다공질, 부숙퇴비 시비 또는 수간으로부터 방사상으로 도랑을 파고 다공질 유기물 또는 시비를 한다.

2) 건조 및 엽소

① (건조) 기상 상태를 확인하고 수분흡수를 방해하는 장애 인자를 조절한다.
② 뿌리가 수분흡수를 할 수 있도록 토양을 양토 등으로 객토한다.
③ 관수를 할 수 있도록 토양의 수분 상태를 확인한다.
④ (엽소) 토양 배수와 통풍을 좋게 한다.
⑤ 뿌리 기능 활성화를 위해 토양 개량, 유기물 시비를 한다.
⑥ 가지, 잎이 과밀하지 않게 균형 시비를 한다.

3) 그늘 및 과습

① 가지치기 등으로 울폐된 수관을 소개하여 일조량을 늘리고, 낙엽층의 부식을 촉진시킨다.
② 토양층을 개량하고 배수관을 설치한다.
③ 점질토양의 경우 모래나 사질토양을 섞어 객토한다.

4) 잘못된 가지치기 및 공동의 치료

① (가지치기) 지피융기선과 지륭이 잘려 나가지 않도록 지피융기선 상단부의 바깥쪽에서 시작해서 지륭이 끝나는 지점을 향해 가지를 절단한다.
② 장기적으로 가지 솎기나 축소 절단을 시행한다.
③ 어린가지는 눈 바로 위를 자른다.
④ 굵은 가지 자르기는 3단계 절단법(초절, 차절, 종절)으로 자른다.
⑤ 락발삼, 티오파네이트메틸, 테부코나졸 처리 : 병원균 침입을 방지하고 유합조직의 형성을 촉진한다.
⑥ 부후에 취약한 벚나무, 은행나무, 단풍나무, 등은 도포제를 발라 상처를 보호한다.
⑦ (공동) 공동이 작으면 깨끗이 청소하고 소독을 하며, 크면 외과수술을 실시한다.

5) 염해 및 대기오염

① (염해) 배수구를 설치한 후 실시한 후 토양 세척을 한다. 150mm 관수는 표토 30cm 이내 염분 50%의 제거가 가능하다.
② 토양에 활성탄(숯가루)을 투입하여 염분을 흡착시킨다.
③ 토양개량제를 사용한다. 유황, 석고, 동물성 퇴비, 하수구 침전물을 토양개량제로 사용할 때는 염분에 주의한다.
④ 제설제가 포함된 눈을 식재지에 쌓지 않도록 한다.
⑤ 겨울철 토양을 비닐이나 짚으로 멀칭하며 증산억제제를 뿌린다.

⑥ 배수체계 개선과 식재지 구배를 개선한다.
⑦ 토양 건조 시에 피해가 증가하므로 토양수분을 유지한다.
⑧ 팽나무, 자귀나무 등 내염성이 강한 수종을 식재한다.
⑨ Ca 제공이 필요하므로 주로 석고($CaSO_4 \cdot 2H_2O$)를 사용한다.
⑩ (대기오염) 질소비료를 삼가고 인산, 칼리비료, 석회질 비료를 사용한다.
⑪ 봄, 가을에 질산칼륨, 질산칼슘 0.2~0.5%를 2회 엽면시비를 한다.

Ⅳ. 결론

상기 ○○공원은 많은 사람들이 찾아드는 것으로 보아 공원의 규모도 크고, 다양한 수목과 시설물들이 설치되어 있는 것으로 분석된다. 그리하여 주어진 문제에 대한 병충해 발생 현황과 비생물적 피해에 대한 원인을 하나하나 분석하여 관리 방안을 제시하였다.

수험생의 경험에 의하면 공원의 규모가 큰 곳은 활엽수와 침엽수의 혼재는 물론, 교목, 아교목, 관목, 초본류 등 다양한 식물들이 현존하고 있어 병충해는 물론 비생물적인 피해의 양상도 다양하게 나타나고 있다. 특히, 기후 온난화에 따라 병충해의 활동 기간이 길어지고, 새로운 병해충의 발생이 증가되고 있는 것이 현실이나, 나무의사의 처방전 없이 병해충 방제를 실시하여 농약의 오남용이 늘어나고 있다.

2018년 첫 나무의사가 배출된지 7년이 지나고 있지만 아직까지 공동주택, 공원, 학교 등 공공시설의 생활권 수목에 대하여 나무의사의 진단과 처방전이 없이 수목의 병충해를 방제하는 사례가 있으니 법적, 제도적 개선과 나무의사들의 노력이 필요하다.

수목식별 및 병해충 사진 판단

수목 식별		수목 병해		수목 충해	
가막살나무	6회	감귤 궤양병(세균)	6회	가중나무고치나방	7회
가죽나무	8회	감나무 둥근무늬낙엽병	4회	가중나무껍질밤나방	3회
개잎갈나무	7회	감나무 모무늬낙엽병	7회	갈색날개노린재	1, 6회
계수나무	1회	검은비늘버섯(백색부후)	9회	갈색날개노린재	6회
고로쇠나무(시닥)	4회	겨우살이	2회	갈색날개매미충	1, 3, 6회
구골나무(은목서?)	9회	그을음병	6회	갈색날개매미충, 미국선녀벌레	6회
구상나무	1회	근부심재썩음병 (아까시흰구멍버섯)	6회	갈색여치	2회
굴거리나무	1회	느티나무 흰별무늬병, 분생포자각	5회	개나리잎벌/연1회	4, 6회
굴참나무(잎, 수피)	4회	단풍나무 타르점무늬병	1회	거북밀깍지벌레	1회
굴피나무	9회	담쟁이 둥근무늬병	7회	고모리혹진딧물	5회
귀룽나무	9회	대나무 개화병	5회	공깍지벌레	7회
까치박달/박달	3회	대나무 깜부기병(담자균)	9회	광대노린재	1회
꽃사과나무	5회	대나무잎녹병	7회	극동등에잎벌	3, 7회
꽝꽝나무	8회	대화병	7회	꽃매미/4령충	2회
남천	6회	동백나무 떡병	8회	나도바랭이새	9회
노각나무	1, 9회	동백나무 흰말병	4, 7회	낙엽송잎벌	1회
녹나무	2회	두릅나무 녹병	1회	넓적다리잎벌	8회
누리장나무	8회	두릅나무 더뎅이병	9회	노랑배허리노린재	9회
단풍나무	7회	리기다소나무 푸사리움가지마름병	5회	노랑쐐기나방/유충	4회
단풍버즘(잎, 열매)	4회	마가목갈색무늬병	4회	노랑털알락나방/알, 유충	4, 6회
당단풍나무	5회	마가목 점무늬병	9회	대나무쐐기알락나방, 유충	3, 7회
대왕참나무	5회	마름무늬매미충	2회	도토리거위벌레	1, 7회
독일가문비나무	2회	메타세쿼이아 잎마름병(속명)	7회	독나방 가해횟수	8회
때죽나무	5회	명자나무 붉은별무늬병, 향나무	5회	때죽납작진딧물/충영/유시성충	3, 6회

수목 식별		수목 병해		수목 충해	
리기다소나무	5회	목재부후 : 갈색, 백색부후	3회	띠띤애매미충	8회
마가목	2회	무궁화 그을음병	2회	매미나방(유충, 월동태, 1회)	2, 4, 9회
매자나무	5회	바이러스	3회	목화진딧물	6회
맹종죽, 왕대	7회	밤나무 잉크병	6회	미국선녀벌레, 연발생 1회	2, 4회
먼나무	7회	밤나무 줄기마름병, 자낭각	5회	미국흰불나방, 알	2, 7회
멀구슬나무	5회	배나무 붉은별무늬병	1회	미국흰불나방, 알	9회
메타세쿼이아	4회	배롱나무 흰가루병	5회	밀깍지벌레약충	2회
명자꽃	9회	백생부후균	7회	밤나무혹벌(연1회)	6회
모감주나무	1회	버드나무 잎녹병	5회	버들잎벌레	2회
모과나무	7회	버드나무 흰가루병	2회	버즘나무방패벌레	7회
목련	3회	버즘나무 탄저병	5회	벚나무모시나방	5회
물오리나무	6회	버즘나무 흰가루병	8회	벚나무사향하늘소	1회
물푸레나무	7회	벚나무 갈색무늬구멍병	3, 8회	별박이자나방(연1회)	3회
미선나무	1회	벚나무 번개무늬병 바이러스	4, 9회	복숭아명나방, 유충, 성충	1, 5회
박달나무	8회	벚나무 빗자루병(옥시)	3회	복숭아유리나방/성충)	3회
박태기나무	6회	복숭아 잎오갈병 (벚나무 빗자루병)	3회	북방수염하늘소(암컷)	9회
백당나무	3회	불마름병	6회	붉나무혹응애	5회
백송(잎, 수피)	4회	붉나무 빗자루병	2회	뽕나무이	6회
백합나무(수피, 동아)	8회	붉나무 점무늬병	1, 2회	사철깍지벌레	6회
벽오동	2회	뿌리꼴균사다발, 부채꼴균사판	3회	사철나무혹파리, 월동태, 유충	4, 7회
복자기	1회	뿌리꼴균사다발 또는 뽕나무버섯	8회	소나무가루깍지벌레(약충)	4, 9회
비목나무	8회	사철나무 탄저병	3회	소나무굴깍지벌레	2회
산딸나무	2, 4회	사철나무 흰가루병	1회	솔거품벌레	8회
산벚나무	3회	산수유 두창병	6회	솔껍질깍지벌레/후약충	3회
산사나무	2회	소나무 가지끝마름병	9회	솔수염하늘소 성별	8회
산수국	4회	소나무 잎녹병 중간기주 및 포자	7회	썩덩나무노린재	9회
산수유	4회	소나무자낭균병해 2가지	7회	아까시잎혹파리, 번데기, 월동장소	5, 9회
산철쭉	5회	소나무 피목가지마름병	8회	알락하늘소, 노숙유충	5, 7회

수목 식별		수목 병해		수목 충해	
상수리나무	3회	소나무 혹병	1회	오리나무잎벌레	1, 6회
생강나무	6회	소나무 혹병	8회	외줄면충(대나무, 월동태)	5, 9회
서양측백	6회	소나무류 잎떨림병	5회	이세리아깍지벌레	5회
소사나무	7회	아까시재목버섯	3회	장미등에잎벌 월동태	8회
스트로브잣나무	3, 9회	오갈병	6회	장미등에잎벌레	4회
아왜나무	2회	오동나무 빗자루병, 썩덩나무노린재	5회	조팝나무진딧물	8회
오리나무/사방	2회	이팝나무 녹병	8, 9회	주둥무늬차색풍뎅이	5회
왕버들	4회	자낭구 흰가루병월동태	3회	주홍날개꽃매미	8회
은사시나무/백양나무	3회	자낭반, 피목가지마름병	4회	줄솜깍지벌레(1회)	7회
이팝나무	2회	작약 흰가루병	1회	쥐똥밀깍지벌레	9회
일본잎갈나무	5회	잣나무 털녹병,	2회	진달래방패벌레	8회
자작나무	3, 9회	잣나무 털녹병, 중간기주, 송이풀	4회	진달래방패벌레/성충	3, 4회
잣나무	8회	장미 검은무늬병	7회	큰이십팔점무당벌레	8회
전나무	1, 9회	장미 검은무늬병 월동형태	4회	털두꺼비하늘소/성충	3회
졸참나무	8회	전나무 잎녹병	1회	팽나무알락진딧물	1회
좀작살나무	9회	쥐똥나무 둥근무늬병	9회	호두나무잎벌레/월동태	4회
죽단화	6회	참나무 갈색둥근무늬병	8회	황다리독나방/유충	2회
중국단풍	3회	참나무 녹병	2회	회양목명나방	2, 5회
쪽동백나무	2회	참나무 시들음병	1회	곰추무당벌레	10회
참나무동정(엽병)	7회	참느릅나무 검은무늬병	9회	주둥무늬차색풍뎅이, 신성충우화시기	10회
참느릅나무	8회	철쭉떡병	2, 3회	밤나무혹벌, 월동태, 발생횟수	10회
층층나무	7회	철쭉 민떡병/ 유성세대	8회	뽕나무이, 월동태, 발생횟수	10회
칠엽수	4회	청변	6회	감나무주머니깍지벌레	10회
팽나무	5회	칠엽수 잎마름병	8회	느티나무벼룩바구미, 잎에 구멍 뚫는 충태	10회
편백	7회	칠엽수 잎마름병/탄저병	2회	줄솜깍지벌레, 월동태, 발생횟수	10회
협죽도	6회	포플러 모자이크병	9회	털두꺼비하늘소, 성충, 월동태	10회

수목 식별		수목 병해		수목 충해	
호두나무	6회	포플러 잎녹병 (기주세대 : 여름세대)	6회	큰팽나무이	10회
호랑가시나무	6회	향나무 녹병	1회	미국흰불나방, 분산 시기	10회
화백	3회	회색고약병	4회		
황벽나무	8회	회양목 잎마름병	4회		
회화나무	1, 9회	회화나무 녹병(담자균)	6회		
왕대	10회	흰가루병, 자낭구	4회		
장구밤나무	10회	호두나무, 갈색썩음병, 병원체	10회		
굴참나무	10회	잎떨림병, 자낭반	10회		
느티나무	10회	전나무, 잎녹병	10회		
개비자나무	10회	대추나무 빗자루병	10회		
함박꽃나무	10회	죽순대 붉은떡병	10회		
히어리	10회	두릅나무, 녹병, 세대수	10회		
찰피나무	10회	배롱나무, 흰가루병, 자낭구	10회		
초피나무	10회	동백나무, 병원체, 겨우살이	10회		
팥배나무	10회	철쭉, 민떡병. 담자포자	10회		
		녹병세대. 녹병정자기, 녹포자기	10회		

※ 같은 수종, 같은 병충해라도 질문하는 방향이 각각 다르므로 전반적인 상태를 이해하는 것이 필요하다.
※ 2024년 기준 나무의사 누계합격자 수는 1,557명이며, 제10회 나무의사 시험에는 855명이 응시하여 20.4%인 174명이 합격하였다.

조경기능사 수목식별 120종

가막살나무	6회	모감주나무	1회	왕벚나무	
가시나무		모과나무	7회	은행나무	
갈참나무		무궁화		이팝나무	2회
감나무		물푸레나무	7회	인동덩굴	
감탕나무		미선나무	1회	일본목련	
개나리		박태기나무	6회	자귀나무	
개비자나무		반송		자작나무	3, 9회
개오동		배롱나무		작살나무	
계수나무		백당나무	3회	잣나무	9회
골담초		백목련		전나무	1, 9회
곰솔		백송	4회	조릿대	
광나무		백합나무	8회	졸참나무	8회
구상나무	1회	버드나무		주목	
금목서		벽오동	2회	중국단풍	3회
금송		병꽃나무		쥐똥나무	
금식나무		보리수나무		진달래	
꽝꽝나무	8회	복사나무		쪽동백나무	2회
낙상홍		복자기	1회	참느릅나무	8회
남천	6회	붉가시나무		철쭉	
노각나무	1, 9회	사철나무		측백나무	
노랑말채나무		산딸나무	2, 4회	층층나무	7회
녹나무	2회	산벚나무	3회	칠엽수	4회
눈향나무		산사나무	2회	태산목	
느티나무		산수유	4회	탱자나무	
능소화		산철쭉	5회	팔손이	
단풍나무	7회	살구나무		팥배나무	
담쟁이덩굴		상수리나무	3회	팽나무	5회
당매자나무		생강나무	6회	풍년화	
대추나무		서어나무		피나무	

독일가문비	2회	석류나무		피라칸다	
돈나무		소나무		해당화	
동백나무		수국		향나무	
등	4회	수수꽃다리		호두나무	6회
때죽나무	5회	쉬땅나무		호랑가시나무	6회
떡갈나무		스트로브잣나무	3, 9회	화살나무	
마가목	2회	신갈나무		회양목	
말채나무		신나무		회화나무	1, 9회
매화나무		아까시나무		흰말채나무	
먼나무	7회	앵도나무		후박나무	
메타세쿼이아	4회	오동나무		히어리	

나무의사 2차시험 기출문제 요약

배점	제1회	제2회	제3회
50	단풍나무 지제부, 배설물과 수피	소나무(단풍나무)	왕벚나무
20~25	버즘, 벚나무 흰불나방(15점)	참나무시들음병 매개충 (광릉긴나무좀)	곰솔림 (솔껍질깍지벌레, 소나무재선충)
10~15	흰가루병, 그을음병 비교	아밀라리아뿌리썩음병	*septoria*속의 병원균
10	농약 사용량, 포장병색	농약 수화제, 유제 희석 방법	제초제 피해 수목 진단 농약 관련 문제
10	외과수술 방법	외과수술 방법(1회) (일반 순서 10가지)	외과수술 방법 (매트처리, 인공수피)
60	DVD	DVD	DVD
10	현미경 동정	현미경 동정	루페 동정, 프린트물
10	수목 활력 측정(조정)	pH 측정(산습도계)	토색 측정
10	토양 산도 측정	토성 진단(접촉법)	용적밀도 산정
50	소나무 리지나뿌리썩음병과 답압, 염해 피해	양버즘나무 : 병해, 충해, 비생물적 피해 *점수 세분화	느티나무 병해, 충해 진단과정과 결과, 비생물적 피해 진단, 추가진단, 관리 방법
20~25	솔잎혹파리(20점)	• 매미나방 수컷(18점) • 국명과 제시된 성충구분소나무혹병과 밤나무 뿌리썩음병 비교(16점) • 점수 세분화, 유사한 병과 비교함 • 솔잎혹파리 방제약 페니트로티온(성분 50%)에 대하여 유효성분, 희석 농도, 작용기작, 해독제 등(18점)	• 향나무 녹병 병징, 표징병환과 방제법(18점) • 솔나방 사진 제시 후 국명과 학명, 암컷과 수컷의 형태 차이, 생활경과표, 방제법(19점) • 소나무 재선충 피해 증상, 방제약 품목명, 작용기작, 분류번호(5점) • 농약 제시 후 해당 농약 연결하기(8점)
10~15	토양단면과 건습토 질량·수분 측정		
10	불마름병(15점)		
10	뿌리 외과수술(10점)	공동 입구가 큰 외과수술 부후 제거, 살균, 살충, 방수 과정 서술 및 주의사항	외과수술 공동 충전 시 형성층 노출 이유(10점)
60	DVD	DVD	DVD

배점	제4회	제5회	제6회
10	루페, 벚나무모시나방, 날개맥	영상 : 나무유충 관찰도구, 자낭길이 측정, 현미경 관찰 방법	솔껍질깍지벌레, 나무주사 방법
10	농약 저항성 줄이는 방법(5점)	용적밀도 구하기(계산식과 정답), 양토, 식양토, 식토(띠 4.7cm)	토양학 계산 문제, 용적밀도, 용적수분함량, 질량수분함량, 공극률
40	• 예비진단(진단근거 제시)과 추가조사 사항 서술 • 종합인인 관리방안 제시 : 벚나무 갈색무늬구멍병, 사사키잎혹진딧물, 피소, 제초제피해, 과습 및 뿌리썩음병		

20	• 오동나무 빗자루병, 대추나무 빗자루병, 벚나무 빗자루병, 참나무 겨우살이(20점)
	   －각각의 병원체
	   －병징과 표징을 비교
	   －방제법
	• 미국선녀벌레 사진 제시(20점)
	   －국명, 목명, 과명
	   －약충과 성충의 형태특징
	   －생활경과표 작성
	   －방제법		

10	• 디플로벤주론 연용 시 문제점과 대책(10점) • 솔잎혹파리 병징 설명(10점) • 참나무 시들음병 PET줄기분사법 • 수목공동 내 부후부분 제거 시 구체적인 방법과 유의사항		
60	DVD		

10	• 현미경사진(A~F : 6개 주어짐)
	   －녹병 여름포자, 겨울포자
	   －푸사리움가지마름병 포자
	   －순활물 기생체		

10	• 가해 내용(ㄱ~ㅂ, 6개 설명 주어짐)
	   －벚나무사향하늘소(사진)
	   －소나무좀(사진)
	   －박쥐나방(사진)		

40	• 7월에 조사한 정보를 토대로 병해, 충해, 비생물적 피해에 각각의 근거에 맞게 진단
	• 추가진단
	• 종합적 관리방안 서술
	   －화력발전소에서 1km 이격거리에 소나무 50여 주가 25년부터 생육
	   －5년 전 복토 기록 있음, 지제부와 경계의 굵기가 동일함
	   －신초의 침엽이 마르고 처짐, 가지는 수지로 젖어있음
	   －수관 상층부 침엽이 짧고, 신초의 적갈색 변색 부분과 건전부위 경계가 뚜렷함
	   －고사한 신초 끝에 구멍이 발견되고 피해 증상은 2~3년 전부터 서서히 나타남		

배점	제8회
40	−잔뿌리가 대부분 발달 되지 않고 뿌리껍질이 검게 벗게 졌다 −겨울은 건조했고, 봄에는 pH 5.7의 비가 내림 −토양분석표 | 토심	토양층	토성	산도 (pH)	용적밀도 (g/cm³)	산소농도 (%)	전기전도도 (EC)	토양수분퍼 텐셜(kPa)	전질소함량 (%)
---	---	---	---	---	---	---	---	---
0~25cm	A	식양토	6.1	1.6	8	0.1	−100	0.01
25~40cm	B	식양토	6.2	1.5	5	0.1	−80	0.01	
20	• 솔껍질깍지벌레에 관하여 생활경과표 • 솔껍질깍지벌레와 소나무재선충병 피해 증상 비교 • 정착약충기−후약충기−성충기에 따른 시기별 방제법
15	• 참나무 시들음병의 병원균 학명과 우리나라에서 피해가 많은 수종 • 끈끈이 롤트랩 설치시기와 방법 • 참나무 시들음병과 소나무재선충병의 전반과정 • 참나무 시들음병의 발병기작을 느릅나무 시들음병과 소나무재선충병과 비교
10	약제에 관하여 • 디노테퓨란이 미국선녀벌레 방제에 효과적인 이유 • 디플루벤주론이 미국흰불나방 방제에 효과적인 이유
10	진단, 처방전 작성 • 수령 80년 붉가시나무가 남부지방 ○○공원 잔디밭에 식재됨 • 잔가지가 고사하여 개엽이 지연됨 • 겨울철 평균기온이 0℃이고 갑자기 −15℃로 5일간 지속됨 • 수간의 활력도는 정상범위였다. • 주변 다른 수목에서도 비슷한 증상이 있었다.
60	DVD
10	• 디페노코나졸 수화제(10%) 2,000배 살포 시 • 농약의 계통명, 작용기작, 500ℓ로 희석방법, 처리방법, 농약살포 시 안전사항 3가지
10	노거수 외과수술 시 공동 건조처리, 보호막처리 하는 이유와 방법
10	• 병원체가 유발하는 병의 연결 • *phytophthora*, *coletotrichum*, 자낭반, 불완전균류 등
10	호두나무잎벌레, 극동등에잎벌, 낙엽송잎벌의 기주와 연 발생횟수, 월동태

50	• 논밭으로 사용하다가 14년 전에 근린공원으로 조성하여 단풍나무를 식재함
	• 수관상부 가지가 시들고, 부러지거나 잎 가장자리가 마르는 증상 나타나고 아래 증상이 나타남
	  −진단
	  −추가진단
	  −관리방안 서술
	• 수간에 여러 개의 구멍이 존재하고 목설 발견과 남서 방향으로 수피가 벗겨지고 주변이 지저분하고 가지에서 맹아지를 확인함
	• 수목의 전기 저항 측정값은 8.9~11.1kΩ, pH 6.0~6.5, 전기전도도 0.8~1.2ds/m

배점	제9회
50	• 토심 40~60cm의 투수계수 10^{-5}m/sec, 식양토이며 토심 20~40cm에서 견밀도는 22~27mm • 당초 식재지 보다 30cm 이상 복토되었고, 수관 전체에 밀가루 같은 것이 덮여 있는 것이 관찰됨 • 건조 시 지표면 갈라지는 현상 보이며, 낮은 지대 수목 중에는 장마 후 조기낙엽 발생 또는 고사목도 존재함
15	소나무재선충에 관하여 • 북방수염하늘소가 건전목으로 침입하는 과정을 소나무재선충 발육단계별로 서술 • 소나무재선충을 예방하는 농약안전정보시스템상 등록된 약제(표시기호6) 품목명 1개와 북방수염하늘소 성충방제로 등록된 약제(표시기호, 4a) 품목명 1개를 제시하고 사용시기와 사용방법 서술
15	토양 산성화를 일으키는 원인과 해결방안
10	리기다소나무 푸사리움가지마름병에 등록된 1가지 약제의 품목명과 방제 시기와 사용방법에 관하여 서술
10	노거수에서 균일한 힘을 가진 2개의 굵은 가지의 분지점이 찢어져 긴 가지는 한쪽에 치우쳤으며, 일부 부후된 가지도 존재한다. 줄당김과 쇠조임 사용 위치와 설치 방법
60	DVD
10	외과수술 과정에서 부후부 제거에 관한 방법과 주의사항에 대하여 CODIT 이론의 특징과 연계하여 서술
10	노거수 외과수술 시 공동 건조처리, 보호막처리 하는 이유와 방법
10	솔잎혹파리방제를 위한 "이미다클로프리다 분산성액제"를 주입하기 위한 나무주사 방법(천공법)과 시기에 대하여 서술
10	버즘나무방패벌레, 배나무방패벌레, 진달래방패벌레 사진을 제시 후 해충명과, 해충의 연 발생횟수와 월동태
10	병원균 사진 *Ophiotoma*, *Colletotrichum*, *Cercospora*, *Pestalotiopsis*, *Phytoplasma*의 사진을 주어지고 병명 14개를 제시하여 해당 병원체와 연결

배점	제10회
50	• 눈이 많이 오는 30년 이상 된 ○○공원은 많은 이용객이 찾고 있으며, 6~100년의 수령을 가진 수목이 500여 주가 있고, 10년 전 일괄 가지치기를 하였음 • 남서쪽 경사면에 3~4년 전 군락을 조성한 이팝나무 20여 그루의 잎이 갈변하고 수관 상부의 가지가 마르고 낙엽이 졌으며, 수관이 엉성함 • 숲의 하층에는 이끼, 토양에는 주름버섯목 자실체가 관찰되고 낙엽의 부식이 느리고, 쌓인 낙엽들로 인해 치수의 생장이 불량함 • 점무늬병과 붉은별무늬병이 있는 낙엽과 일부 잎에서는 황화현상이 관찰됨 • 10여 그루의 활엽수의 흉고직경에는 크기 10~15cm 정도의 목질화된 반원형 버섯이 관찰되고 두 그루의 활엽수에는 버섯 옆에 공동이 있음 • 잣나무에서 가지 끝이 마르고 뿌리 근처에는 송진이 흐른 자국이 있고, 느티나무 잎에는 표주박 모양의 혹이 관찰됨 • 주차장과 2m 정도 떨어진 곳에 스트로브잣나무 잎 가장자리는 마르고, 5월에는 잎이 졌으며, 활엽수는 6월에 잎 가장자리가 마르고, 7월에는 조기 낙엽 • (가) 공원의 현장 상태를 진단하고 (나) 진단, 추가진단을 하고 (다) 종합적인 진단과 관리 방안을 서술
15	• 벚나무사향하늘소와 복숭아유리나방 목설 형태의 차이를 설명 • 벚나무혹진딧물과 벚나무응애의 피해를 비교하여 설명 • 복숭아혹진딧물 방제 작용기작 4a에 해당하는 약제의 품목명을 적고, 사용 시기 및 사용 방법에 대하여 서술
15	• 도시림의 토양 분석표를 이용하여 A지역 토양의 산성화가 가속되고 있는데 완충능력에 영향을 주는 요인 3가지 고르기 • A지역 토양의 완충능력이 불량한데 개선하기 위한 방법 서술
10	• 4월 중순 아파트에 식재된 개나리 잎이 검게 변해 있음 • 저온 피해 중 만상피해의 생리기작과 관리 방안에 대하여 기술
10	산사나무 붉은별무늬병과 향나무 녹병과의 관계에 대하여 생리적 지작, 생활사, 관리 방안에 대하여 기술
60	DVD
10	뿌리 외과수술 과정에서 단근, 박피처리, 되메우기 과정 서술
10	약해를 일으키지 않는 농약 사용 방법(2가지), 약제 살포 시 약해 경감 방안(6가지)
10	미국선녀벌레, 갈색날개매미충, 꽃매미 산란 위치, 산란 형태
10	병해와 병원체 연결하기 가. 은행나무 잎마름병 – 페스탈로티옵시스 나. 두릅나무 녹병 – 녹포자 다. 배롱나무 흰가루병 – 자낭구 라. 참나무 갈색둥근무늬병 – *Marssonina* 마. 밤나무 잉크병 – 파이토프토라

서술형 필기시험의 필수문제

연번	수목 병리학	수목 해충학	비생물적 피해
1	참나무 시들음병	소나무재선충 (솔수염하늘소, 북방수염하늘소)	건조와 과습, 답압, 배수 불량
2	뿌리썩음병 (리지나뿌리썩음병, 아밀라리아뿌리썩음병, 파이토프토라뿌리썩음병)	식엽성 해충 (미국흰불나방, 매미나방, 솔나방, 황다리독나방)	산성토와 염류토 개량 제설제 피해, 산성비 영향, 알카리토양의 인산유효도 증진 방법
3	녹병 (잣나무 털녹병, 전나무 잎녹병, 향나무 잎녹병, 회화나무 녹병)	흡즙성 해충 (버즘나무방패벌레, 갈색날개매미충, 미국선녀벌레, 주홍날개꽃매미, 회화나무이, 솔껍질깍지벌레)	복토와 심식 피해와 방제 방법
4	줄기에 발생하는 병해 (밤나무 줄기마름병, 밤나무 가지마름병, 푸자리움가지마름병, 소나무류 피목가지마름병, 소나무 가지끝마름병)	충영형성 해충 (사사키잎혹진딧물, 때죽납작진딧물, 외줄면충, 솔잎혹파리, 아까시잎혹파리, 밤나무혹벌)	무기양분 결핍 진단 등
5	잎에 발생하는 병해 • *Cercospora*에 의한 병 : 소나무 잎마름병, 느티나무 갈색무늬병, 벚나무 갈색무늬구멍병, 모과나무 점무늬병 • *Pestalotiopsis*에 의한 병 : 은행나무 잎마름병, 철쭉류 잎마름병, 동백나무 겹둥근무늬 • 기타 : 소나무류 갈색무늬잎마름병, 소나무류 디플로디아순마름병 • 탄저병 : 버즘나무 탄저병, 사철나무탄저병, 동백나무 탄저병	천공성해충 (소나무좀, 오리나무좀, 벚나무사향하늘소, 복숭아유리나방, 향나무하늘소, 알락하늘소, 광릉긴나무좀, 앞털뭉뚝나무좀, 박쥐나방)	기상에 의한 피해, 고온과 저온 피해(상렬, 피소 등)
6	흰가루병과 그을음병 (배롱나무 흰가루병)	최근에 많이 발생한 해충 (솔나방, 향나무하늘소, 앞털뭉뚝나무좀, 대벌레, 소나무허리노린재)	토양공극률과 용적률, 용적 밀도

7	호두나무 갈색무늬병	응애와 진딧물 차이 (주목응애, 메타세쿼이아응애)	농약과 비료 피해 (제초제 피해 등)
8	소나무잎 황화, 조기낙엽하는 병	생물적 방제 + 임업적 방제	살충제, 살균제, 제초제의 작용기작 및 약제 소요량 계산
9	수간주사 방법	회양목명나방과 혹응애	침투성 살충제의 특징
10	CODIT이론과 가지치기		산불에 의한 토양피해
11	수목병의 진단방법		전염성과 비전염성
12	코흐법칙		산림토양의 층위별 특성
13	종합적 병충방제		조명피해
14	파이토플라즈마와 바이러스에 의한병		대기오염 피해
15	작업형 외과수술 : 상처치료, 수피이식, 수목외과수술(공동이 있는 경우)		

CHAPTER 05 생활권 수목진료 민간컨설팅 처방전 분석결과 보고서

1. 2021년 처방전 분석

1) 2021년 생활권 주요 수종 중에서 병해, 충해가 가장 많았던 수종

구분	수종
병해	소나무류, 모과나무, 배롱나무, 벚나무, 사철나무류, 느티나무 순
충해	소나무류, 철쭉류, 벚나무류, 느티나무, 주목류, 회양목, 배롱나무, 매실나무, 단풍나무류 순

※ 서술형 필기시험으로 출제가 가능한 생활권 수목이다.

2) 진단 건수가 가장 많은 병해 순서

① 병·충해 순서

순서	병해	충해
1	녹병	응애류
2	흰가루병	진딧물류
3	부후	깍지벌레류
4	잎마름병	나방류
5	가지마름병	방패벌레류
6	점무늬병	매미충류

② 주요 수종별 병충해

구분	소나무류	벚나무류	배롱나무	느티나무
병해	• 가지마름병, 피목가지마름병, 가지끝마름병 • 마름병 • 그을음잎마름병	• 갈색무늬병 • 빗자루병 • 가지와 줄기의 부후	-	• 진딧물류 • 느티나무벼룩바구미 • 응애류 • 미국선녀벌레
충해	-	벚나무사향하늘소 (2019년 전국적 피해, 2020년 급감했음, 2021년 증가 예상, 2년 1세대	깍지벌레류, 진딧물류, 미국선녀벌레 등 흡즙성 해충	-
비생물	-	노령화 등 생육환경 불량	-	노령화 등 생육환경 불량

 ㉠ 소나무류 충해 : 응애류, 진딧물류, 깍지벌레류, 소나무좀류, 하늘소류, 혹파리류
 ㉡ 배롱나무 병해 : 갈색무늬병, 그을음병, 흰가루병
 ㉢ 느티나무 충해 : 무당벌레류, 바구미류, 응애류, 잎벌레, 하늘소류

3) 주요 수종병 피해 원인

병해가 가장 많았던 수종은 소나무류, 모과나무, 벚나무류, 사철나무류, 느티나무 순이다. 2021년에는 특히 모과나무의 가지마름병, 잎마름병 피해가 서울 경기지역에 다수 발생하였다.

배롱나무에서는 깍지벌레류, 진딧물류, 갈색날개매미충 등의 흡즙 이후 2차적으로 발생하는 그을음병이 지속적으로 피해를 주고 있다.

충해가 많은 수종은 소나무류, 철쭉류, 벚나무류, 느티나무, 배롱나무, 주목류, 회양목, 단풍나무류, 향나무류, 매실나무 순이었다. 소나무류의 주요 해충은 응애류, 진딧물류, 깍지벌레 등으로 산림에서 소나무재선충병과 솔껍질깍지벌레 피해가 많은 것과는 다른 피해 양상을 보였다. 또한 이식 후 스트레스를 받거나 생육상태가 좋지 않은 소나무류에서 나무좀류에 의한 피해도 다수 발생하고 있다. 철쭉류에서는 진달래 방패벌레, 매미충류 등 주로 흡즙성 해충의 피해가 많았다.

※ 출처 : 2021년도 생활권 수목진료 민간컨서팅 처방전 분석결과 보고서, 국립산림과학원

2. 2022년 처방전 분석

1) 2022년 생활권 주요 수종 중에서 병해, 충해가 가장 많았던 수종

구분	수종
병해	소나무류, 벚나무류, 느티나무, 배롱나무, 사철나무류, 모과나무 순
충해	소나무류, 철쭉류, 벚나무류, 느티나무, 배롱나무, 회양목 순

2) 진단 건수가 가장 많은 병해 순서

① 병·충해

순서	병해	충해
1	잎마름병	응애류
2	녹병	진딧물류
3	흰가루병	깍지벌레류
4	부후균	나방류
5	갈색무늬구멍병	방패벌레류
6	그을음병	애매미충류
7	피목가지마름병	선녀벌레류
8	점무늬병	솔잎혹파리
9	탄저병	흑진딧물
10	가지마름병	매미충류

② 주요 수종별 병충해

구분	소나무류	벚나무류	느티나무	배롱나무
병해	• 피목가지마름병 • 가지끝마름병 • 잎마름병 • 잎떨림병 • 그을음잎마름병	• 갈색무늬구멍병 • 빗자루병 • 번개무늬병 • 세균성 구멍병	• 흰무늬병 • 그을음병 • 흰별무늬병 • 잎마름병	• 흰가루병 • 그을음병(알락진딧물 2차 피해)
충해	• 응애류 • 진딧물류 • 깍지벌레류 • 나무좀 • 솔거품벌레	• 나방류 • 혹진딧물류 • 깍지벌레류 • 하늘소류 • 응애류	• 진딧물류 • 매미나방 • 미국선녀벌레 • 비단벌레류	• 깍지벌레류 • 진딧물류 • 갈색날개매미충 • 매미충류

구분	소나무류	벚나무류	느티나무	배롱나무
비생물	부후병	• 가지와 줄기의 부후병 • 노령화, 생육환경 불량	부후병	부후병

※ 출처 : 2022년 생활권수목진료 민간컨설팅 처방전 분석결과 보고서. 국립산림과학원

memo
Tree Doctor

PART 08
종합문제

1. 흰가루병과 그을음병의 방제법과 피해 및 병징에 관하여 서술하시오.

병명	흰가루병 *Erysiphe, Phyllactinia, Podospaaera, Sawadaea, Cystotheca*	그을음병(매병) *Capdonium*
병원균	자낭균류 절대기생체	대부분 불완전균, 부생성 외부착색균
기주	배롱나무, 밤나무, 장미, 사과나무 등 기주 선택성이 있다.	사철나무, 쥐똥나무, 무궁화, 피나무, 배롱나무, 산수유 등 기주 선택성이 없다.
발생	• 6~7월 장마철 이후 급증한다. 잎, 어린줄기, 열매에도 발생한다. • 새 가지가 말라 죽거나 가지마름으로 진행된다. • 그늘지고 습한 곳에 발생한다.	• 장마철 이후에 발생이 많다. • 7월경 가지와 잎에 발생이 많다. • 통풍이 없고 습한 곳에 발생한다.
병징	외견상 흰가루는 병원균이 무성세대인 분생포자경 및 분생포자를 집단형성하기 때문이다[가을에는 노란 알갱이(자낭구)가 성숙하면 검은색].	• 바람에 의해 전파되지만 진딧물, 깍지벌레, 가루이, 개미, 파리, 벌이 전파하기도 한다. • 흡즙성 곤충의 분비물을 영양원으로 번식하는 부생성 외부착색균 : 암흑색 균사+포자
표징 및 병환	• 병원균의 균사체가 기주 표면에 존재하여 광합성을 저해한다. • 균사 일부는 기주 조직에 흡기를 형성하여 양분 탈취한다. • 감염된 세포는 죽지 않고 계속해서 양분을 탈취하며 병원균은 절대기생체이다. • 8월 이후 잎에 작은 흰 반점 모양 균총(균사+분생포자 무리)가 나타난다. • 늦가을에 자낭구로 월동한다.	• 기주식물 광합성을 저해한다. • 그을음 모양 균총을 형성하고 종종 합쳐져서 불규칙한 커다란 병반이 되기도 한다. • 병반 위에 균사 또는 자낭각으로 월동한다.
방제법	• 병든 낙엽을 소각하여 전염원을 차단한다. • 병원균의 자낭과가 어린 가지에 붙어서 월동하고 이듬해 1차 전원염이 되므로 자낭과 붙은 어린 가지 제거가 중요하다. • 묘포에서는 예방 약제가 반드시 필요하다. • 통기 불량, 일조 불량, 질소 과다 등 발병요인을 해소한다. • 발병 초기에는 마이클로뷰타닐 수화제, 트리아디메폰 수화제, 테부코나졸 수화제 등을 살포한다.	• 깍지벌레, 진딧물을 구제한다. • 통풍과 채광이 잘 되도록 한다. • 휴면기에는 기계 유제, 발생기 때는 이미다클로프리드 수화제 2,000배액, 뷰프로페진·테부페노자이드 수화제 1,000배액 살포로 깍지벌레를 구제한다. • 진딧물, 깍지벌레가 없는데도 그을음병 발생 시 피라클로스트로빈 입상수화제를 살포한다.

2. 배롱나무흰가루병과 알락진딧물의 특징과 방제법에 관하여 서술하시오.

구분	배롱나무 흰가루병	배롱나무알락진딧물
피해	• 5~6월 꽃눈과 기부가 흰가루+발육 저하로 정상 크기의 1/3로 준다. • 잎이 두꺼워진다.	• 성충과 약충이 새가지, 잎, 꽃대, 꽃봉오리를 가해한다. • 조기낙엽, 그을음병 등을 유발한다. ※ 유시충은 머리와 가슴에 검은 무늬
병징·병환	• 병원균은 자낭구로 월동(9~10월)한다. • 1차 전염은 자낭포자, 2차 전염은 분생포자에 의해 가을까지 되풀이 된다. • 건조하고 따뜻한 낮 기온과 서늘하고 다습한 밤 기온이 교차할 때 주로 발생한다.	• 연 수회 발생하며 알로 월동한다. • 여름철에 밀도 높다. • 10월 무시형 산란성 암컷이 눈기부, 나무껍질 틈에 산란한다.
방제	• 통풍을 좋게 하고, 최소 6시간의 일조시간을 확보한다. • 병든 가지와 잎을 제거하고 5~6월 발병 초기에는 트리플루미졸 수화제 2,000배, 플루오피람 액상수화제 4,000배 등을 살포한다. • 밀식하지 않고 맹아는 병에 잘 걸리므로 조기 제거한다. • 병든 가지와 잎을 제거하고 수목 정상에서 떨어지는 급수는 피한다.	• 생물적 : 무당벌레, 풀잠자리, 꽃등에 등 천적 보호 • 물리적 : 잎 채취·소각 • 화학적 : 발생 초기에 살포

3. 녹병균의 특성과 포자 생산 생활환, 병징, 방제법에 대하여 서술하시오.

1) 서언

① 양치식물, 종자식물 모두 가해하는 대표적인 식물병원균인 "활물기생균"이다.
② 녹병균은 담자균이며 절대기생체이지만 최근 몇 종은 펩톤이나 효모 추출물 등이 첨가된 인공배지에서 배양되고 있다.
③ 대부분 이종기생균이나 동종기생균(회화나무 녹병, 후박나무 녹병)도 있다.

2) 녹병균의 특성

① 녹병균은 기주특이성이 강하며, 특정한 속 또는 종에서만 기생한다.
② 2종류의 기주를 필요로 하는 이종기생균이 있고 동종기생균도 있다.

3) 녹병의 분류(병징에 따라 줄기녹병, 혹병, 잎녹병으로 나눔)

녹병균	병명	기주식물	
		녹병정자, 포자세대	여름포자, 겨울포자세대
Cronartium ribicola	잣나무 털녹병	잣나무	송이풀, 까치밥
C. quercuum, Orientale	소나무 혹병	소나무, 곰솔	졸참나무, 신갈나무
C. flaccidum	소나무줄기 녹병	소나무	모란, 작약, 송이풀
Coleosporium asterum	소나무 잎녹병	소나무	참취, 쑥부쟁이, 개미취, 과꽃, 국화과
C. eupatorii	소나무 잎녹병	잣나무	등골나무
C. lycopi(Campanuloe)	소나무 잎녹병	소나무	금강초롱, 잔대
C. Xanthoxyli	소나무 잎녹병	곰솔	산초나무
C. phellodendri	소나무 잎녹병	소나무	황벽나무
Gymnosporangium asiaticum	향나무 녹병	배나무	향나무 (겨울포자세대만 형성)
Melampsora larici-populina	포플러 잎녹병	일본잎갈나무	포플러류
Uredinopsis kamzgatakensis	전나무 잎녹병	뱀고사리	전나무

4) 녹병균의 5가지 포자생산 생활환과 핵상

기호	포자명	핵상	비고
0	녹병정자	n	잎의 앞면에 형성 곤충을 유혹하는 향이 있어 곤충에 의해 운반되거나 빗물에 의해 전파된다.
I	녹포자	n+n	• 잎 뒷면에 형성, 녹병정자와 녹포자는 같은 기주에 나타난다. • 기주교대성 포자이므로 다른 기주에 침입한다. • 표면에는 독특한 무늬돌기가 있다(녹병균의 동정자료).
II	여름포자	n+n	• 여름포자 형성을 반복 감염하여 피해를 증가시키는 역할이다. • 반복전염포자라서 불완전균류의 분생포자에 비유될 수 있다(먼 거리 비상→녹병 전파·확산에 중요 역할).
III	겨울포자	n+n=2n	갈색의 세포로 세포벽이 두꺼운 월동포자이며, 감수분열하여 담자포자를 만든다.
IV	담자포자	n	다른 기주에 침입하여 기주교대를 할 수 있다.

5) 병징과 피해

(1) 병징

① 녹병의 감염 표징은 독특한 녹포자기, 여름포자퇴, 겨울포자퇴 등을 만들어 반점, 돌기, 털의 형태로 나타난다.
② 녹병균은 나무의 형성층, 체관부 세포간극에 침입 후 세포벽을 뚫어 세포에 들어가며 원형질막을 파괴하지 않으므로 기주세포는 살아 있다.

(2) 피해(피해는 발생 부위에 따라 다름)

① 잎 : 경관 가치 떨어짐
② 줄기 : 생장 저하, 병든 부위 풍도, 줄기 일주 시 고사함

6) 방제법

① 기주, 중간기주 완전 제거로 생활 고리를 차단하는 것이 중요하며, 병든 나무는 즉시 제거 · 소각한다.
② 각 포자 비산 시기 이전에 예방 차원에서 살균제를 살포한다.
③ 겨울포자 발아 전에 테부코나졸 유탁제, 헥사코나졸 액상수화제 등을 살포하여 예방한다.
④ 저항성 수종을 식재한다.

7) 결론

녹병은 생활권 주변 수목에 많이 발생하는 병이다. 기주와 중간기주 세대를 잘 관리하여 수병을 줄이도록 하여야 한다. 잣나무, 향나무 녹병의 경우 잣 및 과일 수확에 많은 영향을 주므로 종합적인 병충해 관리가 필요하다.

4. 회화나무 녹병과 소나무 혹병의 병징과 방제법에 관하여 서술하시오.

구분	회화나무 녹병	소나무 혹병
병원균 및 기주	• 병원균 : *Uromyces truncicola*(동종기생성) • 기주 : 회화나무 잎, 가지, 줄기에 길쭉한 혹을 만든다.	• 병원균 : *Cronartium Orientale* • 소나무, 곰솔에 발생하며 졸참나무, 신갈나무, 상수리나무, 떡갈나무 등이 중간기주이다. • 구주소나무는 이 병에 약하다.
병징 및 병환	• 봄에는 담자포자를 만들어 새잎과 어린 가지가 감염된다. • 7월에 여름포자는 황갈색 가루덩이로 빗물, 바람에 의해 전반되고 초가을까지 반복 감염된다. • 겨울포자는 가을에 줄기 껍질이 갈라져 흑갈색 가루덩이(겨울포자)가 무더기 발생한다. 혹은 매년 비대해지며 혹 위쪽 가지가 서서히 말라 죽는다. ※ 녹포자세대가 없다.	• 혹의 표면은 거칠고 조직이 약하여 부러지기 쉽다. • 4~5월 혹에서 단맛이 나는 점액이 흐른다(녹병정자 포함). → 녹병 진단 • 5월 혹의 표면이 거칠게 갈라지면서 녹포자기 돌출 → 녹포자 비산 → 참나무류의 잎으로 전반한다(5~6월 여름포자 형성). • 중간기주 잎 뒷면에 겨울포자퇴를 형성한다(7월 이후). • 담자포자(9~10월)는 소나무, 곰솔 어린 가지에 침입한 후 10개월 잠복, 이듬해 여름~가을 사이에 발병하여 혹을 형성한다. ※ 발병 정도는 9~10월 강우량에 따라 차이가 있다.
방제법	• 병든 잎과 혹은 소각하거나 묻는다. • 묘목에는 개엽기~9월 말까지 10일 간격으로 약제를 3~4회 살포한다. • 약제 : 헥사코나졸 액상수화제 등	• 병든 부분을 소각한다. • 소나무 묘포 근처에 참나무류를 식재하지 않는다. • 약제 : 9월 상순부터 2주 간격으로 2~3회 살포한다. • 병든 나무에서 종자를 채취하지 않는다.

5. 느티나무의 가지 고사, 조기낙엽, 눈 형성 불량, 수목 피해를 보고 조사 방법, 원인, 결과, 조치 방법을 서술하시오.

> - 수종 : 느티나무
> - 피해 발생 시기 : 2011년 8월 말~9월 초
> - 피해 특성 : 수관상부의 가지부터 수관 전체가 잎이 마르고, 조기단풍이 들어 낙엽되었으며, 수관에서 방향성 없이 일부 가지는 고사하였고 살아있는 가지의 눈 형성이 불량하였다.

1) 개요

수목은 여러 가지 요인에 의해 피해를 받을 수 있으며 수목이 비정상적인 상태에 있을 때 병이라 부른다. 병징으로 보아 8~9월 수관 전체가 잎이 마르는 현상으로 방향성 없는 일부 가지 고사, 눈 형성 불량은 배수 불량, 습해 피해로 진단된다. 또한, 조기단풍과 낙엽은 복토와 심식의 피해로 진단되며, 대부분 생물적 피해보다는 비생물적 피해로 진단된다.

2) 배수 불량과 복토의 원인과 피해 증상

구분	배수 불량	복토
확인	• 원인 　－지형적으로 낮은 지대 　－지하 수위가 높은 지역 　－진흙이 많은 점토성 토양 • 판단요인 　－제한된 토양 내 박스, 콘테이너 식재 등으로 과밀한 세근의 발달 　－점토질 토양 내 직경 1cm 이하의 뿌리가 세근 발달 없이 고사된 상태 　－점토질 토양	• 수목 주간의 원줄기 둘레를 파본다(원줄기 지제부는 지표면이 가장 굵다). • 원줄기와 지제부를 확인한다(복토 시 원줄기와 지제부가 비슷하거나 원줄기 아래가 병목이다). • 지제부 초살도가 낮다.
피해 증상	• 토양 내 산소 부족은 뿌리의 호흡작용을 방해하기 때문에 나무에 치명적인 피해를 준다. 수목은 산소가 10% 이하이면 뿌리호흡이 곤란, 3% 이하에서는 질식, 고사한다. • 수관 상부의 잎이 마르고 처지며, 방향성 없이 일부 가지가 고사한다. • 조기단풍, 조기낙엽되고, 가지의 눈 형성이 불량하다. • 줄기에 종양, 돌기 등이 발생하고 생장이 감소한다.	• 세근이 고사하고 이어서 굵은 뿌리들도 죽게 된다. • 뿌리 생장이 좋지 못하면 잎이 작고, 신초가 고사하며 수관이 엉성해지고, 조기낙엽, 또는 마른 잎이 오래도록 붙어 있다. • 진흙으로 50cm 정도 복토 시 2~3개월 내에 잎에 황화현상이 나타난다. • 15cm 이상 복토는 기존의 수목에 피해를 준다. ※ 양분과 수분을 흡수하는 세근의 80%가 표토 30cm 이내에 있으며, 호흡작용을 하고 있기에 많은 산소가 필요하지만 복토로 호흡이 곤란해진다.

구분	배수 불량	복토
피해 증상	• 장기화되면 세근 발달과 뿌리호흡, 세근 부후 등의 피해가 발생한다. • 잎자루가 황변하고, 잎이 마르고 가지가 고사하며 겨울철 동해에도 약하게 된다.	※ 수목은 산소가 10% 이하이면 뿌리호흡이 곤란하고, 3% 이하에서는 질식하여 고사한다.

3) 배수 불량과 복토에 대한 대책

배수 불량	복토

• 지표수가 자연적인 경사(2~3%)를 따라 흐르도록 유도한다.
• 명거배수, 암거배수를 설치하여 인위적으로 배수 흐름을 유도한다.
• 저항성 수종(낙우송, 네군도, 은단풍, 물푸레, 버들, 버즘, 오리, 주엽)을 식재한다.
• 토양을 사양토나 양토로 환토한다.
• 유기물, 퇴비 시비로 지력을 증진시킨다.
	• 복토 제거 : 원 상태로 복구하고, 살아있는 잔뿌리가 발견되면 흙을 제거하지 않는다.
	• 복토 제거 불가 시
	  - 지제부 수피가 썩지 않도록 하고, 산소 공급, 수분 공급이 되도록 한다.
	  - 배수를 위하여 물구배를 2~3%가량 둔다.
	  - 수간 주변에 마른 우물을 만든다. 클수록 좋으며 돌담이 수간으로부터 최소 60cm의 이격거리를 갖도록 한다.
	  - 수관폭 안쪽 바닥에 원형으로 직경 2cm 이상의 자갈을 20cm 깊이로 깔아준다.
	  - 유공관은 표토 위로 5cm 정도 나오도록 한다.
	  - 복토는 0.5~1m 정도로 하되 사양토 등 거친 토양이 좋다.
	  - 수종별 복토
	        | 저항성 | 아까시나무, 버즘나무, 느릅나무, 포플러 |
	        | 감수성 | 소나무, 단풍나무, 참나무, 백합나무 |

4) 심식과 포장

구분	심식	포장
확인 판단	• 곁가지가 토양에 나와 있는 경우 • 확인 시 근분과 다른 색깔의 흙이 있으면 심식을 의심한다. • 15~20cm보다 두꺼운 복토나 심식은 수목에게 피해를 준다.	-
피해 증상	• 조경수목 식재 시 이식 전의 뿌리분 상단면보다 깊게 심는 것을 말한다. • 심식의 피해는 복토 피해와 유사하다.	• 양분의 공급이 어렵다. • 통기성과 배수가 불량하여 수목 생육 불량하다. • 토양 내 공기 유통이 불량하여 잎의 왜소, 가지 끝 고사 등의 피해가 나타난다.

구분	심식	포장
피해 증상	• 뿌리의 호흡이 불량하여 고사되는 뿌리가 발생한다. • 잎이 왜소해지며 근부 주변의 지제부가 부패하게 된다.	
대책	• 심식된 부분의 토양을 수관 폭 이상으로 뿌리 근분의 상단까지 제거한다. • 수목을 올려심어 올바른 식재가 되도록 한다. • 올려심기도 뿌리의 절단 및 손상이 되므로 뿌리 활착을 위한 사후처리가 필요하다.	• 수관폭 이상으로 바닥 포장을 제거, 포장 제거가 어려운 도로 지역은 바닥에 수직으로 구멍을 뚫고, 유공관을 설치하여 토중으로의 공기 유입을 유도한다. • 포장 제거 후 투수콘 포장이나, 자갈 등을 깔아 토양 내 답압을 방지하고 공극성 재료를 사용하여 공기 유통이 원활하게 할 수 있는 방법을 장소에 맞게 처리한다.

5) 결론

도심지 내 토양은 유기물 함량이 낮고 토양조직이 치밀하여 배수도 원활하지 않고, 기체교환이 불량하여 뿌리 호흡 곤란으로 고사하는 경우가 많다. 최근 대형수목 이식 공사 시 도복 우려, 미관 등을 고려하여 복토·심식하는 경우가 많은데 성공적인 식재 사업을 위해 복토, 심식, 배수 등에 주의하여야 한다.

6. Marssonia에 의한 병의 병징과 특징, 대표적인 병의 종류를 기술하시오.

1) 개요

Marssonia에 의한 병은 유각균강에 속하는 병이며, 대표적인 병으로 포플러 점무늬잎떨림병, 장미 검은무늬병, 참나무 갈색둥근무늬병이 있다.

2) 특성

① 모두 잎에 점무늬병을 일으킨다.
② 분생포자반을 형성하며 성숙 후 표피 밖으로 나출, 습기가 많을 때 흰색에서 담갈색의 분생포자를 대량 생산하며 육안으로도 관찰이 가능하다.

3) 대표적인 병해

(1) 포플러 점무늬잎떨림병

① 기주 및 피해
㉠ 이태리계 개량 포플러는 감수성, 은백양과 일본사시나무는 저항성이다.
㉡ 포플러에 흔히 발생하며 조기낙엽으로 피해가 크다.

② 병징 및 병환
㉠ 6월 하순부터 발생하여 장마철에 심해지며 수관 아랫잎에서 시작 위쪽으로 진전된다.
㉡ 잎에 작은 반점이 많고 8월 초부터 낙엽이 지기 시작하여 8월 하순에는 어린잎만 남아 있는 것이 특징이다.
㉢ 초기 병징은 갈색의 작은 점으로 나타나고 점차 갈색 점으로 뒤덮인다.
㉣ 병든 잎은 수분 공급에 이상이 생겨 곧 낙엽이 진다.

③ 방제법
㉠ 병든 잎을 소각하고 수세를 증강한다.
㉡ 6월부터 살균제를 2주 간격으로 살포한다.

(2) 장미 검은무늬병(흑반병)

① 기주 및 피해
㉠ 장미속에 흔히 발생하며 묘목과 성목에 발생한다.
㉡ 봄비가 잦은 5~6월에 심하게 발생하며 가볍게 건드려도 쉽게 낙엽이 지고 동해를 받기가 쉽다.
㉢ 장마철에 잎이 모두 떨어져 8월에 가지만 남고, 가지 끝에는 새잎이 나기도 한다.

② 병징 및 병환
㉠ 잎에 크고 작은 암갈색 내지 흑갈색의 원형 내지 부정형 병반을 형성한다.
㉡ 병반 주위는 황색으로 변하고 병반 위에 작고 검은 점이 나타난다.
㉢ 곤충, 빗물에 전염되며 건조 시에는 공기전염이 된다.
㉣ 병든 잎에서 자낭각 형태로 월동하고, 이듬해 봄에 자낭포자로 비상하여 1차 전염이 된다.
㉤ 분생포자에 의해 반복 전염한다.
㉥ 아황산가스 오염 지역은 발생이 적다.

③ 방제법
　㉠ 병든 낙엽은 소각하거나 땅에 묻는다.
　㉡ 상습발생지에는 5월부터 10일 간격으로 살균제를 3~4회 살포한다.
　㉢ 아족시스트로빈, 만코제브수화제를 비 온 후 24시간 이내에 매번 살포하고 휴면기 때에는 석회유황합제를 살포한다.

7. Pestalotiopsis에 의한 병의 병징과 특징, 대표적인 병의 종류를 서술하시오.

1) 개요

Pestalotiopsis에 의한 병은 대부분 잎을 침해하며, 잎 가장자리를 포함하여 큰 병반을 형성하므로 잎마름증상으로 나타난다. 은행나무잎마름병, 삼나무잎마름병, 철쭉잎마름병, 동백나무겹둥근무늬병이 있다.

2) 특성

① 장마철, 태풍이 지난 후 잎에 병반을 만든다.
② 병반 위에 검은 점이 돌출하면서 곱슬 머리카락 모양의 분생포자 덩어리가 보인다.
③ 병반이 커지면서 잎이 말라 죽는다.

3) 대표적인 병해

(1) 은행나무 잎마름병(엽고병)
　① 기주 및 피해
　　㉠ 주로 묘목이나 어린 나무에 많이 발생하며 성목에는 거의 없다.
　　㉡ 묘포에서는 환경 조건에 따라 발생한다.
　　㉢ 병원균 : *Pestalotia ginkgo Hori*
　② 병징 및 병환
　　㉠ 고온 건조한 날씨가 계속되어 잎이 데거나 강풍, 해충의 식해 등에 의한 경계부는 황록색으로 퇴색된다(상처 침입).
　　㉡ 잎의 가장자리부터 갈색~회갈색의 불규칙한 고사부가 생기며 부채꼴 모양으로 안쪽으로 진전되는데 경계부는 황록색으로 퇴색된다.
　　㉢ 다습할 때는 분생포자반에서 분생포자가 삼각형 모형의 포자덩어리 뿔로 솟아난다.

③ 방제법
　　㉠ 비배관리로 수세를 강하게 한다.
　　㉡ 병든 낙엽은 소각하거나 묻고 발병 환경이 조성될 때는 살균제를 1~2회 살포한다.

(2) 삼나무 잎마름병

통풍이 불량하거나 다습할 때 다른 병과 동반 발병하는 경우가 많고, 태풍이나 물리적 상처가 발병을 조장한다.

① 기주 및 피해
　　㉠ 기주 : 삼나무
　　㉡ 피해 : 잎과 어린줄기가 고사하여 수형이 엉성해진다.
　　㉢ 병원균 : *Pestalotia gladicola* (Cast.) Stey

② 병징 및 병환
　　㉠ 잎과 어린줄기에 갈색의 병반이 생기고 회백색으로 변한다.
　　㉡ 병든 부위는 분생포자반(작은 검은 점)이 생기고 돋보기로 보면 방추형이다.

③ 방제법
　　㉠ 가지치기로 통풍을 좋게 하고 병든 가지 제거로 전염원을 줄인다.
　　㉡ 태풍이 지난 후에는 예방을 위해 살균제를 1~2회 살포한다.

(3) 철쭉 잎마름병

다습한 환경에서 많이 발생하며, 장마철부터는 대부분의 개체에 발병한다.

① 기주 및 피해
　　㉠ 기주 : 진달래, 참꽃나무, 철쭉, 산철쭉 등
　　㉡ 피해 : 병든 잎은 갈변되면서 뒤틀리고 쉽게 떨어진다.
　　㉢ 병원균 : *Pestalotia Spp.*

② 병징 및 병환
　　㉠ 잎의 작은 점무늬가 바로 잎 끝 또는 가장자리를 포함한 큰 병반으로 된다.
　　㉡ 엷은 겹둥근 무늬가 형성되고 작고 검은 점이 동심원상으로 형성된다.

③ 방제법
　　㉠ 병든 잎을 소각하거나 묻는다.
　　㉡ 장마철 직전과 가을비가 온 후에 살균제를 2~3회 살포한다.

(4) 동백나무 겹둥근무늬병

바람이 많이 부는 지역에서 발생이 많고 태풍이 지난 후 피해가 만연하다.

① 기주 및 피해
- ㉠ 기주 : 동백나무
- ㉡ 피해 : 잎과 열매가 일찍 떨어진다. 대개 곤충의 식해 부위나 물리적 상처 부위에서 발병하는 경우가 많다.
- ㉢ 병원균 : *Pestalotia guepini* (*Desm.*) *Stey*

② 병징 및 병환
- ㉠ 병반은 겹둥근 무늬로 회색띠 모양으로 변하며, 병든 잎은 뒤틀리고 병반이 탈락하기도 한다.
- ㉡ 습할때는 분생포자반에서 검은색 뿔모양의 분생포자덩이가 솟아난다.

③ 방제법
- ㉠ 병든잎을 소각하거나 땅속에 묻는다.
- ㉡ 태풍이 온 후에 적용약제를 살포한다.

8. 소나무류 가지마름병의 종류와 원인 및 대책에 관하여 비교 설명하시오.

1) 개요

① 소나무 피목가지마름병은 자낭균에 의해 발병하는 병이다. 전염성이 약한 내생균근으로서 이상건조(가뭄), 이상고온, 밀식 등 환경장애로 수세가 쇠약할 때 발병하며 주로 2~3년생 가지에 발병한다.

② 리기다소나무 푸사리움가지마름병은 불완전균에 의해 발병하며 상처를 통해 병균이 침입하여 1~2년생 가지에서 발병한다.

③ 소나무 가지끝마름병은 Diplodia균에 의해 답압, 피음, 가뭄 등으로 수세가 약해진 수목의 당년생 가지에 발병한다.

2) 소나무류 가지마름병의 비교

구분	소나무 피목가지마름병 (자낭균)	리기다소나무 푸사리움가지마름병 (불완전균)	소나무 가지끝마름병 (불완전균)
학명	*Cenangium ferruginosum*	*Fusarium Circinatum*	*Diplodia Pinea*
원인	• 1차적 원인은 기후변화, 환경변화, 이상건조, 따뜻한 가을, 찬 겨울 • 건조 쉬운 토양, 뿌리 발육 불량, 과밀한 밀도에서 발병	• 해충(나무좀, 바구미) 상처, 기계적 상처, 종자 감염 통해 발병 • 밀식 조림, 건조 시 해충 피해로 더욱 심함	• 답압, 피음, 가뭄 등 스트레스가 발병 원인 • 비 많고 따뜻한 봄에 많이 발생
병징 및 병환	• 산발적인 가지 고사 • 당년 또는 이듬해에 잎 탈락 • 4~5월, 2~3년생 가지에 발생, 병부와 건전부의 경계가 뚜렷함 • 건조피해 시 증가 속도 빠름 • 병원성 약한 2차 병원균으로 전염성 거의 없음 • 장마철 이후 병원균 이동 • 자낭균(6~8월 비산) • 죽은 피목에 황갈색 자낭반 돌출	• 1~2년생 가지 발생 고사 • 잎은 병든 가지에 수년간 붙어 있음 • 목질부가 수지로 젖게 되는 특징 → 흰색 굳음 • 1월 평균 기온 0°C 이상 아열대기후 시 다발 • 녹병균 감염조직서 신속 생장 (테다소나무) • 밝은 갈색으로 퇴색 • 6~8월 노랑색 엽흔에 분생포자좌(중요 표징)	• 6월부터 새가지 침엽이 짧아지고, 새순과 어린 잎이 갈변하고 구부러지며, 당년생 가지끝은 빨리 고사, 늦게 감염된 다 자란 잎은 우산살처럼 처짐(죽은 가지에서 송진 나옴) • 20~30년생에 발생 많음 • 솔잎혹파리 발생지에서 균밀도가 높음 • 수피 벗기면 병부가 뚜렷함 • 주로 수관 하부에 발생 • 명나방, 얼룩나방 유충 피해와 유사함 • 여름에 엽초에 검은색 분생포자각 돌출(중요 표징)
방제	• 관수와 시비로 예방 • 병든 가지 소각과 남향으로 뿌리 노출된 곳 관목 무육으로 토양 건조 방지	• 저항성 품종 식재(몬테레이소나무) • 숲 가꾸기로 활력 회복 • 종자 소독(베노밀·티람 수화제) • 테부코나졸 유탁제 수간주사	• 죽은 가지 소각 • 풀베기 등으로 하부 통풍 개선 • 새잎 자라는 시기에 베노밀수화제 2~3회 살포

9. 소나무류 잎마름병의 종류와 원인 및 대책에 관하여 서술하시오.

구분	소나무 잎떨림병 *Lophodermium seditiosum*	소나무 그을음잎마름병 *Rhizosphaera kalkhoffii*	소나무 갈색무늬잎마름병 *Lecanosticta acicola*
원인	통풍과 배수가 불량한 저지대 조림지에서 발생(15년생 미만에 발생이 많음)	뿌리 발달이 불량할 경우(과습·건조 시)와 과밀할 때 발생(아황산가스 피해지에 많음)	다습한 환경에서 자주 발생
병징표징	• 3~5월 새 잎이 나오기 전에 묵은잎(1년생 잎)의 1/3이 급격히 갈변하면서 조금만 건드려도 심하게 낙엽되고 새순만 남는다. • 6~7월쯤 병든 낙엽에는 흑색·타원형의 약간 융기된 1~15개의 자낭반(표징)이 나타난다(1mm 흑갈색 타원형 돌기). • 7~9월에 비가 내린 후 직후 자낭포자가 비산하여 새잎 기공을 통해 전염된다. • 가을에서 초봄까지는 황색 반점이 형성되나 갈색으로 변색하면서 노란 띠를 형성한다. • 수관하부 발생이 심하다.	• 6~7월 당년생 잎 끝부분의 1/3~2/3가 황변~갈변하고, 나머지는 녹색으로 경계가 명확하게 남아 있다. • 변색부에는 구형의 작은 돌기(분생포자각)가 기공을 따라 줄지어 형성되고 낙엽된다.	• 가을(9월)부터 회록색 작은 반점이 생기고 황록색~회갈색 띠를 형성, 병반이 합쳐져 잎이 갈변·고사한다. • 감염이 심하면 전체 낙엽한다. • 가을에 죽은 침엽 표피 밑에서 검은점(분생포층)이 생긴다. • 봄에 분생포자를 형성하면 표피가 찢어지며 분생포자 덩이가 돌출하여 봄비에 전염원이 된다. • 곰솔에 피해 많다. • 주로 수관하부서 발생한다. • 곰솔 묘목, 어린 나무에 발생이 많다.
방제법	• 병든 낙엽은 소각하거나 땅속에 묻는다. • 풀깎기, 가지치기로 통풍한다. • 배수관리 및 수세 회복을 한다. • 적용약제를 6~8월까지 2주 간격으로 3~4회 살포한다.	• 뿌리 발달을 건전하게 유지한다(과습, 건조하지 않게). • 과밀한 가지는 잘라내거나 풀베기를 하여 통풍을 좋게 한다. • 적용약제를 4~10월까지 2주 간격으로 3~4회 살포한다.	• 배수·통풍이 좋아야 한다. • 새잎 시기 봄비 올 때(5~7월)에 적용약제를 살포한다. • 병든 잎은 소각하거나 묻고 전염원을 차단한다.

10. 소나무 잎의 왜소, 황화현상, 조기낙엽의 요인과 대책을 서술하시오.

1) 개요

소나무 잎의 왜소와 황화현상, 조기낙엽은 생물적 요인으로 아밀라리아뿌리썩음병과 관련이 있으며 잎의 황화현상과 조기낙엽은 답압이나 무기영양의 부족, 과습과 같은 비전염성 요인에 의해서도 발생한다.

2) 생물적 요인의 분석과 방제 – 아밀라리아뿌리썩음병

① 기주와 피해
  ㉠ 소나무, 자작나무, 잣나무, 전나무, 밤나무, 참나무, 포플러 등 침·활엽수에 발생한다.
  ㉡ 우리나라는 *Armillaria solidipes*균에 의한 잣나무 피해가 주를 이룬다.
  ㉢ 침엽수인 경우 20년생 이하에 많이 발생한다.

② 병원균
  ㉠ 기주 범위가 광범위하다.
  ㉡ 우리나라 아밀라리아뿌리썩음병의 주된 병원균

Armillaria solidipes	*A. mellea*
잣나무에 가장 민감함, 피해 증가 추세	천마와 공생하는 내생균근을 형성

  ㉢ 병원성이 약한 종들은 부생체로 이로운 역할을 하며, 병원성이 강한 종들은 부적응된 개체를 제거하는 자연간벌의 역할을 한다.
  ㉣ 초본식물에서도 병이 발생하고 임령이 증가할수록 감소하는 경향이 있다. 병징은 정아 생장을 저하하고 수관쇠퇴, 황화현상, 조기낙엽이 된다.

③ 병징, 표징, 병환
  ㉠ 병징
    • 감염목은 6월~가을에 걸쳐 잎 전체가 서서히 황변, 갈변 고사한다.
    • 잎이 작아지고 나무꼭대기부터 조기 낙엽이 되고 뿌리목 부근에 송진이 굳어 있다.
  ㉡ 표징
    • 뿌리꼴 균사다발 : 뿌리같이 보이는 갈색~검은 갈색 보호막 안에서 실처럼 가는 균사 다발로 뿌리처럼 잔가지가 있다.
    • 부채꼴균사판 : 수피와 목질부 사이서 자라는 부채모양 균사 조직이다.
    • 뽕나무 버섯 : 8~10월 발생한다.
  ㉢ 아밀라리아는 백색부후 곰팡이이며 부후된 부분에서 Zone lines을 볼 수 있다.

④ 방제법
  ㉠ 저항성 수종 식재 : 기주 범위 넓어서 어렵지만 임분 구성 변환이 가능하다.
  ㉡ 그루터기 제거 : 병의 확산 속도를 늦춘다(+토양훈증).
  ㉢ 도랑 파기 : 토양 소독제로 토양 소독, 자실체를 걷어내고 도랑을 판다.
  ㉣ 석회처리를 하여 산성화를 방지한다.

ⓜ 경쟁 관계에 있는 곰팡이를 이용하여 병원균 생장에 필요한 양분을 제한함으로써 병의 확산을 늦춘다.
ⓑ 곤충, 한발, 번개에 손상되었을 경우 아밀라리아뿌리썩음병에 걸리기 쉬우므로 주의한다.

3) 비생물적 피해

(1) 답압
　① 개요
　　㉠ 표토가 다져져서 견밀화된 토양경화 현상을 의미한다.
　　㉡ 답압이 진행되면 용적비중이 높아지고, 통기성, 배수성이 나빠져 수분, 산소, 무기양분 공급 부족으로 뿌리 발달이 저조하다.

　② 병징
　　㉠ 토양 내 수분, 산소, 무기양분 부족 현상이 발생한다.
　　　• 수분, 양분, 산소 공급 역할을 하는 세근의 80%는 표토 30cm 내에 분포하지만 뿌리 생육 불량으로 제 역할을 하지 못한다(표토 20cm 내는 대기 중 산소 농도와 비슷한 20% 정도이다).
　　　• 토양 내 산소가 10% 이하면 뿌리 피해가 시작되고 3% 이하에서는 수목이 질식한다.
　　　• 답압은 토심 30cm 이상까지 영향을 미치고 표층 0~4cm에서 용적밀도가 급격히 증가한다.
　　㉡ 잎 왜소화, 가지 생장 둔화, 황화현상이 발생한다.
　　㉢ 수관 상부에서부터 내려오면서 가지가 고사하고 수관이 엉성해진다.

　③ 방제
　　㉠ 경화된 토양은 대개 지표면에서 20cm 내의 토양이므로 시차를 두고 부분적으로 경운한다.
　　㉡ 토양 개량을 한다. 부숙 퇴비와 토탄, 이끼+펄라이트+모래+유공관을 설치한다.
　　㉢ 다공성 유기물(바크, 우드칩, 볏짚 등)로 5cm 이내로 토양멀칭을 시행한다.

(2) 무기양분의 영양 상태
　① 진단 · 분석 방법
　　㉠ 가시적 결핍증 관찰 : 잘못 판단할 가능성이 있다.
　　㉡ 시비실험 : 철의 경우 $FeCl_2$(염화제2철) 0.1% 용액을 잎에 뿌려 진단한다.

ⓒ 토양분석 : 지표면 20cm 토양을 채취하여 유효양분 함량을 측정한다.
ⓔ 엽분석 : 가지의 중간 부위에서 성숙한 잎(봄잎 : 6월 중순/여름잎 : 8월 중순)을 채취·분석한다.

② 영양결핍 증상
  ㉠ 병징
    - N, P, K, S 결핍 : 잎 전체 황색
    - Mg 결핍 : 가장자리 변색, 엽맥은 녹색 유지
    - Fe, K, Mn 결핍 : 엽맥과 엽맥 사이 조직만 황색
    - 괴사, 백화, 가지 로젯트형, 열매 기형, 왜소, 변색
  ㉡ N, P, K, Mg와 같이 체내 이동이 용이한 원소는 부족 시 성숙 잎에 피해 증상이 먼저 나타난다.
  ㉢ Ca, Fe, B 같은 부동성 원소는 부족 시 어린 잎, 가지, 열매에 피해 증상이 나타난다.
  ㉣ S, Mo, Mn, Zn, Cu 등은 이동이 중간 정도이며, 증상이 어린 잎과 성숙 잎에 동시에 나타난다.

③ 영양결핍 치료법
  ㉠ 토양 내 양분이 충분하더라도 식물이 흡수할 수 없는 형태로 존재하는 경우 "결핍 증상"이 나타난다(식물은 무기질 형태로 존재하는 양분만 흡수가 가능하다).
  ㉡ 화학비료 : 신속한 영양공급에 유리하나 토양을 산성화한다.
  ㉢ 퇴비 : 토양의 물리적, 화학적, 생물학적 성질을 개량한다.
  ㉣ 엽면시비
    - 요소, 황산철, 일인산칼륨(KH_2PO_4)
    - 흡수효율 : Na > Mg > Ca
    - 영양 농도가 진할수록 시비 효과는 크지만 너무 크면 염분 피해가 나타난다.
    - 안전한 영양소 농도는 0.2~0.5%이며 전착제(계면활성제)는 0.1% 첨가한다.

(3) 과습
  ① 잎자루가 누렇게 변하면서 아래로 처진다. → 에틸렌가스 생산, 이동 때문
  ② 잎이 작고 황화현상, 가지 생장이 둔화되고 겨울철 동해에 약하다.
  ③ 주목 : 검은색 수종이 발생한다(사마귀 모양 edima).
  ④ 파이토프토라에 의한 뿌리썩음병, 부정근이 발생한다.

⑤ 수관 축소(꼭대기서 밑으로 죽어 내려옴), 조기단풍, 살아있는 눈 형성 불량 등이 발생한다.

⑥ 줄기 종양, 융기, 돌기, 새잎 생장 정지, 감소 등이 나타난다.

4) 결론

이미 발생한 Armillaria 뿌리썩음병의 방제는 상당히 어렵기 때문에 수목을 건강하게 관리해야 하며, 답압에 의한 경화된 토양은 시차를 두고 부분적으로 경운하고 토양을 개량한다. 무기영양 공급에 있어서는 토양 개량과 함께 지속적인 영양 공급이 유리한 유기질 비료를 시비한다.

11. 소나무 잎의 기부부터 황화현상이 진행되는 병충해에 관하여 서술하시오.

1) 서론

소나무 잎의 황화현상과 관련되는 생물적 요인인 병충해와 비생물적 요인에 대한 피해 기작과 방제법에 대하여 다음과 같이 분석하고 기술하고자 한다. 생물적 요인으로는 Scleroderris 궤양병, 소나무피목가지마름병, 솔잎혹파리 피해를 들 수 있으며 비생물적 요인으로는 조상(첫서리)의 피해를 들 수 있다.

2) 생물적 요인

(1) Scleroderris 궤양병

① 기주와 피해
  ㉠ 기주 : 소나무, 방크스소나무, 잣나무
  ㉡ 궤양병이 진전되기 전에는 진단이 어려운 병이다.

② 병징 및 병환
  ㉠ 침엽기부가 노랗게 변한다.
  ㉡ 형성층과 목재조직이 연두색으로 변하며 심하면 고사한다.
  ㉢ 병원균은 저온에서 생장이 양호하다.

③ 방제법 : 전염원 밀도를 감소시키기 위하여 발병 임지에서 아랫부분의 가지를 전정한다.

(2) 소나무 피목가지마름병
    ① 기주와 피해
        ㉠ 병원균 : *Cenangium ferruginosum*
        ㉡ 기주 : 소나무, 곰솔, 전나무, 가문비나무, 잣나무
        ㉢ 해충피해, 이상건조 등에 의해 수세가 약해지면 대면적에 발생하고 심한 가뭄 후 쇠약한 수목에 피해가 극심하다.
        ㉣ 따뜻한 가을을 지나 겨울철 기온이 매우 낮았을 때 피해가 심하고, 가을철 이상건조와 겨울철 이상고온일 때도 피해가 심하다.

    ② 병징 및 병환
        ㉠ 4~5월 피해를 받은 2~3년생 가지는 산발적으로 적갈색으로 고사하고 침엽은 기부에서 위쪽으로 갈변되며 낙엽이 된다.
        ㉡ 수피를 벗기면 건전 부위와 병든 부위의 경계가 뚜렷하다.
        ㉢ 죽은 가지 피목에 찌그러진 컵 모양의 자낭반(늦봄~여름)이 형성되며 장마철 후 자낭포자가 비산, 건전 가지로 침입 후 균사로 월동한다.
        ㉣ 전염성 약한 병원균(내생균근)은 수피 밑에 있지만 발병은 되지 않는다.
        ㉤ 가뭄과 이상건조에서 발병하며(2~3년생 가지, 줄기) 죽은 가지의 수피에서 농갈색 자낭반이 나온다.

    ③ 방제법
        ㉠ 남향으로 뿌리가 노출된 임지서는 관목무육으로 토양 건조를 방지하고 관수와 시비로 예방한다.
        ㉡ 병든 가지는 장마 전인 6월까지 소각한다.
        ㉢ 적정한 식재 밀도를 유지한다.

(3) 솔잎혹파리
    ① 기주와 피해
        ㉠ 학명 : *Thecodiplosis Japonensis*
        ㉡ 기주 : 소나무, 곰솔
        ㉢ 유충이 솔잎기부에 충영을 형성하고 5월 하순~10월 하순까지 흡즙한다.
        ㉣ 피해잎은 건전한 잎의 1/2 수준으로 자라고 당년에 낙엽이 진다.
        ㉤ 가을철 잎은 갈색으로 변하고 낙엽지며, 5~7년차에 피해가 극심하다.

② 생활사 : 연 1회 발생하며 유충으로 1~2cm 흙속에서 월동하나 지역에 따라 벌레혹 내에서 월동하는 유충도 있다.

구분	기간	비고
성충	5월 중순~ 7월 중순	• 우화 최성기인 6월 상중순에는 하루 중 15시~17시에 가장 많다. • 산란수는 90개 내외, 수명은 1~2일
알	5~6월	알 기간은 5~6일, 새로운 잎 사이에 6개씩 산란한다.
유충	6월~ 익년 4월	• 잎기부에 벌레혹을 형성하고 벌레혹당 평균 6마리가 서식한다(피해잎 : 6월 하순부터 생장 중지). • 유충은 9월 하순~다음 해 1월(최성기는 11월 중순) 사이에 주로 비 올 때 떨어져 지표 밑 2cm 내에서 월동한다.
번데기	5월 상순~ 6월 말	최성기 5월 중순, 지피물에서 용화하며 기간은 20~30일이다.

③ 방제법
   ㉠ 생물적 방제
   • 후방 회복 임지와 천적기생율 10% 미만 임지
   • 솔잎혹파리먹좀벌, 혹파리사리먹좀벌, 혹파리등뿔먹좀벌, 혹파리반뿔먹좀벌 등을 5월 하순~6월 하순 ha당 2만마리 방사
   ㉡ 임업적 방제 : 위생 간벌, 치수 제거, 피해 회복 촉진은 8~9월, 9월 말까지 피해목 벌채
   ㉢ 화학적 방제
   • 수간주사 : 충영 형성률이 20% 이상인 임지, 피해 선단지에서는 충영 형성률 관계없이 선정 가능(티아메톡삼 분산성액제, 이미다클로프리드 분산성액제)
   • 지면 및 수관살포 : 선단지 천적 기생율 10% 이하인 임지 중 상수원, 양어장 등에 약제 유실의 우려가 없는 임지
   ㉣ 기타 : 지피물 제거(3cm 이내 유충)로 토양을 건조시켜 토양 속 유충의 폐사 유도

3) 비생물적 요인 – 서리 피해

① 서리의 피해는 생육기간에 나타남
② 만상(늦서리)
   ㉠ 봄에 오는 서리. 4월 말경 갠 날 밤 야간 온도가 $-3℃~-5℃$일 때 새순과 어린 잎이 피해를 입는다.
   ㉡ 피해수목 : 목련, 백합나무, 모과나무, 단풍나무, 철쭉, 영산홍, 쥐똥나무, 주목, 전나무, 일본잎갈나무 등
   ㉢ 병징 : 새순, 잎, 꽃이 마른다. 활엽수는 검은색, 침엽수는 붉은색으로 변색된다.

③ 조상(첫서리)
  ㉠ 가을 첫서리 피해는 수고 3m 이하 나무에 피해가 크고 만상 피해보다 크다.
  ㉡ 병징 : 새순을 죽여 휴유증이 1~2년간 지속되어 만상보다 심각한 수형을 훼손하며 나무가 왜성 혹은 관목형으로 변하기도 한다. 소나무의 경우는 잎의 기부 피해로 잎이 밑으로 처진다.
  ㉢ 방제 : 늦여름 시비 금지로 가을 생장을 정지시키고 스프링클러, 연기 발생, 관수작업 등을 실시한다.

4) 결론

소나무 잎의 기부부터 황화되는 현상은 병충해 피해로 인하여 오는 생물적 요인과 자연재해로 인하여 오늘 비생물적 요인으로 황화현상이 나타난다. 궤양병, 피목가지마름병, 솔잎혹파리 피해 등의 병충해는 예찰과 방제를 통하여 피해를 최소화하고, 서리 등 자연피해에 대하여는 시비, 무기, 영양공급 등 관리를 철저히 하고 수세유지를 위한 모니터링도 필요하다.

12. Hyphomycetes(총생균)과 Colelomycetes(유각균)의 병징과 수종에 의한 특징 및 종류에 관하여 서술하시오.

1) Hyphomycetes(총생균) : 분생포자가 다발로 뭉쳐진 분생포자경에서 발생

유성세대 불완전균류	병징	수종
Cercospora	• 작은 점무늬로 시작하여 병반이 커짐 • 병반 위에 분생포자가 밀생하여 백색과 갈색의 포자 덩이가 관찰됨	• 무궁화 점무늬병 • 명자꽃 점무늬병 • 때죽나무 점무늬병 • 느티나무 갈색무늬병 • 포플러 갈색무늬병 • 삼나무 붉은마름병 • 소나무 잎마름병 • 벚나무 갈색무늬구멍병
Corynespora	-	무궁화점무늬병
기타	-	• 소나무 갈색무늬잎마름병 • 소나무 가지끝마름병(디폴로디아 순마름병)

2) Colelomycetes(유각균) : 분생포자가 기주와 균주로 된 껍질 안에 형성

유성세대 불완전균류	병징	수종
Marssonina	• 잎에 점무늬를 만듦 • 분생포자반을 형성하며 성숙 후 표피 밖으로 나출, 습기가 많을 때 흰색~담갈색의 분생포자를 대량 생산→육안 관찰 가능	• 참나무 갈색둥근무늬병 • 포플러류 점무늬잎떨림병 • 장미 검은무늬병
Pestalotia 잎마름병 (엽고병)	• 장마철, 태풍이 지난 후 잎에 병반을 만듦 • 병반 위에 검은 점이 돌출하면서 곱슬 모양의 분생포자 덩이가 보임 • 병반이 커지면서 잎이 말라 죽음	• 은행나무 잎마름병 • 삼나무 잎마름병 • 철쭉류 잎마름병 • 동백나무 겹둥근무늬병
Colletotrichum	• 기주에 움푹 들어간 흑갈색 병반 형성 • 분생포자반 형성 • 잎, 줄기, 과실에 병원균	• 호두나무 • 사철나무 • 오동나무 • 동백나무 탄저병
Septoria	• 잎에 작은 점무늬를 만듦 • 병반 위에 분생포자각을 만들어 육안으로 보임	• 오리나무 갈색무늬병 • 느티나무 흰별무늬병 • 밤나무 갈색점무늬병 • 가죽나무 갈색무늬병 • 자작나무 갈색무늬병

13. 호두나무 갈색썩음병(*Xanthomonas arboricola*)에 대하여 서술하시오.

1) 개요

2016년 6월 경북 안동에서 처음 발생하였다. 세균성 병해로 잎, 가지, 줄기, 열매 등에 발생하고 1996년에 "식물방역법"상 관리병으로 지정되었다.

2) 병원균

Xanthomonas arboricola

3) 기주와 피해

① 기주 : 호두나무, 가래나무
② 피해
  ㉠ 봄~초여름에 걸쳐서 잎, 신초, 열매에 갈색~흑색의 반점이 형성된다.

ⓒ 잎의 반점이 합쳐져서 기형이 되고 죽은 조직이 떨어져 나가서 감염된다. 잎은 누더기 모양이 된다.

ⓒ 감염이 잔가지까지 확장되어 가지의 고사를 초래하고 궤양의 형태로 큰가지까지 진전된다.

ⓔ 초기 감염된 열매는 조기 낙과된다.

4) 병징과 병환

① 병징 : 잎, 열매에 갈색~흑색 반점이 생기고 가지와 줄기에 궤양이 생기며 종자는 변색하면서 부패한다.

② 병원균 생태
  ㉠ 병원균은 주로 눈과 가지의 궤양 부위에서 월동한다.
  ㉡ 봄철 비, 바람, 곤충에 의해 전파된다.
  ㉢ 상처를 통해 침입하며 전개되는 잎과 신포의 기공, 피목으로 침입하기도 한다. 꽃에 감염하여 개화기가 끝날 무렵에는 열매로 침입한다.
  ㉣ 감염이 계속되면 가지와 잔가지가 고사한다.

5) 방제

① 경종적 방제 : 저항성 수종을 선택한다.
② 화학적 방제 : 예방 위주로 농약을 살포한다.
  ㉠ 눈이 트기 전인 4월부터 7~10일 간격으로 3~6회 약제를 살포한다.
  ㉡ 전년도 병이 발생되었던 시군구 : 5~6회
  ㉢ 전년도 병이 발생되었던 인접 시군구 : 3~4회
③ 눈 트기 전에는 보르도액, 가스마이신수화제를 살포한다. 구리가 함유된 약제는 생육기에 피해를 유발하므로 눈트기 전에 살포한다.
④ 눈 트기 시작한 후에는 스트렙토마이신수화제, 가스가마이신입상수화제를 교대로 살포한다.

14. 파이토플라즈마에 의한 수목병과 특성을 서술하시오.

1) 개요

① 식물에서 발견된 마이코플라즈마는 인공배양이 안 된다.
② 1994년 보르도학회에서 파이토플라즈마속으로 임시 명명하였다.

2) 파이토플라즈마의 특성

(1) 생리 및 생태적 특성

① 세포벽이 없고 원형질막으로 둘러싸여 있다.
② 인공배양을 하지 못 한다.
③ 체관부에 존재하고 증식한다.
④ 곤충의 체내에 침입하여 우선 증식한 후 건전 식물체를 흡즙할 때 구침을 통해 침입한다.
⑤ 성엽보다 어린 잎을 흡즙할 때 보독이 잘된다. 바로 전염되지는 않으며 30℃에서는 10일, 10℃에서는 45일의 기간을 거쳐야 증식한다.
⑥ 즙액, 종자, 토양전염, 경란전염은 하지 않는다.

(2) 파이토플라즈마에 의한 병해

구분	대추나무 빗자루병	뽕나무 오갈병	오동나무 빗자루병	쥐똥나무 빗자루병
기주	대추나무, 뽕나무, 쥐똥나무, 일일초	뽕나무, 대추나무, 일일초, 클로버	오동나무, 일일초, 나팔꽃, 금잔화	쥐똥나무, 왕쥐똥나무, 좀쥐똥나무, 광나무
병징	• 빗자루 증상 • 황갈색 작은 잎 • 엽화현상(꽃→잎) • 잎 전체 황화현상	• 초기 황화증상 • 생육 억제, 오갈증상 • 잎 담황색 결각 없고 표면 쭈글해짐 • 나무 왜소	• 연약한 잔가지 총생 • 황록색 작은잎 밀생 • 빗자루 병징	• 작은잎 총생 황화현상, 빗자루 병징 • 가지 총생 위축 • 감염 가지는 당해 년에 고사
매개충	마름무늬매미충	마름무늬매미충	담배장님노린재, 썩덩나무노린재, 오동나무매미충	마름무늬매미충

구분	대추나무 빗자루병	뽕나무 오갈병	오동나무 빗자루병	쥐똥나무 빗자루병
방제	• 이병주 벌채 소각 • 옥시테트라사이클린 칼슘알킬트리메틸암모늄 수화제(100mℓ/cm(흉고직경) 수간주사(1g/1L) • 매개충 구제 • 적용약제 살포 • 건전접수	• 저항성 품종 식재 • 이병주 제거 • 무병주 접수, 삽수 이용 • 매개충 구제 • 적용약제 살포	• 건전실생묘 사용 • 이병주 벌채 소각 • 수간주사 : 옥시테트라사이클린 • 매개충 구제 : 6~7월 • 적용약제 살포	• 이병주 분주 금지 • 항생제 처리 • 매개충 구제

3) 파이토플라스마병의 방제

① 전신 감염병으로 분근묘 등 영양체 통한 전염은 되나 즙액전염, 종자전염, 토양전염은 되지 않는다.

② 테트라사이클린계 항생제로 치료가 가능하나 처리를 멈추면 곧 병이 재발된다. 엽면살포, 토양살포는 효과가 없다.

③ 세포벽 합성을 저해하는 페니실린 등의 항생제에서는 저항성을 나타낸다.

④ 옥시테트라사이클린 용액에 병든 식물을 침지하거나 주입은 병징 발현을 억제한다.

⑤ 병든 식물 및 영양번식기관은 열처리로 파이토플라즈마를 완전히 제거할 수 있다.

구분	처리 방법	비고
병든 식물	30~37℃	환경조절장
영양기관	50℃ 온수에 10분간	침지하면 효과
	30℃ 온수에 3일간	

※ 바이러스 불활성화 : 35℃~40℃에서 7~12주, 38℃에서 4주간 열처리(열풍)
※ 세균 불활성화 : 52℃에서 20분

15. 벚나무 빗자루병의 병원균, 병징, 피해 내용, 방제법에 대하여 서술하시오.

1) 개요

① 곰팡이에 의한 수목 병해이다.

② 병원균 : *Taphrina wiesneri*

③ 기주 : 여러 종류 벚나무 중 왕벚나무의 피해가 크다.

2) 피해 내용

① 자낭포자와 분생포자(출아포자)를 형성한다.
② 4~5월 잎 뒤에 회백색가루(나출자낭)가 뒤덮고 가장자리는 흑갈색으로 변한다. 감염 후 4~5년이면 고사한다.
③ 자낭 내 출아를 반복하여 자낭이 출아포자로 가득 차게 된다.

3) 병징 및 병환

① 감염된 가지는 혹처럼 부풀고 잔가지가 많아 빗자루 모양이 된다.
② 나출자낭을 형성하는 자낭균으로 4월 중순에 잎 뒷면에 회백색 자낭포자를 형성하며 비산 후 검은색으로 변하고 낙엽이 진다.
③ 30년생 이상 수목에 피해가 크다. 복숭아 나뭇잎에서는 오갈병을 일으킨다.
④ 병원균이 Auxin, Cytokinnin을 생산하여 기공 개폐를 초래하며 나무는 쇠약해진다.
⑤ 균사는 가지, 눈 조직에서 월동한다.

4) 방제법

① 이른 봄에 병든 부위를 잘라 태운다.
② 자른 부분은 티오파네이트메틸 도포제 처리로 줄기마름병균, 목재썩음병균이 2차적으로 침입하는 것을 방지하고 유합조직 형성을 촉진시킨다.
③ 어린 나무에 발생한 경우에는 병든 가지를 잘라내고 지오판 도포제를 발라준다.

16. 미국흰불나방(Hyphantria Cunea)의 특성에 대하여 서술하시오.

1) 기주 및 피해

① 기주 : 버즘나무, 밤나무, 대추나무, 감나무, 벚나무, 단풍나무 등 대부분 활엽수
② 피해 : 유충일 때 실을 토해 잎을 싸고 집단적으로 잎을 가해하고 5령부터 분산가해하며 잎맥을 제외한 잎 전체를 가해한다.

2) 생활사 및 피해 특징

① 1년에 2~3회 발생, 1958년도에 대발생하였으며 버즘나무, 벚나무 등 160여 종을 가해한다.
② 수피 사이나 지피물 아래 등에서 고치를 짓고 번데기로 월동한다.

③ 5월 하순 부화유충은 4령까지 실을 토하여 잎을 싸고 군서생활을 하며, 5령기에 분산하고 엽맥만 남기고 7월까지 가해한다.
④ 1회 성충은 5~6월 날개에 검은 점이 있고 유충기간은 40일 내외이다. 2회 성충은 7~8월에 출현하며 유충기간은 50일 내외이다. 산란은 잎 뒷면에 600~700개 정도 산란한다.
⑤ 2화기에 피해가 심하고 산림 내 피해는 경미하나 생활권 수목에 피해가 크다.

3) 방제법

① 화학적 방제
  ㉠ 유충발생기 : 람다사이할로트린 수화제 1,000배
  ㉡ 유충부화기 : 비타쿠르스타키 수화제 1,000배
  ㉢ 유충다발생기 : 클로르플루아주론 유제 6,000배

② 생물적 방제
  ㉠ 곤충병원성미생물인 핵다각체바이러스를 1화기는 6월, 2화기는 8월 중순에 수관살포에, 1ha당 450g을 살포한다.
  ㉡ 포식성 천적 보호 : 검정명주딱정벌레, 꽃노린재, 흑선두리먼지벌레, 사성풀잠자리
  ㉢ 기생성 천적 보호 : 긴등기생파리, 무늬수중다리좀벌, 나방살이납작맵시벌

③ 물리적 방제
  ㉠ 잠복소를 이용하거나 지피물 등에 월동하는 번데기를 채취하여 소각한다.
  ㉡ 5월 상순~8월 중순에 알덩어리를 채취하여 소각하거나 군서유충을 포살한다.
  ㉢ 5~9월 성충 시기에 유아등, 흡입 포충기로 유인하여 포살한다.

17. 매미나방과 주홍날개꽃매미의 피해, 생태, 방제 방법을 비교 서술하시오.

구분	매미나방	주홍날개꽃매미
학명	*Lymantria dispar*	*Lycorma delicatula*
기주	벚나무, 참나무, 포플러, 자작나무, 소나무, 일본잎갈나무 등 침·활엽수 가해	가죽나무, 포도, 산오리나무, 호두나무, 사과나무, 황벽나무, 쉬나무, 참죽나무, 산오리나무, 과수 등 40여 종 발생(2006년 중국에서 유입)
피해	유충 한 마리당 700~1,800cm² 식해, 주로 참나무 가해, 지역에 따라 대발생	감로 배설로 부생성 그을음병 유발

구분	매미나방	주홍날개꽃매미

생태	• 연 1회 발생. 알덩어리로 월동하고, 4월 중순쯤 부화유충은 거미줄에 매달려 바람에 날려 분산한다.
	• 유충 머리는 어릴 때 검은색에서 황갈색으로 변하며 양쪽에 八자형 무늬가 있다.
	• 유충은 6~7월 잎을 말아 엉성한 고치를 만들고 용화(번데기)한다.
	• 성충은 7~8월에 출현, 이상기온 현상에서 대발생하며 성충의 크기와 색깔에 있어 암수가 전혀 다르다.
	  – 암컷 : 갈색 띤 흰색, 유백색, 검은 실 모양 더듬이
	  – 수컷 : 흑갈색, 더듬이는 깃털 모양
	• 암컷은 무거워서 날지 못하고 수컷은 활발
	• 산란 : 평균 500개, 알은 덩어리로 낳고 암컷의 노란 털로 덮여 있다. 난기간은 9개월이다.
		• 연 1회 발생, 알로 줄기, 가지에 월동
		• 약충(4~8월)
		  – 2~3령 : 검은 바탕에 흰 점, 4월 하순~7월 상순
		  – 4령 : 붉은 등에 검은 점+흰점, 6월 하순~8월
		• 성충(7~10월) : 7월 상순~10월까지 활동, 성충 앞뒤 날개에 붉은색 무늬가 있다
		• 산란 : 남쪽 향한 나무의 줄기 틈새, 수피에 평행 배열, 덩어리 산란, 진회색 분비물로 덮여있다. 9~10월에 40~50개 산란한다.
		• 아열대성 해충

방제	• 물리적 방제 : 4월 이전 알덩어리 제거
	• 생물적 방제
	  – 포식성 : 풀색딱정벌레, 검정명주딱정벌레, 청노린재
	  – 기생성 : 무늬수중다리좀벌, 벼룩좀벌, 집시벼룩좀벌, 송충알벌, 긴등기생파리
	  – Bt균이나 핵다각체병바이러스를 살포
	• 화학적 방제 : 에마멕틴벤조에이트 유제, 스피네토람액상수화제 살포
		• 물리적 방제
		  – 알덩이 제거 : 11~3월
		  – 황토색 끈끈이트랩 설치
		  – 4~8월 약충 때 가죽나무 등 기주 수목 제거
		• 생물적 방제 : 벼룩좀벌
		• 화학적 방제
		  – 나무주사 : 이미다클로프리드 분산성액제 0.5 mℓ/흉고직경 cm
		  – 다발생기 : 아세타미프리드 액제 2,000배 또는 설폭사플로르 입상수화제 2,000배
		  – 부화약충기 : 비펜트린 유제 1,000배
		  – 어린 약충기(5월) : 델타메트린 유제 1,000배

18. 솔잎혹파리(*Thecodiplosis Japonensis*)의 생활사와 방제에 관하여 서술하시오.

1) 개요

우리나라에서는 1929년 서울의 비원(秘苑)과 전라남도 목포지방에서 처음으로 발견된 후 역시 전국의 소나무림에 큰 피해를 주었으며, 1970~80년대의 주요 산림해충이었다. 1995년 이후에 전국에 확산된 충해로, 특히 지피식물이 많은 임지, 북향 임지, 산록부에서 많이 발생하며, 동일 임지에는 수관폭이 좁은 임목에 많이 발생한다.

2) 기주와 피해

① 기주 : 소나무, 곰솔

② 피해

　㉠ 유충이 솔잎기부에 충영을 형성하고 5월 하순~10월 하순까지 흡즙하며 충영은 6월부터 부풀기 시작하여 9월 이후 혹이 보인다. 피해 잎을 쪼개면 분리되지 않고 황색 유충이 보인다.

　㉡ 피해 잎은 건전한 잎의 1/2 수준으로 자라고 당년 10월부터 황색으로 낙엽되며 멀리서 보면 임지가 붉게 보인다.

　㉢ 5~7년 차에 피해가 극심하다.

3) 생활사

연 1회 발생하며 유충으로 1~2cm 흙 속에서 월동하나 지역에 따라 벌레혹 내에서 월동하기도 한다.

구분	기간	내용
성충	5월 중순~ 7월 중순	• 우화(최성기 : 6월 상·중순)는 하루 중 15~17시에 가장 많음 • 산란수는 90개 내외이며, 수명은 1~2일
알	5~7월	알 기간은 5~6일, 새로운 잎 사이에 6개씩 90개 산란함
유충	6월~익년 4월	• 잎기부의 벌레혹당 평균 6마리 서식, 피해 잎은 6월 하순부터 생장이 중지됨 • 충영은 6월부터 부풀기 시작하여 9월 이후 혹이 보임 피해 잎을 쪼개면 분리되지 않고 황색 유충이 보임 • 월동 : 유충은 9월 하순부터 다음 해 1월(최성기는 11월 중순) 사이에 주로 비가 올 때 떨어져 지표 밑 2cm 내에서 월동함
번데기	5월 상순~ 6월 말	최성기 5월 중순, 지피물에서 용화하며 기간은 20~30일
충영 형성률	경 1~19%	중　　　　　　　　　　　심 20~49%　　　　　　　50%

4) 방제법

① 생물적 방제

　㉠ 대상지는 후방 회복 임지와 천적기생률 10% 미만 임지이다.

　㉡ 솔잎혹파리먹좀벌, 혹파리살이먹좀벌, 혹파리등뿔먹좀벌, 혹파리반뿔먹좀벌을 5월 하순~6월 하순 ha당 2만마리를 방사한다.

ⓒ 쇠박새, 박새, 쑥새(20~100마리/일 포식) 등 천적을 보호한다.

② 임업적 방제
　ⓐ 8~9월 : 위생간벌, 치수를 제거한다. 피해 회복 촉진은 8~9월에 실시한다.
　ⓑ 6~11월 : 경쟁 완화를 위하여 솎아베기를 실시한다.
　ⓒ 피해목 벌채는 9월까지 완료하고, 충영 내 유충이 어릴 때 실시한다.

③ 화학적 방제
　ⓐ 수간주사 : 충영 형성률이 20% 이상인 임지에 6월에 실시한다. 피해 선단지에서는 충영 형성률과 관계 없이 선정이 가능하다. 적용약제는 이미다클로프리드 분산성액제, 티아메톡삼 분산성액제 등이 있다.
　ⓑ 지면 및 수관살포 : 피해도 중 이상인 임지, 선단지 천적 기생율 10% 이하인 임지 중 상수원, 양어장 등에 약제 유실 우려가 없는 임지에 이미다클로프리드, 카보퓨란을 4월에 살포한다. 11월 하순경 다이아지논 입제를 토양에 살포한다.

④ 기타 : 봄에 3cm 이내로 지피물을 제거하여 토양을 건조시켜 토양속 유충의 폐사를 유도한다.

5) 결론

솔잎혹파리는 피해 극심기 때의 피해목 고사율이 밀생 임분에서 높다. 간벌이나 불량 치수 및 피압목을 제거하고 임내를 건조시켜 솔잎혹파리의 번식에 불리한 환경을 조성한다. 또한, 이 해충이 확산되고 있는 지역에 미리 간벌 등을 하면 수관이 발달하여 고사율이 낮아진다. 화학적 방제로는 해충 밀도 조절에 한계가 있으므로 상기와 같이 임업적, 생물적 방제를 실시한다.

19. 임업적 방제에 관하여 서술하시오.

1) 개요

산림병의 발생 및 피해 정도를 좌우하는 주요 요인은 환경 조건이라 할 수 있다. 발병에 관여하는 환경 요인을 제거하고, 건전하게 성장할 수 있는 환경을 인위적으로 조절해주면 수목은 각종 병해에 저항성을 가질 수 있다.

2) 임업적 방제의 종류

① 건전한 묘목 육성 : 수종의 특징적인 형질을 잘 구비하고 병해에 대한 유전적인 저항성을 지니고 있는 것을 말한다.

② 임지 정리 작업
   ㉠ 잎, 가지, 줄기가 전염원이 되지 않도록 묻거나 소각한다.
   ㉡ 리지나뿌리병 발생지는 소각을 금지한다.

③ 숲 가꾸기(임지무육)
   ㉠ 위생간벌, 제벌, 가지치기, 등이 필요하며 효과는 지속적으로 장기간에 걸쳐 나타난다.
   ㉡ 제벌과 간벌은 병 방제 수단으로 중요하며 특히 소나무 잎떨림병, 가지끝마름병에 효과적이다.
   ※ 과도한 제벌, 간벌, 가지치기는 잔존목의 볕데기 목재부후, 줄기마름병 등의 피해를 발생시킨다(포플러, 오동나무 등).
   ㉢ 간벌작업 방제 : 빛곰팡이병, 소나무류 잎떨림병, 피목가지마름병에 효과적이다.
   ㉣ 가지치기 방제 : 소나무 잎떨림병, 일본잎갈나무 잎떨림병, 편백 잎마름병, 삼나무 균핵병, 삼나무 붉은마름병, 등 나무 아랫가지에서 많이 발생하는 병에 효과적이다.
   ㉤ 소나무류·전나무류 잎녹병, 소나무 혹병은 겨울포자 형성 전에 풀베기 작업을 하여 중간기주를 제거한다.
   ㉥ 소나무 피목가지마름병, 일본잎갈나무 잎떨림병은 덩굴 제거를 할 경우 여름철 덩굴 제거를 피한다.

3) 주요 해충별 임업적 방제 방법

구분	시기	처리방법
솔잎혹파리	8~9월	피해목 수세 회복을 위하여 위생간벌, 쇠약목, 피압목을 제거하며 유충 방제를 위하여 9월 초순까지 마무리한다.
	6~11월	• 솎아베기 : 선단지 등 대면적을 선정하여 양분 및 수분의 경쟁 완화를 위하여 실시한다. • 피해목 벌채 : 6~9월에 성충의 우화와 산란이 끝나고 충영 내 유충이 어린 시기에 실시한다. ※ 유충 기간은 6월~익년 4월, 우화 기간은 5~7월이다.

구분	시기	처리방법
참나무 시들음병 (소구역선택베기)	11월~ 익년 3월	• 고사목, 피해도 중, 심 본수 20% 이상 지역, 벌채산물 반출 가능지역 (집단발생지역의 소구역은 모두베기 시행) • 1개 벌채지역은 5ha 미만, 참나무 위주로 벌채하고, 집재, 반출 • 폭 20m 이상의 수림대를 존치한다. • 4월 말까지 산물을 완전 처리한다(목재에 남은 유충 처리).
솔수염하늘소	10~11월, 3~4월	• 위생간벌 : 피압목, 쇠약목, 지장목 등을 간벌 • 유인목 설치는 우화 개시 전 3~4월에 실시한다.

20. 전나무잎응애(*Oligomychus ununguis*)의 피해 및 생태에 관하여 서술하시오.

1) 기주와 피해

① 기주 : 전나무, 소나무, 분비나무, 밤나무, 떡갈나무 등

② 피해

　㉠ 봄~초여름 가뭄이 심하면 피해가 심하다.

　㉡ 밤나무 조림지 등 상습적으로 약제를 살포하는 임지에 피해가 발생한다.

③ 형태 : 응애의 크기는 0.2~0.4mm로 육안으로 잘 보이지 않지만, 잎을 수거하여 백지 위에 떨면 먼지 형태로 움직임을 확인 가능하다.

암컷	0.3~0.4mm	등색, 적갈색, 등의 자모가 길다.
수컷	0.2~0.3mm	제1, 2마디의 2중모 부위, 배쪽에 1개의 털이 있다.

2) 생활사

① 연 5~6회 발생, 알로 월동한다.

② 5월 중순에 부화하며 10월 하순까지 발생한다.

③ 다른 응애와 달리 대부분 잎 표면에 기생한다.

3) 방제

① 생리적 방제 : 포식성 응애류 등 천적을 보호한다.

② 화학적 방제 : 발생 초기에 클로로페나피르 액상수화제를 살포하며, 동일 계통의 약제 연용을 피한다.

21. 외줄면충, 사사키잎혹진딧물, 때죽납작진딧물의 생활사와 방제법에 관하여 서술하시오.

구분	외줄면충	사사키잎혹진딧물	때죽납작진딧물
개요	• 기주 : 느티나무, 대나무, 느릅나무 • 잎 뒷면서 흡즙 표주박 모양의 담녹색 벌레혹이 생김	• 기주 : 벚나무 • 성충, 약충이 새눈에 기생하고, 잎 앞면에는 잎맥을 따라 벌레혹이 생기며 황백색 혹→황록색, 홍색→갈색으로 변해 고사함	• 기주: 때죽나무 • 벌레혹 꼬투리는 평균 11개이며, 진딧물 탈출 후에는 암갈색으로 변함
생활사	• 연 수회 발생, 알로 월동 • 알은 4월 초순에 부화 • 1세대 3회 탈피 시 간모, 2세대는 4회 탈피하여 벌레 혹당 15~24마리 유시충이 됨 • 5~6월 유시충 성충은 중간기주인 대나무로 이동 • 대나무 뿌리 근처에서 여름을 보내고 10월 중순 느티나무로 이동	• 연 수회 발생, 알로 월동 • 4월 상순 부화약충은 새눈의 뒷면에 기생 • 잎 앞면 잎맥 따라 주머니혹을 만듦 • 5~6월 중간기주인 쑥으로 이동, 10월 하순 벚나무로 이동하여 동아에 산란함	• 연 수회 발생, 알로 월동 • 간모는 겨울눈 즙액을 먹고, 측아가 형성되면 바나나 모양의 황록색 벌레혹을 형성함 • 벌레혹 꼬투리는 평균 11개이고 약 15마리 • 7월 하순에 중간기주인 나도바랭이새로 이주 • 2차 기주서는 솜털 모양 균체를 형성하고, 가을에 때죽나무로 이주
방제법	• 유시충 탈출 전(5월 하순) 피해 잎을 채취해 제거 • 충영형성 전에 이미다클로프리드 미탁제 나무주사 실시 • 여름기주인 대나무 제거 • 발생 초기에 침투이행성 살충제 수간주사	• 4월 상순에 약제 살포나 나무주사 시행 : 적용약제 • 6~10월 중간기주인 쑥에 약제를 살포	• 성충 탈출 전에 벌레혹을 채취하여 소각 • 4월 상순에 약제 살포 또는 수간주사 • 무당벌레류, 특히 홍가슴애기무당벌레, 풀잠자리류, 거미류 보호 • 8~10월에 중간기주인 나도바랭이새에 약제 살포

균근	특징	기주범위	곰팡이
외생균근	균투 하티그망	소나무, 자작나무, 참나무, 버드나무, 피나무	자낭균, 담자균(버섯), 광대버섯, 무당버섯, 싸리버섯, 그물버섯, 알버섯, 능이버섯, 송이버섯
내생균근	가지 모양 균사	초본류, 과수, 산림수종	접합균 : 향나무, 단풍나무, 낙우송, 백합나무, 삼나무, 편백, Glomus, Scutellospo
내외생균근	어린 묘목에만 출현	소나무류 묘목	오리나무, 버드나무, 유칼립투스 =하티그네트 형성

22. 응애와 진딧물, 깍지벌레의 형태와 생활사를 비교 서술하시오.

구분	진딧물	깍지벌레	응애
형태	• 곤충강 노린재목 진딧물과 • 3쌍의 다리+겹눈 • 1~4.8mm 이내로 충체는 유선형 • 육안 진단 가능	• 노린재목 깍지벌레과 • 흰색 밀납을 덮어쓰고 있음	• 거미강 진디기목 응애과 • 4쌍 다리, 홑눈 • 0.2~0.8mm
생활사	• 알로 월동 • 따뜻하고 건조한 곳 • 봄 부화 약충은 단위생식을 하며 밀도 급증 • 병원성 미생물에 의한 2차 피해 발생, Virus 매개 • 형태적 특징 : 등후면에 뿔관이 있음 • 식물의 진액을 빨아 고사시킴	• 암컷은 성충으로 월동 • 약충 탈출 후 대부분 정착하여 기주수액 흡즙 • 밀납 성분에 싸여 육안으로 쉽게 발견	• 수정한 암컷+알 • 고온건조, 먼지 많을 때 다발생 • 침엽수와 활엽수 가해 • 침엽수의 경우 오랜 잎부터 가해, 새잎은 녹색 유지 • 피해 초기 회백색 반점이나 먼지로 보이며 진행되면 잎 전체가 황갈변함 • 4계절 피해 • 대부분 세포액을 빨아 생육 저해 • 잎과 가지 사이에 거미줄 같은 가는 실이 있음
피해	감로배설로 그을음병 유발, 광합성 저해	감로배설로 그을음병 유발, 광합성 저해, 고약병 발생	—
방제	• 생태적 : 무당벌레, 풀잠자리, 거미류, 잔디벌 • 화학적 : 설폭사플로르, 아세타미프리드, 디노테퓨란 등	• 생태적 : 애홍점박이무당벌레 • 화학적 : 뷰프로페진, 티아메톡삼, 디노테퓨란 등	• 생태적 : 긴털이리응애, 칠레이리응애, 꽃노린재, 검정명주딱정벌레, 혹선두리먼지벌레 • 화학적 : 에마멕틴벤조이트, 아바멕틴(수간주사), 아미트라즈, 기계유제 살비제(디코폴)

23. 참나무 시들음병의 병원균, 매개충, 기주, 진단 요령, 방제법에 관하여 서술하시오.

1) 병원균과 매개충

① 병원균 : *Raffaelea quercus mongolicae*

② 매개충
  ㉠ Platypus koryonensis(광릉긴나무좀)
  ㉡ 연 1회 발생, 유충월동

③ 기주 : 참나무류(신갈나무), 서어나무, 밤나무, 굴피나무

2) 진단 요령

① 여름에 갑자기 고사한다.
② 줄기의 침입 구멍은 약 1mm 정도이다.
③ 피해목 잎의 일부 또는 전체가 마른다.
④ 목설의 형태가 뿌리목에 쌓여 있다.
⑤ 피해목의 변재부에 갈색 얼룩이 생긴다.

3) 병징·병환

① 매개충이 5월 말부터 가해하고 목설을 쉽게 관찰 가능하며 7월 말부터는 빠르게 시들고 빨갛게 말라 죽는다.
② 매개충 침입 부위는 수간 하부에서 2m 내외이다.
③ 침입공에는 목재 배설물이 나와 있고 뿌리목에 배설물이 쌓여 있다.
④ 광릉긴나무좀 수컷이 먼저 침입 후 암컷을 유인하여 산란하고 부화한 유충은 매개충의 몸에 묻어 들어와 생장한 병원균 *Raffaelea quercus mongolicae*를 먹고 생장한다.
⑤ 암컷 개체의 등에는 병원균 포자를 저장할 수 있는 5~11개의 균낭이 있다(ambrosia).

4) 매개충 생활사

① 연 1회 발생, 노숙유충으로 월동하나 성충과 번데기로 월동하기도 한다.
② 성충은 5월 중순부터 우화 탈출하며 최성기는 6월 중순이다.
③ 7월에 갱도 끝에 알을 낳는다.
④ 암컷은 등판에 5~11개의 균낭이 있어 병원균을 지니고 다닌다.
⑤ 유충은 분지공을 형성하고 병원균을 먹으며 5령기에 걸쳐 성장하고 번데기가 된다.

⑥ 목설의 형태와 양으로 가해 여부와 갱도 내 발생 상태를 추정한다.

시기	충태	목설 형태
5~6월	수컷성충	원통형
6~7월	암수 교미 후	거친 구형
8~9월	유충	분말형

5) 방제법

① 피해목을 잘라 훈증한다.

② 우화 최성기 이전인 6월 15일 전까지 높이 2m까지 끈끈이 트랩을 설치한다.

③ 4월 하순~5월 하순에 ha당 10개소 내외에 유인목을 설치한다(중간에 에탄올 원액 200ml 용기 고정, #자 1m 높이, 10월에 훈증, 소각).

④ 우화 최성기인 6월 중순을 전후하여 페니트리온 유제, 티아메톡삼 입상수화제 등을 나무 줄기에 3회 살포한다.

⑤ 딱따구리 등 조류를 보호한다.

24. 충영 형성 해충의 종류와 생태적 특성 및 방제법에 대하여 서술하시오.

1) 개요

충영 형성 해충의 종류는 밤나무혹벌, 아까시잎혹파리, 외줄면충, 사사키잎혹진딧물, 때죽납작진딧물, 회양목혹응애, 큰팽이나무이, 조록나무혹진딧물, 솔잎혹파리, 사철나무혹파리, 붉나무혹응애, 밤나무 혹응애 등이 있고 잎과 가지에 벌레혹을 만들어 가해한다. 우선 생활권 수목에서 쉽게 발생하는 밤나무혹벌, 아까시잎혹파리, 외줄면충, 사사키잎혹진딧물, 때죽납작진딧물, 회양목혹응애에 관하여 서술한다.

2) 본론

(1) 밤나무혹벌(*Dryocosmus kuriphilus*)

① 기주와 피해

㉠ 기주 : 밤나무(눈)

㉡ 피해 : 밤나무 눈에 10~15mm 충영이 형성되며, 7월 하순 성충이 탈출한 후 말라 죽는다. 1959년 충북 제천에서 발견된 국내 고유종이다.

② 생활사
　㉠ 연 1회 발생하며 유충으로 월동하고 밤나무 눈에 기생하여 충영을 만든다.
　㉡ 유충은 3~5월에 급속히 생장하고 충영도 팽대해지며 가지 생장이 정지되어 개화와 결실을 하지 못한다.
　㉢ 6~7월 충영 내 유충은 번데기로 되며 7~9일간 번데기 기간을 거쳐 우화한다.
　㉣ 단성생식하며 산란은 새눈에 3~5개의 알을 낳고, 7월 하순부터 8월 하순에 부화하여 유충으로 동아(冬芽) 내에서 월동하며 6~7월 용화한다. 6~7월 하순 탈출한 성충의 수명은 4일이며 산란수는 200개이다.

③ 방제법
　㉠ 내충성 품종으로 갱신한다. 토착종인 산목율, 순역, 옥광율, 상림과 도입종인 유마, 이취, 삼조생, 이평 등을 식재한다.
　㉡ 천적 보호 : 중국긴꼬리좀벌을 4~5월 초순 ha당 5,000마리를 방사한다. 남색긴꼬리좀벌, 노란꼬리좀벌, 큰다리남색좀벌, 상수리좀벌 등 천적을 보호한다.
　㉢ 충영은 성충 탈출 후 7월 하순부터 고사하므로 성충 탈출 전 충영을 채취하여 소각한다.
　㉣ 성충 발생 최성기인 7월 초순경에 티아클로프리드 10% 액상수화제 1,000배액을 10일 간격으로 2~3회 살포한다.

(2) 아까시잎혹파리(*Obolodiplosis robiniae*)
① 기주와 피해
　㉠ 기주 : 아까시나무만 가해하는 단식성 해충이다. 미국 원산으로 2002년 수원, 안양에서 발생하였다
　㉡ 피해 : 꿀 채밀 시기에 가해를 시작하며, 유충이 잎 가장자리에서 수액을 빨아먹어 잎이 뒤로 말리며 갈색으로 변하고, 말린 잎 뒤 속에 10마리 내외의 유충이 가해를 한다. 흰가루병과 그을음병이 발생되기도 하며 새순은 지속적으로 고사한다.

② 생활사
　㉠ 1년에 2~3회 발생, 9월 하순경 땅속에서 번데기로 월동하며, 5월 상순 땅속에서 우화한다.
　㉡ 일반적으로 25℃에서 1세대 기간은 약 25일이다.
　㉢ 1화기 4~5월, 2화기 5~6월, 3화기 6~7월이며, 2화기가 가장 피해가 심하다.
　㉣ 2화기 성충부터는 벌레혹에서 바로 우화한다.

- ⓜ 새잎 가장자리에 190개 정도 산란한다.
- ⓗ 7~9월에 여러 충태가 혼재한다.

③ 방제법
- ㉠ 아까시민날개납작먹좀벌, 무당벌레류, 풀잠자리류, 깡충좀벌, 침노린재 등 천적을 보호한다.
- ㉡ 피해 초기에 적용약제를 살포한다.

(3) 외줄면충[느티나무외줄진딧물, *Colopha moriokaensis*(Monzen)]

① 기주와 피해
- ㉠ 기주 : 느티나무, 대나무, 느릅나무
- ㉡ 피해
  - 간모가 느티나무잎 뒷면에서 흡즙하면 표주박 모양의 담녹색 벌레혹이 만들어진다.
  - 유시충이 탈출하면 갈색으로 변색하며 굳은 채로 잎에 남는다.
  - 대발생하면 전체 잎에 벌레혹을 형성하여 미관을 해친다.

② 생활사
- ㉠ 1년에 수회 발생, 수피 틈에서 알로 월동한다.
- ㉡ 월동한 알은 4월 초순에 부화하여 5월 중순까지 3회 탈피하여 간모가 된다.
- ㉢ 1세대 3회 탈피 시 간모^{주)}, 2세대는 4회 탈피하여 벌레 혹당 15~24마리 유시충이 된다.
  주) 진딧물의 월동란이 봄에 부화하여 발육한 것으로 날개가 없이 새끼를 낳는 단위 생식형의 암컷
- ㉣ 5월 하순~6월 상순 유시충 성충은 중간기주인 대나무로 이동한다.
- ㉤ 무시충 성충이 낳은 약충은 대나무 뿌리 근처에서 여름을 보내고 10월 중순~하순 유시충 성충이 출현하여 느티나무로 이동한다.

③ 방제법
- ㉠ 유시충이 탈출 전인 5월 하순에 피해 잎을 채취하여 제거한다.
- ㉡ 충영형성 전 이미다클로프리드 미탁제 0.4mℓ/cm(흉고직경)을 나무주사한다.
- ㉢ 여름기주인 대나무류를 제거한다.
- ㉣ 발생 초기에 침투이행성 살충제로 수간주사를 한다.

(4) 사사키잎혹진딧물(*Tuberocephalus sasakii*)

① 기주와 피해

㉠ 기주 : 벚나무

㉡ 피해
- 성충과 약충이 벚나무의 새눈에 기생하며, 잎뒷면에서 흡즙하면 오목하게 되고 잎 앞면에는 잎맥을 따라 벌레혹을 만든다.
- 황백색 혹 → 황록색 또는 홍색 → 갈색 고사

② 생활사

㉠ 1년 수회 발생하며 벚나무 가지에서 알로 월동한다.

㉡ 4월 상순에 부화한 약충은 새눈의 뒷면에 기생한다.

㉢ 성충과 약충이 벚나무 새눈에 기생하며 잎 앞면에 잎맥을 따라 주머니 혹을 수개 만든다.

㉣ 5월 하순~6월 중순에 출현한 유시형 암컷이 중간기주인 쑥으로 이동하여 여름을 나고, 10월 하순에 유시형 암수가 출현하여 벚나무로 이동하여 동아에 산란한다.

③ 방제법

㉠ 4월 상순에 적용약제를 살포한다.

㉡ 6~10월 중간기주인 쑥에 약제를 살포한다.

(5) 때죽납작진딧물(*Ceratovacuna nekoashi*)

① 기주와 피해

㉠ 기주 : 때죽나무

㉡ 피해
- 간모는 겨울눈 즙액을 빨아 먹고 있다가 측아가 형성되면 이동하여 바나나 송이 모양의 황록색 벌레혹을 만든다.
- 벌레혹 꼬투리는 평균 11개며, 진딧물 탈출 후에는 암갈색으로 변한다.

② 생활사

㉠ 1년에 수회 발생하며 때죽나무 가지에서 알로 월동한다.

㉡ 간모는 4월에 월동란에서 부화하여 발아하지 않은 겨울눈의 즙액을 먹고 있다가 측아가 형성되면 측아로 이동하여 벌레혹 형성을 유도한다.

㉢ 벌레혹 꼬투리는 평균 11개이고 꼬투리당 진딧물은 약 15마리이다.

㉣ 7월 하순에 출현하는 유시충은 2차 기주인 나도바랭이새로 이주한다.

ⓒ 나도바랭이새에서는 잎 뒷면에 솜털 모양 균체를 형성하고 가을에 유시충으로 나타나 때죽나무로 이주한다.

③ 방제법

㉠ 성충 탈출 전인 6~7월 전에 벌레혹을 채취하여 소각한다.

㉡ 4월 상순에 적용약제를 살포 또는 수간주사한다.

㉢ 무당벌레류 특히 홍가슴애기무당벌레, 풀잠자리류, 거미류를 보호한다.

㉣ 8~10월 중간기주인 나도바랭이새에 약제를 살포한다.

※ 혹을 만드는 진딧물과 면충

소속	곤충명	이주	중간기주	가해수종
납작진딧물과	때죽납작진딧물	7월	나도바랭이새	때죽나무, 쪽동백나무
진딧물과	사사키잎혹진딧물	6월	쑥	벚나무류
면충과	외줄면충	6월	대나무류	느티나무, 느릅나무, 대나무

(6) 회양목혹응애(*Eriophyes buxis*)

① 기주와 피해

㉠ 기주 : 회양목

㉡ 피해
- 성충과 약충이 잎눈 속에서 가해하여 마디에 꽃봉오리 모양의 벌레혹을 형성한다.
- 3월 중순 벌레혹은 갈색으로 변색, 새로 생긴 녹색 혹은 4~5월에는 흑갈색으로 변색한다.

② 생활사

㉠ 연 2~3회 발생하며 주로 성충으로 월동하나 알과 약충으로도 월동한다.

㉡ 월동 성충은 3월에 새눈을 벌레혹으로 만들고 그 속에서 2~3세대 경과한다.

㉢ 신성충[주]은 9월 상순에 나타나서 회양목 눈속으로 들어간다.

주) 성충으로 월동하면 이듬해 봄에 성충이 잠에서 깨어나 산란-부화약충-번데기-성충으로 월동을 한다. 이런 경우 후에 나타나는 성충을 신성충이라 한다.

③ 방제법

㉠ 벌레혹이 형성된 가지를 제거한다.

㉡ 밀도가 높을 경우 약제 처리를 한다.

㉢ 9월 상순 적용약제를 살포한다.

25. 제초제 피해와 피해 진단 및 증상, 방제 방법에 관하여 서술하시오.

1) 개요

제초제 오남용의 피해가 발생하며, 피해량은 제초제 종류, 처리 정도, 처리 시기 등에 따라 다양하다. 피해 진단을 위해서는 최근 사용 여부를 확인하고, 무처리구와의 비교 검토가 필요하다.

2) 제초제의 종류와 피해

(1) 발아 전 처리제(토양처리제) : 시마진

잔디밭에 주로 사용하며 사용방법 준수 시 수목에는 별다른 피해가 없으나 고농도 사용 시 잎 가장자리에 연한 녹색이나 황색 좁은 띠가 나타난다.

(2) 경엽처리제

① 호르몬계 제초제

㉠ 흡수 이행성이 강해서 빗물이나 관개수에 섞여 피해를 줄 수 있다.

㉡ 2,4-D : 잔류기간이 짧다. 잎이 타면서 말린다.

㉢ dicamba(밤벨) : 잔류기간이 길고 나무뿌리에 흡수될 수 있으며 전면적 살포와 사용량 과다 시 다른 식물에 피해를 초래하므로 주의한다.

※ 피해증상은 활엽수는 기형, 비대, 침엽수는 새 가지 비대, 꼬부라지고 은행나무는 잎 끝이 말려들고, 주목 잎은 황화현상이 나타난다.

② 비호르몬 제초제

㉠ 체관을 통해 쉽게 이동하여 다년생 잡초에 효과적이며 식물의 대사과정 교란으로 잡초 생장을 억제한다.

㉡ 글리포세이트(근사미) : 식물의 단백질 합성을 저해하며, 수목의 가지 윗가지에 피해가 나타나는 경우가 많다.

㉢ 메코프로프 : 식물의 핵산대사와 세포벽을 교란하여 광합성과 양분 흡수를 저해한다.

(3) 접촉 제초제 : paraquat(그라목손)

비호르몬 계열과 비슷하지만 접촉에 의해 짧은 시간 내에 살초한다. 접촉에 의한 피해만 일어나며 피해증상은 괴저 반점이다.

3) 작용기작

작용기작	종류	흡수 부위	피해 현상
광합성 저해	파라콰트(그라목손)	경엽처리제	접촉성 : 괴저반점
	시마진	토양처리제	잎 가장자리 연녹색~누런색띠
호르몬 작용 저해	2,4-D, MCPA	경엽처리제	잎이 타면서 말림
	디캄바(밤벨)	경엽처리제	잎말림, 잎자루 비틀림, 비정상 생장 유도
아미노산 생합성 저해	아짐설퓨론	-	-
	글루포세이트	경엽처리제	불규칙 반점 괴사

4) 제초제 피해 진단

제초제 피해는 수목의 감수성, 생육 상태, 주위환경, 기상과 연관되어 있어 절대적인 판단은 불가능하지만 일반적으로 다음과 같이 진단한다.
① 관리기록 조사 : 최근 사용한 곳과 무처리구를 비교한다.
② 접촉성 제초제 피해가 아니면 한 개체 전체에 피해가 나타난다.
③ 동일 장소의 식물은 종에 관계없이 피해가 비교적 균일하게 나타난다.
④ 비기생성 피해와 같은 양상이다.
⑤ 전염성이 없다.

5) 방제법

① 토양에 잔류한 제초제 제거 : 활성탄, 부엽토, 석회 등으로 제초제 흡착
② 표토 제거 및 치환을 한다.
③ 제초제 살포 시기 유의 : 약제 살포 후 비가 오면 약제 희석과 다른 피해 유발
④ 줄기 대 뿌리의 비율을 맞추고 인산질비료 시용으로 수세를 강화한다.

26. 농약과 비료해의 원인과 증상, 피해 진단과 제초제 오염 방제에 관하여 서술하시오.

1) 개요

농약, 무기양료, 생장 조절제가 식물의 조직을 죽이거나 잎과 가지가 기형이 되게 하며 증산, 동화, 흡수작용 등의 생리작용을 방해하는 것이다.

2) 본론

(1) 농약해 또는 비료해의 원인

① 너무 높은 농도로 처리하거나 민감한 식물체에 처리한 경우
② 농약 사용 주의사항을 무시한 경우
③ 부적당한 환경조건, 즉 35℃ 이상의 고온, 0℃의 저온, 지나친 과습, 종의 특이성 등 활력 저하 요인으로 기온이 높고 가뭄이 심할 때 약해의 발생이 많다.
④ 두 가지 이상의 약제 혼합 또는 보조제 및 용매에 의하여 일어난다.
⑤ 희석한 물의 오염 및 과다한 약량 투여로 일어난다.

(2) 약해 및 비료해의 증상

① 약해 증상 : 잎에 반점, 잎 전체 또는 가장자리가 타는 것, 황화, 기형, 시들음, 조기낙엽, 열매가 다발로 열리는 것, 조기낙과 등

※ 활엽수와 침엽수의 농약피해 병징

활엽수 병징	침엽수 병징
• 잎 황화	• 잎 황화
• 잎 말림, 뒤틀림, 기형	• 잎의 처짐, 뒤틀림
• 낙엽 현상	• 왜소한 잎
• 불규칙한 반점과 가장자리 괴사	• 잎의 끝부분 고사
• 가지의 휨과 도장	• 가지끝 비대 혹은 고사 현상

② 비료해 증상 : 부숙되지 않은 상태에서 사용 시 황변이 나타나며 끓는 물에 데친 듯 됨
  ㉠ 암모니아에 의한 알칼리 가스 장해(환원작용) : 잎이 갈색으로 변함
  ㉡ 아질산에 의한 산성 가스 장해(산화작용) : 잎이 흰색으로 변함

(3) 농약 피해가 발생하는 환경

① 수목의 상태, 살포 시기, 기상 조건이 약해의 영향의 주요한 요인
② 봄철 옆조직이 어린 경우 약제가 쉽게 조직을 침투함
③ 그늘에서 자라 옆 조직이 연한 경우
④ 햇볕 채광율이 낮은 장마철에 엽조직이 연한 경우
⑤ 태풍이 지난 후 잎에 상처가 많은 경우
⑥ 기온이 높아 약제 활성이 높고 화학반응이 촉진될 때
⑦ 가뭄으로 잎에 탈수 현상이 있을 경우

(4) 농약 살포 시 주의사항

① 디프수화제는 핵과식물(복숭아, 앵두 등)에 피해가 크므로 사용하지 않는다.

② 보르도액 살포 후 연이어 다른 살균제, 살충제를 사용하지 않는다.

③ 농약 권장 농도를 지킨다.

④ 살균제와 살충제를 혼용할 때는 반드시 "농약혼용적부표"를 참조한다.

(5) 방제

제초제는 반감기가 90일 이상으로 토양 잔류 기간이 2~3년까지 지속되어 다른 곳에서 피해가 발생한다.

① 토양세척 : 관수 후 배수

② 토양치환 : 겉흙 교체+인산질비료

③ 활성탄 및 퇴비 시용 : 잔류농약 흡착

④ 토양관주 : 질산칼슘, 질산칼륨, 요소, 제1인산칼륨, 황산마그네슘

⑤ 영양 공급 : 엽면시비

⑥ 수간주사 : 생육 상태 고려하여 결정

3) 결론

농약으로 인한 토양과 수목의 피해는 관리 상태에 따라 그 피해를 방지할 수 있다. 농약은 사용 목적과 사용 방법 등을 숙지하고 수목 고사 등 2차 피해가 발생하지 않도록 해야 하며, 살포 대상과 수종 선정, 권장 농도 초과, 다량 살포, 이웃한 나무에 비산, 두 가지 이상 혼용 등에 의해 피해가 발생하므로 주의를 요한다.

---

27. 사람과 차량의 통행량이 많은 도심 한복판에 식재된 소나무가 있으며, 야간에도 불빛이 환하고 높은 온도가 나타난다. 소나무는 15년 전에 식재하였다. 다음 증상을 바탕으로 진단하는 방법과 결과를 서술하시오.

- 어떤 해는 소나무의 끝 가지가 마르는 증상이 나타났는데, 지난해의 강수량이 적었다.
- 소나무의 수피에 1~2mm의 작은 구멍이 다수 발견되었다.
- 6년 전부터 연 생장량이 감소하기 시작하였다.

1) 서론

상기 제시된 증상으로 보아 다음 사항과 같이 비생물적 피해와 생물적 피해로 구분하여 진단하고, 그 결과를 토대로 방제 방안을 제시하고자 한다.

증상 및 병징	생물적 피해	비생물적 피해
① 사람과 차량의 통행이 많은 도심 한복판 소나무 ② 불빛 환하고 높은 온도 ③ 소나무의 끝가지가 마르는 증상이 나타남. 지난 해의 강수량이 적음	–	① 답압, 건조 ② 광주기, 야간온도 ③ 가지마름병
④ 소나무의 수피에 1~2mm의 작은 구멍이 다수 발견됨	④ 소나무좀, 소나무가지 끝마름병	–

2) 본론

(1) 비생물적 피해

① 답압

㉠ 개요
- 표토가 다져져서 견밀화된 토양 경화 현상을 의미한다.
- 토양의 공극이 낮아져 용적비중이 높아지고 통기성, 배수성이 나빠서 뿌리 생장에 불리하여 수분, 산소, 무기양분의 공급 부족으로 뿌리 발달이 저조하다.

㉡ 병징
- 잎 왜소화, 가지 생장 둔화, 황화현상
- 수관 상부서부터 내려오면서 가지가 고사하고 수관이 엉성해진다.
- 과습 피해와 유사한 증상이 나타난다.
- 뿌리가 지면으로 돌출한다. 등산로 등에서 볼 수 있다.
- 뿌리가 줄기를 죈다. 뿌리가 자신의 줄기를 감싸는 증상을 말한다.
  ※ 토양에서 수분, 양분, 산소 공급의 역할을 하는 세근의 80%가 표토 30cm 내에 분포한다. 하지만 답압으로 활동이 저조해진다.
  ※ 토양 산소가 10% 이하이면 뿌리 피해가 시작되고, 3% 이하에서는 수목이 질식한다.
  ※ 답압은 토심 30cm 이상까지 영향을 미치고 표층 0~4cm에서 용적밀도가 급격히 증가한다.

㉢ 답압 측정방법
- 토양경도계를 이용하여 측정한다.
- 우리나라에서는 산중(山中)식 토양경도계가 주로 사용된다.
- 토양경도지수 23~27mm에서는 식물 생육에 장해를 받으며, 27~30mm 이상이면 식물 뿌리의 토양 내 침투가 불가능하다.
- 18~23mm 식물의 뿌리 생장에 가장 적합하다.

② 방제
- 경화된 토양은 대개 지표면 20cm 이내 토양이므로 시차를 두고 부분적으로 경운을 한다.
- 토양을 개량한다(부숙퇴비+토탄, 이끼+펄라이트+모래+유공관 설치).
- 바크, 우드칩, 볏짚 등 다공성 유기물을 5cm 이내로 토양 멀칭을 시행한다.
- 수관 범위 내 울타리를 설치한다.
- 조경공사 현장서는 작업차량의 동선을 관리한다.

② 건조피해
㉠ 건조피해 유형 : 가뭄, 이식, 기상이변으로 인한 건조피해이다.
㉡ 건조피해 증상 : 직경 생장이 급격히 감소하고 위연륜이 발생하며 서서히 가지 끝에서 나타난다. 건조피해는 끝부분부터 발생하기 때문에 병징이 어디서부터 관찰되는지 확인하는 것이 중요하다.
㉢ 병징
- 활엽수 : 어린 잎, 줄기 시들음(가장자리 → 엽맥 사이 조직이 갈색), 잎이 작아지고 새가지 생장이 위축된다.
- 침엽수 : 피해 증상이 잘 나타나지 않는다. 가시적 피해로 잎이 쪼그라들고 연녹색으로 퇴색되면 회복 불가능하다.
- 줄기마름병, 시들음병(재선충, 참나무 시들음병)과 증상이 비슷하다.

※ 내건성 정도

내건성	침엽수	활엽수
높음	소나무, 곰솔, 향나무, 눈향나무, 섬잣나무	사시나무, 사철나무, 아까시나무, 호랑가시나무, 가중나무, 회화나무, 물오리나무
낮음 (천근성)	낙우송, 삼나무	은단풍나무, 네군도단풍, 물푸레나무, 느릅나무, 동백나무, 칠엽수, 주엽나무, 층층나무, 황매화, 느릅나무

③ 겨울 이상 가뭄 현상(기후변화에 따른 동계건조)
㉠ 늦겨울과 이른 봄 상록수의 과다한 증산으로 고사하는 현상이다. 해토 후 적갈색 잎으로 변한다.
㉡ 2007년 영월, 진천 잣나무, 2009년 밀양 사천 소나무림에 발생하였다.
㉢ 방지법(건조와 가뭄)
- 한 번에 충분한 관수를 한다.
- 나무 아래 잔디나 관목류를 제거한다.

- 수분 증발 방지를 위하여 토양멀칭을 한다.
- 내건성 수종을 식재한다.
  ※ 내건성 수종 : 사시나무, 사철나무, 향나무, 보리수, 오리나무, 소나무 등

④ 야간온도
  ㉠ 수목은 야간온도가 주간온도보다 낮아야 정상적인 생육이 가능하다(온도주기).
  ㉡ 주간온도보다 5~10℃ 낮은 것이 수목 생장에 적합하다.
  ㉢ 야간에 호흡이 억제되어야 탄수화물을 생장에 최대한 이용할 수 있다.

⑤ 광주기(=일장)
  ㉠ 온대지방 식물은 낮과 밤의 길이를 통해 계절의 변화를 감지한다.
  ㉡ 장일조건은 수고생장, 직경생장을 촉진하지만 낙엽과 휴면을 지연·억제할 수 있다.

(2) 생물적 피해
① 소나무좀 : *Tomicus Piniperda*
  ㉠ 기주와 피해
    - 쇠약목, 벌채목, 고사목에 기생하며, 지면과 수직으로 갱도를 만들고 가해한다.
    - 적송, 흑송, 잣나무를 가해한다. 1차 가해는 봄, 3~4월에 월동한 성충이 가해하고, 2차 가해는 여름, 6월에 신성충이 갱도를 나와 1년생 가지를 가해한다.
    - 유충은 형성층과 목질부를 가해하고 성충은 신초를 가해하며 특히 35~40년된 숲(林)이 피해가 크다.
    - 고사된 신초는 구부러지거나 부러진 채 붙어있다. 이는 후식 피해이다.
  ㉡ 생활사
    - 연 1회 발생하며 성충으로 지제부 부근서 월동하고 15℃ 이상에서 활동을 시작한다.
    - 3~4월 초 평균기온이 15℃ 정도 2~3일 지속되면 성충이 월동처에서 나와 쇠약목으로 침입한다.
    - 상단부로 10cm 수직굉을 만들고 양쪽에 60개의 알을 산란한다.
    - 부화유충은 모굉(母坑)과 직각으로 유충갱도를 만든다.
    - 성충은 6월 중·하순경부터 신초 속 위쪽으로 가해하다가 늦가을에 기주의 지제부 수피틈에서 월동한다.
      ※ 2월 중 유인목으로 산란을 유도한 후 5월 중 번데기를 만들기 전에 껍질을 벗겨 유충을 죽인다.

ⓒ 방제법
- 피압목, 불량목, 병충목 등은 조기간벌을 하고 박피한다.
- 고사 직전목은 용화전 박피 소각한다.
- 피해림 부근 벌채목은 조기 반출하고 심한 경우는 벌채 그루터기도 박피한다.
- 유치목을 설치하여 구제한다.
  ※ 1~2월 벌채목을 2~3월에 임내에 세운다. 월동 성충의 산란을 유인한 후 5월에 박피하여 소각한다.
- 수중저장을 한다.
- 천적을 보호한다.

② 소나무 가지마름병
  ㉠ 개요
  - 소나무 피목가지마름병은 자낭균에 의해 발병하며, 전염성이 약한 내생균근으로 이상건조(가뭄), 이상고온, 밀식 등 환경장애로 수세가 쇠약할 때 주로 2~3년생 가지에 발병한다.
  - 리기다소나무 푸사리움가지마름병은 불완전균에 의해 발병하며 상처를 통해 병균이 침입하고 1~2년생 가지에서 발병한다.
  - 소나무 가지끝마름병은 Diplodia균에 의해 답압, 피음, 가뭄 등으로 수세가 약해진 수목의 당년생 가지에 발병한다.
  ㉡ 소나무류 가지마름병의 비교

구분	소나무 피목가지마름병 (자낭균)	리기다소나무 푸사리움가지마름병(불완전균)	소나무 가지끝마름병 (불완전균)
학명	*Cenangium ferruginosum*	*Fusarium Circinatum*	*Diplodia Pinea*
원인	• 1차적 원인은 기후변화, 환경변화. 이상건조, 따뜻한 가을, 찬 겨울 • 건조 쉬운 토양, 뿌리 발육 불량, 과밀한 밀도에서 발병	• 해충(나무좀, 바구미) 상처, 기계적 상처, 종자 감염 등을 통해 발병 • 밀식조림, 건조 시 해충 피해로 더욱 심함	• 답압, 피음, 가뭄 등 스트레스가 발병 원인 • 비 많고 따뜻한 봄에 많이 발생
병징 및 병환	• 산발적인 가지 고사 • 당년 또는 이듬해에 잎 탈락 • 4~5월, 2~3년생 가지에 발생, 병든 부위와 건전 부위의 경계 뚜렷함 • 건조피해 시 증가 속도 빠름	• 1~2년생 가지 발생·고사 • 잎은 병든 가지에 수년간 붙어 있음 • 목질부가 수지로 젖게 되는 특징 → 흰색 굳음 • 1월 평균기온이 0℃ 이상 아열대기후가 되면, 다발	• 6월부터 새가지 침엽이 짧아지고 새순과 어린 잎이 갈변하면서 구부러지며, 당년생 가지 끝 급고사, 늦게 감염된 다 자란 잎은 우산살처럼 처짐(죽은 가지에서 송진 나옴)

구분	소나무 피목가지마름병 (자낭균)	리기다소나무 푸사리움가지마름병(불완전균)	소나무 가지끝마름병 (불완전균)
병징 및 병환	• 병원성 약한 2차 병원균으로 전염성 거의 없음 • 장마철 이후 병원균 이동 • 자낭균(6~8월 비산) • 죽은 피목에 황갈색 자낭반 돌출	• 녹병균 감염조직에서 신속 생장(테다소나무) • 밝은 갈색으로 퇴색 • 6~8월 노랑색 엽흔에 분생포자좌(중요 표징)	• 20~30년생에 발생 많음 • 솔잎혹파리 발생지에서 균 밀도 높음 • 수피를 벗기면 병든 부위 뚜렷 • 주로 수관하부 발생, 명나방, 얼룩나방 유충피해와 비슷함 • 여름에 엽초에 검은색 분생포자각 돌출(중요 표징)
방제	• 관수와 시비로 예방 • 병든 가지 소각과 남향으로 뿌리가 노출된 곳의 관목 무육으로 토양 건조 방지	• 저항성 품종 식재(몬테레이 소나무) • 숲 가꾸기로 활력 회복 • 종자 소독(베노밀·티람 수화제) • 테부코나졸 유탁제 나무주사	• 죽은 가지 소각 • 풀베기 등으로 하부 통풍 개선 • 새잎 자라는 시기 베노밀 수화제 2~3회

28. 소나무류 잎마름병의 종류와 생활사 및 방제법에 관하여 서술하시오.

구분	소나무 잎떨림병 *Lophodermium seditiosum*	소나무 그을음잎마름병 *Rhizosphaera kalkhoffii*	소나무 갈색무늬잎마름병 *Lecanosticta acicola*
원인	통풍과 배수가 불량한 저지대 조림지에서 발생(15년생 미만에 발생이 많음)	뿌리 발달이 불량할 경우(과습, 건조 시)와 과밀할 때 발생(아황산가스 피해지에 많음)	다습한 환경에서 자주 발생
병징 표징	• 3~5월에 새잎 나오기 전에 묵은 잎(1년생 잎) 1/3이 급격히 갈변하면서 조금만 건드려도 심하게 낙엽되고 새순만 남음 • 6~7월쯤, 병든 낙엽에는 흑색, 타원형의 약간 융기된 1~15개의 자낭반(표징)이 나타남 1mm 흑갈색 타원형 돌기 • 7~9월에 비가 내린 후 직후 자낭포자가 비산하여 새잎 기공을 통해 전염됨	• 6~7월 당년생 잎 끝부분 1/3~2/3가 황변~갈변하고, 나머지는 녹색으로 경계가 명확하게 남아 있음 • 변색부에는 구형의 작은 돌기(분생포자각)이 기공을 따라 줄지어 형성되고 낙엽됨	• 가을(9월)부터 회록색 작은 반점 생기고 황록색~회갈색 띠를 형성, 병반이 합쳐져 잎이 갈변, 고사함 • 감염이 심하면 전체 낙엽 • 가을에 죽은 침엽 표피 밑에서 검은 점(분생포층)이 생김 • 봄에 분생포자를 형성하면 표피가 찢어지며 분생포자 덩이가 돌출하여 봄비에 전염됨 • 곰솔에 피해 많음 • 주로 수관하부서 발생

구분	소나무 잎떨림병 *Lophodermium seditiosum*	소나무 그을음잎마름병 *Rhizosphaera kalkhoffii*	소나무 갈색무늬잎마름병 *Lecanosticta acicola*
병징 표징	• 가을에서 초봄까지는 황색 반점이 형성되나 갈색으로 변색하면서 노란 띠 형성 • 수관하부 발생 심함		• 곰솔 묘목, 어린 나무에 발생이 많음
방제법	• 병든 낙엽 소각하거나 땅속에 묻음 • 풀 깎기, 가지치기로 통풍 • 배수 관리 및 수세 회복 • 적용약제를 6~8월 2주 간격으로 3~4회 살포	• 뿌리 발달 건전하게 유지(과습, 건조하지 않게) • 과밀한 가지 잘라내거나 풀베기(통풍 좋게) • 적용약제를 4~10월까지 2주 간격으로 3~4회 살포	• 배수·통풍이 좋아야 함 • 새잎 시기 봄비 올 때(5~7월)에 적용약제를 살포 • 병든잎 소각 또는 묻고 전염원을 차단

29. 수목외과수술의 공동충전 문제와 한계점에 관하여 서술하시오.

1) 외과수술 부위의 산소 차단 부족으로 목재부후 우려

① 곰팡이는 산소를 좋아한다.
② 우레탄이나 에폭시수지 사용으로 공동 충전 시 공기접촉면이 상당 수준으로 차단되었으나 곰팡이가 필요로 하는 산소공급을 완전히 차단하지 못할 경우, 부후 우려가 있다.
③ 공기가 완전히 차단되었다 하더라도 혐기성 곰팡이의 활동으로 습재(濕材)가 발생할 우려가 있다.

2) 형성층 노출로 인한 새로운 부후 상처의 발생

① 활력이 떨어진 노거수의 경우 새로운 형성층 노출로 상처가 유합되지 않을 경우 새로운 상처가 되어 수명을 단축할 수 있다.
② 수술 전 진단을 철저히 하여 외과수술 여부를 결정하고, 인명이나 재산상 피해가 없도록 하여야 한다.

30. 수목 상처의 유형에 따른 치료와 뿌리 상처 치료 방법에 관하여 서술하시오.

1) 개요

수목의 상처는 인위적, 기상적, 생물적 원인에 의해 상처를 입게 되고 큰 상처는 방치하였을 경우 생장 위축, 공동으로 진행되기 때문에 적극적인 치료를 하여야 한다. 수세가 왕성할수록 상처유합제 생장이 활발하므로 수세 관리에 노력해야 한다.

2) 유형에 따른 상처 치료 방법

(1) 갓 생긴 나무 상처의 응급치료

① 이물질을 제거하고 상처가 마르기 전에 벗겨진 수피를 제자리에 밀착시킨 후 못이나 테이프로 고정한 뒤 젖은 패드+비닐로 덮고 햇빛이 투과하지 않도록 청색 테이프로 고정, 2주 후 유합조직이 자라면 비닐과 패드를 제거하고 햇빛만 가려준다.

② 유합조직이 자라지 않으면 붙여진 수피 조각을 제거한 후 상처 가장자리 1~2cm 이내의 온전 수피를 도려내고 상처도포제를 발라준다.

(2) 어린 상처 치료(수개월 미만)

① 상처 가장자리를 둥글게 다듬어 유합조직이 균일하게 자라 상처가 매끄럽게 아물도록 한다.

② 들떠있는 수피, 지저깨비를 제거하고 상처 가장자리 바깥쪽 1~2cm 온전 수피를 완만 곡선으로 도려낸 뒤 상처도포제를 바른다.

(3) 상렬, 피소 또는 낙뢰로 인한 상처치료

① 벗겨진 수피 제거 후 상처도포제 처리한다.

② 상렬 피해지는 되풀이 피해를 받을 수 있어 줄기를 마대로 싸거나 석회유를 바르고 토양 멀칭으로 지면의 복사열을 차단한다.

③ 상처의 가장자리에 유합조직이 형성되어 있지 않으면 들뜬 수피 모두를 제거하고, 타원형으로 상처 가장자리의 온전한 수피를 최소한으로 도려낸 뒤 상처도포제 처리한다. 상처도포제는 상처가 아물 때까지 매년 봄에 1차례 얇게 바른다.

④ 상처가 크지 않을 경우 도포제 처리로 병원균을 침입을 차단하고 부서진 수피는 약 1년 정도 두었다가 상처 가장자리에 유합조직이 형성된 후에 제거한다.

(4) 오래된 상처의 치료
　① 상처유합재가 완전 노출되어 있을 때는 이물질을 씻어내고 70~90% 에틸알코올이나 지오판수화제로 소독한 후 상처도포제를 처리한다.
　② 상처유합재가 들떠있는 수피에 갇혀있을 때는 들뜬 수피를 제거한다.
　③ 노출된 목질부가 썩지 않고 단단하면 깨끗이 세척·건조 후 상처도포제 처리한다. 상처가 아물 때까지 매년 봄에 1회 상처도포제 처리한다.

(5) 수피 이식
　① 줄기의 수피가 수평으로 벗겨진 경우 상처 크기가 줄기 둘레의 25% 미만이라면 상처를 극복하지만 50% 이상이라면 점점 쇠약해지고 심하면 고사한다.
　② 수피가 수평 방향으로 벗겨지고 간격이 좁다면 수피 이식으로 치료 가능하다.
　　㉠ 들뜬 수피를 제거한 후 상처 아래위 높이 2cm가량의 살아있는 수피를 수평 방향으로 벗겨낸다.
　　㉡ 다른 나무에서 벗겨 온 비슷한 두께의 수피를 이식한다. 벗겨온 수피가 마르지 않게 하고 수피의 극성(상하 위치)이 바뀌지 않게 한다.
　　㉢ 상처가 수평 방향으로 길게 이어진 경우 이식 수피를 5cm 길이로 잘라 연속 부착 후 못으로 고정한다.
　　㉣ 젖은 패드＋비닐＋테이프로 고정하여 건조와 이탈을 방지하며 그늘을 만들어준다.
　　㉤ 수피 이식 1~2주 뒤 상처 부위 유합조직이 자라 나오면 성공이다. 수피 이식은 늦은 봄에 성공률이 높다.

(6) 뿌리 상처의 치료
　① 고사한 뿌리 제거 시 반드시 유합조직의 형성이 가능한 살아있는 뿌리 부분까지 절단하여 새로운 뿌리의 발달을 유도한다.
　　※ 띠 모양 박피는 길이 7~10cm, 환상 박피는 폭 3cm 길이로 한다.
　② 절단한 박피 부위는 발근촉진제(IBA 10~50ppm)와 도포제를 처리한다.
　　※ 락발삼, 티오파네이트메틸(톱신페이스트), 데부코나졸(실바코 도포제)
　③ 적기는 봄이나, 9월까지 가능하다.
　④ 토양소독, 개량
　　㉠ 살균제 : Captan분제, 티오파네이트메틸(톱신엠)을 사용한다.
　　㉡ 부후균과 병원균 억제 : 황산칼슘, 탄산칼슘, 생석회처리를 하기도 한다.
　　㉢ 살충제 : 다이아톤, 보라톤, 오드란

ㄹ. 토양 개량
- 물리적 성질 : 모래, 완숙퇴비(총부피 10% 이상), 질석, 석회 시용
- 화학적 성질 : 산도 개량

31. 올바른 가지치기 방법에 대하여 서술하시오.

1) 자연표적 가지치기(natural target pruning ; NTP)

① 1979년 사이고 박사가 과학적인 가지치기를 제안한 사항이다.
② 지피융기선[주1]과 지륭(가지밑살)[주2]이 잘려나가지 않도록 절단하여 "가지보호대"가 절단되지 않도록 한다.

<small>주1) 지피융기선 : 줄기와 가지 분지점에 있는 주름 모양의 융기 부분으로 줄기조직과 가지조직의 경계선이다.
주2) 지륭 : 가지밑살이라고도 하며 가지가 자신의 무게를 지탱하기 위해 나이테가 비대 생장한 불룩한 조직이다.</small>

③ 가지보호대는 부후균의 침입을 억제, 썩는 것을 방지한다. 활엽수는 페놀, 침엽수는 테르펜을 주제로 한 물질이다.

2) 가지치기 위치

줄기와 가지의 결합부위, 가지와 가지의 결합부위에서 자르며 가지치기는 나무의 위쪽 가지부터 아래쪽으로 해서 내려온다.

① 지융이 뚜렷한 가지치기 : 지피융기선 상단 바깥쪽과 지륭이 끝나는 점을 비스듬히 자른다.
② 지융이 뚜렷하지 않은 가지 자르기 : 지피융기선 상단부 지점서 줄기와 평행으로 가상의 수직선을 긋고 지피융기선과 수직선 사이의 각도(a)와 등각(b)이 되도록 절단(각도 a보다 같거나 작게)한다.
③ 죽은 가지 자르기(지륭 발달) : 지피융기선을 표적으로 하지 말고 지륭 끝에서 바짝 자른다.
④ 줄기자르기
  ㉠ 지피융기선 상단부에서 제거할 줄기에 90° 각도로 가상의 수평선과 지피융기선과의 각도를 이등분한 선이 절단면이다.
  ㉡ 상처도포제(락발삼도포제, 티오파네이트메틸, 테부코나졸)를 1년에 1차례, 봄·가을에 도포한다.

⑤ 굵은 가지 자르기 : 3단계 절단법으로 자른다.
  ㉠ 초절 : 마지막 절단 위치보다 20cm 위에서 치켜 잘라 30~40% 절단한다.
  ㉡ 차절 : 초절보다 2~3cm 위에서 절단하여 무게를 제거한다.
  ㉢ 종절 : 자연 표적 가지치기에 따라 절단한다.

3) 상처 도포제

① 락발삼, 티오파네이트메틸, 테부코나졸 처리 : 병원균 침입을 방지하고 유합조직의 형성을 촉진한다.
② 부후에 취약한 벗나무, 은행나무 등은 도포제를 발라 상처를 보호한다.
③ 수액이 많이 흘러나오는 단풍나무, 자작나무 등은 늦가을이나 겨울에 나온 잎을 제거한 후 수액이 마른 후 도포제를 바른다.

32. 잘못된 가지치기에 대하여 예를 들고 해결 방안을 서술하시오.

1) 잘못된 가지치기

① 바투 자르기(평절)
  ㉠ 지륭이 모두 잘리면 공동의 원인이 된다.
  ㉡ 상처가 아물지 않고, 병원균 침입으로 줄기 썩으며 공동으로 진전하기 쉽다.
  ㉢ 지피융기선, 지륭까지 포함된 절단은 융합에 많은 시간이 소요되며 지륭에 형성된 가지보호대가 손상되어 변색과 부후가 수간 내부로 확산된다.

② 남겨두고 자르기(Stub Cut)
  ㉠ 부후와 공동의 원인이 된다.
  ㉡ 상처유합제가 상구를 감싸지 못해 가지터기가 썩는다.

2) 해결 방안

① 자연표적 가지치기 시행 : 지피융기선과 지륭이 잘려 나가지 않도록 지피융기선 상단부의 바깥쪽에서 시작해서 지륭이 끝나는 지점을 향해 가지를 절단한다. 즉 자연의 이치에 따른 가지치기를 시행한다.
② 장기적으로 가지 속기나 축소 절단을 시행한다.
③ 어린 가지는 눈 바로 위를 자른다.

④ 굵은 가지 자르기는 3단계 절단법으로 자른다.
  ㉠ 초절 : 마지막 전정 위치보다 20~30cm 위쪽에서 치켜 잘라 30~40% 절단한다. 이는 가지 지름의 1/3~1/4, 30~40%가량 가지 위쪽 방향이 된다.
  ㉡ 차절 : 초절보다 2~3cm 위에서 절단하여 무게를 제거한다.
  ㉢ 종절 : 자연표적 가지치기로, 지피융기선 기준 지륭(밑살)을 남겨줄 수 있는 각도로 자른다.

33. 쇠조임 방법, 주의사항, 설치에 필요한 기구, 줄당김 설치 방법의 장단점을 서술하시오.
(문화재수리기술자 : 2020년)

1) 개요

보호수, 천연기념물, 노거수 등의 보호와 관리에 중요한 작업이다. 수간이나 가지의 약한 부분을 쇠막대기, 쇠사슬, 철사줄 등으로 수간과 가지 등을 서로 연결하거나 다른 지주목과 연결하여 물리적인 환경변화 요인으로 쓰러지는 등의 피해를 사전에 예방하기 위한 작업이다.

2) 쇠조임

① 쇠조임은 단단한 강봉이나 볼트를 수목 내부에 설치하는 작업이다.
② 둘 이상의 주지가 벌어지거나 옆으로 움직이는 위험을 줄이고자 함께 묶어주어 상처가 더 이상 확대되는 것을 방지하기 위해 활용된다.
③ 설치 기본사항
  ㉠ 쇠조임을 위한 조임 강봉을 설치하기 전에 전정 작업을 한다.
  ㉡ 쇠조임만으로 지지력을 확보하기 어려운 경우가 많기 때문에 추가적인 지지를 확보하기 위해 줄당김 설치를 고려해야 한다.
④ 설치 위치
  ㉠ 위 : 굵은 줄기직경와 1~2배 범위 내
  ㉡ 아래 : 균열이 끝나는 지점 아래

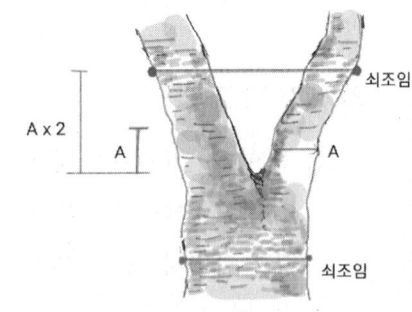

3) 쇠조임 설치 유형

① 단일 쇠조임 : 지지력이 가장 약하기 때문에 연결 부위에 찢어짐이 없는 직경 20cm 이하의 소교목에 적합한 유형이다.
② 평행 쇠조임 : 연결 부위가 찢어져 있거나 대규모 수피 매몰이 있는 중교목(직경 20~50cm)인 경우에는 연결 부위 아래쪽으로 조임 강봉을 수직·평행하게 추가로 설치한다.
③ 교호 쇠조임 : 연결 부위가 하나이고(두 개의 동일세력 줄기가 연결된 경우) 연결 부위 아래가 찢어진 대교목(직경 50~100cm)에 적합하다.
④ 교차 쇠조임 : 셋 이상의 동일세력 줄기를 가진 수목에 사용한다.

4) 줄당김

(1) 줄당김
① 가지치기로 수형 정리한 후 가능성을 검토한다.
② 가지 크기, 각도, 분지점, 부패를 고려하여 형태를 결정한다.
③ 가지와 철선으로 45° 이상이 되도록 한다.
④ 관통 볼트식 : 힘을 가장 많이 받을 수 있는 철선 연결 방식이다.

(2) 설치 방법
① 수간을 지면이나 다른 수목에 연결시켜 교정한다.
② 수목 대 지면은 당김높이의 2/3 자리에 고정하고, 수목 대 수목은 당겨지는 수목보다 당기는 수목에 힘이 더 주어지도록 설치한다(당겨지는 수목<당기는 수목).
③ 중간에 완충조절 장치를 설치한다.
④ 당김줄에 보행자를 위한 밝은 표식을 한다.
⑤ 위치 : 지지될 가지나 줄기 길이의 2/3 지점에 고정 설치한다.
⑥ 연결 각도 : 줄기와 가지가 이루는 각도를 이등분하는 선과 직각으로 교차한다.

5) 장단점

① 수목 자체에 지탱 조절이 어려울 때 제한적으로 시행하는 안전조치이다.
② 지지대 대상지의 높이, 경사도 등에 따라 지지대의 형태나 설치 방법 등을 달리 해야 한다.
③ 풍해, 설해로 인해 자연재해 발생이 예상되는 위험 가지는 사전 정리를 행할 수 있다.
④ 줄당김은 다른 지지방법이 없는 경우 최후의 수단으로 사용한다.
⑤ 줄당김은 수간이 비대칭적이거나 수간에 광범위한 부후가 존재하는 수목이나 심하게 기울어진 수목에는 부적절하다.

6) 자재 규격

① 조임 강봉의 규격과 수량은 분기 아래에서 측정한 직경에 의해 결정된다.
② 분기에 균열이나 수피 매몰이 있으면, 연결 강도가 약하기 때문에 더 많은 조임 강봉의 설치가 필요하다.

34. 자웅동주와 자웅이주의 정의와 나자식물의 수정과정 특징, 단일수정 과정을 서술하시오.

1) 자웅동주와 자웅이주의 정의

단성화 식물 중 암꽃과 수꽃이 동일한 그루에 생기는 식물을 자웅동주라 하며 자웅이주에 대응되는 말이다. 자웅동주는 참나무, 오리나무, 소나무가 해당되며, 자웅이주는 은행나무, 물푸레나무, 버드나무, 포플러가 해당된다.

구분	기관	수종	기타
완전화	꽃받침, 꽃잎, 수술, 암술	벚나무, 자귀나무	-
불완전화	한 가지 이상 결여	버드나무, 자작나무	버드나무 꽃잎, 꽃받침
양성화	암술, 수술을 한 꽃에 가짐	벚나무, 자귀나무	-
단성화	암술, 수술 중 한 가지만 가짐	버드나무, 자작나무	-
잡성화	양성화, 단성화가 한 그루에 있음	물푸레, 단풍나무	-
1가화 (자웅동주)	암꽃+수꽃이 한 그루에 있음	참나무, 오리나무, 소나무	가래나무, 자작
2가화 (자웅이주)	암꽃, 수꽃이 다른 나무	버드나무, 포플러, 물푸레, 은행나무	-

- 1가화의 경우는 수꽃의 원기형성이 피자, 나자식물 모두 암꽃보다 먼저 이루어진다.
- 화아는 당년지 혹은 1년 이상된 가지의 정단부에 정아, 또는 엽액에 달린다.
- 사과나무는 2년생 단지에, 열대지방 수목은 대개 당년생 가지에 달린다.

문제 자웅동주와 자웅이주의 정의를 쓰고, 각각에 해당되는 수종 2개만 쓰시오. (문화재수리기술자 : 2020년)

- 나자식물은 양성화가 없다. 모두 일가화 또는 이가화이다. 은행나무와, 소철은 이가화이다.
- 꽃잎, 꽃받침, 수술, 암술이 없기에 진정한 꽃이 아니다. 그러나 유한생장, 생식세포를 만들어 꽃의 기능을 가진다.
- 나자식물은 화아 생산은 하지만 피자식물 중에는 혼합아를 생산하는 경우도 있다.

피자식물 수정	나자식물 수정
수술은 분화 → 꽃밥(약)과 꽃실로	수꽃이 암꽃보다 먼저 형성
화분 모세포는 1회 감수분열과 1회 유사분열로 4개의 화분 생산	난모세포는 감수분열을 통해 4개의 난모세포 형성
피자식물+나자식물 → 화아원기는 전연택에 형성	
중복수정 : 2개의 정핵세포 – 정핵(n)+난자(n) = 배(2n) – 정핵(n)+극핵(2n) = 배젖(3n)	단일수정 : 하나의 정핵이 난세포와 결합하여 수정, 접합체 형성

문제 나자식물의 수정 과정의 특징, 단일수정 과정을 서술하시오. (문화재수리기술자 : 2020년)
① 개화상태에서 암꽃 배주는 난모세포를 형성하는 단계(아직 난자 형성 안 됨)에 머물러 있고 수정 과정에서 단일수정(난자만 수정)으로 그친다.
② 수정과정에서 난세포 소기관이 소멸되어 웅성배우체의 세포질유전이 이루어진다.
③ 소나무, 잎갈나무, 미송은 부계 세포질유전을 한다.

35. 나이테 중 편심생장의 정의와 압축재 생성기작 및 장력재 생성기작에 대해 서술하시오.
(문화재수리기술자 : 2020년)

1) 바람과 생장

① 바람은 수고생장 감소와 직경생장을 촉진하고 초살도가 증가한다.
② 직경생장 불균형(편심생장) : 형성층 세포분열은 바람이 불어 가는 쪽에서 주로 일어나기에 연륜이 한쪽으로 몰려 긴 장타원형 모양으로 나타나며 세포분열이 억제되는 쪽에 편심생장이 일어난다.

2) 이상재

① 이상재는 바람이 수간을 구부리려는 힘에 저항하여 똑바로 서기 위해 나타나는 반응으로서 바람에 의해 한쪽으로 기울게 되면 세포분열이 비정상으로 편심생장을 하여 이상재가 생산된다. 수직 방향으로부터 약간만(약 2°) 기울어져도 생긴다.

② 침엽수와 활엽수
　㉠ 침엽수 : 정아나 수간에 IAA, 에틸렌 처리 시 압축이상재가 생기며, 기울어진 아래쪽에 Auxin이 생겨 세포분열을 촉진한다.
　㉡ 활엽수 : 기울어진 위쪽에 Auxin의 감소로 나타난다.

 침엽수, 활엽수의 이상재

침엽수	활엽수
바람이 불어가는 쪽, 아래쪽에 이상재 생김 → 압축이상재 → 하층 비대 상방 편심	바람이 불어오는 쪽에 이상재 생김 → 신장이상재 → 상층 비대 하방 편심
• 바람이 불어가는 쪽에 형성층 세포분열이 촉진되어 목부 조직이 비대하고 위쪽은 세포분열이 억제됨 • 가도관 길이가 짧고 세포벽이 두꺼워 춘재, 추재의 구별이 어렵고, 횡단면상 가도관이 둥글게 보이며 세포 간격아 큼 → 편심생장	• 바람이 불어오는 쪽에 교질 섬유가 다량 생기며, 도관의 크기와 숫자가 감소하는 대신 두꺼운 세포벽을 가진 섬유 숫자가 증가함 • 오동나무와 개오동은 그렇지 않음
• 기울어진 수간 아래쪽에 옥신 농도가 증가하여 생김 → 세포분열 촉진, 넓은 연륜 • 정아나 수간에 IAA 처리 시 압축이상재가 생김(에틸렌 처리서도 이상재 형성)	• 기울어진 수간 위쪽에 옥신 농도가 감소하여 생김 • 도관 크기, 숫자 감소도 옥신 결핍 시 비롯됨 • 옥신 길항제 TIBA 처리 시 이상제 형성 촉진

 편심생장

바람의 영향으로 수관이 한쪽으로 치우치거나 경사면서 수관이 기울면 형성층 분열이 불균형하여, 나이테 중심이 한쪽으로 치우치는 직경생장을 한다. 침엽수는 바람이 불어가는 쪽에 압축이상재가 생기며, 활엽수는 반대쪽에 이상재가 생긴다.

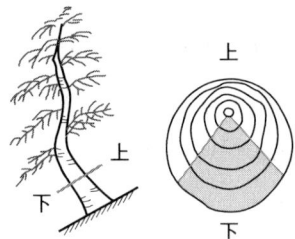
압축성장재 : 침엽수, 경사면 아래 방향 신장

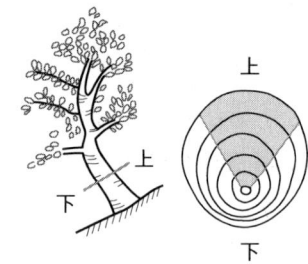
이상재 : 활엽수, 경사면 위 방향

36. 산림에 피해를 주는 덩굴식물의 종류와 피해 양상을 설명하고, 덩굴식물의 방제법을 서술하시오.
(기술고시 : 2010년)

① 덩굴식물 종류 : 칡, 다래, 머루, 사위질빵, 담쟁이덩굴, 노박덩굴 등
② 피해
  ㉠ 수관을 덮어 생장에 지장, 줄기를 감아 생장에 지장을 주고 공예적 가치 하락을 야기하며 바람에 부러지게 한다.
  ㉡ 칡 제거는 조림지 성패를 좌우한다.
③ 방제법
  ㉠ 물리적 제거는 조림목 성장으로 임분이 울폐될 때까지 제거하며, 약제에 의한 방법으로는 디캄바 처리와 글라신 액제 처리가 있다.
  ㉡ 디캄바 처리 : 선택적 제초제로 콩과에 고살 효과가 높다.
    • 경엽 흡수제
    • 생리작용 교란으로 광합성과 생장 장애로 고사한다.
    • 작업시기 : 연중 가능하나 2~3월, 10~11월이 효과적이다.
    • 처리방법 : 칡줄기 2cm 이상은 줄기에 주입하고 그 외는 도포처리한다.
    • 주의사항 : 흡수이행력이 강하므로 땅에 흘리지 말아야 한다.
  ㉢ 글라신 액제
    • 작업 시기 : 5~9월
    • 처리 방법 : 약액을 침적시킨 면봉을 살아있는 줄기조직에 1주당 2개 정도 주입한다.

37. 곰팡이, 바이러스, 파이토플라즈마의 특성과 진단 방법을 서술하시오.

1) 개요
수목에 병을 유발하는 곰팡이와, 바이러스, 파이토플라즈마는 수목 성장 방해 및 고사 등의 피해를 유발하며, 곰팡이균을 병원균이라 하고 바이러스 등은 병원체로 구분하기도 한다.

2) 곰팡이, 바이러스, 파이토플라즈마의 특성과 진단 방법
  (1) 곰팡이병의 특성과 진단방법
    ① 곰팡이병의 특성
      ㉠ 엽록소가 없는 종속영양체로, 영양 섭취 방식에 따라 기생균, 부생균, 공생균으로 구분한다.

ⓒ 기생균은 기생 방법에 따라 절대활물기생균, 임의부생균, 임의기생균으로 구분한다.
　　ⓒ 영양체인 균사체와 번식체인 포자로 구성한다.
　　② 대부분의 곰팡이와 버섯은 다세포로서 유격벽균사와 무격벽균사가 있다.
　　⑩ 키틴 성분으로 이루어진 세포벽이 있다.
　　ⓗ 핵과 포자를 가지고 있으며, 무성포자(유주포자, 분생포자)와 유성포자(접합포자, 난포자, 자낭포자, 담자포자)가 있다.

② 곰팡이병의 진단방법
　　㉠ 현미경으로 관찰 가능한 작은 진핵(막이 있음)의 상태이다.
　　ⓒ 실모양의 균사, 포자를 형성한다.
　　ⓒ 엽록체가 없다(타가영양체).
　　② 뿌리, 줄기, 잎 등으로 분화되지 않은 간단한 영양구조를 가진다.

> **Tips 수목의 곰팡이에 의한 피해**
> - 뿌리병해 : 모잘록병, 아밀라리아뿌리썩음병, 안노섬뿌리썩음병, 리지나뿌리썩음병
> - 줄기, 가지병해 : 밤나무 줄기마름병, 소나무류 피목가지마름병 등
> - 시들음병 : 참나무 시들음병, 느릅나무 시들음병 등
> - 녹병 : 잣나무 털녹병, 향나무 녹병, 사과나무 붉은별무늬병 등
> - 잎 병해 : 잎점무늬병, 흰가루병, 버즘나무 탄저병 등

(2) 바이러스병 특성과 진단방법
　① 바이러스병의 특성
　　㉠ 단백질과 핵산으로 구성, 대부분 식물은 외가닥 RNA이며, 형태는 막대 모양, 실모양, 공 모양이고 일부는 타원체 모양이다.
　　ⓒ 전자현미경으로 실체를 관찰할 수 있다.
　　　※ 감염된 어린 세포의 바이러스가 모여서 만들어진 세포 내용물은 광학현미경으로 관찰이 가능하다.
　　ⓒ 인공 배지에 배양되지 않는다(절대기생체).
　　② Virus는 기주가 Virus를 생산하도록 유도한다.
　　⑩ 핵, 세포막, 세포벽, 세포기관 등이 없다.
　　ⓗ 스스로 번식하지 못하고 세포에 침입하여 번식한다.

　② 바이러스병의 진단방법
　　㉠ 병징 관찰로 황화, 괴저, 둥근 점, 전신병징 등이 잎에 모자이크 얼룩 반점이 발생한다.

ⓒ 전자현미경에 의한 진단(DN법)은 즙액을 1~2% 인산텅스텐 용액으로 염색 후 전자현미경으로 검사한다.
ⓒ 내부 병징에 의한 진단은 광학현미경으로 관찰하여 봉입체의 존재를 확인한다.
ⓔ 검정식물에 의해 진단(진단 보조 수단으로 유용 : 오이, 호박, 천일홍, 명아주, 동부콩)이 가능하다.
ⓜ 면역진단 방법에 의한다.
ⓗ 중합효소 연쇄반응법에 의한 진단(PCR)은 정밀동정에 활용한다.

(3) 파이토플라즈마병의 특성과 진단방법
① 파이토플라즈마병의 특성
ⓐ 핵산으로 되어있고 세포벽이 없는 대신 원형질막으로 싸여 있으며 세포질이 있다.
ⓑ 전자현미경으로 관찰 가능하며 크기는 바이러스<파이토<세균 순이다.
ⓒ 세포질은 있으나 세포벽은 없다.
ⓓ 원핵생물계, 모리큐트강(원핵생물은 핵막이 없다)에 해당한다.
ⓔ 식물 체관부(사부)에만 존재한다.
ⓗ 온도 조건에 따라 30℃에서 10일~0℃에서 45일간 증식기간을 거친 다음 건전 식물체를 전염시킨다(보독 기간을 거친 후 전파 가능).
ⓢ 통도조직(목부+사부)를 통해 전파된다.
ⓞ 성충보다 약충에 효과적으로 들어가고, 경란전염을 하지 않는다.
ⓩ 어린 식물을 흡즙하였을 때 훨씬 보독이 잘된다.
ⓧ 표징이 없다.

② 파이토플라즈마병의 진단방법
ⓐ 육안 진단으로는 잎과 가지의 빗자루 총생, 황화, 위축, 쇠락, 이상비대 등이 나타난다.
ⓑ 전신감염을 한다.
ⓒ 조직 내에서는 형성층의 괴저현상이 나타난다.
ⓓ 전자현미경으로 관찰이 가능하다.
ⓔ Toludine blue 조직 염색에 의한 광학현미경기법 및 confocal laser microscopy 등에 의해 입자 관찰이 가능하다.
ⓗ 형광 염색소를 사용한 신속하고 간단한 현광현미경 기법이 있다.
  ※ 형광염색소 : DAPI, berberine sulfate, bisbenzimide, acridine orange, aniline blue, Dienes 등
ⓢ DNA probes, RFLP probes 및 16S rRNA 유전자 분석법 등은 기주의 병원균 검출과 동정, 병원체의 집단화 및 분류에 유용하다.

3) 결론

곰팡이, 바이러스, 파이토플라즈마의 특성과 진단 방법을 서술한바, 이들은 경로를 차단하고 중간기주 또는 매개체 등을 제거하면 방제에 성공할 수 있을 것이다. 감염 경로는 다음과 같다.

① 곰팡이에 의한 수목병은 자연개구부(기공, 피목, 수공, 밀선)로 침입하고 대부분의 곰팡이는 상처를 통해서 수목 내로 침입한다. 어둡고 습기가 많은 곳에서 가장 잘 자라며 곰팡이 생장 최적 온도는 20~30℃이다.

② 바이러스에 의한 수목병은 기주식물체 내에서 스스로 증식(복제)하며 세포나 조직에서 양분을 취하시 않는다. 절대기생체로서 살아있는 기주체에서만 기생하며, 어리고 활동적인 기주세포를 좋아한다. 곤충에 의한 매개(흡즙성곤충), 상처를 통한 매개(영양번식, 전정), 선충, 종자, 꽃가루에 의한 매개 등이 있다.

③ 파이토플라즈마에 의한 수목병은 전신 병해로 체관부에서 당의 이동을 방해하며 삽목 등 영양번식체, 매개충, 뿌리접목에 의해 전반된다. 즙액전염, 종자전염, 토양전염, 경란전염은 하지 않는다.

참고문헌

강전유, 이상길. 2008. 나무의 피해진단 및 치료. 생각하는 백성
김계훈 외 13인. 2022. 토양학, 향문사
김국형. 나무의사 양성과정 (정책 및 법규). 서울대학교 식물병원
김장억 외 13인. 2020. 최신농약학. 시그마프레스
김종국 외 11인. 2019. 삼고 산림보호학. 향문사
김호준. 2009. 원색수목환경관리학, 그린과학기술원
경북산림환경연구원. 2015. 산림병해 예찰 및 민원병해충 사례집
나용준, 우건석, 이경준. 조경수해충도감. 서울대학교식물병원
나용준 외 8인. 2018. 조경수관리교육 I. 서울대학교식물병원
나용준 외 8인. 2018. 조경수관리교육 II. 서울대학교식물병원
이경준. 2022. 수목생리학. 서울대학교출판문화원
이경준. 2022. 수목의학. 서울대학교출판문화원
이경준, 이승제. 2022. 조경수 관리기술. 서울대학교출판문화원
이규화 역. 2012. 수목관리학 4판. 바이오사이언스출판
이종규, 차병진, 신현동, 나용준. 2022. 수목병리학. 향문사
홍기정 외 7인. 2022. 수목해충학. 향문사
농촌진흥청 농약안전정보시스템
국립산림과학원. 2018. 생활권 수목 병해도감. (사) 한국장애인유권자 연맹인쇄부
국립산림과학원. 2022. 생활권 공공지원 수목진료 컨설팅처방전

나무의사 2차 서술고사 (서술형 필기+실기시험)

초 판 발 행	2022년 7월 15일	
개정3판1쇄	2025년 5월 25일	
공　　　저	배창호·조오영	
발 행 인	정용수	
발 행 처	㈜예문아카이브	
주　　　소	서울시 마포구 동교로 18길 10 2층	
T E L	02) 2038 – 7597	
F A X	031) 955 – 0660	
등 록 번 호	제2016 – 000240호	
정　　　가	38,000원	

- 이 책의 어느 부분도 저작권자나 발행인의 승인 없이 무단 복제하여 이용할 수 없습니다.
- 파본 및 낙장은 구입하신 서점에서 교환하여 드립니다.

홈페이지 http://www.yeamoonedu.com

ISBN　979-11-6386-472-1　　[13520]